本书受国家社科基金项目"城市家政服务业规范化标准化研究"
（项目编号：20BSH116）资助出版，是该项目的阶段性成果。

家政学研究生系列教材

丛书主编　赵媛　熊筱燕

家庭投资理财管理

主编　熊筱燕　赵自强

WUHAN UNIVERSITY PRESS
武汉大学出版社

图书在版编目(CIP)数据

家庭投资理财管理/熊筱燕,赵自强主编.—武汉:武汉大学出版社,2023.7

家政学研究生系列教材

ISBN 978-7-307-23582-3

Ⅰ.家… Ⅱ.①熊… ②赵… Ⅲ.家庭管理—财务管理—通俗读物 Ⅳ.TS976.15-49

中国国家版本馆 CIP 数据核字(2023)第 019800 号

责任编辑:田红恩 责任校对:汪欣怡 版式设计:韩闻锦

出版发行:**武汉大学出版社** (430072 武昌 珞珈山)

(电子邮箱:cbs22@whu.edu.cn 网址:www.wdp.com.cn)

印刷:武汉图物印刷有限公司

开本:720×1000 1/16 印张:25.75 字数:421 千字 插页:1

版次:2023 年 7 月第 1 版 2023 年 7 月第 1 次印刷

ISBN 978-7-307-23582-3 定价:68.00 元

《家政学研究生系列教材》编委会

丛书主编

赵　媛　熊筱燕

编　委（以姓氏拼音为序）

柏　愔　高爱芳　黄　颖　金一虹　李　芸　沈继荣　王　佩
薛传会　许　芳　熊筱燕　徐耀缤　鄢继尧　杨　笛　张戌凡
赵　媛　赵丽芬　赵自强　周　薇　朱运致

丛 书 序

党的十九大报告指出："新时代我国社会主要矛盾是人民日益增长的美好生活需要和不平衡不充分的发展之间的矛盾"，"保障和改善民生要抓住人民最关心最直接最现实的利益问题"。随着我国城乡居民收入水平不断提升，人口老龄化程度不断加深以及二孩、三孩政策的推进实施，家庭管理及家政服务日渐成为新时代满足人民日益增长的美好生活需要的重要领域。

但由于长期以来我国家政学专业未得到充分发展，导致家政专业人才短缺，人们家庭治理能力弱化，家政服务质量与社会的发展、人们的需求尚存在差距。为促进我国家政服务业提质扩容，实现高质量发展，2019 年 6 月 26 日，国务院办公厅印发《关于促进家政服务业提质扩容的意见》，提出 10 个方面的重点任务，其中第一条就是"采取综合支持措施，提高家政从业人员素质。包括支持院校增设一批家政服务相关专业……"。同年 7 月 5 日，教育部出台政策，鼓励高校开设家政专业，要求原则上每个省至少有一所本科高校和若干职业院校开设家政相关专业。种种现象表明，随着家政服务业的快速发展，我国的家政教育也将步入一个新的发展阶段。随着高校家政专业的不断开设，一方面家政学的本专科毕业生有进一步深造的需求，另一方面各学校家政学的专业师资严重不足，此外，家政服务业的高质量发展也需要高层次家政学人才提供智力支撑。2020 年河北师范大学获批家政学交叉学科硕士点，2021 年南京师范大学获批社会学一级学科下家政学二级学科硕士点。相信随着家政服务业的高质量发展，家政学研究生培养的规模会越来越大，为此，我们组织编写《家政学研究生系列教材》，以期进一步推动我国家政学研究生教育。

家政学是一门以家庭生活为主要研究对象，以提高家庭物质生活、文化生活、伦理感情生活质量，促进家庭成员健全发展，解决家庭问题、协调家庭关系为目的的综合性应用学科，研究内容包括家庭生活规律的科学认知、家庭生活管理、家庭生活技能以及家庭生活服务等，该套研究生系列教材涉及家政学的主要研究领域。不同于本科生教材的更注重基础性和系统性，该套教材在系统阐述某领域主要研究内容之后，以专题的方式，探讨该领域研究或发展中的热点、难点及痛点问题，理论与实践相结合，带着问题思考，更注重学生发现问题、分析问题及解决问题能力的培养。"立德树人"是教育的根本任务，习近平总书记要求"要坚持把立德树人作为中心环节，把思想政治工作贯穿教育教学全过程，实现全程育人、全方位育人"。家政学是以提高家庭生活质量为目标，家政学的研究对象及研究内容关涉人的身心发展以及人与人的交往交流等，因此，坚持"立德树人"，将课程思政融入到教材的编写之中是本套教材的重要遵循和特色。

南京师范大学金陵女子学院的前身金陵女子大学是我国最早设立家政学专业的高校，1940年吴贻芳校长参照美国学科设置模式，在金陵女大创办家政系。家政学是金陵女大的品牌专业，毕业生中赴国外继续深造者很多，在国内外产生很大的影响力。金陵女子学院传承金陵女大家政学传统，早在1994年就创办过周末家政学校，并面向社会开设短期生活技能培训班；1996年成立家政教育与社区发展研究中心。江苏省家政学会是全国第一个家政学会，自1996年成立起一直挂靠在金陵女子学院，学会与国际家政学会、亚洲家政学会一直保持着密切联系。2020年11月在江苏省促进家政服务业提质扩容联席会议办公室成员单位的倡导和推动下，在南京师范大学成立江苏家政发展研究院，经过多年的研究与实践，形成了一支具有一定影响力的团队。本套教材是南京师范大学金陵女子学院集体智慧的成果，计划出版12本，内容包括家政学的基本理论、思想与方法，家庭发展、治理、教育等相关问题，家庭健康、财富管理等技能，以及家政服务业经营管理等理论与方法。

推动家政服务业高质量发展，家政服务高质量人才培养是动力。在欧美、日本等地区和国家，家政学已经建立起从本科、硕士到博士的完整人才培养体系。我国应在加强职业教育和职业培训的同时，鼓励高校开设家政本科专业，扩大硕士研究生培养，并积极增设博士点，构建家政学高质量人才培养体系。该套《家政学研究生系列教材》的编写出版，希望能为我国家政学学科建设、人才培养和家政服务业高质量发展贡献绵薄之力！

赵 媛 熊筱燕

2021年7月于金陵

序　言

随着我国居民的收入不断增长，财富不断得到积累，日益丰富的投资工具逐渐改变着社会大众的理财观念，人们已不再满足于传统的银行存款等理财方式，而将目光转向了房地产、股票、债券、基金、互联网金融等新兴投资工具，这就对家庭投资理财能力提出了较高的要求。尽管当前居民的投资理财热潮持续高涨，但是理财能力却表现出参差不齐的态势。因此，本书系为家政学研究生教学而编写，但也考虑经济管理类本科生研习需要，在编写时致力于为普通高校培养应用型人才，既注重翔实介绍相关理论知识，又注重实用性与可操作性，为选择合理的投资策略提供指导建议。

本书针对当代投资理财的基本概念、重要理论框架和配套案例进行了全面系统的呈示、解读和评述。在内容编排上，力求客观、原本地呈现投资理财的精髓；在题材甄选上，力求做到理论与实践并重、经典与潮流共析；在写作手法上，紧密融合重要知识点与现实世界中的理财案例。

本书共分为十一章，分别从家庭理财观念、股票、债券、互联网金融投资、外汇投资理财、房地产投资理财、养老和遗产规划、信托以及基金投资理财等方面详细分析各类投资特点和风险控制。每章由四个部分组成：引言故事、核心理论、典型案例解析、拓展性案例思考。四个部分有机结合，使学生既能掌握基本理论和方法，又能灵活运用所学知识，较好地体现了时代发展对投资专业学生的新要求。具体内容如下：

第一章重点介绍了家庭理财的相关概念和理论，对比各种理财工具并分析家庭投资时应考虑的因素；第二章主要阐述了债券相关知识，包括政府债券、公司债券、资产证券化产品、货币市场工具和国际债券等，并提供了个人债权投资策略的参考；第三章对股票进行详细的介绍，并系统考虑了投资股票时买卖时机的选择策略；第四章分别从发展历程、基金分类、投资技巧和风险控制介绍了证券投资基金；第五章重点研究了税务筹划的策略与技巧，并分别从增值税、消费税、企业所得税、个人所得税具体讨论税务筹划的方法；第六章主要围绕消费信贷进行详细分析；第七章主要从信托机构及其管理、信托业务及其操作流程展开叙述；第八章立足于养老和遗产规划进行了详细分析；第九章聚焦于互联网金融投资，介绍了互联网货币、金融中介平台和第三方支付模式，并对互联网金融的基础——大数据金融进行介绍；第十章介绍了房地产业的发展历程，对影响房地产投资的因素进行系统的讨论；第十一章集中介绍了外汇相关知识，包括外汇交易术语、汇率走势、投资策略等内容。

本教程不仅适用于家政学专业研究生研习，也适用于经济管理、工商管理相关专业本科生的课堂教学，对相关领域的企业管理者以及投资理财相关领域的人士也有较现实的参考价值。通过理论与案例的结合，能够加深对相关知识的理解，便于教师教学和学生学习。我们衷心希望在本书写作工作中所做的努力，有利于帮助更多的学生掌握这门系统性、理论性和艺术性高度统一的课程。

本书编写是在南京师范大学金陵女子学院熊筱燕教授和赵自强教授的主持下完成的。该书的完成也得到了南京工程学院刘融博士以及南京师范大学研究生的支持，研究生储文媛、曹丽媛、张晨阳、郭京鑫、卢宜均、李永奇、刘明珠、华爽、何亚茹、朱婕、张爱悦、单一鸣、卢宇健、程悦莹、仇慧雯等参与了本教材的编辑、处理工作。在此表示衷心的感谢。熊筱燕教授和赵自强教授负责最后的审核和统稿。

由于水平有限，不当之处在所难免，欢迎读者批评指正。

目　　录

第一章 家庭理财

32 岁的张先生有一个幸福的家庭，自己拥有一家小型进出口贸易公司，太太在一家合资企业做高级职员，儿子刚刚学会走路，孩子的外公外婆都还健在，一家人生活得其乐融融。

张先生的公司虽然小，但一年大概能有 20 万~40 万元的收入，因为是做外贸，所以不是特别稳定。太太每个月收入 6000 元，年终还有 2 万元奖金。

张先生是专一的生意人，除了做贸易对其他业务似乎都不怎么感兴趣，所以家里积累的闲钱也不少。前几年银行利率高时都是放在银行里长期吃利息。但现在银行利率实在太低了，于是张先生就不知道该拿出这些钱做点什么事了。

本来太太的父亲做过几年股票投资，收益也还不错，但退休后他也就没再做了。张先生自己也想过买基金，经银行的朋友介绍已买了两只开放式基金，一共 5 万元。但父亲认为证券市场还是别去碰了，所以也就没再买。国债到目前为止还没买过。房子买来都是自己用的，没做过投资。

所以，如何处置家庭的人民币存款一直困扰着张先生。

张先生的目标是 10 年后可以挣够 1000 万元的身家退休，但朋友们似乎有些不以为然，觉得那 "1" 后面跟着的 7 个 "0" 太遥远。幸福的家庭生活和富足的老年生活保障是每个人都梦寐以求的，不知张先生这个长远目标如何实现？

1.1 家庭理财的基本概念

1.1.1 家庭理财的概念

有句常言叫："吃不穷，穿不穷，算计不周就受穷。"随着家庭理财的兴起，理财的观念也越来越深入人心，但对于家庭理财的概念，业内并没有一个统一的定义。在不同地域不同时期，家庭理财有着不同的解释。

中国金融理财标准委员会指出：家庭理财包括个人在生命周期各个阶段的现金流量预算与管理、个人风险管理与保险规划、子女养育及教育规划、居住规划、投资规划、职业生涯规划、资产和负债分析、退休规划、个人税务筹划和遗产规划等内容。美国理财师资格鉴定委员会对于家庭理财的定义为：家庭理财是指为合理利用家庭财务资源、实现人生目标而制定并执行财务策略的过程。

雷冰在《家庭投资理财规划一本通》中认为：家庭理财规划是指针对家庭的不同时期，依据收入、支出状况的变化，制定既满足当前开支需求，又能实现不同阶段理财目标的财务管理方案和设计。家庭理财规划要求将家庭财富资源进行科学合理的规划管理，逐步实现每一阶段的财务目标，最高目标是达到财务自由的境界。

在边智群、朱澍清主编的《理财学》一书中指出：家庭理财就是以家庭为单位的财务规划，即按照家庭的实物性财产、现金收支状况，围绕家庭的收入、消费、投资、风险承受能力、心理偏好等情况，形成一套以家庭财务自由化为目标的家庭财务安排。对比单纯的个人理财概念，家庭理财更强调在实现家庭财富自由的同时，进一步关注家庭成员的"幸福体验"——如通过特有的家庭理财账户实现孝敬父母、子女教育等功能，实现人性化的家庭财务管理和增值。

综合上述不同观点，家庭理财规划是指在一定市场经济条件下，根据家庭在生命周期的各个阶段设计财务计划，合理安排家庭的财务资源，将资金投资于各种投资渠道并取得相应回报，以此进行家庭财富的积累，从而加速家庭资产规模的增长，并全面提高家庭的生活水平和生活品质。家庭理财规划是一个家庭生活态度、生活习惯、价值观和能力的综合反映。一个家庭在制订理财规划时，短期规划一定要服从中长期规划，中长期规划要以短期规划为基础。整个理财规划要实事求是，可操作性要强，特别是落实到短期规划中要切实可行，只有认真完成每一个短期规划，中长期规划才能够顺利完成。

家庭理财有着很重要的作用：一方面，通过规划，可以合理安排整个生命周期的收入和支出。在很多情况下，比如，月初就要开始支出，但是需要月末才能有收入，再比如，年轻时期收入比支出多，而老年时期的支出大于收入，这些情况下，都需要通过合理的规划来协调收入和支出，避免在收支的支配中出现大的问题。另一方面，通过合理的理财手段，可以实现财富的增值，能够在一定程度上提高生活质量。此外，通过理财手段，可以合理转嫁生活中遇到的风险，如疾病风险、失业风险等。这些风险很容易对我们的生活造成或多或少的影响，严重的可以导致家庭破产，通过一定的理财手段，就能够让我们有针对性地对一些风险进行提前的预防和保障，减少突发事件对于家庭生活的影响。

1.1.2 家庭理财的分类

伴随我国金融领域的放开及突飞猛进的发展，基于提升各商业银行获利水平的某一核心途径，家庭理财业务获得了我国商业银行的极度重视。20世纪 90 年代末期，由原银监会授权，我国一些商业银行逐渐体验供应特殊的个人外汇金融以及投资顾问等一系列服务。2005 年，我国原银监会具体下发了《商业银行个人理财项目暂行管理措施》，约束并限定商业银行家庭理财项目的类型，实际区分准则有两类形式，第一为根据运行形式的差异区分，另一根据获得利益形式来加以区分。

一、根据理财业务运转及管理形式划分

对于商业银行家庭理财业务来说，能够区分成个人全面理财服务以及理财顾问服务两种类型。所谓理财顾问服务，具体指商业银行给顾客供应财务研究及计划，推进投资咨询，介绍金融品牌以及别的特别服务。在这一项服务里面，顾客的基金并非靠银行直接运作，而属于靠顾客自行监管家庭基金，担负投入相匹配的收益及相关风险，银行只可以供应询问建议。在这一项业务里面，商业银行确保顾问提供服务的公正度及诚信度，且获取顾客信息咨询费。基于个人全面理财服务而言，其参加对象大不一样，在这一项业务里面，银行进行了实际投入决断，另外根据提前跟顾客订立的协议来分配投资收益，担负投资风险，实际流程如下：顾客必须要掌握银行所提出的理财意见，接下来顾客依照银行的意见，允许银行对顾客的各类资金加以监管，银行借助各种投资组合，给顾客具体制定财富监管规划。

二、根据理财规划收益率的差异划分

根据此划分方法，理财规划也能够区分成两个类型：保障收益理财规划及非保障收益理财规划。所谓保障收益理财规划，具体指顾客向银行供应基金、理财计划，在提前订立的协议的限定下，银行根据限定给顾客支出限定的收益率。在这一项理财规划里面，银行担负投资风险，且参加收益率的匹配。当投资阶段达到超出数额收益的时候，银行根据达成订立的协议跟顾客展开收益的分配，然而当收益并未实现协议订立的收益的时候，银行需要根据协议要求，向顾客支出较低收益，这一阶段出现的投入风险靠银行担负。对于非保障收益理财规划来说，它涵盖着保本及不保本两类，也就是保本浮动收益以及非保本浮动收益。不论是哪一类，一般收益均难以获得保障。对于保本浮动收益来说，通常是靠顾客给银行供应本金，银行确保投入顾客的本金绝对安全，且向顾客确保到期支出的某一理财规划。投入阶段顾客只可以确保本金安全，除了这些的投入风险都靠顾客担负，而带来的收益却依照两方提前订立的协议要求来分配。对于非保本浮动收益来说，这一规划存在相当高的预期收益率，然而与高收益率相伴的为高风险，银行一般来说对投资人员的本金安全不提供保证。

1.1.3　家庭理财的必要性

一、通货膨胀严重，"负利率"将较长时间持续

21 世纪以来，国内持续上涨的包括房产和食品等生活必需品的价格，CPI指数呈持续上升趋势，通胀警戒线一直是压在通胀率下方运行。随着国家逐步实施稳健型宏观调控政策，社会暂时不会出现恶性通胀，但我国在可预期的一段时期内将继续面对通货膨胀的宏观经济难题。所谓的负利率是指银行存款实际利率受 CPI 指数快速攀升的影响，显示为负值。

长远来看，我国城镇居民资产存在贬值风险，他们将大量流动资金用于储蓄，这样不但达不到增值的目的，反而会降低存款本金的购买力。社会安定和经济稳定发展主要体现在城镇居民家庭求稳定、求发展，然而后经济危机时代的持续影响，将直接导致通货膨胀加剧，并将在较长时间持续这样的现状。"负利率"时代已悄然来到，城镇居民家庭面临财富缩水的危机不可忽视，应采取科学的个人理财策略确保家庭资产的保值增值。

二、我国逐渐步入老龄化社会

按照联合国标准，老龄化社会是指一个地区 60 岁以上的老年人口占总人口数达到或者超过 10%，或者 65 岁以上的老年人口占总人口数达到或者超过

7%。根据我国 2010 年第六次人口普查公布的数据，我国 65 岁以上老年人口占总人口的 8.87%，已达 1.19 亿人，60 岁以上人口占总人口的 13.26%，达 1.78 亿人，由此可见我国已经进入老龄化社会。

截至 2016 年 3 月，专门服务老年人的社会福利机构仅有数万个，这些机构合计拥有养老床位约 670 万张，每万名老人仅拥有床位数 177 张。面对国内快速的老龄化问题，相应劳动力会减少、劳动力成本上升、投资率下降等问题，这些问题会直接导致经增速的下滑甚至出现倒退。同时社会保障水平会因为过快的社会老龄化而出现跟不上的问题，即"快老慢备"。家庭保障功能急剧弱化也是由老龄化导致的，这也提升了社会保障服务的需求。更突出的问题是以服务家庭养老、社会医保和养老保险制度为主的基金受到人口老龄化的新挑战。世行预测我国在未来的 70 年内基本养老保险的缺口将高达 10 万亿元，因此养老是我国居民生活的巨大挑战。由此可见，城镇居民想要保持退休前的生活品质，需要大量的退休金，所以在日常生活中就需要制定科学的个人理财规划，防止出现社会老龄化问题引起的连锁反应。

三、社会生活成本增加

我国注重发展城乡统筹、加快城镇化的进程，特别是 21 世纪以来，以下几个方面出现了巨大的挑战：人口老龄化、社保制度的公平性、可持续性以及就业形式多样化。我国国民收入通过社会保障制度进行再分配，完善的社会保障制度能够缩小贫富差距、分散社会风险、避免两极分化以及促进社会和谐发展。先期的社会保障制度改革，由国家统包的包括住房、教育、医疗等在内的社会福利制度，改革为由三方共同负担，分别是国家、企业和个人，新的社会保障制度增加了我国城镇低、中产阶层家庭的生活成本。

（1）住房成本。房改是我国经济体制改革的重要内容之一，就是将传统的单位分房制度进行改革，通过建立科学的住房体制，实现住房的社会化和商品化。改革的成果是显著的，现在已经取消福利分房制度，改用住房公积金、新职工补贴等货币化住房制度。2008 年金融危机结束以来，我国各大城市特别是一二线城市房价涨幅居高不下，平均每年的涨幅不低于 10%，导致中国的房价收入比远大于世界平均水平，一般国际上房价收入比是 4 至 6 倍，然而我国的房价收入比已超过 10 倍。

（2）教育费用支出。有调查显示，从直接经济成本看，16 岁以下孩子的抚养成本在 25 万元左右，如果将子女接受高等院校教育的家庭支出也计算在内，这个支出数字将达 48 万元，高额的教育成本成为家长们的负担。同时相对高学历背景的人群结构比例以城镇居民最高，他们更希望将好的教育资源提供给子女，因而支出更多的教育费用，调查表明城镇居民家庭中超过三分之二都有高额教育支出的压力。

（3）医疗费用。医疗保险制度的建立让个人拥有了医疗保险账户，国家明确实行大病统筹制度，即基本医疗保险制度实行社会统筹与个人账户相结合的模式，即由社会、企业和个人分别出一定比例的费用进入医保账户。根据《关于印发深化医药卫生体制改革 2017 年重点工作任务的通知》可知：诊疗试点扩大到 85% 以上的地市、居民医保财政补助每人每年提高到 450 元、推进全国医保信息联网、实现符合转诊规定的异地就医住院费用直接结算等，其中每一条改革的内容都体现了我国医疗改革的进步。但我们可以看到依然还有近 10 倍的差异存在于三种医保保障水平之间，抗风险能力不足，资金筹集总量不够，30% 的医疗负担仍然需要个人承担，并且就医成本的逐年增长趋势没有改变，城镇居民每年需支付的医疗费用占总支出的比例仍然高居不下，这直接影响了患者的受益程度，在一定程度上依然存在"看病难、看病贵"的问题，因此高额的医疗费用依然压在城镇居民在的心头，据调查数据显示，超过 30% 的城镇居民家庭感受到医疗费用的巨大压力。

四、高品质生活的预期

随着生活水平的提高，部分城镇居民家庭逐步形成了享乐主义消费习惯，他们不再仅仅满足于吃饱穿暖这种最基本的物质生活保障，更渴望精神、心灵状态上的获得感，希望过上高收入阶层的生活，对未来高品质的生活充满了期待。如今很多城镇居民家庭主要的休闲方式是旅游和健身，国庆、春节等长假进行国际旅游，清明、五一等短假进行国内旅游，甚至周末双休都要进行周边的一二日游，工作之余还会去健身房进行瑜伽、器械等健身运动；汽车也变成了家庭的必备品，除了是交通工具外，一定程度上，变成了身份的象征，据统计城镇居民平均每百户家庭拥有汽车 32 辆，而且基本定价在 10 万元以上；拥有住房的城镇居民家庭比例占到了 80% 以上，但很多家庭希望改善现有居住环境，拥有更好的学区，住上更大面积的房屋。而仅仅通过基本的工资收入是难以满足这些高品质生活需求的，此时科学的理财是城镇居民家庭所必备的，通过科学理财可以逐步实现家庭财富的保值增值，进而让他们的高品质生活预期得以实现。

1.2 家庭理财的相关理论

1.2.1 生命周期理论

美国的著名经济学家弗兰克·莫迪利亚尼与理查德·布伦伯格一起提出了"生命周期假说"理论。该理论在消费者理性和目标效用最大化假设的基础上认为，一个理性消费者在做关于消费和储蓄的有效决策时，不能单单考虑当下的收入，而还应该考虑一生的收入，即要根据一生的收入来做当下的决策，使得一生的收入和消费两者对等。简而言之，一生的消费量取决于一生的收入流量。现在的收入、未来的收入、可预期的支出、参加工作的所有时间、退休以后的生命晚年等都是个人在制定储蓄和消费两者决策时需综合考虑的重要因素。

国内方面，2006 年石晓燕在《家庭理财的目标管理与风险控制》一文中将生命周期划分为了单身期、形成期、生长期、稳定期和衰退期五个阶段，并且对每一个生命周期阶段的特点进行了分析，针对每个阶段的不同之处制定了不一样的理财策略，与此同时提出了降低家庭理财风险的建议。

2014 年，蔡鸿鑫在《我国城镇家庭资产组合的研究》一文中，通过数据模拟的方法发现，不同年龄段的家庭在面临同样冲击时反应程度不同，相比来说，越年轻的家庭对风险波动反应越强烈，而年龄较大的则对类似的波动，比如房价的涨跌或是利率的变化，反应敏感度非常低。

2015 年，熊悦乔在《具有生命周期特征的中国家庭风险投资》一文中通过实证分析的方法研究了股票投资份额的生命周期性，其随年龄呈现驼峰状，初期投资份额较大，退休以后份额开始减少，股票投资在家庭总投资中的占比开始减少并远离股市。

2016 年，曾婕在《基于生命周期理财理论的个人理财投资研究》一文中将生命周期划分为了单身期、家庭组建期、家庭成长期以及退休期，并给出了每个时期的个人理财投资组合策略，随着年龄的增长，风险投资的比例逐渐减少，单身期风险投资比例占 73%，而退休期不建议进行风险投资。

生命周期假说理论主张：假如进入老年期的消费者没有了收入来源，那么他进入人生晚年的消费平滑期就不得不依赖其工作时期的积蓄来实现目标。

一个理性的消费者应追求的是他整个生命周期中一生的消费效用的最大化，他的预算计划应使总生命周期内的消费与收入支出相平衡。也就是一个消费者将综合考虑其过去储蓄的资产财富、现在收入、将来收入、可预算的支出和工作时间及退休的时间等各种因素，总合起来决定一生中的储蓄和消费，最终达到一生中消费水平在基本保持相对平稳而不会出现大幅度的波动。生命周期假说理论认为，消费者追求整个生命周期内的效用最大化，通过在工作期间进行正储蓄和退休后负储蓄来实现一生中各个时期的平均消费水平。

生命周期理论将家庭生命周期分为四个阶段：形成期、家庭成长期、成熟期和衰老期。人们应该根据每个周期的特征制订相应的个人或家庭的资产配置方案，确保个人和家庭在各个不同的阶段的生活、学习、工作等社会环节得到舒适度保障，以面对不同阶段所产生的风险和困扰。

1.2.2　投资组合理论

美国经济学家哈里·马科维茨（1952）在《金融杂志》发表了名为《投资组合选择》的文章，他经过大量的观察和分析，对投资组合进行了深入系统的研究，首次提出了投资组合理论（Portfolio Theory）。他认为高回报必定伴随着高风险，而在相同回报的情况下，任何投资者都会选择风险较小的投资方式。因此，为了尽可能降低风险，最明智的做法是选择多样化投资组合。总的来说，其基本思想就是通过分散化的投资来降低风险。投资组合中，当不断增加投资理财产品种类时，组合的风险将直线下降，而收益却是加权上升的，当种类的多样化达到一定程度后，特殊风险可被忽略，决策也不受单个理财产品的风险影响，相关的就只有系统风险，当然投资者必须承担系统风险。

投资组合理论分为两种，传统的投资组合强调：不要把所有的鸡蛋都放在同一个篮子里面，组合中资产数量越多，分散风险的作用越强，从而投资风险越小。但传统投资组合理论中误差的存在会带来结果的不可靠性，而现代投资组合则修正了这一点，提出最优投资比例和最优组合规模，即投资组合的风险与收益的比例关系是相关的，投资者最重要的是确定使组合风险达到最小的投资比例。它主要研究了投资者如何确定自己的投资对象和如何确定对各类资产的投资比重，投资者效用最大化的目标是在一定的风险水平上获得最高的收益，或者在一定的收益水平上承担最小的风险，而在各种风险水平下收益最大的投资组合的集合就是组合的有效边界。因此，投资者面临的关键问题是面对金融市场上大量的投资对象时，该如何确立有效边界。

合理的运用投资组合理论能够在很大程度上提高家庭理财投资的回报率，而想要合理运用投资组合理论就必须选择合理的投资工具，并且投资的时间安排一定要科学且合理，不同种类的投资工具和投资方向应当经过多次考察，确定科学、合理的投资比例，规避风险，实现家庭理财投资的利益最大化、风险最小化。

1.2.3　收入理论

凯恩斯在 1936 年通过《就业、利息与货币通论》一书发表了绝对收入假说理论。他的研究理论说，消费是由绝对收入水平决定的，收入增加，消费也会跟着增加，但消费增幅是滞后于收入增幅的。收入提高，边际消费倾向反而下降。这样，储蓄的相对量以及总量就会随着收入的增加而逐年提升，导致以银行储蓄为主的金融资产在家庭资产结构占比中提升。

杜森贝利于 1949 年在《收入、储蓄和消费者行为理论》一书中提出了相对收入假说。他的研究理论说，消费是由相对收入水平决定的，也就是说他人和本人历史最高的收入水平影响着自身当前的消费水平。这两个参数指出消费者主要受到两种效应的影响：第一，示范效应，不同的家庭消费行为是互相影响的，每个家庭的消费会受到周围同等收入家庭消费的影响，通俗来讲就是居民家庭消费行为是互相模仿性并进行攀比的。举例来说，低收入家庭会效仿高收入家庭的消费行为，这样这个家庭就会增加开支，减少银行储蓄。第二，棘轮效应，家庭的消费水平受到目前收入和过去收入、消费水平的双重影响。虽然说随着家庭收入的增加，家庭的消费倾向也会放大，但是相反却不成立，研究表明家庭收入的降低并不会削弱家庭的消费倾向。简而言之，城镇居民会通过减少银行储蓄存款甚至借款去维持家庭长期的消费水平。因此杜森贝利得出了当期收入以及过往消费水平是当期消费水平的决定因素。

弗里德曼在 1956 年提出了持久收入假说，挑战凯恩斯的绝对收入假说和杜森贝利的相对收入假说理论。他认为，持久性收入水平会对消费产生很大的影响，而相对收入假说只是持久收入假说的一个特例而已。消费者的消费支出是由消费者一生的持久收入决定的，而不取决于目前绝对水平的收入，更不取决于当期收入及过去最高收入。因此产生了贷款这一消费行为，消费者可以通过预测未来的收入来为目前的消费支付费用，比如住房商业贷款、汽车分期付款以及家庭装修贷款等，这种贷款行为对居民流动性约束问题产生了正面的作用。

1.2.4　需求层次理论

美国心理学家亚伯拉罕·马斯洛（1943）发表的《人类动机的理论》（*A Theory of Human Motivation Psychological Review*）一书中，将人的需求分为了五个层次，即生理需求、安全需求、社会需求、尊重需求和自我实现需求五类。

对马斯洛的需求层次理论进行分解后可发现，人最初级的层次是实现生理需求，解决好日常生活中的衣食住行等基本生存问题，当处于这一层次的时候，个人或家庭一般不太会有理财的概念，人们会为了基本的生活资金而四处筹措，缺少进行投资理财的本金和条件。当人们生理需求得到满足后，就要考虑安全需求的问题，除了人身安全，很重要的一点就是财产安全，即如何做好风险管理和投资规划，以实现财产的保值增值。居民可以根据家庭可能面临的各类金融资产风险，采取措施来进行预防和避免，如参与各类保险项目来转移风险等，从而保障家庭的经济安全。当个人或家庭的安全需求得到满足后，就可以开展真正意义上的理财活动，比如投资股票、债券、基金、期货、购买黄金或投资房地产等，以实现家庭金融资产的快速增长，积累财富以满足更高层次的社会交际需求。当居民达到更高的层次后，会把注意力从资产的保值和增值上转移，把更多的财富投入到慈善事业上，希望能奉献社会，以实现尊重需求和自我实现需求。

城乡经济发展水平的不同以及城乡居民收入水平的差异会引起两地居民投资理财需求的不同，主要表现为投资理财产品偏好，风险承受能力和理财动机的不同，这都是我们需要进行分析和比较的。

1.3　家庭理财的现状

1.3.1　家庭理财的工具

一、低风险理财产品分析

低风险、低收益产品主要包括了银行产品：定期存款和银行发行的一些理财产品、国债，以及基金和保险产品。

（一）银行存款

银行存款是目前来说最基本的一种理财投资方式，目前对于大多数的城镇、农村居民来说，存款是最被人了解、认可的一种方式，其优点主要在于稳定性非常高，基本上不存在风险。银行存款分为多种方式，有活期和定期之分，活期存款的利率较低，但是其流动性较好，能够随时存取。定期存款根据时间分为半年、一年、三年、五年等不同类型，一般来说，定期存款期限越长，其利率越高。银行存款也存在显而易见的缺点：就银行存款的利率来说，其收益率相对于其他方式较低，并且在发生通货膨胀时，银行存款能够造成资产的缩水和贬值。

（二）国债

在债券投资方面，建议选择国债进行投资，国债相对于其他债券有着许多突出的优势：第一，国债不需要支付印花税、利息税等各种税费，如若是购买其他企业债券，利息税高达 20%，将会是一笔不小的支出；第二，购买国债不需要承担任何风险，顾名思义，国债是由政府发行的，不存在其他企业债券所存在的信用风险等问题，所以几乎是零风险，安全性非常高；第三，买卖方便，收益率相对较高，国债虽然没有其他企业债券收入较高，但是其收益率一般来说要高于银行定期存款。

（三）保险

保险在某种意义上也是一种投资，在投保人与保险公司签订保险合同并缴纳相应项目的保险费用之后，一旦发生保险索赔所规定范围内的事件，投保人便可根据保险合同的规定，向保险公司索要相应的赔偿。例如小汽车每年购置的车险，一旦发生交通事故造成保险范围内的损坏，车主便可找到当初的保险公司要求其赔付进行相应的维修费用。如果在保险合同规定的期限内，并没有出现任何需要保险公司赔付的事件，那么当初的保险费用便相当于全部损失，因此保险作为一种投资方式是存在一定的风险性的，但是就其赔付力度和意外保障而言，保险是每个家庭必不可少的一种投资方式，其效益是其他投资方式不可替代的。

二、中等风险理财产品分析

在这里，我们定义的中等风险理财产品主要包括了基金、房产等。

（一）基金

基金是一种间接的证券投资方式，基金的收益与亏损在一定程度上受到股市的影响，因此在前几年股市牛市之时，股市热度也非常受到广大城乡居民的追捧，但是 2016 年的股灾却让人历历在目，无数家庭投资的股票、基金产生了巨额亏损，这也让基金投资的热度降下温来。

（二）房地产

房地产投资在某种意义上来说与其他的投资方式存在着较大的差别。房地产投资的特点主要有以下几点：第一，房地产投资周期长，属于中长期投资；第二，房地产投资门槛较高，一般来说，进行房地产投资的家庭或个人一般手中会有自己的一套居住房产，在目前房价如此居高不下的情况下，要进行房地产投资一般需要超过几十万甚至几百万元的资产，在北上广深等一线城市门槛更高；第三，房地产投资一般通过收取租金或是转让出手来获得收益，如果靠后者的话，收益时间周期较长；第四，房地产投资的流动性差，一段时间内投资房地产的资金只能作为固定资产，除非将房产进行抵押贷款；第五，房地产投资也存在一定的风险，目前我国楼市价格高企，一旦出现大幅下跌，将会造成不小的损失。

三、高风险理财产品分析

高风险投资方式主要包括股票、黄金、金融衍生品等。

（一）股票

股票作为一种高风险、高回报的理财工具，目前已经广为我国城乡居民所熟知，并且由于其门槛较低，操作便利，股民在证券公司开户之后，在家里电脑就能进行买卖，十分方便的特点，许多家庭都进行了股票投资。就杭州市中产阶层家庭来说，进行股票投资的家庭占比达到了 71.98%，并且投资股票所占的家庭总资产比重偏高。就目前我国股市形势来看，市场并不成熟。2013 年至 2014 年的牛市让无数股民一夜暴富，家庭总资产成倍增长，而 2015 年开始的熊市，几次暴跌也让一部分人损失惨重，腰斩无数。股市似过山车般，对于散户来说，由于其容易受到各种小道消息影响、炒股经验不足、心态不好等原因，更是存在着巨大的风险。

（二）黄金

众所周知，黄金具有商品和货币的双重属性，它作为一种投资品种也是近几十年的事情。如今，随着金融市场的不断发展，黄金作为一种投资品种，被越来越多的投资者所认识。黄金是一种具有双重属性的投资方式，既是商品，又是货币，目前被越来越多的投资者认识。投资黄金能够在一定程度上对抗通货膨胀。黄金作为一种投资方式有以下的特点：第一，金价公开透明，随时可交易，没有时间限制；第二，金价波动较大，国际上各种突发事件，军事、政治行为举措都能够在一定程度上或多或少对金价造成影响。投资者如想对黄金进行投资，需要掌握一定的经济金融专业知识，并且能够保持良好的心态，时刻保持敏锐的嗅觉和判断力。

（三）金融衍生品

金融衍生品是一种混合金融工具，其价值的高低由一种或多种资产、指数来决定，而金融衍生品合约包含了诸多种类，比如期货、期权、远期、掉期等。目前我国的金融衍生品市场仍然在完善当中，一些市场体制不够规范，市场价格有时会失衡，并且在信息披露制度方面，也存在着一些不足。金融衍生品有着不同于股票投资的特点，其能够将资产风险对冲，也就是利用金融衍生品合约将自身面临的风险来减少，通过高杠杆性能将风险转移给愿意承担风险的人。在某种程度上，金融衍生品能够进行风险的规避，提供了对冲风险的工具和方式。

四、理财工具风险程度大小分析

对于不同风险偏好的家庭来说，对理财工具的选择会不尽相同。偏好"本金能够保证，收益率可能稍微高于银行储蓄"的家庭，其风险承受能力相对较低，其在进行理财产品选择时应将银行存款、国债、保险等较低风险理财工具的投资占比提高，而将股票、黄金、金融衍生品等投资工具的占比减少；而偏好"收益率高一些，可以接受本金的小量损失（10%以内）"的家庭，也应当将其投资主要放在银行存款、国债、保险等理财工具，可以稍微配置一些基金和房地产等低风险理财产品；对于偏好"收益率较高，本金即使出现较高亏损（30%）也可以接受"选项的家庭，其理财风险偏好较高，可以在进行资产投资时，进行一定比例的股票、黄金、金融衍生品的配置，但不可冒进。

1.3.2 国外家庭理财现状

在发达国家，家庭理财规划几乎早已深入每一个家庭，早在 1999 年底，美国、日本、英国和德国的人均金融资产数量就分别达到 12.7 万美元、10.4 万美元、7.67 万美元和 4.4 万美元。由此可窥一斑，经过长时间的发展与完善，国外家庭理财业务积累了很多的成功经验，我们应该积极学习和借鉴这些成功经验,大力发展和推进我国家庭理财业务。下面根据不同国家理财业务的优秀理念和先进手段展开具体分析,从中总结我国家庭理财业务与之相比较的差距所在。

一、美国家庭理财状况

美国坐拥全球最具影响力和最发达的金融市场,同时,丰富齐全的投资工具,完善便利的金融服务、全面到位的市场监管也促使美国家庭理财业务飞速发展。因此,美国居民家庭的理财业务处于十分发达的程度。

第一,正确的投资理念。"长期投资、理性投资"是美国家庭从事投资理财活动所尊崇的投资理念。为制订符合自身需求的理财规划方案,很多家庭会聘请和咨询专业的理财机构和理财顾问。理财规划方案主要包括:设定目标、保险评估、现金管理、教育基金、退休计划以及财产和税务筹划等多个方面。由于美国金融业发达,所以金融理财品种十分广泛,例如:基金、债券、股票、保险、教育和退休基金、房地产等。但基金最受美国家庭青睐,是因为基金具有安全性好、收益性高、风险分散以及监管严格的显著优点。

第二,相关的法制健全。美国的金融投资市场之所以投资产品丰富、投资环境良好,主要取决于政府对资本市场的严格监管。美国政府赋予金融行业金融委员会和联邦储备银行相应的监管权力,并对金融市场进行权威性、法治性和强制性的调控、管理及监察,从而使金融投资者的相关合法利益得到全面保障。

第三,理财的基础教育工作。金融投资理财要求投资者具备相应的专业金融知识。因此,美国政府对于投资者的教育和保护工作十分重视,具体表现为:将金融知识教育纳入中小学教育课程;向普通消费者宣传介绍各种形式的理财知识和投资技巧;建立相关法规条例以保护投资者的投资利益。除此之外,美国对专业理财机构及专业理财咨询师都有严格的行业准入标准,只有取得认证理财规划师(Certified Financial Planner,CFP)、特许理财顾问(Chartered Financial Consultant,CFC)的认证资格,才可以为客户设计理财方案,他们凭借资深的专业知识、丰富的职业经验和较高的职业素养为客户量身定制相对完整的个人理财方案。

二、英国家庭理财状况

在英国,政府机构积极推进及完善社会的税收、福利制度,这一举措也促使中产阶级得到培养与壮大,同时,中产阶级也推动了国家的经济发展,并引领了英国家庭"理性消费、稳健投资"的理财观念。

其一，投资品种多样化。大多数的英国家庭都具有良好的理财习惯，除了投资于股票、基金、期货及金融衍生产品外，艺术品投资也是中产阶级及高收入家庭十分热衷的投资领域。众所周知，伦敦、纽约和巴黎被称为全球三大艺术品市场，由于历史原因保存了许多祖辈留下来的收藏品，这也成为英国艺术品交易市场的发展基础。当然，艺术品投资也具有一定风险，但是对政治事件及经济危机等反应不如股市敏感的地区，也可将艺术品作为长期投资工具。艺术品投资具有鲜明的特点，被誉为安全避险仓，这是因为艺术品投资不仅能够获得高投资回报，还能有效分散传统投资产品所带来的风险。例如在西方国家 27 次经济衰退中，艺术品投资仍然表现良好。

其二，金融服务人性化。英国的金融服务周到而便利。例如，当客户的银行存款过多时，银行将主动提供免费的投资理财咨询服务，甚至进行投资理财知识的专业培训。在日常生活中，英国家庭还可利用电话、自助设备及互联网等多种便利渠道进行投资理财。同时，为了调动客户的投资理财积极性，有些银行还制订相关专项方案，例如免收客户每年前 100 笔业务的手续费。

三、韩国家庭理财状况

韩国专家曾表示：经济社会发展的趋势之一是全民理财。培养理性投资者，可以促进和保障国民经济的健康发展。换言之，理性投资者愈发壮大，社会的经济发展则愈发健康。

韩国经济学者认为韩国现已逐步形成"理财产业"，几乎每个家庭都表现出前所未有的理财热情，并且均拥有一定的金融理财产品，具备一定的金融理财知识。面对全民高涨的理财需求，韩国政府也积极发挥指导作用。具体表现为正确引导国民进行科学理财、理智投资。例如韩国人最青睐的房产投资，政府以打击投机炒房行为为目标，对房产市场采取全面、有效的监管，其中"全国不动产交易电子地图"的电子网络正是一项有力措施。各地区的不动产交易量及价格等详细信息均可以通过电子网络查询，当某一地区投资出现异常时，地图上就会有相应的红色预警显示。同时，韩国政府部门对媒体的宣传作用也十分重视。在各类报纸、杂志上均有理财栏目专刊；电视台则以现身说法或专家访谈形式传授理财之道；出版部门积极推广各类理财相关读物和书籍。

1.3.3　国内家庭理财现状

改革开放以来，中国经历了经济高速发展阶段，居民物质生活水品不断提升，家庭财富快速增加，但家庭财富的增速却并未让大多数人的幸福感得到提升。这种现象的产生有三个原因：第一，贫富差距拉大，与他人对比后幸福感降低；第二，虽然财富增速快，但通货膨胀增速也快，财富增加的幸福感被通货膨胀带来的压力抵消了；第三，现在的财富虽然增加了，但未来的保障仍然不确定，对未来的担忧反而因为经济水平的提升而增加。上述原因也充分揭示了我国家庭理财市场不成熟以及居民家庭尚未形成正确的理财观念。下面根据我国居民家庭的投资理财现状进行具体分析。

第一，我国居民家庭存在盲目跟风、投机取巧等非理性动机，缺乏正确、理性的理财观念。大部分家庭的理财更趋向于投机，如炒股炒房企图短时间获得暴利；对家庭理财规划缺少正确认识，忽略自身状况和理财目标而盲目照搬媒体宣扬的理财建议，非但不能达到事半功倍的效果，还有遭受风险和损失的可能。

第二，我国居民家庭的风险防范意识淡薄。只重收益忽略风险、盲目进入、慌乱出逃、羊群效应、跟风操作，诸如此类的问题比比皆是，这无不反映出我国投资者缺少风险管理意识、理财观念不正确。

第三，投资渠道相对单一、简单，投资环境发育不完全，专业人才十分匮乏。目前国内的投资渠道无法满足居民家庭理财规划中组合产品的需求，且银行等金融机构个人理财业务的专业程度普遍较低，加之，真正的专业人才少之又少，均严重制约了我国家庭理财业务的发展。

第四，技术手段尚不发达。居民家庭理财要得到全面的普及和发展，必须依赖先进的电子信息技术。鉴于我国金融产业网络化、信息化程度不高，导致大多数商业银行的运行系统并非建立在客户的基础上，而是在账户的基础上，因此，银行只能了解到极为有限的客户信息。同时，在我国非柜台操作程度仍然处于较低水平。

第五，投资渠道受限。尽管我国的投资市场得到长足发展，并不断拓宽投资的各种渠道，但某些投资渠道专业性强、风险大，且市场规范性相对较差，对于大多数居民家庭难以涉足。例如艺术品、古董、石材等投资领域。

第六，相关政策法规尚不健全。现阶段，我们政府职能部门对金融市场的监管不够全面有效，因此，在居民理财收益方面无法得到合理保障。

由此可以看出，尽管我国居民家庭的理财需求呈上升趋势，但由于居民理财知识薄弱、投资环境不完善等原因，我国居民家庭投资理财行为受到很大程度的抑制。

1.3.4　差异原因分析

一、家庭高储蓄的原因分析

一般而言，家庭金融资产的配置首先是满足储蓄动机、养老和预防风险等低层次需求，才在高层次的储蓄动机驱使之下进行投资行为。经调查，河北省城镇居民高储蓄的原因主要有以下几个方面：首先，中国社保制度不健全，河北省亦如此。老百姓担心自己将来生活无法得到保障，因此，有预防性储蓄的动机。其次，我国资本市场不成熟，存在着两个极端：一个是"无法无天"。上市公司的大股东经常擅自占用上市公司的资金，直接干预上市公司的经营管理，忽视了上市公司是独立法人，损害了投资者利益；上市公司也没有"公众公司"的概念，制造虚假信息，滥用独立法人资格，损害投资者的利益等。另一个极端是"政策市"，几十年来，人们一直无限眷念来自政府的信息，成为推动股市"繁荣"的因素。没有市场价值投资理念，也没有风险意识，不管什么原因市场走低，都期待"政策利好"的消息，想依赖政策"赚钱"，"政策市"成为中国资本市场的独特景观。因此保险、基金、股票等多种投资工具遭到诚信的质疑。所以人们只能选择相信有国家信用担保的国债，或者银行存款。2008 年股市的拐点后，储蓄存款在家庭金融资产比重迅速上升就是最好的例子。

二、家庭资产组合的安全性较低的原因分析

由于金融和经济环境的复杂多变性，多数居民无法准确把握经济、金融的态势，因此，如果没有专业人员的合理化建议，是很难通过合理配置各种金融工具来满足自己的生活需求，提高生活质量。目前的理财服务也更多地停留在概念上，目前理财市场主要有以下几个方面问题：

（一）缺乏专业人员，整体服务质量和服务水平不高

在国外，专业的理财规划师要通过注册理财规划师（CFP）资格考试，在取得合格证书后，才有资格为客户量身定做理财规划方案，提供最佳的资产组合方案来规避风险。另外，有严格的保密制度，对于客户信息要严格保

密，如有违反，将会受到严重的处罚。因此，即便客户完全不懂理财，只需要认真执行理财规划师提供的方案即可。但是，目前我国多数金融机构开展的理财业务都是以服务型为主、咨询和投资导向为辅的模式，服务含金量不高；"讲增值的少，讲保值的多"。并且由于我国依旧实行严格的分业经营，商业银行提供的个人理财业务仅仅是向客户盲目推销各类理财产品，并未将理财规划和理财产品真正结合起来，最后的执行者仍是客户自己。其二，理财产品的趋同化现象严重。目前市场上各种各样的理财产品都是大同小异，一家金融机构刚一推出新款理财产品，马上就会被其他金融机构迅速模仿，而针对不同客户需求制定的个性产品较少。

（二）客户的信任度较低

由于理财推销人员对理财产品的盲目推销，造成居民认为理财的就是购买理财产品，缺乏对理财服务的深刻理解和信任，这就严重阻碍了理财服务行业的发展。目前我国资本市场发展仍处于初级阶段，多数人对理财的观念只是处在萌芽状态，而不是通过系统、综合考虑之后，在避免风险的前提下，以一定的资金获取尽可能多的收益，同时也没有根据生命周期理论对自己及家庭的一生的风险及财务状况做统筹安排。

1.4　家庭理财的风险分析

1.4.1　风险管理的概念

如果用"财富船"来形容一个家庭，那么这支"船"将驶向何处？目前处于什么"位置"？将面临怎样的突发"状况"？为确保正常驶向"目的地"，需要付出怎样的代价？在这样的处境下，应以何为重？……为解决上述问题，我们不得不提及家庭理财规划中的风险管理环节。

风险管理是一个动态过程，在家庭理财活动中，归纳起来就是两个重要的步骤：即风险事件的预估以及风险应对策略的制定和执行。家庭理财规划的目的就是保证本金的保值与增值，首先是保值。本金贬值是通货膨胀带来的一种最常见的表现，简单地说，如果你的资金在未来一段时间里没有消费，或者获得的收益无法抵御通货膨胀，那么这将意味着你损失了一部分的本金。如果进行投资活动，如购买基金、股票或投资房产，也要面临本金因这些产品价格下跌所造成的损失风险。因此，风险管理是家庭理财规划活动中十分重要的环节。

风险在家庭理财过程中是客观存在的。如何进行风险的有效规避，在风险出现时尽可能将损失降到最低程度，这就需要进行有效的风险管理。家庭理财规划的风险管理有别于企业，即家庭资产的保值。它主要考虑的是如何保障家庭当前与未来一段时间内的生活开支，当意外事故发生后，家庭生活怎样免受重大影响。当然，在资产保值的基础上，如何保证投资能够获得更稳定的收益也是风险管理的一个重要方面。

1.4.2　风险管理的考虑因素

一、风险承受能力的定位

每个家庭的情况不一样，所表现出的风险承受能力也各不相同。在理财规划中，从以下步骤来评估一个家庭的整体风险承受能力。

首先，家庭经济状况的评估。家庭经济状况评估要求客观准确，主要体现在家庭有没有负债，负债的性质如何？家庭资产负债情况分析，有多少投资资产、不动产以及流动资产？家庭资产负债比率和流动比率是多少？只有清楚这些问题后，才能对家庭可以承受的整体风险程度进行有效评估。

其次，家庭消费习惯的定位。从家庭现金流量表或现金流水账进行对比分析，可得出家庭消费的平均水平和上下限范围。明确了家庭的消费水准，可有效防范局部风险对生活质量的影响。

最后，未来需求的预估。根据家庭理财规划需求的目标，可以预计未来需求，未来需求主要指保障家庭在未来中长期及短期内的基本生活需求。明确了未来需求所需的资金量后，就可确定未来生活受风险影响的程度，进而确定家庭所能承受的风险限度。

二、风险事件的预先分析

一个家庭将面临很多不确定的风险事件，根据风险的不同程度，分为主要事件和次要事件，这些事件发生风险的可能性大小、风险发生后的严重程度，直接关系着家庭生活受到影响的深度。因此，对于家庭来说，要综合考虑管理风险的成本，然后制定相应的风险管控办法。首先重点防范高概率的风险事件及造成严重风险程度的事件。例如，丈夫的工资收入是整个家庭的主要经济来源，那么防范丈夫发生意外事故，就是这个家庭应重点防范的风险事件。

三、风险事件的有效规避

在家庭理财规划中，有些风险只要稍加理性分析是可预见、可避免的。例如，目前频发的金融诈骗活动和非法集资行为，就是可预见可规避的风险。当然，对于不可预测的风险也是很难进行有效规避，只能采取截止、分散和转移的方式进行合理控制。

1.4.3 风险管理的办法

对于"421"家庭而言，风险的管理是重中之重。风险管理是为家庭这支"财富船"保驾护航的根本，家庭理财规划过程中缺少风险管理，好比家庭这支"财富船"随时处于暗流与漩涡之中，无法获得安全与稳定。下面针对"421"家庭具体分析风险如何有效规避。

转移风险。"421"家庭模式决定了家庭高风险系数主要倾向于年轻夫妻，如果这对年轻夫妻不幸发生意外身故，则对于家庭财务来说就是毁灭性的打击。因此，在家庭理财规划中，一定要善于转移不可预测的风险。比如购买保险，就是转移风险的典型方法。将风险转移给第三方保险公司，一旦发生意外，也可继续维持家庭现有的生活质量。提升年轻夫妻的全面保障系数，不仅是对个体的保障，更是对家庭持续发展的保障。

分散风险。通常所说的"不要将鸡蛋放在一个篮子里"，就是分散风险的意思表示。分散风险旨在降低每类风险在同一时间发生的概率，从而有效控制发生在同一事件的风险损失程度。在家庭理财规划中，风险管理不仅是单纯地预防规避风险，而且还要根据"高风险，高收益"的投资原理，对资产进行合理配置的风险管理，以合理的比率获取相匹配的投资收益。分散风险的投资管理方法，是投资决策中常用的策略。在风险分散管理中，"421"家庭应坚持二八原则，将用于中长期投资理财本金的八成用于投资基金定投、货币基金或债券等中低风险领域，另外二成投资于风险较高、变化波动较大的股票等高风险领域，这样风险系数将被均匀风散，符合"421"家庭资金支出需求大于积累沉淀的财务现状。

截止风险。家庭理财实践中，当风险已经发生且损失不断扩大时，如果无法预测还将继续造成多大的损失，也不能预测风险何时停止，那么果断地截止风险是最好的办法。"421"家庭在投资股票时，应设置合理止损点，适时进行截止风险。在投资生意时，发现运营不善或已出现亏损，但又无法解决时，也应该考虑截止风险，停止或暂停投资。总之，在家庭理财进程中，合理的放弃胜过盲目的坚持，毕竟投资理财不是赌博，保证家庭资产的安全与稳定增长才是家庭理财的根本。

自留风险。自留风险是指风险已经发生并已经造成资产损失，但此时风险损失不会再继续扩大，并且有可能出现转机的前提下，暂不进行风险处理，等待未来时间缩减损失或出现盈利。例如"421"家庭以投资方式购买了房产，但遭遇了房价下跌，致使投资出现亏损，且房价已经下跌到一定程度，如果此时卖出房产，势必造成损失加大。因此，此时应采取风险自留，取消卖房计划或改为出租，待房价回升后再考虑出售，尽可能降低风险所造成的损失。

1.5　家庭理财的技巧

1.5.1　家庭理财的误区

美国有人以"你知道你家每年的花费是多少吗"为题进行调查，结果是近62.4%的有钱人回答知道，而非有钱人则只有35%知道。该作者又以"你每年的衣食住行支出是否都根据预算"为题进行调查，结果竟是惊人的相似：有钱人中编预算的占2/3，而非有钱人只有1/3。我们不可能预见什么时候会生病或发生变故，弄得我们无依无靠，或者某个突发事件突然会搞得我们措手不及。由于不做长远打算，致使自己在生活中遭受了各种各样的磨难。一旦遇到紧急情况，银行里却没有一分钱，我们能想象这是一种怎样的窘迫啊！

有钱人一定有成为有钱人的道理，同样的钱，放到不同人手里会有不同的使用方法，有人用它来致富，有人用它来挥霍，不同的想法成就不同的人生。可见理财并不只是富人的事情。

一般来说，家庭理财存在下面几种误区。

一、面面俱到型，追求广而全的投资理财组合

小沈的投资理念：鸡蛋不能放在一个篮子里，多尝试各种理财产品才能分散投资风险。所谓"东方不亮西方亮"，总有一处能赚钱——这也是眼下不少人奉行的理财之道。可是一年下来，小沈的投资成绩却不尽如人意，股市亏了、美金下跌、钱币没得动静，只有开放式基金挣了钱，可惜又买少了。

二、守株待兔型，大势判断不准

小谭的投资理念：每一个基金都不多买，每一个基金也不错过，不同类型的基金可以分散不同程度的风险。结果一年下来，她的平均收益率为10%。10%对于投资者来说，也是比较不错的成绩了。但是考虑到上一年开放式基金的整体成绩，小谭的投资不算成功。

三、短线投机型，不注重长期趋势

至今，股市、汇市甚至期市都留下了小米夫妇的影子。但情况不像廖先生以前想的那样，急于获取丰厚回报的来氏夫妇太注重短线投机，听人风传某只股有异动就投进去，不见动静又快速撤出，一年多股市里收益不理想；2003年外汇市场、期货市场十分红火，两人又转投汇市、期市。急于求成的投资心态并没有使小米夫妇在汇市、期市有何建树，廖先生很纳闷，为什么这样投资不赚钱？

四、盲目跟风型，理财随大流

孙先生这种把房屋抵押出去购买基金，这个方法是大错特错的，虽然有几只股票型基金的年收益超过20%，但高收益伴随着高风险，未来基金的收益谁来保证？何况，拿房子作抵押贷款买基金又是短线持有，一旦出现基金形势不好被套牢的现象，必然血本无归。

五、过分保守型，家财求稳不看收益

钱先生很固执，是有他的理由：现在夫妻俩做着小生意，除去女儿上学用的钱相对多一些，其他的东西家里都不缺，没太大的开销，这样每月省吃俭用还能另外存一点钱给夫妻俩将养老。他对自己夫妻俩的能力有着清醒的认识，认为他们不大可能有更多的机会挣到大钱。而他能预见到将来最大的开支就是女儿上大学的费用，因此，额外收入是绝对不可以有什么差池的！长期以来固有的保守个性决定了钱先生对待这笔钱的态度就是：放哪里都不如放银行保险。

1.5.2　家庭理财的要素

眼下，可供家庭选择投资的方式越来越多，如参加银行储蓄、购买债券股票、置办房产、参加财产和人身保险等。选择不同的投资方式收益也就不同，每个家庭应结合考虑自己的实际情况，慎做投资决策。

在选择投资方式以前，除了要注意人们常提及的"量资金实力而行"外，还需要考虑"量风险承受力而行""量家庭的职业特征和知识结构而行"等要素。

一、家庭理财应考虑物价因素及其变化趋势

在投资的过程中，只有对未来物价因素及趋势有个比较正确的估计，理财决策才可能获得丰厚的回报。比如说定期储蓄三年，到期后所得利率收益，除去利息税加物价通胀部分所留无几，显然并没有占便宜"讨巧"，而应选择其他投资方式。

二、家庭理财应考虑经济发展的周期性规律

经济发展具有周期性特点，在上升时期投资扩张、物价、房价等都大幅度攀升，银行存款和债券的利率也调整频繁；当经济下滑，银根紧缩，情况就有可能反其道而行之。如果看不到这一点，就可能失去"顺势操作"的丰厚回报，也或者在疲软的低谷越陷越深。时常关注宏观形势和经济景气指标，就可能避免这一点。

三、家庭理财应考虑地区间的物价差异

我国地域辽阔，各地的价格水平差别很大，如果生活的地区属于物价上涨幅度较小的地区，就应该选择较好的长期储蓄和国家债券；如生活的地区属于物价涨幅较高的地区，则应该选择其他高盈利率的投资渠道，或者利用物价的地区价差进行其他商贸活动。否则资金便不能很好地保值增值有好收益。

四、家庭理财应考虑多品种组合

现代家庭所拥有的资产一般表现为三类：一是债权，二是股权，三是实物。在债权中，除了国家明文规定的增益部分外，其他都可能因通货膨胀的因素而贬值。持有的企业债券股票一般会随着企业资产的升值而增值，但也可能因企业的萧条倒闭而颗粒无收。在实物中，房产、古玩字画、邮票等，如果购买的初始价格适中，因时间的推移而不断升值的可能性也不小。既然三类资产的风险是客观存在的，只有进行组合投资，才能避免"鸡蛋放在同一个篮子里"的不利"悲剧"。

五、家庭理财应考虑货币的时间价值和机会成本

货币的时间价值是指货币随着时间的推移而逐渐升值，应尽可能减少资金的闲置，能当时存入银行的不要等到明天，能本月购买的债券勿拖至下月，力求使货币的时间价值最大化。投资机会成本是指因投资某一项目而失去投资其他机会的损失。很多人只顾眼前的利益或只投资于自己感兴趣、熟悉的项目，而放任其他更稳定、更高收益的商机流失，此举实为不明智。也因此，理财前最好进行可选择项目的潜在收益比较，以求实现理财回报最大化。

1.5.3 家庭理财的步骤

一、准备

正所谓"知己知彼，百战不殆"，在进行家庭理财之前，进行一定的准备工作是非常必要的。比如分析自己的能力、精力和财力，了解市场的现状和发展趋势，熟悉投资理财的品种，等等。然后，针对自己的不足，通过自学、交流和参加培训来充实和提高自己。

（一）自我了解

理财需要一定的时间投入。在准备进行投资理财之前，首先应该检查一下自己的时间分配情况，剔除不合理的时间安排，然后按轻重缓急重新来进行时间的规划管理。

财力是理财的前提。如果决定自己理财，那么在理财之前必须要理清自己的财务状况：有多少家产？平时的总收入是多少？平时的总支出是多少？家庭处于什么样的社会经济地位？自己能承受多大的投资亏损？只有考虑清楚这些问题，才能有效地开展家庭投资理财。要清楚了解自己的财务状况，可以通过填制家庭资产负债表、家庭收支表等家庭财务报表来实现。

良好的心理准备是理财的重要保证。如果没有良好的心理准备，在生活和精神的双重压力下就无法充分发挥理财知识和技能的作用，并会阻碍我们在实际理财中作出正确的判断和及时的决定。

（二）掌握理财知识

虽然人人都在理财，但每个人的理财效率却有天壤之别。其实，理财并不简单，它是一门学问。只有掌握了理财的相关知识和技能之后，才有可能进行持续高效的理财。

（三）熟悉理财渠道

在了解自我并掌握理财知识之后，就应该开始熟悉理财的渠道。理财渠道有很多，如储蓄、基金、股票、外汇等。

二、设定目标

理财必须有两个具体特征：一是可量化的检验性，目标结果可以用货币精确计量；二是时效性，即有实现目标的最后期限。简单来说，就是理财目标必须具有可量化的检验性和实效性。理财的目标由其本人的年龄、工作、社会地位、婚姻状况、兴趣爱好、人生观等多种因素决定。一般来说，理财的主要目标是增强经济实力和对其资产进行控制管理。

具体来说，理财可以分为个人目标和财务目标。

（一）个人目标

理财的个人目标实际上就是努力通过制订和实施理财计划来满足个人的一定需要，如子女教育、提高生活标准、购买住宅、退休养老等。

①子女教育。在现代社会，子女的教育越来越成为许多家庭理财计划的一个重要目标。通过理财，在一定时间内能积累资金已满足未来教育费用之需。

②购买住宅。理财者在购买了房屋和之后，还必须连续追加资金以应付房屋所产生的相关费用，如装修费用、购置家具的费用等

③提高生活水准。随着社会的发展和进步，人们的生活水平和经济收入不断地提高，生活需求也更加多样化。旅游、购房、购车、购买各种保险等渐渐走进人们的日常生活，使生活条件、生活质量不断改善提高。

④退休养老。随着社会保障体制的改革，人们期望理财会给他们带来合理的长期稳定收入。通过个人的而资产组合，其价值上升幅度要大于通货膨胀，那么他们机会有足够的继续来满足退休后的支出。

（二）财务目标

理财的财务目标包括资本安全、资本升值、收入的稳定、防止通货膨胀、税收因素等。

①资本升值。资本安全对于绝大多数理财者来说是最重要的财务目标。

②资本升值。理财肯定希望能够获得收益，即资本升值。

③收入稳定。在资本保值或升值的情况下，理财还需要保证收入的稳定。

④防止通货膨胀。

⑤税收因素。对于高收入者而言，如何为自己的收入合法避税也是一个考虑因素。

（三）目标的设置

目标的设定必须与家庭的经济状况、风险承受能力等要素相适应，这样才能确保目标的可行性。有的目标不可能一步实现，需要分解成若干个次级目标。设定次级目标后，就有了每天努力的方向。

三、拟定策略

拟定策略就是找到最有效率的理财方法，以最低的成本达成财务目标。这是拟定策略的最高指导原则。

由于每个人的性格不同，财务状况不同，所处的大环境也不同，那么想要实现各自的理财目标，必须根据每个人的实际状况来选择理财策略。在拟定策略时，必须发挥优点，避开弱点，找到机会，顺应趋势，运用最省时省钱的方法到达终点。

比如为了达到买房的目标，你决定要在 1 年之后支付 10 万元首期。那么为了实现这个目标，该如何拟定策略呢？

假设你现有存款 160000 元，预计全年总收入 97000 元，预计全年总支出 37000 元，那么到年终与目标相差 100000-（97000-37000）= 40000 元。那么这 40000 元的差额该如何通过理财来获得呢？由于不同的人会有不同的理财风格，所以理财策略也会不同。按照理财风格把他们分为三类：

①风险型投资者，愿意接受高风险以期获得高回报。如果是这种类型的投资者，可能会选择股票、外汇、期货等高风险投资品种，通过使用 160000 元的存款以求获得 25% 的年收益，从而弥补 40000 元的差额。

②普通型投资者，愿意接受正常的投资风险以期获得一般标准的汇报。如果是这种类型的投资者，可能会投资 40000 元在高风险投资品种上，年收益率也是 25%；另外选择股票型基金为投资方向，通过使用 80000 元的存款获取年收益率 10%；剩余部分用存款补齐。

③保守型投资者，几乎不愿意承担风险。这种投资者选择的投资方式一般是储蓄，年收益仅为银行利息。然后可能还会采取减少开支的方法，节省部分金钱。至于剩余部分，就通过存款支付。

四、编列预算

拟定理财策略之后，需要更精确地将财务资源配合，即进行预算的编列。预算是控制目标达成的工具，不管是资金流量的累积、存量的配置，都需要编列预算，让财务目标数量化，然后才可以逐步达成所需的金额及进度，用预算来控制收入及支出。预算大多是以月为单位，以现金形式来显示每个月的收入和支出。

五、执行预算

依照所编列的预算，开始执行预算。但是为了谨慎起见，可以再从第一步骤起做修整，直到符合要求为止。预算开始执行之后，应该按照进度实行，配合计划的进展，这样才不会偏离目标。

计划一旦付诸实施，预算就成了一种工具，应该定期用它来跟实际的理财效果和预期结果进行比较，从而监控计划进展的情况。这种反馈，既对理财进度的监测和评估，反过来可以在必要时及时采取修正措施。

一方面，如果理财进度的评估结果表明一切正在向它的目标前进，实际结果与预期结果相一致，就不需要对行动计划进行调整。另一方面，如果一旦发现实际结果与预期结果之间有差异，那么就要采取修正措施。

六、总结提高

这是人们最容易忘记的，却是投资理财中必不可少的步骤之一。回顾和总结过去的投资理财活动，评估投资效果，对提高投资理财水平具有重要的意义。

（一）理财评估

全面评估，分析过去的得失成败，是理财必须定期进行的工作。通过进行理财评估，可以得到第一手的理财数据，为进行自我总结提供客观依据。

（二）自我总结

自我总结的作用体现在很多方面：一是可以积累成功的经验。"理财"中的"财"不仅仅是指金钱，而是包括物质财富和精神财富两个部分。经验是无形的资产，也是一种财富。所以，进行回顾与总结的过程就是积累财富的过程。二是总结失败的教训。由于投资风险的客观性、内外环境的多边形，出现投资失败或挫折并不奇怪。失败是理财的成本，只要善于利用，最后肯定会获得更大的收益。三是完善自我。总结经验教训的过程也是自我完善的过程。实际上，自我总结不但能提升投资理财能力，也能提高自身素质，如理念、心理、品德、思想境界等。

自我总结一般可以通过以下方法来进行：

①检查在投资理论、理财知识方面是否还有欠缺。

②检查决策与操作是否合理、科学。

③检查自己对投资环境走势的判断是否准确。

④检查自己的投资理念与现实是否产生偏差。

⑤检查自己的心理素质是否健全。

（三）策略调整

通过对过去理财效果的评估和自我总结，可以及时发现理财过程中出现的问题和存在的差距。为使以后的投资理财绩效更加出色，此时应该有针对性地调整一些投资理财的策略和方法。

发现问题是解决问题的根本。凡此种种的策略调整，均源于对理财问题的发现和总结。当问题提出后，就可按照新的投资理财策略进行调整，循序渐进，最终形成自己的投资理财风格。

1.6　家庭理财的策略建议

1.6.1　家庭理财的建议

一、用丰富的理财知识武装自己，提高风险防范意识

如今的中产阶层家庭大多数有着本科及以上的学历，但是在理财知识方面，还有所欠缺，从第三章的调查数据也可以看出，对家庭理财知识"很了解"的只有 15.12%，所以中产阶层家庭应当通过各种渠道来了解丰富的理财知识，比如说从互联网、书刊等途径，不断地提升自己的理财意识，更好地提高自身的投资分析能力，提高理财投资的具体操作能力。与此同时，中产阶层家庭需要高度重视在家庭理财投资中存在的各种风险，在判断理财产品的优劣时，不仅仅要从其收益率的高低来进行单一化标准的决策，而应该同时考虑其收益率、风险高低，从多个角度综合全面的比较、分析、权衡，这样才能实现更加科学、理性的家庭理财投资。

二、善用理财投资组合，科学分配投资

投资理财组合对于中产阶层家庭投资者是十分必要的，如果在进行家庭理财时，只进行单一品种的理财产品投资，那么其风险就会十分巨大。目前市场存在多种理财工具，诸如股票、黄金、期权、期货、房地产、基金、债券等，中产阶层家庭应当充分考虑自身所处的生命周期，根据其自身家庭特征，来在风险较高的理财产品和风险较低的理财产品之中进行选择，对理财投资组合进行优化。与此同时，中产阶层家庭可以寻求金融理财专家的帮助，

进一步减少投资理财中的风险，实现家庭理财收益的最大化。

三、提高自身心理素质，理性投资理财

良好的心理素质在投资理财中是十分重要的，在遇到亏损时便患得患失，心理承受不了的话能够在很大程度上影响自身的判断力，使自己做出错误的决策，造成更加不好的后果。只有始终保持理智、乐观、良好的心态，才能够在投资理财时，无论遇到什么样的情况都能够稳如泰山，不因为一时的失利而乱了阵脚，也不因为短期很好的收益而过于满足，将短期投资与长期投资相互结合，权衡利弊，根据市场情况和家庭情况的变化，随时进行理财产品组合的调整，不断适应新的情况，最终才能提升自身的理财投资水平，获得良好的收益。

1.6.2　家庭理财的策略

首先，我们将家庭财务生命周期划分：形成、巩固和消耗三个阶段。收入、支出以及风险的承受能力在不同的生命阶段呈现出不同的特性。理财目标相差较大，所以不同阶段应采用不同的理财策略。在形成阶段，家庭财富比较单薄，在满足最基本的生活消费之外，所剩无几，此阶段城镇居民若有结余，可用于购买高风险的理财产品以寻求家庭财务的迅速增加。在巩固阶段，家庭财富已经具有一定规模，而且居民也有了一定的投资理财经验，可适当地配置高风险、低风险理财产品的比例。第三个阶段为消耗阶段，在此阶段家庭收入逐渐减少，而医疗保健类支出却不断增加，应减少高风险理财产品配置的比重，确保家庭财富相对安全。

表 1.6.1　　　　　　　　　　生命周期各阶段的家庭理财情况

财务生命周期	收入状况和风险承受能力	理财目标
形成阶段	家庭处于刚组合的阶段，支出超过了收入，由于年轻人抗风险能力较强，此时可用少部分闲钱进行风险较大回报较高的投资，其余以储蓄为主	建立备用资金、自身教育、结婚、投资等
巩固阶段	随着经验的丰富和能力的提高，收入逐步提高，资产逐步增加，从积累阶段向巩固阶段转化，由于家庭成员的增加，风险承受能力中等	子女学习、购买各种保险、不动产及汽车

财务生命周期	收入状况和风险承受能力	理财目标
消耗阶段	退休后收入大幅减少，需使用以前积累来保障生活水平，由于风险承受能力较弱，宜选择低风险理财产品	休闲娱乐、医疗保障等

在指定家庭理财规划时，需着重考虑的因素包括家庭的财务生命周期和家庭的生命周期。家庭生命周期的划分依据主要是各成员的成长过程，其分为三个时期：青年期、中年期、退休期。其中青年期又根据是否已经组合家庭分为单身期和家庭形成期。中年期又根据家庭的成长程分为成长期和家庭成熟期。

进行家庭理财的关键是做好品种的选择、风险的控制和比例的分配。合理的家庭理财应将这三方面有机结合起来。在不同生命周期阶段一个家庭的收支特点、风险承受能力、理财目标不同，理财方案也相应存在较大的差别。

一、青年期家庭理财规划的路径选择

处于青年期阶段的家庭特点表现为收入不多但支出较大，风险承受能力很强。根据理财目标的不同，将青年期进一步划分为单身期和家庭形成期。单身期的主要理财目标是结婚，而家庭形成期的理财目标是置业和生孩子。不同的理财目标需要设计不同的理财方案，因此，我们下面展开进一步的讨论。

单身期主要指大学毕业后走向社会的初期，处于单身期的青年人充满活力、激情、思维敏捷，好奇心强，头脑灵活，善于学习，有较强的风险偏好，风险承受能力较强。但是由于他们才刚刚步入社会，工作经验不足，实践经验有限，因此收入较低，开支却较大，工作变动较频繁，通常是"月光族"，甚至入不敷出。新生代城镇居民多为独生子女，在结婚前他们的消费欲望很强，储蓄意识较弱。步入职场初期难有积蓄。单身期人群理财的首要目标是结婚，因此，可将收入的一小部分作为定期储蓄或进行一些低风险低收益的投资，建立一个结婚基金，将一小部分收入用于投资活期储蓄或黄金等流动性高、易变现的产品，以应对生活中的突发性事件，如疾病、事故等；为积累投资经验，学习更多投资知识。剩下的部分收入可进行一些高风险的激进型投资。此外，单身期如有父母的资助、奖金额外收入，以充实到结婚基金中。总体来说单身期理财的首要原则是节财，其次才是理财。

但是随着年龄的增大，单身期的人们开始逐步面对着许多人生重要的事

情，如结婚、进修、创业等，在这一时期，他们既要提高自身、投资自己，又要进行家庭资金的原始积累，所以此阶段理财的主要目标是个人进修、结婚、创业等。单身期的人一般没有经济压力或经济压力很小，又有父母在经济上的支持，因此应积极工作，加强学习来提升自己。在理财方面，要在每月的收入中拿出一部分进行投资体验，这样能为日后结婚购买必需品以外，购房、购车积累财富。单身阶段的人具有较高的风险承受能力，属于风险偏好型的投资者，在理财策略上倾向于选择风险高、收益高的金融资产。但房地产和股票除外，因为风险过高不适合单身期的人进行投资，因其超出此阶段人群的承受能力。

表 1.6.2   **单身期的理财投资组合**

资产（万元）	风险规避型投资组合（%）					回报率（%）		
	股票	存款	基金	寿险	债券	年均	最高	最低
<10	2	58	11	5	24	4	6.2	1.8
10~40	5	52	12	7	24	5.5	9.2	1.7
40~80	6	49	12	8	25	5.6	9.7	1.5
80~200	7	44	14	10	25	5.7	10.1	1.3
资产（万元）	风险规避型投资组合（%）					回报率（%）		
	股票	存款	基金	寿险	债券	年均	最高	最低
<10	29	41	11	5	14	11.2	29.9	−7.4
10~40	30	32	13	5	20	11.5	30.3	−7.2
40~80	31	26	14	7	22	11.7	31.7	−8.3
80~200	36	21	17	9	17	13.5	37.2	−10.1
资产（万元）	风险规避型投资组合（%）					回报率（%）		
	股票	存款	基金	寿险	债券	年均	最高	最低
<10	69	21	5	3	2	20.2	63.6	−23.2
10~40	70	17	4	5	4	20.1	63.5	−23.3
40~80	73	11	6	6	4	21.1	65.7	−23.5
80~200	75	5	5	7	8	21.5	67.8	−24.8

资料来源：汪辛. 家庭金融理财风险与防范研究, 2008

（一）家庭形成期理财方案推荐

随着家庭的逐步形成稳定，人们工作也稳定下来，步入正轨，同时经济收入进一步提高，生活品质也有所提高。一个家庭的大宗消费也主要集中在这一时期，需要购房、购车以及孕育后代。目前国内城市房价较高，虽然部分富裕阶层可为子女购买住房提供一定的经济支持，但一般难以支付全款，这就需要子女自己去银行办理按揭贷款，今后还房贷。如何保障月供的同时保障正常生活，需要进行合理规划。所以建立买房基金和孩子基金是家庭形成期主要的财务计划，着重为家庭的建设和未来子女成长和教育进行储蓄，以减小子女接受教育时的资金压力。

处于家庭形成期的人，已经具备了一定的经济基础和投资经验，理财能力日趋提高，具有一定的市场风险把握能力，形成了一套自己的投资思路，不愿为预期的高收益而承担高风险，而是倾向于投资组合的多元化。家庭形成初期的人，风险承受能力比较高，仅低于单身期，属于积极偏稳健型理财投资者，理财组合中风险资产比重较大，此阶段的最优理财组合应适当提高中无风险资产的配置比重。

表 1.6.3　　　　　　　　　家庭形成期的理财投资组合

资产（万元）	风险规避型投资组合（%）					回报率（%）		
	股票	存款	基金	寿险	债券	年均	最高	最低
<10	2	50	21	9	18	4.6	7.4	1.8
10~40	4	49	18	9	20	5.5	9.5	1.4
40~80	6	46	21	10	17	6.1	10.7	1.5
80~200	8	39	26	10	17	6.4	11.5	1.3
资产（万元）	风险规避型投资组合（%）					回报率（%）		
	股票	存款	基金	寿险	债券	年均	最高	最低
<10	27	36	20	7	10	10.8	27.9	-6.5
10~40	29	31	23	6	11	10.7	28.3	-6.6
40~80	32	24	23	9	12	11.3	29.9	-7.4
80~200	35	20	17	8	20	13.7	34.7	-7.3

续表

资产（万元）	风险规避型投资组合（%）					回报率（%）		
	股票	存款	基金	寿险	债券	年均	最高	最低
<10	69	19	2	5	5	20.2	63.5	−23.2
10~40	71	11	6	5	7	20.2	63.6	−23.1
40~80	73	9	6	5	7	20.1	65.5	−23.6
80~200	75	5	7	7	6	21.7	68.9	−25.4

资料来源：汪辛．家庭金融理财风险与防范研究，2008

二、中年期家庭理财规划的路径选择

中年期主要是指一个人从家庭形成并稳定后直到步入老年前的时期，收入趋于稳定，家庭财富经过长时间已经积累到一定的规模，理财经验也有一定的积累。中年期可分为家庭成长期（前半段）和家庭成熟期（后半段）。我们分别根据两个时期不同阶段的不同特征设计了不同的如下理财方案：

（一）家庭成长期的理财方案推荐

处于成长期的家庭通常是三口之家，家庭成员各方面经验都逐渐丰富起来，生活和工作都会在很长一段时间内平衡的发展。随着家庭成员收入的大幅提高，家庭财富大幅增长，投资理财能力也逐渐提高。但支出也大幅度的增加，如子女教育，父母养老以及各类贷款的偿还。因此，这一阶段的理财原则是稳妥投资、积少成多。

这一阶段的人理财经验丰富，理财能力较强，选择理财产品时，除了选择国债、银行储蓄等稳妥的理财产品以外，还应适当考虑收益和风险都较高基金之类的理财产品，理财思路较为保守，随着时间推移，对待风险的态度会更为保守，如果投资失误，将影响全家的生活质量。由于抚养子女和赡养父母的负担，家庭成长期的人风险承受能力低于单身期和家庭形成期的人，属于稳健偏积极的理财投资者，风险承受能力适中，在理财思路上应选择无风险资产和风险资产并重的投资策略。

表1.6.4　　　　　　　　　　　　　家庭成长期的投资组合

资产（万元）	风险规避型投资组合（%）					回报率（%）		
	股票	存款	基金	寿险	债券	年均	最高	最低
<10	1	54	14	10	21	4.5	7.6	1.5
10~40	4	56	16	11	13	5.6	9.7	1.5
40~80	5	52	16	10	17	5.7	9.8	1.6
80~200	5	47	21	10	17	5.8	9.9	1.7
资产（万元）	风险规避型投资组合（%）					回报率（%）		
	股票	存款	基金	寿险	债券	年均	最高	最低
<10	23	37	20	7	13	10.1	25.7	-5.5
10~40	26	31	19	8	16	10.3	25.9	-5.4
40~80	28	25	20	9	18	10.9	28.5	-6.7
80~200	31	23	16	9	21	11.7	30.4	-7.1
资产（万元）	风险规避型投资组合（%）					回报率（%）		
	股票	存款	基金	寿险	债券	年均	最高	最低
<10	66	19	2	5	8	19.3	59.6	-21.1
10~40	67	13	5	6	9	20.1	62.2	-22.1
40~80	70	12	5	5	8	20.4	63.6	-22.8
80~200	73	8	7	6	6	20.8	65.5	-23.9

资料来源：汪辛．家庭金融理财风险与防范研究，2008

表1.6.5　　　　　　　　　　　　子女受教育阶段投资组合

资产（万元）	风险规避型投资组合（%）					回报率（%）		
	股票	存款	基金	寿险	债券	年均	最高	最低
<10	1	56	12	12	19	4.7	7.6	1.7
10~40	5	54	11	13	17	5.6	9.7	1.5
40~80	5	52	12	13	18	5.6	9.8	1.4
80~200	6	47	16	11	20	5.6	9.9	1.3

续表

资产（万元）	风险规避型投资组合（%）					回报率（%）		
	股票	存款	基金	寿险	债券	年均	最高	最低
<10	22	37	17	10	14	10	23.2	-3.2
10~40	23	32	18	11	16	10.2	23.6	-3.1
40~80	25	27	17	12	19	10.5	26.1	-5.1
80~200	27	25	13	11	24	11.5	29.2	-6.1
资产（万元）	风险规避型投资组合（%）					回报率（%）		
	股票	存款	基金	寿险	债券	年均	最高	最低
<10	59	25	2	7	7	18.1	55.3	-19.1
10~40	63	18	6	6	7	18.5	56.8	-19.8
40~80	65	13	6	8	8	19.1	59.4	-21.3
80~200	69	9	7	7	8	20	62.3	-22.3

资料来源：汪辛. 家庭金融理财风险与防范研究，2008

（二）家庭成熟期的理财方案推荐

在家庭成熟期前，子女逐步走出校园，走向工作岗位，经济逐渐独立，使家庭财富积累速度加快，家庭里的银行贷款等各类负债减少，处于生活消费黄金时期，对享受型的商品和服务的需求不断增加，这一时期是人生最幸福的时期，幸福指数基本上达到整个生命周期的最大值。

但随着年龄的增大，家庭成员身体的健康状况开始下滑，精力和体力都呈现不同程度的下降，尤其是随着父母年龄的增大，身体状况与日俱下，医药费、保健费、运动等方面的费用逐渐增加，子女进入家庭形成期后，要考虑为子女购置婚房、汽车等耐用品。而且临退休，事业进入衰退期，这一时期理财的重点是扩大理财规模，不宜过多选择高风险投资理财产品，而应侧重选择较稳健、安全的投资产品，如国债、银行储蓄等低风险产品，同事考虑购买养老、健康、重大疾病险，并制定合适的养老规划，开始存储养老金。家庭成熟期的人风险承受能力有所降低，倾向于稳健性的投资。鉴于这一阶段的风险承受能力有所降低，理财原则上应坚持高、低风险资产并重原则，但更侧重投资低风险资产。

表 1.6.6 家庭成熟期的投资组合推荐

资产（万元）	风险规避型投资组合（%）					回报率（%）		
	股票	存款	基金	寿险	债券	年均	最高	最低
<10	1	49	19	11	20	4.6	7.7	1.5
10~40	4	48	16	11	21	5.9	10.1	1.6
40~80	6	48	17	10	19	5.9	10.4	1.4
80~200	6	40	24	10	20	6	10.4	1.5
资产（万元）	风险规避型投资组合（%）					回报率（%）		
	股票	存款	基金	寿险	债券	年均	最高	最低
<10	24	33	12	10	21	10.5	26.2	-5.2
10~40	26	28	13	10	23	10.4	26.5	-5.7
40~80	27	25	15	10	23	11.35	28.9	-6.2
80~200	30	19	16	10	25	11.8	30.6	-7.1
资产（万元）	风险规避型投资组合（%）					回报率（%）		
	股票	存款	基金	寿险	债券	年均	最高	最低
<10	59	22	4	7	8	18.1	55.2	-19
10~40	61	17	7	7	8	18.5	56.8	-19.8
40~80	64	15	6	7	8	19.1	59.4	-21.2
80~200	69	11	8	6	6	19.1	62	-23.9

资料来源：汪辛. 家庭金融理财风险与防范研究，2008

三、老年期家庭理财规划的路径选择

到了家庭老年期，家庭收入逐渐降低，支出压力也有所缓解，子女走上工作岗位为家庭提供新的收入来源，这一时期基本上没有较大的预期支出，可以尽情地享受的晚年生活。由于没有工作压力而且时间充裕，同时有充裕的积蓄，人们可以根据自己的兴趣爱好参加各种各样的娱乐活动。同时，随着年龄增长，身体健康状况与日俱下，医疗保健、家政服务等方面的消费所占比重将持续增加，由于安度晚年是城镇居民老年阶段的主要生活，故风险承受能力较弱，他们会秉持相对保守的投资态度，尽量避免高风险的投资。

养老阶段对家庭投资的收益率要求不高，通常把安全性放第一位，这阶

段的理财宜保守，把资产的安全性和流动性放在首位，不再追求财富规模的快速扩大，进一步降低风险资产在理财组合配置中的比例，主要选择低风险且易变现的理财产品，以应对突发事件。这个阶段投资应渐进，因为激进式的投资风险比较高，一旦失败，生活将难以保障。调查数据显示，老年期居民的风险承受能力最弱，属于保守型投资者，他们应尽可能选择低风险的理财产品，以获取稳定可预期的回报，确保资产保值，使晚年的生活质量得以保证。

表 1.6.7　　　　　　　　　　退休期的投资组合推荐

资产（万元）	风险规避型投资组合（%）					回报率（%）		
	股票	存款	基金	寿险	债券	年均	最高	最低
<10	0	59	9	13	19	4.6	7.4	1.7
10~40	4	56	8	14	18	5.7	9.8	1.5
40~80	5	53	12	12	18	5.7	9.8	1.6
80~200	5	47	17	13	18	5.8	9.8	1.7
资产（万元）	风险规避型投资组合（%）					回报率（%）		
	股票	存款	基金	寿险	债券	年均	最高	最低
<10	21	39	12	19	9	9.7	22.9	−3.6
10~40	23	34	17	11	15	9.9	23.1	−3.2
40~80	24	32	19	11	14	10.4	26.1	−5.3
80~200	27	26	18	9	20	11.2	28.9	−6.6
资产（万元）	风险规避型投资组合（%）					回报率（%）		
	股票	存款	基金	寿险	债券	年均	最高	最低
<10	59	24	3	8	6	18	55.1	−19.2
10~40	61	19	3	8	9	18.1	56.6	−20.3
40~80	64	16	5	10	5	19	59.2	−21.1
80~200	67	11	7	9	6	19.8	61.7	−22.2

资料来源：汪辛. 家庭金融理财风险与防范研究，2008

1.7 案例分享

　　赵先生和赵太太在两年前就步入红地毯，过着甜蜜的二人世界生活，仿佛自己是世界上最幸福的人，整天无忧无虑。虽然有银行住房贷款 50 万元，但是对于这对新人来说，没有别的大开支，支付房屋的月供不成问题。可是今年赵太太怀孕并生下了孩子甜甜之后，孩子的开销比预想要大，这对新人就开始发愁了。另外一个让赵先生头疼的事是赵先生的父亲由于年老，身体不比当年，今年住院就花了近 6 万元，尽管有医疗保险可以负担一部分，但是自己还是得承担部分费用。

　　赵先生和赵太太均为独生子女，他们家属于典型的"421"家庭。赵先生今年 28 岁，在一家 IT 企业工作，月工资为税后 8000 元左右。赵太太今年 25 岁，为一家商业银行的职员，税后月收入 6000 元。

　　2018 年 1 月他们结婚时贷款在北京市内购买了一套当时价格为 100 万元的住宅。为了尽量节省利息，双方父母都倾囊而出，首付了 50 万元，其余 50 万元就只能通过银行贷款。赵先生和太太都有住房公积金，两人每月分别缴纳 1500 元和 1200 元，住房公积金账户上的余额分别为 5.5 万元和 3 万元。赵先生利用公积金申请贷款，10 年等额本息还款，贷款利率是 4.41%，每月还贷 5160 元。

　　夫妻二人由于工作的时间不长，加上结婚、买房和新房装修的大额支出，家里的积蓄非常少，只有近 5 万元银行活期存款。另外赵先生见老同学炒股票都赚了不少钱，于是也在股票市场上投入了 5 万元，结果到现在还被套着。

　　赵先生和赵太太的公司都给上了五险一金，但两人及父母、孩子均未投保任何商业保险。平时赵先生喜欢打网球，每个月与朋友往来约需支出 500 元；赵太太每月美容健身费用为 500 元；而全家三口的日常开支杂费也较大，平均每个月家庭杂费（含每月的电费、电话费、物业费、上网费等）需 1000 元，生活食品饮料杂费约 1000 元，外出就餐约 1000 元，每年全家服装休闲等开支约 5000 元。家庭交通费每年大约 10000 元。此外，由于夫妇俩的父母均不在北京，因此每年要给双方父母赡养费共 10000 元。小甜甜一年的开支大概在 10000 元左右。

　　（一）对赵先生的家庭情况进行分析

赵先生家庭属于中等收入家庭，两人讲究生活质量，花销比较大，年节余比率为11%，家庭积累财富的速度不快。投资与净资产的比率偏低，负债比率和流动性比率都还比较适当。但随着赵先生夫妇父母的年龄增加和女儿甜甜长大，家庭负担将会逐渐增加。而女儿甜甜刚出生不久，不管将来发生什么事情，赵先生和太太都希望甜甜能有足够的生活费和学习费用。此外，赵先生还是个超级车迷，希望能够在近几年内购置一辆价格15万元左右的小轿车。

对"421"年轻家庭来说，面临如此的财务压力，可不是一件好事。一向不太在乎平时花销的赵先生和赵太太必须现实起来，尽量在不降低生活品质的前提下节省开支。

现在赵先生和赵太太已经感觉到收入不够，但是面对日益激烈的竞争，在目前的职位上要想提高工资收入非常困难，在这种情况下，他们应该通过理财开辟其他渠道增加家庭的收入，并对现金等流动资产进行有效管理。

(二) 现金规划——公积金账户余额还明年房贷

赵先生和赵太太的收入都比较稳定，身边的现金留够一个月开支就行，另外留两个月的开支备用，可以以货币型基金的形式存在。

考虑到赵先生和赵太太一直都在交纳住房公积金，目前住房公积金账户余额为8.5万元，因此赵先生应将此款提取出来，其中61920元用于归还下年的住房贷款，剩下部分用于投资。因为赵先生申请的是住房公积金贷款，其贷款利率相对较低，没有必要提前还贷，以后每年年底时赵先生和赵太太的住房公积金账户都有余额32400元，因此每年都可以节省还贷支出32400元。

(三) 消费规划——买车计划建议推迟两年

目前家庭每月的生活食品饮料杂费约1000元，外出就餐约1000元，这两项开支完全可以压缩1000元，这样每年可以节省12000元。

夫妇俩的买车计划，建议推迟两年执行，因为通过住房公积金归还贷款将使家庭的还贷支出减少149800元，节省的这笔钱经过两年的稳健投资，再加上目前的股票资产在两年后的增值，赵先生就可以轻松买到自己喜欢的车了。

(四) 保险规划——家庭不同成员保障需求各异

赵先生家庭保障明显不足，这意味着家庭抗意外风险的能力很弱，一旦出现意外开支，将使整个家庭陷入财务危机，甚至危及孩子的成长经费。

因此有必要给夫妇俩及孩子补充购买一些商业保险，主要是寿险、重大疾病险和意外险。

特别是赵先生在 IT 领域从业，工作较忙容易造成身体透支，而他又是家庭的经济支柱，因此重疾险和寿险对赵先生来说显得尤其重要，建议购买保额 10 万元寿险和保额 10 万元的重疾险。

甜甜年龄还小，暂时还没必要投保意外险，主要购买健康险。而赵先生的父母身体不是很好，单位退休福利也不是很好，可以给其父母购买一些医疗保险，赵太太的父母福利较好，应重点考虑意外险和重疾险。

建议赵先生家庭保费每年支出约为 1.7 万左右，今年的保费由现有的活期存款支付。

（五）子女教育规划——每月定投 500 元成长型基金

建议每月定投 500 元于一只成长型基金上，为甜甜以后的学费作积累。假设成长型基金在未来 15 年内的平均收益为 8%，积少成多，这笔资金在甜甜读大学的时候就可以达到 173019 元，足够甜甜 4 年的大学费用。

（六）投资规划——每年结余投资混合型基金

赵先生家庭目前的投资与净资产比率偏低，通过前面的规划，家庭增加了保障，可以有更多资金进行投资。而且赵先生和太太都属于风险喜好型的投资者，可以考虑选择风险大、收益较高的投资品种。

由于投资股票风险大，需要时间和精力，不适合工作忙碌且无投资经验的赵先生夫妇，建议将其置换成股票型基金。

此外，赵先生家每年的结余可以投资于混合型基金，因为这笔钱的主要目的是为家庭意外的医疗费用支出或其他的大型支出备用，同时也可以获取较高的投资收益。以后买车时如果这笔资金没有动用，也可部分用作购车款。

第二章 债券投资

李女士计划在 2019 年新的一年进行债券投资，但是债券市场的整体情况并不乐观，这给李女士带来了很大的投资挑战。

2018 年是中资债券违约率骤然攀升的一年，2018 年中资境内人民币债券违约达到 1200 多亿元，超过历史上违约总和的 50%，违约率攀升到 1.88%。境外美元债也从 2017 年的零违约攀升到 0.5%，违约金额接近 30 亿美元。

无论是境内外机构都在大幅增加信用分析师配置，重视对公司企业或者债券的信用进行跟踪和分析，如何避雷以及如何进行不良资产投资未来必然成为债券投资的重要战场，于是，李女士准备深入了解关于债券的有关知识，再行决定。

2.1 债券概述

债券是证券的基本构成要素之一，是证券市场上重要的交易对象，也是证券市场上最大众化的投资工具。它的发行和流通影响着现实的经济生活和金融生活，涉及经济和社会的方方面面。

在现代经济社会中，债券是除股票之外的另一类重要的证券投资工具，其发行品种、规模和交易量都远远超过了其他证券。目前，我国已经初步形成了以银行间债券市场为主体，交易所债券市场为补充，二者各有分工、功能互补的债券市场体系。

2.1.1 债券基本知识

一、债券的含义及特征

（一）债券的含义

债券是政府、公司或金融机构为筹措资金而向社会发行的，承诺按一定利率支付利息并按约定条件偿还本金的一种表明债务债权关系的借款凭证。债券是一种有价证券，利息通常事先确定，因而债券从属于固定收益证券。

债券作为证明债权债务关系的凭证，一般用具有一定格式的票面形式来表现。债券的基本要素如下：

1. 债券的票面价值

债券的票面价值包括币种和票面金额两方面。币种分为本币和外币两种，票面金额的确定要根据债券的发行对象、市场资金供给情况及债券发行费用等因素综合考虑。当债券的发行价格低于债券面值时，称为折价发行；当债券的发行价格等于票面价值时，称为平价发行；当债券的发行价格高于债券面值时，称为溢价发行。

2. 债券的到期期限

债券的到期期限是指债券从发行日至偿清本息日的时间。发行人在确定债券期限时，主要考虑的因素有：资金使用方向、市场利率变化和债券的变现能力等。按照到期期限分类，1 年以下的债券为短期债券；1 年以上、10 年以下（含）的债券为中期债券；10 年以上的债券为长期债券。

3. 债券的票面利率债券的票面利率，也称债券的名义利率，是债券票面标明的利率。债券的票面利率并不一定等于其实际收益率。如果投资者以票面金额购进债券，则实际收益率等于票面利率；如果以低于票面价格购进债券，则实际收益率高于票面利率；如果以高于票面价格购进债券，则实际收益率低于票面利率。债券利率要受很多因素影响，主要有：市场利率、发行人资信、债券期限长短等。

4. 债券的发行者债券的发行者是发行债券募集资金的债务主体，在债权契约关系中为债务人。发行者依照法定程序发行，并约定在一定期限内还本付息的有价证券，是表明投资者与筹资者之间债权债务关系的书面债务凭证。债券持有人有权在约定的期限内要求发行人按照约定的条件还本付息，属于确定请求权有价证券。

在现实生活中，书面债务凭证很多，但它们不一定都是债券。通常情况下，要使一张书面债务凭证成为债券，必须具备以下三个条件：第一，必须可以按照同一权益和同一票面记载事项，同时向众多的投资者发行；第二，必须在一定期限内偿还本金，并定期支付利息；第三，在国家金融政策允许的条件下，它必须能够按照持券人的需要自由转让。

（二）债券的特征

债券和股票是证券的两个基本构成要素，它们有许多共同点。债券也有其自身的特性，这些特性主要表现在债券的偿还性、流动性、安全性和收益性上。

1. 偿还性

债权人在一定条件下，有请求债券发行者偿还债券本金及利息的权利。债券一般都规定有偿还期限，发行人在发行债券时都明确规定了本金的偿还期和偿还方法，必须按约定条件偿还本金并支付利息。债券的偿还性还说明发行人不能无限期占用债券购买者的资金，债券购买者与发行人之间的借贷关系会随着债券到期、还本付息手续的完毕而消失。

债券的偿还性与股票的权利性不同，债券代表的是债权。当某投资者持有某机构发行的债券时，就成为该机构的债权人。通常情况下，债权人有以下几项基本权利：

（1）利息请求权。利息请求权是指债权人在一定条件下，有要求债券发行单位支付利息的权利。一般来说，债券发行单位在发行债券时就确定了债券的票面利率、计息方法、利息支付方式和利息支付时间。在符合上述要求的条件下，债权人就有权要求债券发行单位按规定支付利息。债券的利息支付主要有息票支付和非息票支付两种方式。息票支付方式是对息票债券而言的，一般无记名债券多为息票债券，这种债券在其下端附有利息券。债权人在规定的付息期间剪下利息券，即可凭利息券领取债券利息。采用非息票支付方式的债券，则只能凭债券本身在规定的付息时间，到指定地点领取利息。

（2）偿还本金请求权。偿还本金请求权是指债权人在一定条件下，有请求债券发行单位偿还债券本金的权利。一般来说，债券发行单位在发行债券时，都明确规定了债券本金的偿还期限和偿还方法。在符合上述要求的条件下，债权人有权提示债券发行单位偿还债券本金，债券发行单位不得任意拖延，也不得违背债权人的利益随时偿还。在偿还债权人本金时，凡无记名债券，债权人需交出债券；对记名债券，则不一定要求债权人交出债券，但在偿还本金之后，债券发行单位可要求债权人交还债券。

（3）财产索取权。财产索取权是指债权人在一定条件下，有向债券发行单位索取其拥有的财产的权利。一般当债务人因故拖延还债，且将其财产清理出售时，债权人有权向债券发行单位索取其财产或财产销售收入。

（4）其他权利。除上述权利之外，如果债券发行单位超过其规定数额发行债券，影响现有债权人利益时，债权人还有维护其利益的权利。在利息支付年度还享有请求优先支付利息的权利，在债券发行单位经营状况不佳，出现财务困难时，有请求法律部门对其进行清理的权利。

债券与股票的性质不同，债券是债权的代表。在债券的偿还期内，债权人只是将资金借给发行单位使用，无权过问发行单位的其他业务。发行单位的财务状况也与债权人无关，无论其财务状况如何，债权人都只能取得固定的利息。因此，债权人与债券发行单位之间只是一种债权债务关系，是一种借贷关系。而借贷是不能没有期限的，否则就失去了借贷的性质。这样，债券的性质就决定了债券必须是有期的，发行单位在发行之前就必须明确规定其归还期限，到期后，归还债权人本金和利息。若持券人要在未到期之前将其转换为现金，则只能到流通市场上将其转让给他人。

2. 流动性

债券持有人可以根据自身需要及市场状况自由转让债券，流动性大小包含变现的时间和变现的价值，能够在短时间内变现并能取得较好收益的债券，称为流动性强的债券。影响债券流动性的主要因素是发行主体的资信状况及期限长短。资信高的债券流动性强，期限越长的债券流动性就越弱。

债券不代表发行单位的资产所有权，因此对债券发行单位的限制就不像股票或其他证券那样严格。债券的发行人既可以是股份有限公司，也可以是非股份有限公司；既可以是以营利为目的的经济组织，也可以是不以营利为目的的非经济组织，只要具有偿还能力，任何单位都是可能的债券发行者。

3. 安全性

由于债券发行时约定了到期偿还本金和利息，债券利率不受银行利率变动的影响，且利息偿还与本金支付有法律保障。在企业破产时，债券持有者享有先于股东的对企业剩余财产的索取权。按债券的发行主体分类，债券安全性从高到低依次是国债、地方债、金融债和公司债；按债券发行信用保证方式分类，债券安全性从高到低依次是抵押债券、担保债券和信用债券。

债券的安全性主要是通过债券收益和债券价格的稳定性体现出来的。由于债券是发行单位债权的代表，其收益实质上是债权收益。这种收益主要表现为利息收益和本金收益两种形式。在正常的条件下，由于债券票面利率一般接近市场利率，货币本身价值也不会有较大的变化，因此债券的收益很难发生大的变化。由于债券收益很难发生大的变化，债券价格也就很难出现较大的波动。它既不会在发行单位财务状况不佳时出现大的下跌，更不会在发行单位财务状况较好时出现大的上涨。这样，就使债券收益和债券价格具有相对的稳定性，从而使债券投资具有较小的风险性。

4. 收益性

债券收益体现在三个方面：一是利息收入；二是资本利得，即债权人在证券市场进行债券买卖获得的价差收入；三是再投资收益，即投资债券所获现金流量再投资的利息收入。后两种收益都受市场利率的影响。

2.1.2 债券的分类

债券按照不同的要求和标准有多种分类方法，但最普通、最重要的分类方法是按照发行体系来划分。

根据债券发行主体性质的不同，债券可分为政府债券、金融债券、公司债券、企业债券和国际债券等。

一、政府债券

政府债券是政府或政府代理机构为弥补预算赤字、筹集资金而发行的，向投资者出具的、承诺在一定时期内支付利息及偿还本金的债权债务凭证。1949 年后，我国发行过的国家债券主要有：1950 年为弥补财政赤字、制止通货膨胀而发行的"人民胜利折实公债"；1954 年至 1958 年为筹集建设资金而发行的"国家经济建设公债"；1981 年至今为弥补财政赤字、筹集建设资金而发行的"国库券"；1987 年为筹集重点建设资金而发行的"国家重点建设债券"；1988 年为弥补财政赤字而发行的"财政债券"；1988 年为筹集重点建设资金而发行的"国家建设债券"；1989 年发行的"特种国债"和为筹集建设资金而发行的"保值公债"等。目前，国债在实物形态上有记账式、凭证式、无记名实物券式，期限有 3 个月、6 个月、1 年、3 年、5 年、7 年、10 年等。

依据发行主体的不同，政府债券又可分为中央政府债券和地方政府债券。

（1）中央政府债券又称国家债券或国债，是中央政府为筹集财政资金而发行的一种政府债券，发行量大、品种多，是政府债券市场上最主要的融资和投资工具。如美国的国库券、日本的国债、英国的金边债券、加拿大的联邦政府债券。国家债券的发行量和交易量往往占有较大的比重，在金融市场上起着重要的融资作用。短期国库券作为货币市场的重要融资工具，由于它期限短、风险小、流动性强、收益高，因而是最受投资者欢迎的金融资产之一，有"准货币"之称。

国债的发行主体是国家，它具有最高的信用度，被公认为是相对安全的投资工具，又称"金边债券"。由于国债具有较高的安全性和流动性，因而被广泛地应用于抵押和担保等经济活动中。此外，国债是中央银行的主要交易品种，中央银行通过公开市场业务对国债进行正向或反向操作，实现对货币供应量的调节。

按偿还期限的不同，国债可分为短期国债、中期国债和长期国债。短期国债一般是指偿还期限为 1 年或 1 年以内的国债；中期国债是指偿还期限在 1 年以上、10 年以下的国债；长期国债则是指偿还期限在 10 年及以上的国债。

（2）地方政府债券是指由市、县、镇等地方公共机关为进行经济开发、公共设施建设等发行的债券。如美国的市政府债券、日本的地方债券、英国的地方当局债券等。地方债券一般以地方财政做担保，其安全性与国家债券差不多。但地方政府债券不易转让，证券市场的流通量也较小。

与中央政府相比，虽然地方政府也具有相当高的信用地位，但很难保证其不出现违约。地方普通债券以地方税收收入作为担保，收益债券以项目收益来保证偿还，但是一旦出现地方税收收入下降或项目收益不好，那么这些债券的保证就会受到损害，使风险增大，尤其是在经济衰退、萧条时，这种风险就会更大。

另外，我国还有所谓的"准市政债券"，即"城投债"，它由地方政府投融资平台（一般是隶属于地方政府的城市建设投资公司）作为发行主体公开发行，多用于地方基础设施建设或公益性项目。

二、金融债券

金融债券是银行及非银行金融机构依照法定程序发行并约定在一定期限内还本付息的债权债务凭证，包括政策性金融债券、商业银行债券、证券公司债券、保险公司次级债等，如日本的付息金融债券、贴现金融债券，美国的国民银行从属债券等，它是商业银行或专业银行除通过发行股票、大额可转让存单等方式吸收资金外，经过特别批准后的又一种资金筹措方式。因此，其利率往往介于两种债券利率之间，也是很受欢迎的一种较好的投资工具。金融债券又可具体分为全国性金融债券和地方性金融债券两种。

金融机构一般具有雄厚的资金实力，信用度较高。因此，金融债券往往有良好的信誉，通常被认为是收益性、安全性、流动性协调较好的投资工具。银行和非银行金融机构发行债券主要有两个目的：一是筹资用于某种特殊用途；二是改善本身的资产负债结构。对于金融机构来说，吸收存款属于被动性负债，金融机构不能完全控制，而发行债券则是主动负债，金融机构有更大的主动权和灵活性。

全国性金融债券是由全国性金融机构在全国范围内发行的金融债券。其安全性较强，也有较好的流动性。

地方性金融债券是由地方性金融机构在本地区范围内发行的金融债券。其安全性和流动性均低于全国性金融债券。

三、公司债券

我国的公司债券是指公司依照法定程序（《证券法》《公司法》《公司债券发行试点办法》等规定的程序）发行，约定在 1 年以上期限内还本付息的有价证券。公司债券的发行人是依照《公司法》在中国境内设立的有限责任公司和股份有限公司。公司债券的主要种类有信用公司债券、不动产抵押公司债券、保证公司债券、收益公司债券、附认股权证的公司债券、可交换债券等。

信用公司债券是一种不以公司任何资产作担保而发行的债券，属于无担保证券的范畴。一般来说，公司的信用状况要比政府和金融机构差，所以大多数公司在发行债券时被要求提供某种形式的担保，少数经营良好、信誉卓著的大公司也发行信用公司债券。

不动产抵押公司债券是一种以土地、设备、房屋等不动产为抵押担保品而发行的公司债券，是抵押证券的一种，是公司债券中重要的类型。

保证公司债券是公司发行的由第三者作为还本付息担保人的债券，是担保证券的一种。担保人是发行人以外的其他人，如政府、信誉好的银行或举债公司的母公司等。

收益公司债券是一种只在公司有盈利时才支付债券利息的特殊性质的债券，即发行公司将利润扣除各项固定支出后的余额作为债券利息的来源。

附认股权证的公司债券是公司发行的一种附有认购该公司股票权利的债券。这种债券的购买者可以按预先规定的条件（股票的购买价格、认购比例和认购期间）在公司发行股票时享有优先购买权。

可交换债券是指上市公司的股东依法发行，在一定期限内依据约定的条件可以交换成股东所持有的上市公司股份的公司债券，所以其发行人是上市公司股东，而可转换债券的发行人则是上市公司。

四、企业债券

企业债券是指企业按照法定程序发行，约定在一定期限内还本付息的有价证券，包括依照《公司法》设立的公司发行的公司债券和其他企业发行的企业债券。

企业债券多为长期债券，同政府债券相比，其风险相对较高，利率也较高。通常情况下，国家为保护投资者利益，对企业债券在发行数额、发行时间、债券期限、利率等方面都有较严格的规定。企业向公众发行债券，要经有关部门审查批准。企业债券又可具体分为公司债券和非公司企业债券两大类。

非公司企业债券是指不具有独立法人地位的非公司企业发行的债券。具有法人地位的公司企业，是指那些依法成立，以营利为目的的社团法人；那些不具备此特征的独资企业或合伙企业，则被称为非公司企业。非公司企业发行的债券与公司企业发行的债券没有很大的区别，只是在发行程序上有不同的要求。

我国企业发行债券，多数是从 1985 年和 1986 年开始的。目前我国的企业债券主要有六大类，即重点企业债券、地方企业债券、企业短期融资债券、地方投资公司债券、住宅建设债券、1998 年发行的可转换公司债券。

除了前述公司债券以外，企业债券还有短期融资券和超短期融资券、中期票据、中小非金融企业集合票据、非定向公开发行债券、中小企业私募债等。

短期融资券和超短期融资券是指企业依照《短期融资券管理办法》规定的条件和程序在银行间债券市场发行和交易，约定在一定期限内还本付息、最长期限不超过 365 天的有价证券。超短期融资券是指具有法人资格、信用评级较高的非金融企业在银行间债券市场发行的、期限在 270 天以内的短期融资券。

中期票据是指具有法人资格的非金融企业在银行间债券市场上按照计划分期发行的、约定在一定期限内还本付息的债务融资工具。

中小非金融企业集合票据是指国家相关法律法规及政策界定为中小企业的非金融企业，在银行间债券市场以统一产品设计、统一券种冠名、统一信用增进、统一发行注册方式共同发行的，约定在一定期限内还本付息的债务融资工具。

非定向公开发行债券是指具有法人资格的非金融企业向银行间债券市场特定机构投资人发行债务融资工具，并在特定机构投资人范围内流通转让的债券，不向社会公众发行。

中小企业私募债是指中小微型企业在中国境内以非公开方式发行和转让，发行利率不超过同期银行贷款基准利率的 3 倍，期限在 1 年（含）以上，约定在一定期限内还本付息的企业债券，是高收益、高风险债券品种，又被称为"垃圾债"。

我国证券市场上同时存在企业债券和公司债券，它们在发行主体、监管机构以及规范的法规上有一定区别。

五、国际债券

国际债券是指一国借款人在国际证券市场上以外国货币为面值向外国投资者发行的债券。其发行人主要是各国政府、政府所属机构、银行或其他金融机构、工商企业及一些国际组织等。国际债券的投资者主要是银行或其他金融机构、各种基金会、工商财团和自然人。对投资人来说，国际债券的资信高、安全可靠、获益丰厚，并且流动性强。对借款人来说，可筹到期限较长的资金，资金来源更加多样化，且能扩大知名度，提高自己的声誉。

国际债券发行者是指各主权国家政府、信誉好的大公司以及国际机构等。发行国际债券的主要目的是：弥补发行国政府的国际收支逆差；弥补发行国政府的国内预算赤字；实施国际金融组织的经济开发计划；增加大型工商企业或跨国公司的营运资金，扩大经营范围。其主要特点是：发行者属于某一国家，发行地点属于另一国家；债券面额不以发行国的货币计值，而是以外国货币或其他货币计值。国际债券目前又可具体分为外国债券和欧洲债券两大类。

外国债券是指由外国筹资人发行的，以发行所在国货币计值并还本付息的债券。发行外国债券，通常要在债券发行所在国的一个较大的国内市场注册，由该市场内的公司负责包销，并主要在该市场内出售。发行外国债券的优点是能够筹集到期限较长，又可以自由运用的外汇资金。但它要受到政府的严格检查和控制，发行时除受本国外汇管理法规的约束外，还要受到发行所在国有关法规的限制。如我国先前在日本发行的日元债券、在德国发行的马克债券等都属于外国债券。

欧洲债券是指国外筹资人在欧洲金融市场上发行的，不以发行所在国货币计值，而是以另一种货币计值并还本付息的债券。欧洲债券除可以用单独货币发行外，还可以用综合性的货币单位发行。欧洲债券一般不记名，可以通过国际债券市场上的经纪人或包销商来出售，而不必在任何特定的国内资金市场上注册或者销售。因此，欧洲债券不像外国债券那样受发行所在地国家有关法规的限制。

为利用境外资金加快我国的建设步伐，自 20 世纪 80 年代初期起，我国先后在日本、新加坡、英国和美国等国以及我国香港特别行政区发行国际债券；发行币种包括日元、港币、德国马克、美元等；期限均为中、长期，最短的 5 年，最长的 12 年。特别是 1996 年，我国在美国市场发行了 10 年期扬基债券，极大地提升了我国政府的国际形象。

2.2　债券市场与债券交易

债券市场的含义债券市场是发行、认购和买卖债券的场所，是金融市场的一个重要组成部分，主要由发行市场（一级市场）和流通市场（二级市场）构成。债券市场是一国金融体系中不可或缺的部分。一个统一、成熟的债券市场可以为全社会的投资者和筹资者提供低风险的投融资工具，债券的收益率曲线是社会经济中一切金融商品收益水平的基准，因此债券市场是传导中央银行货币政策的重要载体。可以说，统一、成熟的债券市场构成了一个国家金融市场的基础。

2.2.1　债券发行市场

一、债券发行市场的含义

债券发行市场又称一级市场，是发行单位初次出售新债的市场。债券发行是发行人以借贷资金为目的，依照法律规定的程序向投资人要约发行代表一定债权和兑付条件的债券的法律行为。债券发行是证券发行的重要形式之一。

二、债券发行方式

（一）债券发行方式的含义

债券发行方式指的是在债券发行市场上，企业债券经销的方法。各个国家社会形态、经济发展水平、金融制度、经济体制、金融市场管理都有差异，所以债券发行方式也不同。

（二）债券发行方式分类

1. 根据企业发行债券对象不同，可分为公募发行和私募发行。

（1）公募发行也叫公开发行，是发行者没有特定对象，向社会大众公开推销债券的集资方式。公募发行的特点：一是发行要求严格，发行者要向管理机关提交发行注册申请，公开企业财务状况，接受证券评级机构资信评定；二是发行成本高，发行期限长；三是通过债券发行，能加强发行者的社会知名度；四是流动性高，容易进行交易转让；五是发行中不需要提供优惠条件。

（2）私募发行也叫私下发行，是债券发行者只对特定的投资者发行债券的集资方式。一般把与债券发行者有某种关系的投资者作为发行对象。一类是个人投资者，如使用发行单位产品的用户或发行单位的内部职工；另一类是单位投资，如金融机构、与发行者有密切交往关系的企业等。私募发行的特点：一是节约发行费用，降低发行成本；二是节省发行时间，不需要到管理机关办理发行注册手续；三是不能上市公开转让；四是发行条件优惠；五是发行者经营管理易受投资者干涉；六是发行顺利，不易失败。

目前，公募发行已成为一种主要发行方式固定下来。采用私募发行的有两种情况：一是信誉度和知名度低，在证券市场上竞争力差的中小企业；二是名声显赫的大企业，有把握实现大额发行，可节省发行成本。

2. 按是否有中介机构参加，划分为直接发行和间接发行。

（1）直接发行是指债券发行者不委托专门的证券发行机构，直接向投资者推销债券。其特点是：第一，可以节约发行费用，集资成本较低；第二，发行数量少，适宜小额发行；第三，发行手续复杂，需要专门人才，只有信誉极高的企业才采用这种方法发行债券。

（2）间接发行是指发行者通过中介机构发行债券。其包括如下三种形式：

代销，债券发行人把销售债券的事务委托承销商去代办，发行人承担发行中的风险。承销商是发行人的代销人，发行价格要按发行者意愿，能销多少就销多少，发行期满推销不完可退给发行者，发行的风险承销商不担保，由发行人完全负责。

余额包销，债券发行人就债券发行业务与承销商两方签订承销合同，合同书上要写明当承销商不能全部销售的时候，剩余部分要由承销商全部买下。这种方式的好处在于把一部分债券发行的风险转移给了承销商，也降低了发行费用。余额包销的方式多为西方国家所采用。

包销，其具体操作程序是承销商先对发行债券进行资信调查，当认为其各方面条件适合自己业务需要时，与发行企业签订包销合同，承销商以自己名义买下全部发行的债券，并垫支相当于债券发行价格的全部资金，等待有利机会，将债券上市出售。一般承销商先是以较低价格从发行者手中购入，再以略高价格向外发售，买价与售价间的差额是承销商收入，这个收入再减去发行中的一切费用，余额就是承销商的包销利润。包销方式的优越性是发行者不必承担发行债券风险，并且可一次性得到全部资金，但这种发行方式也有不尽如人意之处，对发行者说，卖给承销商时价格较低，实质上是支付了较多的发行成本，且不可能获得溢价发行的好处。

3. 根据发行条件和投资者的决定方式，可分为招标发行和非招标发行。

（1）招标发行，发行者先提出发行债券的内容和销售条件，由承销商（中介机构）投标，在规定的开标日期开标，出价最高的获总经销权，又叫"公募招标"。

（2）非招标发行，也叫协商议价发行，发行者与承销者直接协商发行条件，以适应企业需要和市场状况。

（三）债券的发行价格概述

1. 债券的发行价格

债券的发行价格是指债券原始投资者购入债券时应支付的市场价格，它与债券的面值可能一致，也可能不一致。理论上，债券发行价格是债券的面值和要支付的年利息按发行当时的市场利率折现所得到的现值。从资金时间价值来考虑，债券的发行价格由两部分组成。

债券到期还本面额的现值债券各期利息的年金现值。计算公式如下：

债券售价=债券面值/（1+市场利率）×期限+∑债券面值×债券利率÷（1+市场利率）×期限

2. 影响债券发行价格的因素

（1）债券面值。

债券面值即债券市面上标出的金额，企业可根据不同认购者的需要，使债券面值多样化，既有大额面值，也有小额面值。

（2）票面利率。票面利率可分为固定利率和浮动利率两种。一般来讲，企业应根据自身资信情况、公司承受能力、利率变化趋势、债券期限的长短等决定选择何种利率形式与利率的高低。

（3）市场利率。市场利率是衡量债券票面利率高低的参照系，也是债券按面值发行还是溢价或折价发行的决定因素。

（4）债券期限。期限越长，债权人的风险越大，其所要求的利息报酬就越高，其发行价格就可能较低。

债券发行价格形式债券发行价格有以下三种形式：

平价发行，即债券发行价格与票面名义价值相同。

溢价发行，即发行价格高于债券的票面名义价值。

折价发行，即发行价格低于债券的票面名义价值。

2.2.2 债券流通市场

一、债券流通市场的含义与种类

（一）债券流通市场的含义

债券流通市场又称二级市场，指已发行债券买卖转让的市场。债券一经认购，即确立了一定期限的债权债务关系，但通过债券流通市场，投资者可以转让债权，把债券变现。

（二）债券流通市场的种类

根据市场组织形式，债券流通市场又可进一步分为场内交易市场和场外交易市场。

二、债券交易

（一）债券交易方式

目前，世界各国常用的交易方式有：现货交易、期货交易、期权交易、信用交易等。

（1）现货交易是指交易双方在成交后立即交割，或在极短的期限内交割的交易方式。

（2）期货交易是指交易双方在成交后按照期货协议规定条件远期交割的

交易方式，其交易过程分为预约成交和定期交割两个步骤。

（3）期权交易又称选择权交易。投资者在给付一定的期权费后，取得一种可按约定价格在规定期限内买进或卖出一定数量的金融资产或商品的权利，买卖这一权利的交易即为期权交易。

（4）信用交易又称垫头交易，是指交易人凭自己的信誉，通过缴纳一定数额的保证金取得经纪人信用进行债券买卖的交易方式。信用交易可分为保证金买长和保证金卖短两种。

（5）购回协议交易，即在卖出（或买入）债券的时候，事先约定到一定时期后按规定的价格再买回（或卖出）同一品牌的债券。其实质与同业拆借一样，是一种短期资金的借贷交易，债券在此充当担保。

2.2.3 债券开户

目前，我国的债券市场由银行间债券市场、交易所债券市场和银行柜台债券市场三个部分组成，这三个市场相互独立，各有侧重点。这里我们主要介绍交易所债券市场开户手续。投资者可以通过在深、沪证券交易所各地证券登记机构开设的"证券账户"或"基金账户"，进行上市债券的认购、交易和兑付，并指定一个证券商办理委托买卖手续。开立"证券账户"或"基金账户"，可到证券登记结算公司深、沪分公司及其在各地的代理机构及证券商办理。办理证券账户手续如下。

一、办理深圳、上海证券账户卡

（一）深圳证券账户卡

投资者可以通过所在地的证券营业部或证券登记机构办理，需提供本人有效身份证件及复印件，委托他人代办的，还需提供代办人身份证件及复印件，开户费用为每个账户 50 元。

（二）上海证券账户卡

投资者可以到证券中央登记结算公司上海分公司在各地的开户代理机构处，办理有关申请开立证券账户手续，带齐有效身份证件和复印件。委托他人代办的，还需提供代办人身份证件及复印件和委托人的授权委托书。开户费用：纸卡 40 元，磁卡本地每个账户 40 元，异地每个账户 70 元。

二、证券营业部开户

投资者办理深、沪证券账户卡后，到证券营业部买卖证券前，需首先在证券营业部开户（主要在证券公司营业部营业柜台或指定银行代开户网点），然后才可以买卖证券。证券营业部开户程序如下：

（1）个人开户需提供身份证原件及复印件，深、沪证券账户卡原件及复印件。若是代理人，还需与委托人同时临柜签署授权委托书，并提供代理人的身份证原件和复印件。

（2）填写开户资料并与证券营业部签订证券买卖委托合同（或证券委托交易协议书），同时签订有关沪市的指定交易协议书。

（3）证券营业部为投资者开设资金账户。

（4）需开通证券营业部银证转账业务功能的投资者，注意查阅证券营业部有关此类业务功能的使用说明。

2.2.4　债券的交易

一、债券的交易方式

债券的交易方式大致可分为现券买卖、债券回购交易、债券期货（远期）交易。

（一）现券买卖

现券买卖是指交易双方以约定的价格转让债券所有权的交易行为，即一次性的买断行为。现券买卖是债券交易中最普遍的交易方式。债券买卖双方对债券的成交价达成一致，在交易完成后立即办理债券的交割和资金的交收，或在很短的时间内办理交割、交收。

（二）债券回购交易

债券回购交易是一种以债券作为抵押品的短期融资行为。债券回购交易是指证券买卖双方在成交的同时就约定于在未来某一时刻按照现在约定的价格双方再进行反向交易的行为。在交易中买卖双方按照约定的利率（年收益率）和期限，达成资金拆借协议，由融资方（债券持有人、资金需求方）以持有的债券作抵押，获取一定时期内的资金使用权，回购期满后归还借贷的资金，并按照事先约定支付利息；融券方（资金的供给方）则在回购期间内暂时放弃相应资金的使用权，同时，获得融资方相应期限的债券抵押权，并于到期日收回融出资金并获得相应利息，归还对方抵押的债券。

（三）债券期货远期交易

债券期货交易是双方成交一批交易以后，清算和交割按照期货合约中规定的价格在未来某一特定时间进行的交易。债券的交割、交收方式由于各债券市场的传统和交易方式存在差异，各市场对从交易日到交割、交收日之间的时间间隔的规定也不完全相同，主要包括以下几种类型：

（1）当日交割、交收。债券买卖双方在交易达成之后，于成交当日进行债券的交割和资金的收付，简称 T+0。

（2）次日交割、交收。债券买卖双方在交易达成之后，于下一个营业日进行债券的交割和资金的收付，简称 T+1。

（3）交割、交收。债券买卖双方在交易达成之后，按所在交易市场的规定，在成交日后的某个营业日进行债券的交割和资金的收付，简称 T+n。

二、债券的价格

在债券投资管理过程中，正确计算债券的内在价值是非常关键的。总体说来，债券的价值等于债券未来所有现金流的现值总和。附息债券价值的计算债券未来现金流人的现值，称为债券的内在价值，简称为债券价值，或者说是债券的理论价格。

只有当债券的价值大于市场上的购买价格时，债券才值得购买。因此，债券价值是确定债券投资决策时使用的主要指标之一，如果要决定应该为某种债券支付多少，就必须计算出它的价值。典型的债券是附息债券，具有固定票面利率、按年支付利息、到期归还本金的特点。计算这种最典型、最简单的债券价值（理论价格），应该遵循以下四个步骤：①选择适当的贴现率；②计算所有利息的现值之和；③计算本金的现值；④将前面两个现值相加。

1. 债券价格和面值的关系

如果债券的票面利率超过了投资者要求的回报率，投资者就会竞相购买，导致债券价格升高，则债券的价格就会超过面值，价格超过面值所形成的资损失正好抵消了票面利率高于适当贴现率的利差部分。当票面利率正好等于投资者要求的回报率，债券就按照面值出售。因此，债券价格和面值的关系主要取决于票面利率和适当贴现率之间的关系，可总结如下：

当票面利率<贴现率时价格<面值折价债券

当票面利率=贴现率时价格=面值平价债券

当票面利率>贴现率时价格>面值溢价债券

2. 影响债券价格的因素

债的价格不断波动，哪些因素会导致债券价格的波动呢？可以很容易地看出，唯一的变化因素就是适当贴现率。从债券定价的公式中，我们可以发现一个重要规律：债券价格与适当贴现率反方向变动影响适当贴现率变化的因素都会影响债券的价格。

如果金融市场的利率水平升高，意味着所有债券的适当贴现率都随之提高，即基准利率提高了，这将导致债券价格的下跌；如果公司的信用风险增加，信用风险报酬就会增加，导致适当点现率增加，最终导致债券价格下跌。公司信用风险状况的变化是影响公司债券价格的重要因素。

2.3 债券投资策略和风险防控

2.3.1 债券投资的一般原则

一、收益性原则

不同种类的债券，收益性大小不一。国家（包括地方政府）发行的债券，是以政府的税收作担保的，具有充分安全的偿付保证，一般认为是没有风险的投资；而企业债券则存在着能否按时偿付本息的风险，作为对这种风险的报酬，企业债券的收益性必然比政府债券高。当然，这仅仅是其名义收益的比较，实际收益的情况还要考虑其税收成本。

二、安全性原则

债券与其他投资工具比较要安全得多，但其安全性问题依然存在，因为经济环境有变、经营状况有变、债券发行人的资信等级也不是一成不变的。就政府债券和企业债券而言，政府债券的安全性是绝对高的，企业债券则有时面临违约的风险，尤其是企业经营不善甚至倒闭时，偿还全部本息的可能性不大。因此，企业债券的安全性远不如政府债券。对抵押债券和无抵押债券来说，抵押债券有抵押品作偿债的最后担保，其安全性相对要高一些。对可转换债券和不可转换债券来说，可转换债券随时可转换成股票，作为公司的自有资产对公司的负债负责并承担更大的风险，故安全性要低一些。

三、流动性原则

影响债券流动性的主要因素是债券的期限，期限越长，流动性越弱，期限越短，流动性越强。另外，不同类型债券的流动性也不同，如政府债券，在发行后就可以上市转让，故流动性强；企业债券的流动性往往有很大差别，对于那些资信卓著的大公司或规模小但经营良好的公司，它们发行的债券的流动性是很强的，反之，那些规模小、经营差的公司发行的债券，流动性要差得多。因此，除对资信等级的考虑之外，企业债券流动性的大小在相当程度上取决于投资者在买债券之前对公司业绩的考察和评价。

2.3.2 债券投资时机的选择

债券一旦上市流通，其价格就要受多重因素的影响，反复波动。这对于投资者来说，就面临着投资时机的选择问题。机会选择得当，就能提高投资收益率；反之，投资效果就差一些。债券投资时机的选择原则有以下几方面：

一、在投资群体集中到来之前投资

在社会和经济活动中，存在着一种从众行为，即某一个体的活动总是要趋同大多数人的行为，从而得到大多数的认可。这反映在投资活动中就是，资金往往比较集中地进入债市或流入某一品种。而一旦大量的资金进入市场，债券的价格就已经抬高了。所以精明的投资者就要抢先一步，在投资群体集中到来之前投资。

二、追涨杀跌

债券价格的运动存在着惯性，即不论是涨或跌都有一段持续时间，所以投资者可以顺势投资，即当整个债券市场行情即将启动时可买进债券，而当市场开始盘整将选择向下突破时，可卖出债券。追涨杀跌的关键是要能及早确认趋势，如果走势很明显已到回头边缘再作决策，就会适得其反。

三、在银行利率调高后或调低前投资

债券作为标准的利息商品，其市场价格极易受银行利率的影响，当银行利率上升时，大量资金就会纷纷流向储蓄存款，债券价格就会下降；反之亦然。因此，投资者为了获得较高的投资效益就应该密切注意投资环境中货币政策的变化，努力分析和发现利率变动信号，争取在银行即将调低利率前及时购入或在银行利率调高一段时间后买入债券，这样就能够获得更大的收益。

四、在消费市场价格上涨后投资

物价因素影响着债券价格，当物价上涨时，人们发现货币购买力下降便会抛售债券，转而购买房地产、金银首饰等保值物品，从而引起债券价格的下跌。当物价上涨的趋势转缓后，债券价格的下跌也会停止。此时如果投资者能够有确切的信息或对市场前景有科学的预测，就可在人们纷纷折价抛售债券时投资购入，并耐心等待价格的回升，那么投资收益将会是非常可观的。

五、在新券上市时投资

债券市场与股票市场不一样，债券市场的价格体系一般是较为稳定的，往往在某一债券新发行或上市后才出现一次波折，因为为了吸引投资者，新发行或新上市的债券的年收益率总比已上市的债券要略高一些，这样债券市场价格就要做一次调整。一般是新上市的债券价格逐渐上升，收益逐渐下降，而已上市的债券价格维持不动或下跌，收益率上升，债券市场价格达到新的平衡，而此时的市场价格比调整前的市场价格要高。因此，在债券新发行或新上市时购买，然后等待一段时期，在价格上升时再卖出，投资者将会有所收益。

2.3.3 国债投资策略

总体上看，国债投资策略可以分为消极型投资策略和积极型投资策略两种，每位投资者可以根据自己的资金来源和用途来选择适合自己的投资策略。具体地，在决定投资策略时，投资者应该考虑自身整体资产与负债的状况以及未来现金流的状况，以达到收益性、安全性与流动性的最佳结合。一般而言，投资者应在投资前认清自己，明白自己是积极型投资者还是消极型投资者。积极型投资者一般愿意花费时间和精力管理他们的投资，通常他们的投资收益率较高；而消极型投资者一般只愿花费很少的时间和精力管理他们的投资，通常他们的投资收益率也相应较低。有一点必须明确，决定投资者类型的关键并不是投资金额的大小，而是他们愿意花费多少时间和精力来管理自己的投资，大多数投资者一般都是消极型投资者。在这里，不介绍很深的理论，只提示几种比较实用的操作方法。

一、消极型投资策略

消极型投资策略是一种不依赖于市场变化而保持固定收益的投资方法，其目的在于获得稳定的债券利息收入和到期安全收回本金。因此，消极型投资策略也常常被称作保守型投资策略。在这里我们介绍最简单的消极型国债投资策略——购买持有法，并介绍几种建立在此基础上的国债投资技巧。

（一）购买持有——最简单的国债投资方法

1. 步骤

购买持有是最简单的国债投资策略，其步骤是：

在对债券市场上所有的债券进行分析之后，根据自己的爱好和需要，买进能够满足自己要求的债券，并一直持有至到期兑付之日。在持有期间，并不进行任何买卖活动。

2. 优点

这种投资策略虽然十分粗略，但有其自身的好处：

（1）这种投资策略所带来的收益是固定的，在投资决策的时候就完全知道，不受市场行情变化的影响。它可以完全规避价格风险，保证获得一定的收益率。

（2）如果持有的债券收益率较高，同时市场利率没有很大的变动或者逐渐降低，则这种投资策略也可以取得相当满意的投资效果。

（3）这种投资策略的交易成本很低。由于中间没有任何买进卖出行为，因而手续费很低，从而也有利于提高收益率。这种购买持有的投资策略比较适用于市场规模较小、流动性比较差的国债，适合不熟悉市场或者不善于使用各种投资技巧的投资者。

3. 注意事项

在采取这种投资策略时，投资者应注意以下两个方面：

（1）根据投资者资金的使用状况来选择适当期限的债券。一般情况下，期限越长的债券，其收益率也往往越高。但是期限越长，对投资资金锁定的要求也就越高，因此最好是根据投资者的可投资资金的年限来选择债券，使国债的到期日与投资者需要资金的日期相近。

（2）投资者投资债券的金额必须由可投资资金的数量来决定。一般在购买持有策略下，投资者不应该利用借入资金来购买债券，也不应该保留剩余资金，而是最好将所有准备投资的资金投资于债券，这样就能保证获得最大数额的固定收益。

4. 缺点

购买持有这种投资策略也有其不足之处：

（1）从本质上看，这是一种比较消极的投资策略。在投资者购进债券后，他可以毫不关心市场行情的变化，可以漠视市场上出现的投资机会，因而往往会丧失提高收益率的机会。

（2）虽然投资者可以获得固定的收益率，但是，这种被锁定的收益率只是名义上的，如果发生通货膨胀，那么投资者的实际投资收益率就会发生变化，从而使这种投资策略的价值大大下降。特别是在通货膨胀比较严重的时候，这种投资策略可能会带来比较大的损失。最常见的情况是，市场利率的上升使得购买持有这种投资策略的收益率相对较低。由于不能及时卖出低收益率的债券，转而购买高收益率的债券，因此在市场利率上升时，这种策略会带来损失。但是无论如何，投资者都能得到原先约定的收益率。除了购买持有以外，还有以下几种常用的消极型国债投资技巧。

（二）梯形投资法

1. 含义

梯形投资法，又称等期投资法，就是每隔一段时间，在国债发行市场认购一批相同期限的债券，每一段时间都如此，接连不断，这样投资者在以后的每段时间都可以稳定地获得一笔本息收入。

例如，Peter 的债券投资策略如下：

Peter 在 20×2 年 6 月购买了 20×2 年发行的 3 年期债券，在 20×3 年 3 月购买了 20×3 年发行的 3 年期债券，在 20×4 年 4 月购买 20×4 年发行的 3 年期债券。

20×5 年 7 月，Peter 就可以收到 20×2 年发行的 3 年期债券的本息和，此时，Peter 又可以购买 20×5 年发行的 3 年期国债，这样，他所持有的三种债券的到期期限又分别为 1 年、2 年和 3 年。如此滚动下去，Peter 就可以每年得到投资本息和，从而既能够进行再投资，又可以满足流动性需要。只要Peter 一直用每年到期的债券本息和购买新发行的 3 年期债券，其债券组合的结构就与原来的一致。

2. 优点

梯形投资法的优点在于，采用此种投资方法的投资者能够在每年得到本金和利息，因而不至于产生很大的流动性问题，不至于急着卖出尚未到期的债券。同时，在市场利率发生变化时，梯形投资法下的投资组合的市场价值不会发生很大的变化，因此国债组合的投资收益率也不会发生很大的变化。此外，这种投资方法每年只进行一次交易，因而交易成本比较低。

3. 三角投资法

（1）含义

所谓三角投资法，就是利用国债投资期限不同，所获本息和也就不同的原理，使得在连续时段内进行的投资具有相同的到期时间，从而保证在到期时收到预定的本息和。这个本息和可能已被投资者计划用于某种特定的消费。三角投资法和梯形投资法的区别在于，虽然投资者都在连续时期（年份）内进行投资，但是，这些在不同时期投资的债券的到期期限是相同的，而不是债券的期限相同。

例如，Peter 的投资策略如下：

Peter 决定在 2018 年进行一次国际旅游，因此，他决定投资国债以便能够确保在 2018 年得到所需资金。这样，他可以在 2012 年投资 2012 年发行的 5 年期债券，在 2014 年购买 2014 年发行的 3 年期债券，在 2015 年购买 2015 年发行的 2 年期债券。这些债券在到期时都能收到预定的本息和，并且都在 2017 年到期，从而能保证有足够资金来实现国际旅游。

（2）特点

这种投资方法的特点是，在不同时期进行的国债投资的期限是递减的，因此被称作三角投资法。它的优点是能获得较固定收益，又能保证到期得到预期的资金以用于特定的目的。

二、积极型投资策略——利率预测法

积极型投资策略是指投资者通过主动预测市场利率的变化，采用抛售一种国债并购买另一种国债的方式来获得差价收益的投资方法。这种投资策略着眼于债券市场价格变化所带来的资本损益，其关键在于能够准确预测市场利率的变化方向及幅度，从而能准确预测出债券价格的变化方向和幅度，并充分利用市场价格变化来取得差价收益。因此，这种积极型投资策略一般也被称作利率预测法。这种方法要求投资者具有丰富的国债投资知识及市场操作经验，并且要支付相对比较多的交易成本。投资者追求高收益率的强烈欲望导致了利率预测法受到众多投资者的欢迎，同时，市场利率的频繁变动也为利率预测法提供了实践机会。

利率预测法的具体操作步骤是这样的：投资者通过对利率的研究获得有关未来一段时期内利率变化的预期，然后利用这种预期来调整其持有的债券，期以在利率按其预期变动时能够获得高于市场平均的收益率。因此，正确预测利率变化的方向及幅度是利率预测投资法的前提，而有效地调整所持有的债券就成为利率预测投资法的主要手段。

（一）利率预测及其方法

1. 利率的影响因素

由前面的分析可知，利率预测已成为积极型投资策略的核心。但是利率预测是一项非常复杂的工作，利率作为宏观经济运行中的一个重要变量，其变化受到多方面因素的影响，并且这些影响因素对利率作用的方向、大小都十分难以判断。

从宏观经济的角度看，利率反映了市场资金供求关系的变动状况。在经济发展的不同阶段，市场利率有着不同的表现。在经济持续繁荣增长时期，企业家为了购买机器设备、原材料，建造工厂和拓展服务等而借款，于是会出现资金供不应求的状况，借款人会为了日益减少的资金而进行竞争，从而导致利率上升；相反，在经济萧条、市场疲软时期，利率会随着资金需求的减少而下降。利率除了受到整体经济状况的影响之外，还受到以下几个方面的影响：

（1）通货膨胀率

通货膨胀率是衡量一般价格水平上升的指标。一般而言，在发生通货膨胀时，市场利率会上升，以抵消通货膨胀造成的资金贬值，保证投资的真实收益率水平。而借款人也会预期到通货膨胀会导致其实际支付的利息的下降，因此，他会愿意支付较高的名义利率，从而也会导致市场利率水平的上升。

（2）货币政策

货币政策是影响市场利率的重要因素。货币政策的松紧程度将直接影响市场资金的供求状况，从而影响市场利率的变化。一般而言，宽松的货币政策，如增加货币供应量、放松信贷控制等都将使市场资金的供求关系变得宽松，从而导致市场利率下降。相反，紧的货币政策，如减少货币供应量、加强信贷控制等都将使市场资金的供求关系变得紧张，从而导致市场利率上升。

（3）汇率变化

在开放的市场条件下，本国货币汇率上升会引起国外资金的流入和对本币的需求上升，短期内会引起本国利率的上升；相反，本国货币汇率下降会引起外资流出和对本币需求的减少，短期内会引起本国利率的下降。

2. 我国利率种类

我国的利率体系受到经济发展水平的影响，呈现出一种多利率并存的格局，各资金市场是分割的，资金在市场间的流动受到较大的限制。目前，我国主要有以下两种利率：

（1）官方利率

这是由中国人民银行确定的不同期限或不同类别的存、贷款利率，即管制利率。这是我国金融市场上的主导利率，对整个金融市场（包括债券市场）都有较大的影响。

（2）场外无组织的资金拆借利率

由于某些金融机构和工商企业缺乏正常的融资渠道，尤其是非国有企业在信贷上受到限制，使得它们只能通过私下资金的拆借来融资。由于这些拆借主体的资金来源和资金获得条件都不尽相同，因而利率十分混乱。当然，在对非国有经济的政策支持和对私下融资的限制、打击下，这种状况会逐渐得以改善。

在考虑影响国债价格的利率时，应注重分析官方利率和国债回购、同业拆借市场利率。其中，官方利率变动次数虽然较少，但由于每次变动的幅度都较大，加上它在整个金融市场上的地位，因而对债券价格的影响是很大的，并且会持续很长的时间。而国债回购、同业拆借市场利率在每个交易日都在变动，且变动幅度比较小，因而对于债券价格的影响的持续时间不长，程度也不大。

投资者在对社会经济运行态势和中央银行货币政策抉择做了综合分析后，可尝试对未来市场利率的变动方向和变动幅度做出较为理性的预测，并据此做出自己的国债投资决策。

（二）债券调整策略

在预测了市场利率变化的方向和幅度之后，投资者可以据此对其持有的债券进行重新组合。这是因为，市场利率将直接决定债券的投资收益率。很显然，债券投资的收益率应该同市场利率密切相关；市场利率上升时，债券投资的要求收益率也会相应上升；市场利率下降时，债券投资的要求收益率也会相应下降。一般地，在计算债券价格时，我们就直接用市场利率作为贴现率，对债券的未来现金流进行贴现。因此，我们可以对市场利率变化和债券价格变化之间的关系做出准确的判断，从而据此来调整持有的债券。调整组合的目的是，在对既定的利率变化方向及幅度做出预期后，使持有的债券的收益率最大化。

（1）由于市场利率与债券的市场价格反向变动，因此，在市场利率上升时，债券的市场价格会下降，而在市场利率下降时，债券的市场价格会上升，因而前者的正确调整策略是卖出所持有的债券，而后者的正确调整策略是买入债券。

（2）债券的期限同债券价格变化之间的关系是有规律可循的：无论债券的票面利率差别有多大，在市场利率变化相同的情况下，期限越长的债券，其价格变化幅度越大。因此，在预测市场利率下降时，应尽量持有能使价格上升幅度最大的债券，即期限比较长的债券。也就是说，在预测市场利率将下跌时，应尽量把手中的期限较短的债券转换成期限较长的债券，因为在利率下降相同幅度的情况下，这些债券的价格上升幅度较大。相反，在预测市场利率上升时，若投资者仍想持有债券，则应该持有期限较短的债券，因为在利率上升相同幅度的情况下，这些债券的价格下降幅度较小，因而风险较小。

（3）债券的票面利率同债券价格变化之间的关系也是有规律可循的：在市场利率变化相同的情况下，息票利率较低的债券所发生的价格变化幅度（价格变化百分比）会比较大，因此，在预测利率下跌时，在债券期限相同的情况下，应尽量持有票面利率低的债券，因为这些债券的价格上升幅度（百分比）会比较大。但是这一规律不适用于周年期的债券。

因此，我们可以得到有关债券调整策略的总原则：在判断市场利率将下跌时，应尽量持有能使价格上升幅度最大的债券，即期限比较长、票面利率比较低的债券。也就是说，在预测市场利率将下跌时，应尽量把手中的短期、高票面利率债券转换成期限较长的、低息票利率债券，因为在利率下降相同幅度的情况下，这些债券的价格上升幅度较大。

反之，若预测市场利率将上升，则应尽量减少低息票利率、长期限的债券，转而投资高息票利率、短期限的债券，因为这些债券的利息收入高，期限短，因而能够很快地变现，再购买高利率的新发行债券，同时，这些债券的价格下降幅度也相对较小。

须指出的是，利率预测法作为一种积极的国债投资方法，虽然能够获得比较高的收益率，但是这种投资方法是具有很大风险的。一旦利率向相反的方向变动，投资者就可能遭受比较大的损失，因此，只对那些熟悉市场行情、具有丰富操作经验的人才适用。初学的投资者不适宜采用此种投资方法。

2.3.4　债券投资风险

债券投资者可能遭受一种或多种风险：（1）利率风险；（2）信用风险；

（3）提前偿还风险；（4）通货膨胀风险；（5）汇率风险；（6）流动性风险。债券投资者面临的风险远不止这些、其他的风险还包括波动性风险、风险的风险、收益率曲线风险、事件风险和税收风险。但是这些风险只有在特定的场合才比较突出。

一、利率风险

利率的变化有可能使债券的投资者面临两种风险：价格风险和再投资风险。

（一）价格风险

当利率上升（下降）时，债券的价格便会下跌（上涨）。对于持有债券直至到期的投资者来说，到期前债券价格的变化并没有什么影响；但是，对于在债券到期日前出售债券的投资者而言，如果购买债券后市场利率水平上升，债券的价格将下降，投资者将遭受资本损失。这种风险就是利率变动产生的价格风险。利率变动导致的价格风险是债券投资者面临的最主要的风险。

（二）再投资风险

投资者投资于债券获得总收益有三个来源：（1）利息支付；（2）当债券被偿还、出售或到期时的资本收益（或资本损失）；（3）利息再投资收入，或者是利息的利息。利息的再投资收入的多少主要取决于再投资发生时的市场利率水平。如果利率水平下降，获得的利息只能按照更低的收益率水平进行再投资，这种风险就是再投资风险。债券的持有期限越长，再投资的风险就越大；在其他条件都相同的情况下，债券的票面利率越高，债券的再投资风险也越大。

二、信用风险

信用风险，包括违约风险和信用利差风险。违约风险是指固定收益证券的发行人不能按照契约如期足额地偿还本金和支付利息的风险。一般而言，政府债券没有违约风险这主要是由于政府具有征税和发行货币的权力。非政府债券或多或少都存在违约风险。在金融市场上，风险和收益成正比，因此，公司债券、金融债券的收益率要高于同类政府债券。

在债券市场上，只有那些违约风险很高、濒临破产的公司的债券，投资者才会关注其可能发生的违约行为。而对于其他债券，投资者更关心的是债券可以被觉察到的信用风险变化以及这种风险变化对债券收益率（价格）的影响，即信用利差风险。信用利差是指某种债券的收益率与同期限的无风险债券收益率之差。这是因为，即使公司实际违约的可能性很小，公司信用利差风险变化导致的信用利差变化也会极大地影响债券的市场价格。在债券市场上，可根据评级公司所评定的质量等级来估计债券发行人的信用利差风险。

三、提前偿还风险

如前所述，某些债券赋予发行人提前偿还的选择权。可赎回债券的发行人有权在债券到期前"提前偿还"全部或部分债券。这种选择权对于发行人是有利的：如果在未来某个时间市场利率低于发行债券的票面利率时，发行人可以赎回这种债券并以按较低利率发行的新债券来代替它；而且这种在到期前赎回债券的选择权可以使发行人将来按照更低的成本对债务进行再融资。

从投资者的角度看，提前偿还条款有三个不利之处：第一，可赎回债券的未来现金流是不确定的，风险也相应增加。第二，当利率下降时发行人要提前赎回债券，投资者则面临再投资风险。当债券以购入债券时确定的价格被提前偿还时，投资者不得不对所得收入按照更低的利率进行再投资。第三，减少了债券的资本利得的潜力。当利率下降时，债券的价格将上升。然而，因为债券可能被提前偿还，这种债券的价格就不可能大大超过发行人所支付的价格。

四、通货膨胀风险

通货膨胀风险也称购买力风险。对于投资者而言，更有意义的是实际购买力。通货膨胀风险是指由于存在通货膨胀，债券的名义收益不足以抵消通货膨胀对实际购买力造成的损失。例如，某投资者购买 1 年期债券，债券的票面利率是 10%，面值为 100 元，该年度的通货膨胀率为 20%。实际上，年末总收入 110 元的实际购买力小于年初 100 元的实际购买力。

五、流动性风险

流动性是金融资产的一个重要特性。流动性是指一种金融资产迅速地转换为交易媒介（货币）而不致遭受损失的能力。在实践中，债券的流动性通常用该债券的做市商报出的买卖差价来衡量。差价越大，说明债券的流动性越小。债券的流动性风险是指一种债券能否迅速地按照当前的市场价格销售出去而带来的风险。

一般而言，债券的流动性风险越大，投资者要求的收益率越高。而债券的流动性风险主要取决于该债券二级市场参与者的数量，参与者数量越多，债券的流动性就越强，流动性风险也相应越小。另外，债券交易者的结构越复杂，投资者的计划投资期限越长，债券的流动性风险就越不重要。

六、汇率风险

如果债券的计价货币是外国货币，则债券支付的利息和偿还的本金能换算成多少本国货币还取决于当时的汇率。如果未来本国货币贬值，按本国货币计算的债券投资收益将会降低，这就是债券的汇率风险，又称货币风险。

第三章 股 票

☞ 股票小故事：

华尔街有两位"炒手"不断交易一罐沙丁鱼罐头，每一次甲方都用更高的价钱从乙方手里买进，这样双方都赚了不少钱。一天，甲决定打开罐头看看：一罐沙丁鱼为什么要卖这么高价钱？结果令他大吃一惊：鱼是臭的！他为此指责对方。乙的回答是：罐头是用来交易的，不是用来吃的啊！

欢迎来到股市……

3.1 股 票 概 述

3.1.1 股票的起源

股票距今已有 400 余年历史，400 年前的中国是明末清初，皇太极刚上位，但是在遥远欧洲，荷兰的阿姆斯特丹，出现了一家载入史册的公司，这公司名字叫"东印度公司"，这是一家国有企业，是政府的资产。

表面看这公司搞航海贸易，实为海盗。他们的工作就是掠夺各国香料以及其他物资，千万别以为做海盗容易，它绝对是高风险行业，因为每次出征前都需耗费大量资金补充弹药与粮食，等到香料掠夺回来，再扣除弹药与粮食的支出，事实上也就只剩一点薄利。所以这些海盗们绞尽脑汁整日思考如何解决这笔高额开销，功夫不负有心人，他们终于想到一个方案，就是让本国老百姓也参与进来。

他们让老百姓投钱，这样就圈到大批资金补充弹药和粮食，等到满载而归，海盗们就把钱还给老百姓，还分给老百姓一些掠夺来的物资和黄金，这个就是分红。但这些海盗知道，并非每次都能掠夺到大量物资，假如没法付给老百姓们钱怎么办？于是他们未雨绸缪又搞出一个交易市场。

老百姓们投钱给海盗们，海盗们就给他们一个纸条，这个纸条就是你投钱的凭证，上面写着你投入的金额数，如果你想中途把钱取回，完全不用去找东印度公司，可以拿着凭证去交易市场，把凭证卖给别的老百姓，当然你也可以长期持有，因为只要海盗们每次都能满载而归，你的凭证就会升值。

从中我们可以看到，股票本质上是一种权益凭证，代表你拥有一个企业的一部分，有参与投票和获取收益分配的权利；同时，因为这种权利是可以转让的，所以它又具有交易属性，我们又可以把股票当作一种特殊的商品。

3.1.2　股票的含义和基本特征

一、股票的含义

股票是股份有限公司在筹集资本时向出资人发行的，用以证明投资者的股东身份和权益并据以获得股息和红利的凭证。股票代表其持有者（即股东）对股份公司的所有权。这种所有权是一种综合权利，如参加股东大会、投票表决、参与公司的重大决策、收取股息或分享红利等。同一类别的每一份股票所代表的公司所有权是相等的。每个股东所拥有的公司所有权份额的大小，取决于其持有的股票数量占公司总股本的比重。股票一般可以通过买卖方式有偿转让，股东能通过股票转让收回其投资，但不能要求公司返还其出资。股东与公司之间的关系不是债权债务关系，股东是公司的所有者，以其出资额为限对公司负有限责任，承担风险，分享收益。股票是社会化大生产的产物，是代表股份资本所有权的证书，它本身没有任何价值，不是真实的资本，而是一种独立于实际资本之外的虚拟资本。

二、股票的特征

股票作为有价证券的一种，是重要的投资工具，它具有以下几个特征。

（一）不可返还性

股票投资人一旦出资购买了某个公司的股票，投资者就不能再向发行股票的公司退还股票、索回资金，同时也没有到期还本的可能。对于股份公司来说，通过发行股票募集到的资金，在公司存续期间是一笔稳定的自有资本，股票的转让并不减少公司资本。

（二）收益性

股票的收益来源于两部分：一是股份公司派发的股息和红利，股息和红利的多少取决于股份公司的经营状况、盈利水平和股利政策；二是股票的资本利得，股票在流通市场上低买高卖的价差收益就是资本利得。

（三）风险性

股票的风险来源于两部分：一是股票具有不可返还性，股息和红利收入也受诸多因素的影响；二是股票价格的波动性，股票交易受到客观、主观、宏观、微观等各方面因素的影响。所以，股票的投资收益具有不确定性。与其他证券投资相比，股票投资有着较大的风险性，这是因为投资者出资购买股票已不再有还本的可能，同时股息收入也是没有保证的，股票的收益取决于公司经营状况的好坏。此外，股票的价格也受股市价格波动的影响，买卖股票有赚有赔。

（四）流动性

流动性是指资本能够以合理的价格、较小的交易成本快速变现的能力。尽管股票是不可偿还的，但能够在二级市场上转让，即二级市场为股票提供了流动性，而且这种流动性往往较容易实现。投资人购买公司股票后，虽不能退还股本，但股票可以在证券市场上转让，因此，股票持有人在资金紧张时，可以通过出售股票换取现金，也可将股票作为抵押品向银行贷款。由于股票有极强的变现能力，因而股票被视作仅次于现金资产的流动性较强的资产。

（五）参与性

参与性是指股票持有人有权参与公司重大决策，有权出席股东大会，其权力大小通常取决于其持有股份数量的多少。投资人一旦购买了公司的股票，就成为该公司的股东，对公司的经营管理具有一定的决策权，决策权的大小与投资者持有该公司股票份额的多少成正比。

（六）投机性

股票通常是有票面价格的，但股票的买卖价格一般与股票的票面价格不一致。股票的买卖价格具有较大的波动性。影响股票交易价格的因素很多，这些因素不断变化，导致股价波动变幻莫测。

3.1.3 股票的分类

目前世界各国发行的股票的种类很多按照不同的标准有以下几种分类方法。

一、普通股与优先股

按照股票持有者承担的风险和享有的权利,可以把股票划分为普通股与优先股。

(一)普通股

普通股是股东不受特别限制,享有平等权利,随着股份公司利益的增加而获得相应收益的股票。普通股是构成股份公司资本基础的股份,是股份公司最先发行,而且是必须发行的股票,是公司最常见、最重要的股票,也是风险最大的股票。普通股的股息必须在偿还公司债务和支付优先股股息后才能根据公司剩余利润的多少进行分配,所以普通股股东承受的风险最大。普通股具备股票最基本的特性,其期限与公司相始终,其收益与公司利益相依存。普通股比其他种类股票有更多的权利,主要体现在以下几个方面:

(1)经营参与权普通股股东的这项权利主要是通过参加股东大会来行使的。普通股股东有权出席股东大会,听取公司董事会的业务、财务报告,在股东大会上行使表决权和选举权,选举公司的董事会和监事会,对公司的经营管理发表意见。在法律上,普通股股东的经营参与权是平等的,每持有一股就有一个表决权。股东权利的大小取决于所购买的股票的多少。但在实践中,由于股东人数太多,众多股东不可能直接参与公司的经营决策,公司的经营实际上是由极少数大股东直接控制的。这些大股东只要根据公司章程的规定达到选举董事所需要的股票份额,就可以选派自己的董事,通过这些董事及经理人来控制股份公司。

(2)收益分配权普通股股东经董事会同意后,有权从公司的净利润中分红。多数国家的公司法规定,公司净利润是指企业当期利润总额减去所得税后的金额。一般情况下,股份公司的净利润并不全部分配给股东,而必须将其中的一部分留下用于公司新增投资,或者用于保证股东未来收益的稳定。

(3)优先购股权每当公司发行新股或进行配股时,现有股东具有优先购买公司新股票的权利,以保证其在公司的股份中所占的比例。数量的多少根据股东现有股数乘以规定比例而定,这样就保证老股东在公司的股份中所占的比例不至于下降。股份公司增发新的普通股股票一般采取两种方式:一是有偿增发,普通股股东以股票面额或高于股票面额的价格优先认购增发的普通股股票。二是无偿增发,普通股股东优先无偿得到增发的股票。

(4)资产分配权当公司要破产或者清算时,公司资产在清偿各种债务后,普通股股东有权按比例分得公司的剩余财产，而股东享有该权利的大小由其持有公司股票的多少来决定。

（二）优先股

优先股是相对于普通股而言的，它是股份有限公司发行的，在分配公司收益和剩余资产方面比普通股具有优先权的股票。优先股是具有股票和债券某些共同特点的证券。对投资者来说，优先股收益固定，风险相对较小，投资的收益率高于公司债券及其他债券。

1. 优先股的特点

（1）固定的股息率。优先股在发行时已约定了固定的股息率，其股息率不受公司经营状况和盈利水平的影响。

（2）优先分派股息。优先股股东可以先于普通股股东从公司领取股息，所以，优先股的风险要小于普通股。可见，优先股的收益与公司业绩的关系介于普通股与债券之间。由于股息固定，当公司经营业绩良好时，优先股股东不能获得因公司利润增长所带来的额外收益。如果公司当年没有盈余，或有盈余但经股东大会决议当年不分配股息，优先股股东也不能取得股息红利。

（3）优先清偿剩余资产。当公司因解散、破产等进行清算时，优先股股东对公司剩余财产的清偿权在债权人之后、普通股股东之前。如果优先股股东权益未得到保障，不能对普通股股东进行资产的分配。

（4）有限的表决权。优先股股东一般不享有公司经营参与权，即优先股不包含表决权，优先股股东无权过问公司的经营管理。然而，在涉及优先股所保障的股东权益时，如公司连续若干年不支付或无力支付优先股股息，优先股股东享有表决权。

（5）可以由公司赎回。大多数优先股附有赎回条款。股份公司可以依照优先股上所附的赎回条款赎回优先股。公司赎回优先股时，可以在优先股价格的基础上适当加价，买回已经发行的优先股，保证优先股股东从中获得一定的利益。但是，优先股股东不能要求公司退股。发行优先股有利于公司在需要时将优先股转化为普通股或者公司债券，以减少公司的股息负担。

2. 优先股的分类

优先股有各种各样的分类方式，主要分类有以下几种：

（1）累积优先股与非累积优先股。累积优先股的基本特征是，当公司本年度没有盈利而不能分派股息，或者盈利不足以满额分派股息时，公司可以把未分派或未满额分派的股息累积到次年，或者等到以后有盈余时再发放。非累积优先股则以当年公司所得盈利为限分派股息。如果公司当年未能分派股息或未能足额分派股息，则不进行累积，当然也就不存在次年补付的问题。

（2）参加优先股与非参加优先股。在公司对优先股股东按照预先承诺的标准支付股息后，如果还有剩余利润，参加优先股的股东可以与普通股股东一起参与对剩余利润的分配；非参加优先股则没有这个权利。可见，参加优先股不仅在公司经营状况好的时候能像普通股一样分配股息，而且在公司经营状况不好的时候能够保持固定收入，因而更具吸引力。

（3）可转换优先股与不可转换优先股。可转换优先股可以按发行公司的规定在将来一定时期转换为其他证券。在实际中，可转换优先股大多数转换为普通股；不可转换优先股则不具备这种权利。如果普通股的市场表现良好，价格上扬，优先股股东就可以把手中的优先股转换为普通股在市场上出售，从中获取差价。如果公司分配的普通股股利较高，优先股股东可以把优先股转换为普通股，从中获得收益。

（4）可回购优先股与不可回购优先股。可回购优先股是股份有限公司可以按照一定价格收回的优先股。大多数优先股是可赎回的。股份公司赎回该股票的目的一般是减少股息负担。往往是在股份公司能够以股息较低的股票取代已发行的优先股时才予以赎回。一般来说，回购价格都定得很高，以补偿该类股票购买者因公司回购所遭受的经济损失。反之，根据规定不能赎回的优先股就是不可回购优先股。

优先股的赎回方式有三种：①溢价方式。公司在赎回优先股时，虽是按事先规定的价格赎回，但由于这往往会给投资者带来不便，因而发行公司常在优先股面值基础上加一笔溢价。②公司在发行优先股时，从所获得的资金中提出一部分款项创立偿债基金，该基金专用于定期赎回已发行的部分优先股。③转换方式。优先股可按规定转换成普通股，虽然可转换优先股是优先股的一种，但实际上是一种赎回优先股的方式，只是这种赎回的主动权在投资者而不在公司。对投资者来说，在普通股市价上升时这样做是十分有利的。

二、记名股票与不记名股票

按照股票是否记名，可将股票划分为记名股票与不记名股票。

（一）记名股票

记名股票是在股票票面和股份公司的股东名册上记载股东姓名的股票。

当股票是归个人所有的单有股时，应该记载持有人的本名；当股票为多人共同享有的共有股时，则应该将共有人的姓名记载在股票上；如果股票为政府机构或者法人持有，则应该记载政府或者法人的名称，不能另立户名，这有利于保障股东权益的依法行使。

股份公司发行记名股票时，要同时置备股东花名册，记载下列事项：（1）股东的姓名或者名称及住所；（2）股东所持股份数额；（3）各个股东取得股份的日期。股东持有记名股票，公司必须将以上各个项目记载下来。记名股票转让时，要办理过户手续，并相应将受让人上述有关事项载于股东花名册。

认购记名股票的股款可以一次缴纳，也可以分次缴纳。一般来说，股东应该在认购时一次缴足股款。但是由于记名股票所确定的股份公司与记名股东之间存在一种特殊关系，有时也允许记名股东分次缴纳股款。

记名股票的股东权益属于记名股东，只有记名股东或者委托的代理人才能行使记名股票所代表的股东权利，未按照规定程序过户的股票受让者不具备股东资格，不得行使股东权利。也就是说，记名股票与其所有者之间存在着特定的人身依附关系。如果记名股票遗失，记名股东的资格和权利并不会因此而消失，可按照法定的程序办理补发手续。

记名股票若转让，必须依照法律和公司章程规定的程序进行，而且要符合规定的转让条件。记名股票的转让一般采用背书转让和交付股票的形式，也有只采用交付股票的形式。不论哪种形式，记名股票的转让都经由发行公司将受让人的姓名（或者名称）、住所记载于公司的股东花名册上。

（二）不记名股票

不记名股票是指股票票面和股份公司的股东名册上都不记载股东姓名的股票。不记名股票由两部分组成：一部分是股票的主体，记载公司的有关事项（公司名称、地址、注册资本和股数等）；另一部分是股息票，用于进行股息估算和行使增资权。

不记名股票的要求是：（1）在股票上不记载股东的姓名，只要持有股票，就确定了股东的资格。确认不记名股票的股东资格以事实上的占有为依据，而不需要以其他方式来确定。因此，不记名股票一般不挂失，公司也不设股东花名册。（2）由于不记名股票的持有者就是股东，因而行使股东权利时，以股票作为权利的凭证，不需要以其他方式加以证明。（3）对持有不记名股票的股东，有需要通知事项时，采取公告的形式。（4）不记名股票的转让比记名股票更自由、更方便，只需要向受让人交付股票便产生转让的法律效力，不需要在发行公司办理过户手续，受让人即取得股东资格。

3.2 股票价格与股票收益

股票价格是指股票在证券市场上进行交易时的价格。股票作为实际资本所有权的证书，代表取得收入的权利，这种权利使得股票具有某种价值，因而可以作为商品以一定的价格在市场上买卖。股票价格正是这种价值的货币表现，受很多因素影响，而且变动频繁。

3.2.1 股票价格的类型

一、票面价格

股票的票面价格又称面值，是股份公司在发行股票时标明的每股股票的票面金额。票面价格是股份公司发行股票的价格，印制在票面上。注明票面价格的最初目的，在于保证股东将来退股时可以回收现金或价值相等的财产与劳务。但现在，票面价格的作用已经发生了变化，表现在两个方面：一个是确定每股在公司股份中所占的比例；二是代表股票持有者的所有权、表决权和红利的分配权。

二、账面价格

股票的账面价格又称为股票的净值，是指股票所含有的实际资产价值。将公司的资产负债表所列净资产除以股票总数，即可求出其账面价格。实际上，投资者所关心的不是股票的账面价格，而是股份公司的盈利。只有在盈利的情况下，投资者才有分红的可能，与账面价格无关。与账面价格类似的一个概念是每股净值。上市公司的净值是股东应享有的，所以会计上又将该净值称为股东权益。

三、内在价值

股票的内在价值是一种理论价值，是股市分析家认为股票所真正代表的价值。分析家会考虑公司的财务状况、盈利前景以及其他影响公司生产经营的因素。由于分析方法不同，不同的分析家和投资者对同一个公司可能得出不同的结论。正因为如此，股票的市场价格与内在价值在很多情况下是不一致的。投资者要力求寻找那些内在价值大于市场价格的股票。计算股票内在价值的方法有很多，常用的是折现法，其计算公式为：

$$V = \frac{D_1}{(1+k)^1} + \frac{D_2}{(1+k)^2} + \cdots + \frac{D_t}{(1+k)^t} = \sum_{t=1}^{\infty} \frac{D_t}{(1+k)^t}$$

式中，V 为股票的内在价值；D_t 为未来每股股票所获股利的现金流；k 为一定风险程度下现金流的贴现率。从以上公式可以看出，股票内在价值的大小取决于未来预期收入、贴现率和未来收入的年限。如果每种股票的未来收入可以预期，那么它的内在价值就可以按这种折现法计算出来。

股票的市场价格又称市场价值、股票行市，是指在证券市场买卖股票的价格。股票的市场价格由股票供求双方的竞争决定，与股票面值及账面价值无直接关系。市场价格是个综合概念，包括开盘价、收盘价、最高价、最低价、买入价、卖出价等，其中每日收盘价最重要，它是投资者分析行情和绘制走势图的基本数据。开盘价和收盘价分别是交易日证券的首、尾买卖价格。根据我国现行的交易规则，证券交易所证券交易的开盘价为当日该证券的第一笔成交价。证券的开盘价通过集合竞价方式产生，不能产生开盘价的，以连续竞价方式产生。按集合竞价产生开盘价后，未成交的买卖申报仍然有效，并按原申报顺序自动进入连续竞价。证券交易所证券交易的收盘价为当日该证券最后一笔交易前 1 分钟所有交易的成交量加权平均价（含最后一笔交易）。当日无成交的，以前日收盘价为当日收盘价。

四、股票的增值

股票的增值是指股票市价与面额的差价。按照一般理论，股价的高低与股利的多少有关。对投资者来说，股价的高低是依据股利的多少来判断的。有些股票连续几年没有股利，却能够进行交易，原因在于股票有增值的特点。如某股份公司发行面额 10 元的股票 1000 万张，每一张面额 10 元的股票卖价是 10 元，投资者用 10 元买进。虽然该公司经营不善，股票并无多少股利，但由于受供求变动、市场利率的影响，现在该股票能卖 18 元，每股增值 8 元。股票增值对投资者尤为重要，相当一部分投资者买股票并不是为了获得股息红利，而是为了通过低进高出谋取股票增值这种投机收益。这种以赚取股票时间差为投资目的的股票交易活动被称为"炒股"。

3.2.2　股票投资的收益

股票投资收益是投资者投资行为的报酬。一般情况下，股票投资的收益主要有两大类：一类是货币收益；另一类是非货币收益。货币收益是投资者购买股票后在一定时期内获得的货币收入。它由两部分组成：一是投资者购买股票后成为公司的股东，他以股东的身份，按照持股的多少，从公司获得相应的股利，包括股息、现金红利和红股等，在我国的一些上市公司中，有时还可得到一些其他形式的收入，如配股权证的转让收入等。二是因持有的股票价格上涨所形成的资本增值，也就是投资者利用低价进高价出所赚取的差价利润，这是目前我国绝大部分投资者投资股票的直接目的。非货币收益的形式多种多样。例如，投资者购买股票成为股东后，可以参加公司的股东大会，查阅公司的有关数据资料，获取更多有关企业的信息，在一定程度上参与企业的经营决策，在企业重大决策中有一定的表决权；大额投资者购买到一定比例的公司股票后，可以进入公司的董事会，影响甚至决定公司的经营活动。

衡量股票投资收益的多少一般用投资收益率，也就是投资收益与最初投资额的百分比。由于股票与其他证券的收益不完全一样，因此，其收益率的计算也有较大的差别。计算股票的收益，通常有以下两种方法：股票收益率、持有期收益率。通过这些收益率的计算，能够充分地把握股票投资收益的具体情况。股票收益率又称本期股利收益率，也就是股份公司以现金派发的股利与本期股票价格的比率。用公式表示如下：

$$本期股利收益率 = \frac{年现金股利}{本期股票价格} \times 100\%$$

式中，本期股票价格指证券市场上该股票的当日收盘价，年现金股利指上一年每一股股票获得的股利，本期股利收益率表明以现行价格购买股票的预期收益率。持有期收益率是指投资者买入股票持有一定时期后又卖出该股票，在投资者持有该股票期间的收益率。用公式表示如下：

$$持有期收益率 = \frac{出售价格 - 购买价格 + 现金股利}{购买价格} \times 100\%$$

投资者要提高股票投资的收益率，关键在于选择购买何种股票以及在何时买进或抛出股票。

3.3 股票投资分析

3.3.1 基本面分析

股票投资基本面分析，是指股票投资分析人员通过对宏观经济指标、经济政策走势、行业发展状况、产品市场状况、公司销售和财务状况等的分析，评估股票价格的涨跌以及投资价值。

一、宏观经济分析

股票投资的宏观经济分析在证券投资领域，宏观经济分析非常重要，只有把握住了经济发展的大方向，才能作出正确的长期决策；只有密切关注宏观经济因素的变化，尤其是货币政策和财政政策等因素的变化，才能抓住市场时机。宏观经济因素主要包括国民经济总体状况、经济周期循环、财政与货币政策以及通货膨胀等。这些宏观经济因素影响股票市场的特点在于波及范围广、干扰程度深。它们或是直接通过影响投资者的心理使证券价格发生向上或向下的波动，或是通过对产业因素和企业因素的影响间接地作用于投资者的心理，使市场价格发生波动，从而影响投资的收益。

（一）宏观经济运行分析

1. GDP 的影响

从理论上说，GDP 是反映一国经济整体实力的宏观指标。当一国经济发展迅速，GDP 增长较快时，预示着经济前景看好，人们对未来的预期改善，企业对未来发展充满信心，极想扩大规模，增加投资，对资金的需求膨胀，因而股票市场趋向活跃。在股票市场均衡运行而且其经济功能不存在严重扭曲的条件下，一般来说，股票价格随 GDP 同向而动，当 GDP 增加时，股票价格也随之上升；当 GDP 减少时，股票价格也随之下跌。因此，GDP 对股票价格的影响是正的。

2. 利率的影响

众所周知，利率是影响股市走势最为敏感的因素之一。根据古典经济理论，利率是货币的价格，是持有货币的机会成本，它取决于资本市场的资金供求。资金的供给来自储蓄，需求来自投资，而投资和储蓄都是利率的函数。

利率下调，可以降低货币的持有成本，促进储蓄向投资转化，从而增加流通中的现金流和企业贴现率，导致股价上升。所以，利率提高，股市走低；反之，利率下降，股市走高。

3. 货币供给量的影响

货币供给量对股票市场价格的影响，可以通过预期效应、投资组合效应和股票内在价值增长效应来实现。以上三种效应一般来说都是正向的，即货币供给量增加，则股市价格上涨。因此，储蓄的增加在一定程度上意味着货币供给量的减少，而股票价格指数与货币供给量之间又存在正向变动关系，所以，储蓄对股票价格的影响是负的。

4. 汇率的影响

汇率又称汇价，是一国货币兑换另一国货币的比率，作为一项重要的经济杠杆，汇率变动对一国股票市场的相互作用体现在多方面，主要有：进出口、物价和投资。汇率直接影响资本的国际流动。一个国家的汇率上升，意味着本币贬值，会促进出口、平抑进口，从而增加本国的现金流，提高国内公司的预期收益，会在一定程度上提升股票价格。因此，汇率对股票价格的影响是正的。

5. 通货膨胀率的影响

一般来说，通货膨胀不仅直接影响人们当前决策，还会诱发他们对通货膨胀的预期。在通货膨胀时期，一方面，由于货币贬值所激发的通货膨胀预期促使居民用货币去交换商品以期保值，这些保值工具中也包括股票，从而扩大了对股票的需求；另一方面，通货膨胀发展到一定阶段后，政府往往会为抑制其发展而采用紧缩的财政和货币政策，促进利率上升。此时，企业为了筹措资金，发行股票是较好的选择，从而使得股票市场的供给相应增加。此时，如果股票市场需求的增长大于供给的增长，则股票市场价格就与通货膨胀之间呈现正的相关关系，否则如果股票市场需求的增长小于供给的增长，则股票市场价格就与通货膨胀之间呈现负的相关关系。因此，通货膨胀率对股票价格的影响不能确定。

（二）宏观经济政策分析

1. 财政政策

财政政策是政府依据客观经济规律制定的指导财政工作和处理财政关系的一系列方针、准则和措施的总称。财政政策的中长期目标是资源的合理配置和收入的公平分配。财政政策手段主要包括国家预算、税收、国债、财政补贴、财政管理体制、转移支付制度等。总的来说，从紧的财政政策将使得过热的经济受到控制，证券市场也将走弱，而宽松的财政政策刺激经济发展，证券市场走强。总的来说，财政政策对股票价格的影响主要是对企业利润的影响而导致股息的增减。比如通过调节税率影响企业利润和股息。提高税率，企业税负增加，税后利润下降，股息减少；反之，企业税后利润和股息增加。

2. 货币政策

所谓货币政策，是指政府为实现一定的宏观经济目标所制定的关于货币供应和货币流通组织管理的基本方针和基本准则。

（1）货币政策的调控作用。货币政策对经济的调控是总体上和全方位的，货币政策的调控作用突出表现在以下几个方面：第一，通过调控货币供应量保持社会总供给与总需求的平衡；第二，通过调控利率和货币总量控制通货膨胀，保持物价总水平的稳定；第三，调节国民收入中消费与储蓄的比例；第四，·引导储蓄向投资的转化并实现资源的合理配置。

（2）货币政策的目标。货币政策的目标总体上包括稳定币值（物价）、充分就业、经济增长和国际收支平衡。

（3）货币政策的中介指标。包括货币供应量、信用总量、同业拆借利率和银行备付金率。

（4）货币政策工具。货币政策工具又称货币政策手段，是指中央银行为实现货币政策目标所采用的政策手段。一般分为以下三大政策工具：第一，法定存款准备金率；第二，再贴现政策，它是指中央银行对商业银行用持有的未到期票据向中央银行融资所做的政策规定；第三，公开市场业务，是指中央银行在金融市场上公开买卖有价证券，以此来调节市场货币量的政策行为。

（5）货币政策的作用机理与运作。货币政策的运作主要是指中央银行根据客观经济形势，采取适当的政策措施调控货币量和信用规模，使之达到预定的货币政策目标，并以此影响经济的运行。

（6）货币政策对证券市场的影响。从紧的货币政策的主要手段是：减少货币供应量，提高利率，加强信贷控制。宽松的货币政策的主要手段是：增加货币供应量，降低利率，放松信贷控制。从总体上说，宽松的货币政策将使得证券市场价格上扬，从紧的货币政策将使得证券市场价格下跌。对股票市场的影响是，中央银行放松银根、增加货币供应，资金面较为宽松，大量游资需要新的投资机会，股票成为最好的投资对象。一旦资金进入股市，就会引起对股票需求的增加，立即促使股价上涨；反之，中央银行收紧银根，减少货币供应，资金普遍吃紧，流入股市的资金减少，加上企业抛出持有的股票以获取现金，使股票市场的需求减少，交易萎缩，股价下跌。

3. 收入政策

收入政策是国家为实现宏观调控总目标和总任务在分配方面制定的原则和方针。着眼于短期供求总量均衡的收入总量，调控通过财政、货币政策来进行，因而收入总量调控通过财政政策和货币政策的传导，对证券市场产生影响。

（三）国际金融市场环境分析

（1）国际金融市场按照经营业务的种类划分，可以分为货币市场、证券市场、外汇市场、黄金市场和期权期货市场。

（2）国际金融市场的剧烈动荡对我国证券市场的影响，主要通过人民币汇率预期影响证券市场。一般而言，汇率上浮，即本币升值，不利于出口而有利于进口；汇率下浮，即本币贬值，不利于进口而有利于出口。汇率变化对股价的影响要视对整个经济的影响而定。若汇率变化趋势对本国经济发展影响较为有利，股价会上升；反之，股价会下降。具体来说，汇率变化对那些在原材料和销售两方面严重依赖国际市场的国家和企业的股票价格影响较大。

（3）在对 B 股证券市场进行分析时，这是一个必须予以十分重视的基本因素。

二、行业分析

行业分析是介于宏观经济分析与公司分析之间的中观层次的分析。

在行业分析中，投资者主要分析行业的市场类型、生命周期和影响行业发展的有关因素。通过分析，投资者可以了解到处于不同市场类型和处于生命周期不同阶段上的行业产品生产、价格制定、竞争状况以及盈利能力等方面的信息资料，从而有利于正确选择适当行业进行投资。

（一）行业市场结构分析

行业的市场结构随该行业中企业的数量、产品的性质、价格的制定和其他一些因素的变化而变化。由于市场结构的不同，行业基本上可分为 4 种市场类型：完全竞争、垄断竞争、寡头垄断和完全垄断。

大多数行业处于完全竞争和完全垄断这两种极端情况之间，往往既有不完全竞争的特征，又有寡头垄断的特征，而且很多行业的产品都有替代品，当一种商品的价格过高时，消费者就会转向价格较低的商品。通常竞争程度越高的行业，其商品价格和企业利润受供求关系影响较大，因此该行业的证券投资风险就越大；而垄断程度较高的行业，其商品价格和企业利润受控制程度较大，证券投资风险就较小。

（二）经济周期与行业分析

根据与国民经济总体的周期变动关系的密切程度，可以将行业分为三类：

（1）增长型行业。增长型行业的运动状态与经济活动总水平的周期及其振幅无关，经常呈现出增长形态。

（2）周期型行业。周期型行业的运动状态直接与经济周期相关。当经济处于上升时期，这些行业会紧随其扩张；当经济衰退时，这些行业也相应跌落。

（3）防御型行业。防御型行业产品需求相对稳定，并不受经济周期处于衰退阶段的影响。

（三）行业生命周期分析

一般而言，行业的生命周期可分为四个阶段，即初创阶段（也称幼稚期）、成长阶段、成熟阶段和衰退阶段。

1. 初创阶段

在这一阶段，由于新行业刚刚诞生或初建不久，而只有为数不多的创业公司投资于这个新兴的产业，并且由于初创阶段行业的创立投资和产品的研发费用较高，而产品市场需求狭小（因为大众对其尚缺乏了解），销售收入较低，因此这些创业公司在财务上可能不但没有盈利，反而普遍亏损。

2. 成长阶段

在这一时期，拥有一定市场营销和财务力量的企业逐渐主导市场，这些企业往往是较大的企业，其资本结构比较稳定，因而它们开始定期支付股利并扩大经营。在成长阶段，新行业的产品经过广泛宣传和消费者的试用，逐渐以其自身的特点赢得了大众的欢迎或偏好，市场需求开始上升，新行业也随之繁荣起来。与市场需求变化相适应，供给方面相应出现了一系列的变化。由于市场前景良好，投资于新行业的厂商大量增加，产品也逐步从单一、低质、高价向多样、优质和低价方向发展，因而新行业出现了生产厂商和产品相互竞争的局面。这种状况会持续数年或数十年。

3. 成熟阶段

行业的成熟阶段是一个相对较长的时期。在这一时期，在竞争中生存下来的少数大厂商垄断了整个行业的市场，每个厂商都占有一定比例的市场份额。由于彼此势均力敌，市场份额比例发生变化的程度较小。厂商与产品之间的竞争手段逐渐从价格手段转向各种非价格手段，如提高质量、改善性能和加强售后维修服务等。行业的利润由于一定程度的垄断达到了很高的水平，而风险却因市场比例比较稳定，新企业难以打入成熟期市场而较低，其原因是市场已被原有大企业比例分割，产品的价格比较低。因此，新企业往往会由于创业投资无法很快得到补偿或产品销路不畅、资金周转困难而倒闭或转产。

4. 衰退阶段

这一时期出现在较长的稳定阶段后。由于新产品和大量替代品的出现，原行业的市场需求开始逐渐减少，产品的销售量也开始下降，某些厂商开始向其他更有利可图的行业转移资金。因而原行业出现了厂商数目减少、利润下降的萧条景象。至此，整个行业便进入了生命周期的最后阶段。在衰退阶段，厂商的数目逐步减少，市场逐渐萎缩，利润率停滞或不断下降。当正常利润无法维持或现有投资折旧完成后，整个行业逐渐解体。

三、公司分析

公司分析是基本分析的重点，无论什么样的分析报告，最终都要落实在某个公司证券价格（主要是指股票价格）的走势上。

（一）公司基本分析

从行业地位分析、区位分析、产品分析以及公司的经营管理能力与成长性分析入手。行业地位分析是分析公司在本行业中的地位。区位分析是分析公司的地理位置及经济发展状况。产品分析包括如下几个方面：

（1）分析产品的竞争能力：技术水平、管理水平、市场开拓能力和市场占有率、资本与规模效益、项目储备及新产品开发能力。

（2）分析产品的市场占有率：可以借助产品的成本优势、技术优势、质量优势分析。

（3）分析产品的品牌。

（4）公司经营管理能力分析与成长性分析：公司经营管理能力分析是分析公司管理人员的素质和能力、公司管理风格及经营理念、公司业务人员素质和创新能力。成长性分析是分析公司经营战略、公司规模及其扩张潜力。

（二）公司财务分析

通过公司的资产负债表、损益表和现金流量表等主要财务报表，对偿债能力、资本结构、经营效率、盈利能力、投资收益和财务结构等进行分析。

其他重要因素分析还有投资项目的创利能力、资产重组的方式以及对经营和业绩的影响、关联交易的方式以及对公司业绩和经营的影响、会计和税收政策的变化以及对经营业绩的影响。

3.3.2　技术分析

一、技术分析与基本分析的区别

对证券市场进行分析是每个进入证券市场参与交易的投资者都必须要做的事情。在长期的投资实践中市场分析的方法逐渐形成两大"主力流派"——技术分析和基本分析。技术分析的英文是 technical analysis，基本分析的英文是 fundamental analysis。技术分析中的"技术"只是相对于"基本"而言的，不是"科学技术"中的"技术"。不能认为使用基本分析的分析人员是不讲"技术"而"盲目"地分析。基本分析中的"基本"是指上市交易的证券的基本情况和背景。

基本分析的重点是对证券的"本质"进行分析，包括未来提供收益的能力等证券的潜在价值，因而更注重证券的内在价值和未来的成长性。说得更简单一些，基本分析要回答的问题是某个证券在将来的某个时间应该值多少钱。如果当前的证券市场价格低于其未来的价值，按照基本分析的思路，就可以选择该证券作为投资的对象。因此，基本分析注重时间相对长期的投资。此外如果投资者所得到的资料充足、信息准确、分析方法合理，那么，用基本分析方法所得到的结论就不受偶然出现的"小事情"的影响。除非出现了影响"基础"的"大事情"。技术分析注重证券在交易市场中的"现场表演"并据此推测证券的发展潜力。

技术分析是对证券的市场行为所做的分析。技术分析的要点是通过观察分析证券在市场中过去和现在的具体表现，应用有关逻辑、统计等方法，归纳总结出在过去的历史中所出现的典型的市场行为特点，得到一些市场行为的固定模式，并利用这些模式预测证券市场未来的变化趋势。

二、技术分析的理论基础

技术分析的三个假设技术分析赖以存在的基础是下面的三个假设：一是市场行为包含一切信息；二是价格沿趋势移动并保持趋势；三是历史会重演。

第一个假设是进行技术分析的基础。该假设认为，影响证券价格变动的所有内外因素都将反映在市场行为中，没有必要对影响价格因素的具体内容给予过多的关心。这个假设的合理性在于，投资者关心的目标是市场中的价格是否会发生变化，而并不关心是什么因素引起变化，因为价格的变动才真正涉及投资者的切身利益。如果某一消息公布后价格没有大的变动，就说明这个消息对市场不产生影响，尽管有可能在此之前，无论怎么看，这个消息的影响力都是相当大的。例如，1999 年 10 月公布了允许保险基金入市的消息。这显然是一个利好的消息，但市场并没有像大多数分析家所认为的那样上升，而是继续下降。这个例子说明，市场的运动并不总是按照人们"正常的"思维进行。

第二个假设认为价格的运动是按一定规律进行的，如果没有外力的影响，价格将保持原来的运动方向。从物理学的观点看，就是牛顿第一运动定律。

按照牛顿第一运动定律的说法，如果一个物体所受的力是平衡力，那么该物体将保持静止或匀速直线运动。一般说来，一段时间内如果价格一直持续上涨或下降，那么，今后如果不出意外，价格也会按这一既定的方向继续上涨或下降，没有理由改变原来已经存在的运动方向。证券市场中的"不出意外"就是牛顿第一运动定律中所要求的"平衡力"。"顺势而为"是证券市场中的一条名言，如果没有产生掉头的内部和外部因素，没有必要逆大势而为。

例如，一个股票投资人之所以决定卖掉手中的股票，是因为他对市场有了"悲观的感觉"。他要么认为价格很快就要下降，要么认为即使价格还会继续上升也没有很大的上升空间了。他的这种悲观的观点是不会立刻改变的。一小时前认为要跌，一小时后，在没有任何外在影响的情况下就改变自己的看法，这种现象是不合情理的。至少说明在前后两次分析决定中，至少有一次是错误的。这种悲观的观点会一直影响这个人，直到发生某些事情而使悲观的观点得以改变。

第三个假设是从统计学和人的心理因素方面考虑的。在市场中具体进行买卖交易的是人,决策最终是由投资者做出的。既然是人,其行为就必然要受到某些心理因素的制约。在某个特殊的情况下,如果某个交易者按某种方式进行交易并取得成功,那么以后遇到相同或相似的情况,他就会按同一方式进行交易。如果前一次失败了,在后面他就会采取不同于前一次的交易方式。投资者自己的和别人的投资实践,将在投资者的头脑里留下很多的"战例",其中有失败的,也有成功的。市场交易的实际结果留在投资人头脑中的阴影和快乐将会永远影响投资人的行动。人们倾向于重复成功的做法,回避失败的做法。

在进行分析时,一旦遇到与过去相同或相似的情况,交易者最迅速和最容易想到的方法是与过去的结果做比较。我们假设,过去重复出现某个现象是因为有某个"必然"的原因,它不是偶然出现的,尽管我们不知道具体的原因是什么。过去的结果是已知的,这个已知的结果应该是用作对未来预测的参考。任何有用的东西都是经验的结晶,是经过许多次实践检验而总结出来的。我们对重复出现的某些现象的结果进行统计,得到成功和失败的概率,对具体的投资行为也是有指导作用的。

三、技术分析方法的分类

每一种对反映市场行为或市场表现的资料数据进行加工处理的方法都属于技术分析方法,至少是涉及了技术分析方法。目前流行的技术分析方法可以分为如下六个大类,技术指标法、支撑压力法或支撑压力线法、形态法、K线法、波浪理论法、循环周期法。

(一)技术指标法

技术指标法给出数学计算公式,建立数学模型,得到一个具体体现市场的某个方面内在特征的数字,这个数字叫技术指标值。指标值的具体数值和数值之间的相互关系将确认市场处于何种状态,并为投资者的交易行为提供指导建议。技术指标所反映的情况大多数是无法从行情报表的原始数据中直接得到的。全世界已经存在的技术指标的数量数不胜数,相对强弱指标(RSI)、随机指标(KD)、趋向指标(DMI)、平滑异同移动平均线(MACD)、心理线(PSY)、乖离率(Bias)等都是著名的技术指标。更为可喜的是,新的技术指标还在不断涌现。每个致力于投资分析的研究机构和投资者都不时地根据自己对市场的认识和理解,不断地"创造"出新的技术指标。虽然中国的证券市场历史很短,属于中国自己的分析工具比较少,但在最近几年，在中国自己编制的证券市场分析软件中就已经出现了很多新的技术指标。

（二）支撑压力法或支撑压力线法

支撑压力线是按一定的方法在价格图表中画出一些直线，这些直线就叫支撑压力线。支撑压力线的作用是限制证券价格波动，也称为支撑或压力的作用。根据这些直线可以推测价格的未来趋势。支撑线和压力线往后的延伸位置也有可能对价格今后的波动起一定的制约作用。使用支撑压力的重点是支撑压力线的画法，直线画得好坏直接影响预测的结果。划支撑压力线的方法是人们在长期研究中逐步摸索出来的。著名的支撑压力线有趋势线、通道线、黄金分割线、速度线等。

（三）形态法

形态法是根据价格在波动过程中留下的轨迹的形状来判断多方和空方力量的对比，进而预测价格未来趋势的方法。技术分析的假设之一是市场的行为包括了一切信息。价格走过的形态是市场行为的重要部分，是证券市场对各种信息感受之后的具体表现。这种表现比任何一个"聪明的大脑"所研究出来的"东西"都要准确有效。用价格的轨迹或者说是形态来推测价格的未来走势应该是很有道理的。从价格轨迹的形态中，我们可以推测出证券市场中多方和空方力量的对比和优势的转化，明了当前的市场处在一个什么样的大的环境之中。形态分为反转和持续两种大的形态类型。著名的形态有 M 头、W 底、头肩形、三角形等十几种。

（四）K 线法

K 线法是用某种方式记录了市场中证券价格每个时间段的位置，其中使用最多和最方便的是 K 线（日本线）。K 线法的研究手法是根据若干天 K 线的组合形态，推测证券市场多方和空方力量的对比。K 线图是进行技术分析的最重要的图表，将在后面详细介绍。单独一天的 K 线的形态有 12 种，若干天 K 线的组合种类就无法数清了。人们经过不断地总结经验，发现了一些对证券买卖有指导意义的组合形态。K 线法在我国很流行，广大投资者进入证券市场后进行技术分析时首先接触的就是 K 线图。应该说明的是，K 线法指的是一大类分析方法，而不仅仅是指利用 K 线组合形态的分析方法，K 线组合仅仅是这一类型方法中的一个突出的代表。除 K 线外，这一类型的方法还应该包括宝塔线、OX 线、新价线、等量 K 线等。不过从实际的使用情况看，

K 线组合形态是这一类型的方法中最具有代表性的，其内容已经比较完整，也是使用最方便的。

（五）波浪理论法

20 世纪 70 年代柯林斯出版专著《波浪理论》，波浪理论把价格的上下变动和不同时期的持续上涨下降看成是波浪的上下起伏，价格的波动过程遵循波浪起伏所遵循的周期规律，这个周期规律就是 8 浪结构。此外，波浪理论指出了价格波动形状的"相似性"。在波浪理论看来，价格波动不论波动规模的大小都是 8 浪结构。因此，波浪理论中的各个浪在波动长度上有一定的规律，这就是波浪理论的比率分析。比率分析可以计算价格未来波动的支撑压力位置。如果数清楚了浪，就能知道当前所处的位置，进而明确应该采用何种策略。利用比率分析还可以知道应该在"何时何地"采取行动。波浪理论最大的优点就是能提前很长的时间预测到底和顶，而别的方法往往要等到新的趋势已经确立之后才能看到。波浪理论同时又是公认的最难掌握的技术分析方法，身处现实的投资者中，真正能够正确数浪的人可谓凤毛麟角。

（六）循环周期法

循环周期法关心价格的起伏在时间上的规律。通过对时间的分析，告诉我们应该在一个正确的时间进行投资。循环周期理论是周期法的重要代表。波浪理论也涉及某一浪所经过的时间的长度的分析法。此外还有利用日历、螺旋历法、节气等进行周期分析的方法。

循环周期法的出发点是根据历史，发现价格波动已经存在的周期性。既然证券市场是经济发展的"晴雨表"，证券市场中的价格起伏就应该与经济发展的周期性有一定的联系。

循环周期法中对时间的考虑分为两种方式。第一种是等周期长度的方式。例如，"每经过两年就会有一次牛市"和"每个上升的过程大约是两个月"就属于这一类。第二种是固定时间的方式。例如，"春节附近是低点"就是典型的固定时间的方式。国外对周期的研究更多出现在商品期货市场。周期的长度有长有短，长的在 34 个月以上，短的至少是 5 个月。这些结论对我国市场没有太大的指导意义。

我国证券市场的历史较短，周期的界定还没有比较成形的结论，等周期长度的周期还没有结论，但有一些固定时间方式的周期。例如，从我国证券市场的历史看，每年的春节前后是局部的低点，每年的上半年都有一次比较大的上升行情。

有关我国证券市场在周期方面的结论，目前就限于此。本书后面将不涉及周期的内容。应该等到市场运行的历史比较长了以后，再对中国证券市场的周期性进行比较深入的研究。

以上是六类技术分析的方法，它们从不同的方面理解和分析证券市场，各有其特点和适用的范围。从严格的意义上讲，这六类方法不是彼此孤立的，其中有交叉和联系。例如，波浪理论中就涉及时间和形态等方法。总之，这些方法都是经过证券市场实际战火考验的，尽管所采取的方式不同，但彼此并不排斥，在使用上应该注意相互之间的借鉴。

3.4　股票投资的操作程序

3.4.1　证券经纪关系的确立

投资人自己不能到交易所去买卖股票，必须在证券公司开设的证券交易柜台或通过电话和网络买卖股票。按我国现行的做法，投资者入市进行股票买卖之前，必须与证券公司签订证券交易委托代理协议书，这是接受具体委托之前的必要环节，经过这个环节就意味着证券经纪商与投资者之间建立了经纪关系。

3.4.2　开户

所谓开户，就是股票的买卖人在证券公司开立委托买卖的账户。其主要作用是在于确定投资者信用，表明该投资者有能力支付买股票的价款或佣金。客户开设账户，是股票投资者委托证券商或经纪人代为买卖股票时，与证券商或经纪人签订委托买卖股票的契约，确立双方为委托与受托的关系。

一、证券账户的种类

证券账户按交易场所可分为上海证券账户和深圳证券账户，两个账户分别用于买卖上海证券交易所和深圳证券交易所挂牌的证券。证券账户按用途可分为人民币普通股票账户、人民币特种股票账户、证券投资基金账户和其他账户。人民币普通股票账户简称 A 账户，其开立者仅限于国家法律法规和行政规章允许买卖 A 股的境内投资者。人民币特种股票账户简称 B 股账户，它是专门用于为投资者买卖人民币特种股票而设置的。证券投资基金账户简称基金账户，是为了方便投资者买卖证券投资基金而专门设置的，该账户也可以用来买卖上市的国债。

二、开立证券账户的基本原则

第一，合法性。合法性是指只有国家法律允许进行证券交易的自然人和法人才能到指定机构开立证券账户。根据规定，一个自然人或法人可以开立不同类别和用途的证券账户。但是，对于同一类别和用途的证券账户，一个自然人或法人只能开立一个。

第二，真实性。真实性是指投资者开立证券账户时所提供的资料必须真实有效，不得以虚假身份开立证券账户。

3.4.3 开立证券账户的程序

自然人开立的账户为个人账户。个人投资者应持有效身份证件先到各地证券登记公司或被授权的开户代理处办理证券账户的开户手续。开户之前，先填写自然人证券账户注册申请表。每个身份证只能开立一个上海证券账户和深圳证券账户，身份证号码与证券账户号码（股东卡号）一一对应，不允许重复开户。代理开户的还需提供代理人的身份证，并需代办人签名。

法人申请开立证券账户时，必须填写机构证券账户注册登记表，并提交有效的法人身份证明文件及复印件或加盖发证机关确认章的复印件、法定代表人证明书、法定代表人的授权委托书、法定代表人的有效身份证明文件及复印件和经办人的有效身份证明文件及复印件等。

证券公司和基金管理公司开户，还需提供中国证监会颁发的证券经营机构营业许可证和证券账户自律管理承诺书。

3.4.4 竞价成交

一、竞价原则

证券交易所内的证券交易按"价格优先、时间优先"的原则竞价成交。

（1）价格优先。价格优先原则表现为：价格较高的买进申报优先于价格较低的买进申报，价格较低的卖出申报优先于价格较高的卖出申报。

（2）时间优先。时间优先原则表现为：同价值申报，依照申报时序决定优先顺序，即买卖双方申报价格相同时，先申报者优先于后申报者。其先后顺序按证券交易所交易主机接受申报的时间确定。

二、竞价方式

目前，证券交易所一般采用两种竞价方式，即在每日开盘时采用集合竞价方式，在日常交易中采用连续竞价方式。

所谓集合竞价，是在每个交易日的上午 9:25，证券交易所电脑主机对 9:15~9:25 接受的全部有效委托进行一次集中撮合处理的过程。

集合竞价结束、交易时间开始时，即进入连续竞价，直至收盘。我国目前规定，每个交易日 9:30~11:30、13:00~15:00 为连续竞价时间。连续竞价阶段的特点是，每一笔买卖委托输入电脑自动撮合系统后，当即判断并进行不同的处理；能成交者予以成交；不能成交者等待机会成交；部分成交者则让剩余部分继续等待。按照我国目前的有关规定，在无撤单的情况下，委托当日有效。

三、竞价结果

竞价的结果有三种可能：全部成交、部分成交、不成交。

3.4.5　清算与交割、交收

一、清算与交割、交收的概念

清算与交割、交收是整个证券交易过程中必不可少的两个重要环节。

清算一般有三种解释：一是指一定经济行为引起的货币资金关系的应收、应付的计算；二是指公司或企业结束经营活动、收回债务、处置分配财产等行为的总和；三是银行同业往来中应收或应付差额的轧计及资金汇划。

证券清算业务，主要是指在每个营业日中每个证券公司成交的证券数量与价款分别予以轧抵，对证券和资金的应收或应付净额进行计算的处理过程。

在证券交易过程中，买卖双方达成交易后，应根据证券清算的结果在事先约定的时间内履行合约，买方需交付一定款项以获得所购证券。卖方需交付一定证券以获得相应价款。在这一钱货两清的过程中，证券的收付称为交割，资金的收付称为交收。

证券清算和交割、交收两个过程统称为证券结算。

二、清算与交割、交收的原则

证券清算与交割、交收业务主要遵循两条原则，即净额清算原则和钱货两清原则。

三、清算、交割、交收的联系与区别

（一）清算与交割、交收的联系

从时间发生及运作的次序来看，先清算后交割、交收，清算是交割、交收的基础和保证，交割、交收是清算的后续与完成，正确的清算结果能确保交割、交收顺利进行；而只有通过交割、交收，才能最终完成证券或资金收付，从而结束交易总过程。从内容上看，清算与交割、交收都分为证券与价款两项。在清算中，各类证券按券种分别计算应收应付轧抵后的结果，价款则统一以货币单位计算应收应付轧抵净额；交割、交收时，同样分证券与价款两部分，习惯上称证券交割与资金交收。

从处理方式来看，证券公司都通过证券登记结算公司为对手办理清算与交割、交收，即证券登记结算公司作为所有买方的卖方和所有卖方的买方，与之进行清算与交割、交收。投资者一般由证券经纪商代为办理清算与交割、交收，而证券公司之间、各投资者之间，均不存在相互清算与交割、交收问题。

（二）清算与交割、交收的区别

两者最根本的区别在于：清算是对应收应付证券及价款的轧抵计算，其结果是确定应收应付净额，并不发生财产实际转移；交割、交收则是对应收应付净额（包括证券与价款）的收付，发生财产实际转移（虽然有时不是实物形式）。

四、我国目前的交割、交收方式

我国目前的证券交易交割、交收方式有两种，即 T+1 交割、交收与 T+3 交割、交收。

（一）T+1 交割、交收

这是指达成交易后，相应的证券交割与资金交收在成交日的下一个营业日完成。这种交割、交收方式目前适用于我国的 A 股、基金、债券、回购交易等。

（二）T+3 交割、交收

这是指达成交易后，相应的证券交割与资金交收在成交日的第三个营业日完成。目前，我国对 B 股（人民币特种股票）实行 T+3 交割、交收方式。

3.4.6 股权过户

所谓股权（债权）过户，简言之，即股权（债权）在投资者之间转移。

股权过户有交易性过户、非交易性过户以及账户挂失转户。

交易性过户是指由于记名证券的交易使股权（债权）从出让人转移到受让人从而完成股权（债权）过户。

股权（债权）非交易性过户，是指符合法律规定和程序的因继承、赠与、财产分割或法院判决等原因而发生的股票、基金、无纸化国债等记名证券的股权（或债权）在出让人、受让人之间的变更。受让人需凭法院、公证处等机关出具的文书到证券登记结算公司或其代理机构申办非交易过户，并根据受让总数按当天收盘价缴纳规定标准的印花税。

账户挂失转户是指由于实行无纸化流通，证券账户一旦遗失，即可按规定办理挂失手续。在约定的转户日，证券登记结算公司主动办理转户手续。

3.5　股票投资的策略与技巧

3.5.1　股票选择的策略与技巧

一、新股发行时投资的技巧

新股上市一般指的是股份公司发行的股票在证券交易所挂牌买卖。新股上市的消息一般要在上市前十几天经传播媒介公之于众。新股上市的时期不同，往往对股市价格走势产生不同的影响，投资者应根据不同的走势，来恰当地调整投资策略。

当新股在股市好景时上市，往往会使股价节节攀升，并带动大势进一步上扬。因为在大势看好时新股上市，容易激起投资者的投资欲望，使资金进一步围拢股市，刺激股票需求。相反地，如果新股在大跌势中上市，股价往往还呈现进一步下跌的态势。此外，新股上市时，投资者还应密切注意上市股票的价位调整并掌握其调整规律。

一般来讲新上市股票在挂牌交易前。股权较为分散，其发行价格多为按面额发行和中间价发行，即使是绩优股票，其溢价发行价格也往往低于其市场价格．以便使股份公司通过发行股票顺利实现其筹款目标。因此，在新股上市后，由于其价格往往偏低和需求量较大一般都会出现一段价位调整时期。其价位调整的方式大体上会出现如下的几种情况：

（1）股价调整一次进行完毕，然后维持在某一合理价位进行交易，这种调整价位方式，系一口气将行情做足，并维持与其他股票的相对比值关系，逐渐地让市场来接纳和认同。

（2）股价一次调整过后，继而回跌，再维持在某一合理价位进行交易。将行情先做过头，然后让它回跌下来，一旦回落到与其他股票的实质价位相配时，自然会有投资者来承接，然后依据自然供需状况来进行交易。

（3）股价调整到合理价位后，滑降下来整理筹码．再作第二段行情调整回到原来的合理价位。这种调整方式，有涨有跌，可使申购股票中签的投资者卖出后获利再进，以致造成股市上的热络气氛。

（4）股价先调整到合理价位的一半的价位水平，即予停止，然后进行筹码整理，让新的投资者或市场客户吸进足够的股票，再做第二段行情。此种新调整方式，可能使心虚的投资者或心理准备不足的投资者减少盈利，但有利于富有股市实践经验的投资老手获利。

二、分红派息前后投资的技巧

股份公司经营一段时间后，如果营运正常，产生了利润，就要向东分配股息和红利。其交付方式一般有三种：一种以现金的形式向股东支付。这是最常见、最普通的形式，在美国，80%以上的公司是以此种形式进行的。二是向股东配股，采取这种方式主要是为了把资金留在公司里以用于扩大经营，以追求公司发展的远期利益和长远目标。第三种形式是实物分派，即是把公司的产品作为股息和红利分派给股东。

在分红派息前夕，持有股票的股东一定要密切关注与分红派息有关的 4 个日期：

（1）息宣布日，即公司董事会将分红派息的消息公布于众的时间。

（2）派息日，即股息正式发放给股东的日期。

（3）股权登记日，统计和确认参加本期股息红利分配给股东的日期。

（4）除息日，即不再享有本期股息的日期。

对于有中、长线投资打算的投资者来说，还可趁除息前夕的股价偏低时，买入股票过户，以享受股息收入。出现有时在除息前夕价格偏弱的原因，主要在于此时短线投资者较多。因为短线投资者一般倾向于不过户、不收息，故在除息前夕多半设法将股票脱手，甚至价位低一些也在所不惜。因此，有中、长线投资计划的人，如果趁短线投资者回吐的时候入市，即可买到一些相对低廉的股票，又可获取股息收入。至于在除息前夕的那一具体时点买入，则又是一个十分复杂的技巧问题。一般来讲，在截止过户时，当大市尚未明朗时，短线投资者较多，因而在截止过户前，那些不想过户的短线投资者就得将所有的股份卖出，越接近过户期，卖出的短线投资者就越多，故原则上在截止过户前的 1~2 天，有可能会买到相对适宜价位的股票，但切不可将这种情况绝对化。因为如果大家都看好某种股票，或者某种股票的股息十分诱人，也可能会出现相反的现象，即越接近过户期，购买该股票的投资者就越多，因而，股价的涨升幅度也就越大，投资者必须对具体情况进行具体分析，以恰当地在分红派息期掌握好买卖的火候。

3.5.2 股票买卖时机选择的策略与技巧

一、股票投资策略

（一）不同投资期限的股票投资策略

股票投资期限选择是投资者根据各种市场因素和投资期望值来合理确定持股时间长的策略和方法。股票作为一种永久性的有价证券是无所谓期限可言的，这里所讲的股票投资期限是指投资者持有某种股票的时间长短，可将投资分为长期（线）投资、短期（线）投资和中期（线）投资。

1. 长期投资

长期投资，即投资者在买进股票后，短期内不转售，以便享受优厚的股东权益，只是在适当的时机才转售求利。长期投资者持有的股票时间最短为半年，有的长达几年、十几年乃至几十年。长期投资经常能够给投资者带来较好的利润。例如，如果一个在 1914 年以 2700 美元购买 100 股美国国际商业机器公司股票的长期投资者，在 1977 年就会变成手持 72798 股该公司股票的股东，如按当时市价计算，股票值可达 2000 多万美元。投资者在进行长期投资时，最主要的是熟悉企业的历史与现状，尤其是企业的盈利能力及派息的情况。比较适合进行长线投资的股票应是该种股票发行公司的经营情况比较稳定和正常，预计在相当长时间内不会发生大的起落，且公司的派息情况大致匀称，股票的市场价格波动不大，大体走向是稳中有升。

2. 短期投资

短期投资在很大程度上是一种投机买卖，投机者所持股票的时间往往只有几天，甚至有时只有几个小时。投资者进行短期投资主要利用股价差价来转售获利。短期投资的主要对象是市场价格不稳定且变化幅度较大的活跃型投资。由于短线投资是一种投机性很强和风险性很大的投资活动,初涉股市的投资者最好不要使用。

3. 中期投资

中期投资是介于长短线投资之间的一种投资,持股时间一般在几个月以内。中期投资特别要注意选择时机,如果预计某家公司在几个月内有利好消息出现,那么这家公司的股票就是进行中期投资的最好选择。对于某一个具体的投资者来讲,到底是选择长期投资还是选择中期或短期投资,要依据投资者的预期目标和市场因素进行综合分析来做最终确定。

(二) 不同类型的股票投资策略

1. 大型股票和中小型股票投资策略

(1) 大型股票是指股本额在 12 亿元以上的大公司所发行的股票。这种股票的特性是,其盈余收入大多呈稳步而缓慢的增长趋势。由于炒作这类股票需要较为雄厚的资金,因此,一般炒家都不轻易介入这类股票的炒买炒卖。对应这类大型股票的买卖策略是

①可在不景气的低价圈里买进股票,而在业绩明显好转、股价大幅升高时予以卖出。同时,由于炒作该种股票所需的资金庞大,故较少有主力大户介入拉升,因此,可选择在经济景气时期入市投资。

②大型股票在过去的最高价位和最低价位上,具有较强支撑阻力作用,因此,其过去的高价价位是投资者现实投资的重要参考依据。

(2) 中小型股票的特性是,由于炒作资金较之大型股票要少,较易吸引主力大户介入,因而股价的涨跌幅度较大。其受利多或利空消息影响股价涨跌的程度,也较大型股票敏感得多,所以经常成为多头或空头主力大户之间互打消息战的争执目标。对应中小型股票的投资策略是耐心等待股价走出低谷,开始转为上涨趋势,且环境可望好转时予以买进;其卖出时机可根据环境因素和业绩情况,在过去的高价圈附近获利了结。一般来讲,中小型股票在 1~2 年内,大多有几次涨跌循环出现,只要能够有效把握行情和方法得当,投资中小型股票,获利大多较为可观。

2. 成长股和投机股投资策略

所谓成长股,是指迅速发展中的企业所发行的具有报酬成长率的股票。成长率越大,股价上扬的可能性也就越大。所谓投机股,是指那些易被投机者操纵而使价格暴涨暴跌的股票。需要特别指出的是,由于投机股极易被投

机者操纵而人为地引起股价的暴涨或暴跌，一般的投资者需要采取审慎的态度，不要轻易介入，若盲目跟风，极易被高价套牢，而成为大额投资者的牺牲品。

（1）成长股的投资策略是：

①要在众多的股票中准确地选择出适合投资的成长股。成长股的选择，一是要注意选择属于成长型的行业。二是要选择资本额较小的股票。资本额较小的公司，其成长的期望较大。因为较大的公司要维持一个迅速扩张的速度将是越来越困难的，一个资本额由 5000 万元变为 1 亿元的企业就要比一个由 5 亿元变为 10 亿元的企业容易得多。三是要注意选择过去一两年成长率较高的股票。成长股的盈利增长远远快于大多数其他股票，一般为其他股票的 1.5 倍以上。

②要恰当地确定好买卖时机。由于成长股的价格往往会因公司的经营状况变化发生涨落，其涨跌幅度较之其他股票更大。在熊市阶段，成长股的价格跌幅较大，因此，可在经济衰退、股价跌幅较大时购进成长股，而在经济繁荣、股价预示快达到顶点时予以卖出。而在牛市阶段，投资成长股的策略应是在牛市的第一阶段投资于热门股票，在中期阶段购买较小的成长股，而当股市狂热蔓延时，则应不失时机地卖掉持有的股票。由于成长股在熊市时跌幅较大，而在牛市时股价较高，所以成长股的投资一般较适合积极的投资人。

（2）投机股的投资策略是：

①选择公司资本额较少的股票作为进攻的目标。因为资本额较少的股票，一旦投下巨资容易造成价格的大幅变动，投资者可能通过股价的这种大幅波动获取买卖差价。

②选择优缺点同时并存的股票。因为优缺点同时并存的股票，当其优点被大肆渲染时，容易使股票暴涨，而当其弱点被广为传播时，又极易使股价暴跌。

3. 蓝筹股投资策略

蓝筹股的特点是：投资报酬率相当优厚稳定，股价波幅变动不大，当多头市场来临时，它不会首当其冲而使股价上涨。经常的情况是，其他股票已经连续上涨一截，蓝筹股才会缓慢攀升；而当空头市场到来，投机股率先崩溃，其他股票大幅滑落时，蓝筹股往往仍能坚守阵地，不至于在原先的价位上过分滑降。

对应蓝筹股的投资策略是：一旦在较适合的价位上购进蓝筹股，不宜再频繁出入股市，而应将其作为较好的中长期投资对象。虽然持有蓝筹股在短期内可能在股票差价上获利不丰，但以这类股票作为投资目标，不论市况如何，都无须为股市涨落提心吊胆。而且一旦机遇来临，也能收益甚丰。长期投资这类股票，即使不考虑股价变化，单就分红配股，往往也能获得可观的收益。对于缺乏股票投资手段且愿做长线投资的投资者来讲，投资蓝筹股不失为一种理想的选择。

二、股票买卖的方法

股票买卖的方法从买卖的次数分类，可分为一次买卖法，多次买卖法，或分批买卖法。买卖方法的选择，亦无定论，视具体情况而定。一般而言，短期投资主要是采取一次买卖法；中长期投资主要采用分批买卖法。

3.5.3 股票相关金融衍生品的选择

一、可转换债券

（一）定义

可转换债券是指其持有者可以在一定时期内按照一定的比例或价格将之转换成一定数量的另一种证券的债券。可转换债券通常是转换成普通股票，当股票价格上涨时，可转换债券的持有人行使转换权比较有利。因此，可转换债券实质上时是嵌入了普通股票的看涨期权。

可转换债券具有双重选择权的优势特征。一方面，投资者可以自行选择是否进行债转股，并为此承担转债利率较低的机会成本；另一方面，转债发行人拥有是否实施赎回条款的选择权，并要为此支付比没有赎回条款的转债更高的利率。双重选择权是可转换债券最主要的金融特征，它的存在使投资者和发行人的风险、收益限定在一定的范围内，并可以利用这一特点对股票进行套期保值，获得更加确定的收益。股票投资是一项高风险与高收益并存的投资行为，妥善地选择相关金融衍生工具投资，进行套期保值等投资策略，可以在很大程度上降低投资风险，稳定投资收益。

（二）相关要素

可转换债券有若干要素，这些要素基本决定了可转换债券的转换条件、转换价值、市场价格等总体特征：

（1）有效期限和转换周期。就可转换债券而言，其有效期限与一般债券相同，指债券从发行之日起至偿清本息之日止的存续时间。转换期限是指可转换债券转换为普通股票的起始日至结束日的期间。大多数情况下，发行人都规定一个特定的转换期限，在该期限内，允许可转换债券的持有人按转换比率和转换价格将可转换债券转换成发行人的股票。我国《上市公司证券发行管理办法》对发行可转换债券做了如下规定：可转换债券的期限最短为 1 年，最长为 6 年。可转换债券自发行结束之日起 6 个月后方可转换为公司股票，转股期限由公司根据可转换债券的存续期限以及公司的财务状况确定。

（2）票面利率或股息率。可转换债券的票面利率（或可转换优先股的股息率）是指可转换债券作为一种债券的票面年利率（或优先股息率），由发行人根据当前市场利率水平、公司债券资信等级和发行条款确定，一般低于相同条件的不可转换债券（或不可转换优先股）。可转换债券应半年或 1 年付息一次，到期后 5 个工作日内应偿还未转股债券的本金及最后一期利息。

（3）转换比率或转换价格。转换比率是指一定面值的可转换债券转换成普通股的股数。用公式表示为：转换比例＝可转换债券面值/转换价格；转换价格是指可转换债券转换为每股普通股所需支付的价格，用公式表示为：转换价格＝可转换债券面值/转换比例。

（4）赎回条款与回售条款。赎回是指发行人在发行一段时间后，可以提前赎回未到期的发行在外的可转换债券。赎回条件一般是当公司股票在一段时间内连续高于转换价格达到一定幅度时，公司可按照事先约定的赎回价格买回发行在外的尚未转股的可转换债券。回售是指公司股票在一段时间内连续低于转换价格达到某一幅度时，可转换债券持有人按照事先约定的价格将所持可转换债券出售给发行人的行为。

（5）转换价格修正条款。转换价格修正是指发行公司在发行可转换债券后，由于公司的送股、配股、增发股票、分立、合并、拆分及其他原因导致发行人股份发生变动，引起公司股票名义价格下降时对转换价格所做的必要调整。

二、股票期权

（一）定义

在金融衍生品中，期权合约是较为特别的一种，期权合约的卖方授予买方在某一特定时点或时期内，以某一特定价格买卖某一特定种类、数量、质量资产或商品的权利，以股票期权为例，这项商品便是股票。一旦期权交易达成后，期权的买方将拥有期权标的资产价格发生有利变化时的收益，而无须承担价格反向变化时的损失，或者说权利与义务并不完全对称。显然，作为一种公平的博弈，期权合约的买方必须支付一定的代价才能获得这种权利。这种代价就是期权费，也就是期权价格。

从期权合约的内容来看，购买者所支付的期权费应该包含了两部分内容：内在价值与时间价值。其中，期权的内在价值是指期权标的资产的市场价格与其执行价格两者之间的差额。这一差额是期权费的核心部分，一般来说，对于看涨期权而言，内在价值就是市场价格低于执行价格的部分。期权的时间价值是指期权费超过其内在价值的部分，有时又称外在价值。

（二）相关要素

一般来说，有六种因素会影响期权的价格，以股票期权为例，分别为：当前股价、期权执行价格、期权期限、股票价格的波动率、无风险利率和期权存续期间预期发放的股息。

（1）当前股票价格和期权执行价格对期权价格的影响最为直接——就看涨期权而言，由于这种合约赋予买方在将来某一时刻行使执行价格购买一定数量股票的权利，执行时期权合约的收益等于股票价格与执行价格的差额，随着股票价格的上升，看涨期权价格也会随之上升，而随着执行价格的上升，看跌期权恰好相反，其价格随着股票价格的上升而下降，随着执行价格的上升而上升。

（2）期权期限对于期权价格的影响则依美式期权与欧式期权的不同有所差异。对于两份其他条件相同但有效期限存在差异的美式期权合约而言，期限长的合约的时间价值要比短的那份期权合约高。

（3）相对于期权期限而言，股票价格的波动率对股票期权的影响非常直接——当波动率增大时，股票价格上升很多和下降很多的机会将会增大，进而期权购买者获利的可能性也会增大，期权价格自然也会上升。

（4）鉴于无风险利率的变化在改变投资者对股票投资预期收益要求的同时，也会通过贴现对股票价格产生冲击，其对期权价格的影响方向并不显而易见。在期权合约其他因素保持不变的情况下，一般认为：当利率上升（下降）时，股票价格往往会下降（上升），而利率上升（下降）与相应股票价格下降（上升）的净效应可能会使看涨期权价格下降（上升），而看跌期权价格上升（下降）。

（5）股息对股票期权的影响也较为直接——鉴于股息的支付将导致股票在除息日的价格除权效应下降，因此股息越大，价格除权效应也就越大，此时将导致看涨期权的价格下降，而看跌期权的价格上升。

3.6　股票投资小故事

赵女士在 2018 年 5 月中签了一只新能源板块的新股，中签价 25. 14 元，在上市后连续 8 个一字板后，在第 9 个交易日开板后，以 69. 35 元的均价清仓，获利 2 万多元。这时，赵女士的朋友劝导她说："赵姐，就这么几天赚了 2 倍多收益，知足吧，赶紧抛售手里的这只股票呀！"然而，赵女士却有不同的想法，她很看好新能源行业，尤其是这个上市公司致力研发的新能源电池，她经过对这家企业的仔细研究，确信这家公司属于动力电池龙头企业、技术实力雄厚、核心竞争力明显，净资产、利润率等各项指标都非常好看，因此，她决定这只股票投资要做成长线，要与这只股票共同成长，一同见证新能源时代的到来。

梦想很丰满，而现实有时却很骨感。自开板以来巨幅的股价震荡不停地冲击着赵女士的心理防线，连续的跌停让赵女士逐渐忘却了当初长期持股、与上市公司共命运的豪言壮语，心中的声音一直在说："赶紧出手吧，看这不断震荡的架势，搞不好最后还得赔本呢！趁现在多少还是赚了一点，赶紧脱坑！"赵女士最终还是没能抵挡住内心的煎熬，在股价低点将该股票全部抛售，获益仅数百元。

后来，这只股票经过一年半左右的震荡，开始爆发，一路高歌猛进到 330 元，涨幅超过 10 倍，每当看到当年的这只股票，赵女士便叹息不已，认识到自己在股票投资的时机选择上的不成熟。

第四章 基金理财投资

☞ **基金理财投资小故事：**

小朱和小兰想开个饭店，不仅要租门面、还要找大厨，但他们自己一无时间、二无精力、三无经验，怎么办呢？碰巧的是，还有更多人也有这个想法，什么张三、李四、王二麻子……但是对于把钱交给谁、店面选在什么地段、挑什么厨师、做什么特色菜等方面，他们的意见各不相同。

这时，有个聪明人站出来，他有资源并且有经验，提出让自己来牵头开这个饭店，出力张罗大大小小的事。他会请最好的厨师，并且经常监督这个厨师。他还会定期向大伙公布投资盈亏情况，除了自己拿些应得的劳务费（包括支付给大厨的费用）以外，剩余的盈利全部分给大家。

如果你是其中一个合伙人，是不是觉得省心省力呢？其实，基金就是这么来的。小朱小兰还有其他人相当于投资者，聪明人相当于基金公司，大厨相当于基金经理。

另外，基金的当事人里还有一个重要角色，那就是托管人。那么多钱交给基金公司，投资人肯定会不放心，这就需要一个专门管账记账的机构，这个角色非银行莫属，也有少部分基金由券商托管。这样一来，基金公司和基金经理只管交易操作，不能碰钱，就不怕他们拿钱跑路了。

其实，基金很好理解。它就是由基金公司集合众多投资人的资金，投资于股票、债券、货币等。赚了钱大家一起分，赔了钱大家一起赔。当然，基金公司不是慈善机构，它们会收一定的管理费。

4.1 证券投资基金的起源与发展

4.1.1 证券投资基金的概念和特点

一、证券投资基金的概念

我们现在所说的基金一般是指证券投资基金，它既是一种投资方式，也是一种理财工具。证券投资基金是指通过发售基金份额将众多不特定投资者的资金汇集起来形成独立财产，委托基金管理人进行投资管理，基金托管人进行财产托管，由基金投资人共享投资收益，共担投资风险的集合投资方式，其运作方式如下图。

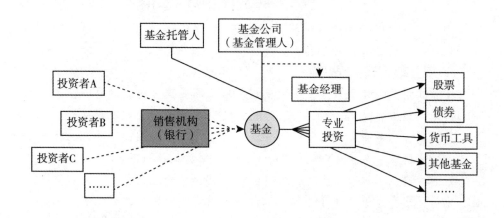

二、证券投资基金的特点

（一）集合理财、专业管理

基金将众多投资者的资金集中起来，委托基金管理人进行共同投资，表现出一种集合理财的特点。通过汇集众多投资者的资金，积少成多，有利于发挥资金的规模优势，降低投资成本。

基金管理人一般拥有大量的专业投资研究人员和强大的信息网络，能够更好地对证券市场进行全方位的动态跟踪与深入分析。将资金交给基金管理人管理，使中小投资者也能享受到专业化的投资管理服务。

（二）组合投资、分散风险

除法律另有规定外，基金一般需以组合投资的方式进行投资运作，从而使"组合投资、分散风险"成为基金的一大特色。

中小投资者由于资金量小，一般无法通过购买数量众多的股票分散投资风险。基金通常会购买几十种甚至上百种股票，投资者购买基金就相当于用很少的资金购买了一篮子股票，间接实现了分散风险的目的。

（三）利益共享、风险共担

基金投资收益在扣除由基金承担的费用后的盈余全部归基金投资者所有，

基金投资者一般会按照所持有的基金份额比例进行分配。

为基金提供服务的基金托管人、基金管理人一般按基金合同的规定从基金资产中收取一定比例的托管费、管理费，并不参与基金收益的分配。

（四）严格检查、信息透明

各国（地区）基金监管机构都对证券投资基金业实行严格的监管，对各种有损于投资者利益的行为进行严厉打击，并强制基金进行及时、准确、充分的信息披露。

（五）独立托管、保障安全

基金管理人负责基金的投资操作，不参与基金财产的保管，基金财产的保管由独立于基金管理人的基金托管人负责。这种相互制约、相互监督的制衡机制为投资者的利益提供了重要保障。

4.1.2 中国证券投资基金业的发展历程

我国证券投资基金业伴随着证券市场的发展而诞生，发展线索主要有五个：其一，基金业的主管机构从中国人民银行过渡为中国证监会；其二，基金的监管法规从地方行政法规起步到国务院证券委员会出台行政条例，再到全国人民代表大会通过并修订《证券投资基金法》，中国证监会根据《证券投资基金法》制定一系列配套规则；其三，基金市场的主流品种从不规范的"老基金"到封闭式基金，再到开放式基金，乃至各类基金创新产品纷纷出现；其四，随着居民财产收入的增加和理财意识的觉醒，中国百姓对证券投资基金从不熟悉到熟悉，投资基金逐渐成为人们家庭金融理财的主要工具之一；其五，在新的时期，基金行业面临新的机遇和挑战。

一、萌芽和早期发展时期（1985—1997年）

总体而言，这一阶段中国基金业的发展带有很大的探索性、自发性与不规范性。

二、试点发展阶段（1998—2002年）

1997年11月当时的国务院证券委员会颁布了《证券投资基金管理暂行办法》，为我国证券投资基金业的规范发展奠定了法律基础，1998年3月27日，经中国证监会批准，新成立的南方基金管理公司和国泰基金管理公司分别发起设立了规模均为20亿元的两只封闭式基金——基金开元和基金金泰，由此拉开了中国证券投资基金试点的序幕。

在封闭式基金成功试点的基础上，2000年10月8日，中国证监会发布并实施了《开放式证券投资基金试点办法》，由此揭开了我国开放式基金发展的序幕。2001年9月，我国第一只开放式基金——华安创新诞生。2002年10月，首家中外合资基金管理公司国联安基金管理公司批准筹建。2002年12月，首家中外合资基金管理公司招商基金管理公司成立开业。

三、行业快速发展阶段（2003—2007年）

在此期间，基金管理公司管理的资产规模普遍增长，2007年年底有九家基金公司规模超过千亿元，前十大基金管理公司占总市场份额的49.78%。2007年11月，中国证监会发布了《基金管理公司特定客户资产管理业务试点办法》，基金管理公司私募基金管理业务获准以专户形式进行。相对于传统公募基金，它具有灵活的绩效报酬体系与投资策略，使得基金管理公司能够"量体裁衣"，针对客户个性化需求进行投资。一些基金管理公司还取得了全国社会保障基金、企业年金的管理资格，开展社保基金及年金受托管理业务。

针对基金业迅速扩张中出现的问题，中国证监会在《证券投资基金法》的框架下出台了多项法规，规范基金行业，保护投资者利益。先后出台了《基金管理公司管理办法》《基金运作管理办法》《基金销售管理办法》《基金信息披露管理办法》等六项行政规章及若干配套监管文件，形成了以"一法六规"为核心的比较完善的监督管理法规体系。

2006年、2007年两年受益于股市繁荣，我国证券投资基金得到有史以来最快的发展，主要表现在以下几个方面：基金业绩表现异常出色，创历史新高；基金业资产规模急速增长，基金投资者队伍迅速壮大；基金产品和业务创新继续发展；基金管理公司分化加剧、业务呈现多元化发展趋势；构建法规体系，强化基金监管，规范行业发展。

四、行业平稳发展及创新探索阶段（2008—2014年）

2008年以后，由于全球金融危机，基金行业管理资产规模停滞徘徊，股票型基金呈现净流出状态。面对不利的外部环境，基金业进行了积极的改革和探索。表现在以下方面：完善规则、放松管制、加强监管；基金管理公司业务和产品创新，不断向多元化发展；互联网金融与基金业有效结合；股权与公司治理创新得到突破；专业化分工推动行业服务体系创新；私募基金机构和产品发展迅猛；混业化与大资产管理的局面初步显现；国际化与跨境业务的推进。

2012 年 12 月 28 日，全国人大常委会审议通过了修订后的《证券投资基金法》并于 2013 年 6 月 1 日正式实施。新《证券投资基金法》对私募基金监管、基金公司准入门槛、投资范围、业务运作等多个方面进行了修改和完善，主要修订内容包括：①扩大调整范围，将私募基金产品纳入管制范围。②放宽机构准入，松绑基金业务运作。③规范服务机构，定义了基金服务机构的种类和监管要求。④防范业务风险，加强投资者保护。⑤强调自我约束和自律管理。

2012 年 6 月 6 日，中国证券投资基金业协会正式成立。

五、防范风险和规范发展阶段（2015 年至今）

防范风险和规范发展阶段的表现主要有：加强私募机构的规范和清理；规范基金管理公司及其子公司的资产管理业务；规范分级、保本等特殊类型基金产品，发展基金中基金产品；对基金管理公司业务实施风险压力测试；专业人士申请设立基金公司的数量攀升，申请主体渐趋多元；基金产品呈现货币化、机构化特点。

4.2 证券投资基金分类概述

根据中国证监会颁布的、于 2014 年 8 月 8 日正式生效的《公开募集证券投资基金运作管理办法》将公募证券投资基金划分为股票基金、债券基金、货币市场基金、混合基金以及基金中的基金等类别。

4.2.1 按投资对象分类

一、股票基金

是指以股票为主要投资对象的基金。股票基金在各类基金中历史最为悠久，也是各国（地区）广泛采用的一种基金类型。根据中国证监会对基金类别的分类标准，基金资产 80% 以上投资于股票的为股票基金。

二、债券基金

主要以债券为投资对象。根据中国证监会对基金：类别的分类标准，基金资产 80% 以上投资于债券的为债券基金。

三、货币市场基金

以货币市场工具为投资对象。根据中国证监会对基金类别的分类标准，仅投资于货币市场工具的为货币市场基金。

四、混合基金

同时以股票、债券等为投资对象，以期通过在不同资产类别上的投资实现收益与风险之间的平衡。根据中国证监会对基金类别的分类标准，投资于股票、债券和货币市场工具，但股票投资和债券投资的比例不符合股票基金、债券基金规定的为混合基金。

五、基金中的基金（FOF）

是指以基金为主要投资标的的证券投资基金。80%以上的基金资产投资于其他基金份额。

六、交易型开放式证券投资基金联接基金（ETF 联接基金）

将绝大部分基金资产投资于跟踪同一标的指数的 ETF。

七、另类投资基金

商品基金，以商品现货或者期货合约为投资对象，主要有黄金 ETF 和商品期货 ETF。非上市股权基金，2014 年，嘉实基金管理公司发行了非上市股权首只以投资于非上市公司股权的形式参与国企混合所有制改革的公募基金——嘉实元和封闭式混合型发起式基金。房地产基金，2015 年，鹏华基金管理公司发行了鹏华前海万科封闭式混合型发起式证券投资基金，以不高于基金总资产 50%的比例，投资于深圳市万科前海公馆建设管理有限公司 50%的股权，收益主要来源于租金收入和房地产升值。

4.2.2　按投资目标分类

一、增长型基金

增长型基金是指以追求资本增值为基本目标，较少考虑当期收入的基金，主要以具有良好增长潜力的股票为投资对象。

二、收入型基金

收入型基金是指以追求稳定的经常性收入为基本目标的基金，主要以大盘蓝筹股、公司债、政府债券等稳定收益证券为投资对象。

三、平衡型基金

既注重资本增值又注重当期收入的基金。

4.2.3 按基金是否可增加或赎回分类

一、开放式基金

开放式基金指基金设立后，投资者可以随时申购或赎回基金单位，基金规模不固定的投资基金。

二、封闭式基金

封闭式基金指基金规模在发行前已确定，在发行完毕后的规定期限内，基金规模固定不变的投资基金。

开放式基金和封闭式基金共同构成了基金的两种基本运作方式。它们的区别表现在以下方面：（1）基金规模的可变性不同。封闭式基金均有明确的存续期限（我国为不得少于 5 年），在此期限内已发行的基金份额不能被赎回。虽然特殊情况下此类基金可进行扩募，但扩募应具备严格的法定条件。因此，在正常情况下，基金规模是固定不变的；而开放式基金所发行的基金份额是可赎回的，而且投资者在基金的存续期间内也可随意申购基金份额，导致基金的资金总额每日均不断地变化。换言之，它始终处于"开放"的状态。这是封闭式基金与开放式基金的根本差别。（2）交易方式不同。封闭式基金只能在证券交易所以转让的形式进行交易；开放式基金的交易是通过银行或代销网点以申购、赎回的形式进行。（3）交易价格决定因素不同。封闭式基金的交易价格受市场供求关系等因素影响较大，不完全取决于基金资产净值；开放式基金的价格则是严格由基金单位净值所决定，不会出现折价现象。（4）投资策略不同。由于封闭式基金不能随时被赎回，其募集得到的资金可全部用于投资，这样基金管理公司便可据以制订长期的投资策略，取得长期经营绩效；而开放式基金则必须保留一部分现金，以便投资者随时赎回，而不能尽数用于长期投资。一般投资于变现能力强的资产。

4.2.4 按资金来源和用途分类

一、在岸基金

在岸基金是指在本国募集资金并投资于本国证券市场的证券投资基金。由于在岸基金的投资者、基金组织、基金管理人、基金托管人及其他当事人和基金在岸基金的投资市场均在本国境内，所以基金的监管部门比较容易运用本国法律法规及相关技术手段对证券投资基金的投资运作行为进行监管。

二、离岸基金

离岸基金是指一国（地区）的证券投资基金组织在他国（地区）发售证券投资基金份额，并将募集的资金投资于本国（地区）或第三国（地区）证券市场和用途的证券投资基金。

三、国际基金

国际基金是指资本来源于国内，并投资于国外市场的投资基金，如我国的 QDII 基金。QDII 是 Qualifed Domestic Institutional Investors（合格境内机构投资者）国际基金的首字母缩写。QDII 基金是指在一国境内设立，经该国有关部门批准从事境外证券市场的股票、债券等有价证券投资的基金。它为国内投资者参与国际市场投资提供了便利。

4.2.5　特殊类型基金

一、避险策略基金

避险策略基金原称保本基金，指通过一定的保本投资策略进行运作，同时引入保本保障机制，以保证基金份额持有人在保本周期到期时可以获得投资本金保证的基金。

二、上市开放式基金（LOF）

既可以在场外市场进行基金份额申购、赎回，又可以在交易所（场内市场）进行基金份额交易和基金份额申购或赎回的开放式基金。

三、分级基金

分级基金是指通过事先约定基金的风险收益分配，将基础份额分为预期风险收益不同的子份额，并可将其中部分或全部份额上市的结构化证券投资基金。

4.3　证券投资基金的运作、参与主体、风险与收益

4.3.1　证券投资基金的运作

基金的运作包括基金市场营销、基金的募集、基金的投资管理、基金资产的托管、基金份额的登记、基金的估值与会计核算、基金的信息披露以及其他基金运作活动在内的所有相关环节。从基金管理人的角度来看基金的运

作活动可以分为基金的市场营销、基金的投资管理与基金的后台管理三大部分。基金的市场营销主要涉及基金份额的募集与客户服务，基金的投资管理体现了基金管理人的服务价值，而包括基金份额的注册登记、基金资产的估值、会计核算、信息披露等在内的后台管理服务则对保障基金的安全运作起着重要的作用。

4.3.2 证券投资基金的参与主体

一、证券投资基金参与主体

在基金市场上存在许多不同的参与主体。依据所承担的职责与作用不同可以将基金市场的参与主体分为基金当事人、基金市场服务机构、基金监督管理机构和自律组织三大类。

（一）基金当事人

我国的证券投资基金依据基金合同设立，基金份额持有人、基金管理人与托管人是基金合同的当事人，简称基金当事人。

1. 基金份额持有人

基金份额持有人即基金投资者，是基金的出资人，是基金资产的所有者和基金投资回报的收益人。按照《中华人民共和国证券投资基金法》（以下简称《证券投资基金法》）的规定，我国基金份额持有人享有以下权利：分享基金财产收益，参与分配清算后的剩余基金财产，依法转让或者申请赎回其持有的基金份额，按照规定要求召开基金份额持有人大会，对基金份额持有人大会审议的事项行使表决权，查阅或者复制公开披露的基金信息资料，对基金管理人、基金托管人、基金销售机构损害其合法权益的行为依法提出诉讼，基金合同约定的其他权利。

2. 基金管理人

基金管理人是基金的募集者和管理者，其最重要的职责就是按照基金合同的约定，负责基金资产的投资运作，在有效控制风险的基础上为基金投资者争取最大的投资收益。基金管理人在基金运作中具有核心作用，基金产品的设计、基金份额的销售与注册登记、基金资产的管理等重要事项多半由基金管理人或基金管理人选定的其他服务机构承担。在我国，基金管理人只能由依法设立的基金管理公司担任。

3. 基金托管人

为了保证基金资产的安全,《证券投资基金法》规定,基金资产必须由独立于基金管理人的基金托管人保管,从而使得基金托管人成为基金的当事人之一。基金托管人的职责主要体现在基金资产保管、基金资产清算、会计复核以及对基金投资运作的监督等方面。在我国,基金托管人只能由依法设立并取得基金托管资格的商业银行担任。

(二)基金市场服务机构

基金管理人、基金托管人既是基金的当事人,又是基金的主要服务机构。除基金管理人与基金托管人之外,基金市场上还有许多面向基金提供各类服务的其他机构。这些机构主要包括基金销售机构、注册登记机构、律师事务所、会计师事务所、基金投资咨询机构、基金评级机构等。

1. 基金销售机构

基金销售机构是受基金管理公司委托从事基金代理销售的机构。通常,只有机构客户或资金规模较大的投资者才直接通过基金管理公司进行基金份额的直接买卖,一般资金规模较小的普通投资者通常经过基金代销机构进行基金的赎回或买卖。在我国,只有中国证监会认定的机构才能从事基金的代理销售。目前,商业银行、证券公司、证券投资咨询机构、专业基金销售机构以及中国证监会规定的其他机构,均可以向中国证监会申请基金代销业务资格,从事基金的代销业务。

2. 注册登记机构

基金注册登记机构是指负责基金登记、存管、清算和交收业务的机构,其具体业务包括投资者基金账户管理、基金份额登记、清算及基金交易确认、红利发放、基金份额持有人名册的建立与保管等。目前,在我国承担基金份额注册登记工作的主要是基金管理公司自身和中国证券登记结算有限责任公司(简称中国结算公司)。

3. 律师事务所和会计师事务所

律师事务所和会计师事务所作为专业、独立的中介服务机构为基金提供法律、会计服务。

4. 基金投资咨询机构和基金评级机构

基金投资咨询机构是向基金投资者提供基金投资咨询建议的中介机构基金评级机构则是向投资者以及其他市场参与主体提供基金评价业务、基金资料与数据服务的机构。

（三）基金监督管理机构和自律组织

1. 基金监督管理机构

为了保护基金投资者的利益，世界上不同国家和地区都对基金活动进行严格的监督管理。基金监管机构通过依法行使审批或核准权，依法办理基金备案，对基金管理人、基金托管人以及其他从事基金活动的中介机构进行监督管理，对违法违规行为进行查处，因此其在基金的运作过程中起着重要的作用。

2. 基金自律组织

基金自律组织是由基金管理人、基金托管人或基金销售机构等行业组织成立的同业协会。同业协会在促进同业交流、提高同业人员素质、加强行业自律管理、促进行业规范化发展等方面具有重要的作用。

证券交易所是基金的自律管理机构之一。我国的证券交易所是依法设立的，不以营利为目的，为证券的集中和有组织的交易提供场所和设施，履行国家有关法律法规、规章、政策规定的职责，实行自律性管理的法人。一方面，封闭式基金、上市开放式基金和交易型开放式指数基金等需要通过证券交易所募集和交易，且必须遵守证券交易所的规则，另一方面，经中国证监会授权，证券交易所对基金的投资交易行为还承担着重要的一线监控职责。

二、证券投资基金运作关系

从图可以看出，基金投资者、基金管理人与基金托管人是基金当事人。基金市场上的各中介服务机构通过自己的专业服务参与基金市场，监管机构则对基金市场上的各种参与主体实施全面监管。

4.3.3　证券投资基金的风险与收益

一、证券投资基金的风险

证券投资基金是一种集中资金、专家管理、分散投资、降低风险的投资工具，但投资者投资于基金仍有可能面临风险。证券投资基金存在的风险主要有如下几种。

（一）市场风险

基金主要投资于证券市场，投资者购买基金，相对于购买股票而言，由于能有效地分散投资和利用专家优势，可能对控制风险有利。分散投资虽能在一定程度上消除来自个别公司的非系统性风险，但无法消除市场的系统性

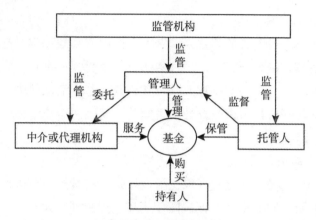

证券投资基金的参与主体

风险。因此,证券市场价格因经济因素、政治因素等各种因素的影响而产生波动时,将导致基金收益水平和净值发生变化,从而给基金投资者带来风险。

（二）管理能力风险

基金管理人作为专业投资机构,虽然比普通投资者在风险管理方面确实有某些优势,如能较好地认识风险的性质、来源和种类,能较准确地度量风险,并通常能够按照自己的投资目标和风险承受能力构造有效的证券组合,在市场变动的情况下,及时地对投资组合进行更新,从而将基金资产风险控制在预定的范围内等。但是,不同的基金管理人其基金投资管理水平、管理手段和管理技术存在差异,从而对基金收益水平产生影响。

（三）技术风险

当计算机、通信系统、交易网络等技术保障系统或信息网络支持出现异常情况时,可能导致基金日常的申购或赎回无法按正常时限完成、注册登记系统瘫痪、核算系统无法按正常时限显示基金净值、基金的投资交易指令无法即时传输等风险。

（四）巨额赎回风险

这是开放式基金所特有的风险。若因市场剧烈波动或其他原因而连续出现巨额赎回,并导致基金管理人出现现金支付困难,基金投资者申请巨额赎回基金份额,可能会遇到部分顺延赎回或暂停赎回等情况。

二、证券投资基金的收益

（一）证券投资基金收入

它是指基金资产在运作过程中所产生的各种收入，主要包括利息收入、投资收益以及其他收入。

（二）证券投资基金利润分配

它是指基金在一定会计期间的经营成果。利润包括收入减去费用后的净额、直接计入当期利润的利得和损失等，也称为基金收益。证券投资基金在获取投资收入和扣除费用后须将利润分配给受益人。基金利润（收益）分配通常有两种方式：一是分配现金，这是最普遍的分配方式；二是分配基金份额，将应分配的净利润拆为等额的新的基金份额送给受益人。

三、证券投资基金的费用

（一）基金管理费

基金管理费是指从基金资产中提取的、支付给为基金提供专业服务的基金管理人的费用，即管理人为管理和操作基金而收取的费用。基金管理费通常按照每个估值日基金净资产的一定比率（年率）逐日计提，累计至每月月底，按月支付。管理费率的大小通常与基金规模成反比，与风险成正比。目前，我国股票基金大部分按照 1.5% 的比例计提基金管理费，债券基金的管理费率一般低于 1%，货币基金的管理费率为 0.33%。管理费通常从基金的股息、利息收益或从基金资产中扣除，不另向投资者收取。

（二）基金托管费

基金托管费是指基金托管人为保管和处置基金资产而向基金收取的费用。托管费通常按照基金资产净值的一定比率提取，逐日计算并累计，按月支付给托管人。目前，我国封闭式基金按照 0.25% 的比例计提基金托管费，开放式基金根据基金合同的规定比例计提，通常低于 0.25%，股票型基金的托管费率要高于债券型基金及货币市场基金的托管费率。

（三）基金交易费

基金交易费是指基金在进行证券买卖交易时所发生的相关交易费用。目前，我国证券投资基金的交易费用主要包括印花税、交易佣金、过户费、经手费、证管费。交易佣金由证券公司按成交金额的一定比例向基金收取，印花税、过户费、经手费、证管费等则由登记公司或交易所按有关规定收取。参与银行间债券交易的，还需向中央国债登记结算有限责任公司支付银行间账户服务费，向全国银行间同业拆借中心支付交易手续费等服务费用。

（四）基金运作费

基金运作费是指为保证基金正常运作而发生的应由基金承担的费用，包括审计费、律师费、上市年费、信息披露费、分红手续费、持有人大会费、开户费、银行汇划费等。按照有关规定，发生的这些费用如果影响基金份额净值小数点后第五位，即发生的费用大于基金净值十万分之一，应采用预提或待摊的方法计入基金损益。发生的费用如果不影响基金份额净值小数点后第五位，即发生的费用小于基金净值十万分之一，应于发生时直接计入基金损益。

（五）基金销售服务费

目前，只有货币市场基金以及其他经中国证监会核准的基金产品收取基金销售服务费，基金管理人可以按照相关规定从基金财产中持续计提一定比例的销售服务费。收取销售服务费的基金通常不再收取申购费。

4.4　证券投资基金的技巧

4.4.1　股票型基金投资技巧

证券基金的种类很多，股票型基金便是其中的一种。股票型基金是股票投资中比例占基金资产60%以上的基金。与其他类型的基金相比，股票型基金具有如下三个特点。

其一，股票基金的投资对象具有多样性，投资目的也具有多样性。

其二，股票型基金风险较高，但预期收益也较高。以2006年为例，中国股票基金的收益表现不俗。其中，股票和混合资产类型基金年度回报率在众多基金理财产品中遥遥领先。伴随着股市的大涨大跌，自然也会给股票基金带来不小的风险。所以，投资者在选择股票基金时，首先要问问自己：能否承受与避免中短期内基金净值的波动？

其三，从资产流动性来看，股票基金具有流动性强、变现性高的特点。股票基金的投资对象是流动性极好的股票，基金资产质量高、变现容易。

一、股票型基金的类别

从投资策略角度而言，股票型基金可以细分为三类基金。

（一）价值型基金

在这三类基金中，价值型基金的风险最小，收益也较低。价值型基金采取的是"低买高卖"的投资策略，因此价值型投资的第一步就是寻找"价格低廉"的股票。衡量股票是否"价格低廉"有两种方法，一种是用公式计算出股票的"内在价价值型基金值"，如果股票的市场价值比内在价值低，则为值得买入的"低价股"。另一种是根据股票的市盈率（市价/每股收益）等价格倍数指标，与股票历史水平或行业平均水平进行纵向和横向比较：（1）一般来说，价值型投资风格的基金经理偏好公用事业、金融、工业原材料等较稳定的行业；（2）由于公用事业、金融、工业原材料等行业价格指标比较稳定，价值型投资风格的基金经理更偏好这些行业；价值型投资风格的基金经理往往钟情于公用事业、金融、工业原材料等较稳定的行业。

（二）成长性基金

成长型基金更适合愿意承担较大风险的投资者。成长型投资风格的基金经理通常更注重公司的长期成长性，而较少考虑购买股票的价格。他们较少投资于已进入成熟期的周期性行业，而青睐那些具有成长潜力的行业，如网络科技、生物制药等类型的公司。

（三）平衡性基金

它属于中等风险的基金。在投资策略上一部分投资于股价被低估平衡型基金的股票，一部分投资于处于成长型行业上市公司的股票。

二、股票型基金的选择

因为股票型基金大部分资产都配置在股市里面，所以基金的走势与股市有很大关系：可能股市处于牛市的时候，基金净值会提高；股市处于熊市，基金净值会降低。所以考虑到是否要投资股票型基金时，一定要先判断股市的走势，如果股市偏弱，建议选择其他类型的基金。如果股市偏强，那股票型基金对于投资者来说是很不错的选择。

那为什么不直接将资金投入股票，却要选择股票型基金呢？实际上基金是很适合那些自己没有时间或者缺乏理财经验的人打理自己资产的投资者。而具体到股票型基金的选择，下面给出了三点建议：（1）看投资取向。即看基金的投资取向是否适合自己，特别是对没有运作历史的新基金公司所发行的产品更要仔细观察。基金的不同投资取向代表了基金未来的风险、收益程度，因此应选择适合自己风险承受能力的、收益偏好的股票型基金。（2）看基金公司的品牌。买基金实质上是买一种专业理财服务，因此提供服务的公司本身的素质非常重要。目前国内多家评级机构会按月公布基金评级结果。尽管这些结果尚未得到广泛认同，但将多家机构的评级结果放在一起也可作为投资时的参考。（3）做好对股票型基金的分析。对股票型基金的分析主要集中于四个方面：经营业绩、风险大小、组合特点和操作成本。

三、股票型基金操作的原则

投资者在具体操作过程中，需谨记如下两项原则。

（一）波段性原则

鉴于股票型基金的净值会随着大盘行情的走势而波动，所以投资股票基金就要关注整个证券市场的走势情况，一味地持有未必是好的办法。

相反，时刻注意股市的走势，不断变化调整自己所拥有的基金，才是使财富增值最快的捷径。比如某一时期股市走低而债券市场红火，这个时候如果原先持有股票型基金的基民能迅速跳转到债券型基金，就能获得丰厚的回报。

（二）分批加仓原则

对于一些购买数额较大的投资者来说，在选择买入基金时，可考虑分批加仓的办法。比如，在对市场行情和趋势把握不太准确的情况下，可先购买一部分基金，而后择机逐步加仓，这样可均衡成本，防止特殊因素导致市场大幅波动，造成不必要的损失。

四、股市调整期的应对策略

当股市出现了较大调整，如何降低股票型基金的损失呢？

（一）将一部分收益现金化，落袋为安

每逢基金市场发生大的波动，各类型股票基金的业绩就会产生较大的差别。一些品种如分红型基金，达到一定条件就分红，此时，投资者可以将一部分收益转化为现金，以减少因股市下跌带来的净值损失。

另外，在行情不稳的时候，为了锁定收益，如果投资者原来选择红利再投资的，不妨暂时改为现金红利，这样能起到降低风险的作用。

（二）抛售老的基金锁定收益，同时购买新发行的基金

当股市进入暂时盘整期，但长期走牛的趋势没有改变的情况下，如果有投资需求，并且看好未来股市的话，可以选择抛售老的基金锁定利润，同时投资新发行的基金。

在股票明显升值期间，建议购买已经运作的老基金，因为老基金仓位重，可以快速分享牛市收益。而在股市盘整期，则应该购买新发行的基金。这是因为新基金一般有一个月的发行期，然后是至少 3 个月的封闭期（建仓时期），这样可以避过股市的盘整期。

股票型基金风险较大，若您是个风险厌恶者，请慎重选择！

4.4.2 债券型基金投资技巧

罗先生从 2007 年沪指在 5000 多点时就开始购买基金，由于股基挣钱快，他就购买了几只股，可随着大盘的下滑，他手头的几只股票型基金亏损过半，分红也少得可怜，这让他一直耿耿于怀、坐卧不宁，因而准备抽取部分资金转投债券基金。

张女士最近也迷上了买基金，只要有新基金就会去购买一些。"自己做股票风险太大，而储蓄利率又略显偏低。"张女士这样说道。在 2007 年、2008 年间，她先后购买了好几只股票型基金。前期那几只基金确实表现挺好，让她小赚了一笔；但在接下来的熊市中，基金收益也跟着下跌，本金也缩水了。有了这些惨痛的教训，她与罗先生一样，不约而同地将目光转向了债券型基金。他们认为，债券型基金虽然增值较慢，但相对比较保险，是比较现实的选择。

股市的涨跌对股票型基金有着很大的影响，而债券型基金因其具有波动较小、风险相对较低的特征，受到了投资者的关注。根据证监会的分类标准，80%以上的资产投资于债券的基金为债券型基金，又称债券基金。也就是说，债券基金并非仅仅可以投资债券，也可以少量投资股票等其他资产。

相比其他类型的基金，债券型基金具有如下特点：（1）低风险。债券基金通过集中投资者的资金对不同的债券进行组合投资，能有效降低单个投资者直接投资于某种债券可能面临的风险。（2）流动性强。投资者如果投资于非流通债券，只有到期才能兑现，而通过债券基金间接投资于债券，则可以获取很高的流动性，随时可将持有的债券基金转让或赎回。（3）收益稳定。即便是在股市低迷的时候，债券基金的收益仍然很稳定，它几乎不受市场波动的影响。（4）费用较低。由于债券投资管理不如股票投资管理复杂，因此债券基金的管理费也相对较低。（5）只有在较长时间持有的情况下，才能获得相对满意的收益。（6）在股市高涨的时候，收益也还是稳定在平均水平上，相对股票基金而言收益较低，但在债券市场出现波动的时候，甚至有亏损的风险.

目前国内的债券基金大多不直接在二级市场上投资股票，但也有少数几只，如银河收益、长盛债券、华夏希望等，允许将少部分资金用于在二级市场上直接投资股票。一般来说，可以直接投资股票的比例越高，可能获得的收益越大，相应承担的风险也就越高。

一、分清债券基金的 A、B、C 类

和股票型基金不同的是，在债券基金中有些特殊的分类，比如鹏华普天分 A、B 两类。这之间到底有何分别呢?

首先，无论是 A、B、C 三类还是 A、B 两类，其核心的区别在于申购费上。下表说明了它们之间的区别与联系。

A、B、C 三类的基金 （无论前端还是后端，都没有手续费）	A、B 两类的基金
A 类一般是代表前端收费	一般 A 类有申购费，包括前端和后端
B 类代表后端收费	
C 类是没有申购费	B 类债券没有任何申购费

可以这样说，按 A、B、C 三类这样划分，其中的 A 和 B 类基金相当于 A、B 两类分类中的 A 类，是前端或者后端申购费基金，而 A、B、C 三类分类中的 C 类基金相当于 A、B 两类分类中的 B 类基金，无申购费。

免去了债券基金的申购费固然能降低基金的投资成本，但有些基金虽然没有申购费，可在其招募书中，费率中都有一条名为"销售服务费的条款"。如在华夏债券的招募书上是这样写的：本基金 A/B 类基金份额不收取销售服务费，C 类基金份额的销售服务费年费率为 0.3%。本基金销售服务费将专门用于本基金的销售与基金份额持有人服务。也就是说，华夏债券 C 类虽然不收前端或者后端申购费，但收取销售服务费。

二、影响债券基金业绩的因素

影响债券基金业绩表现的两大因素，一是利率风险，即所投资的债券对利率变动的敏感程度（又称久期），二是信用风险。因此，在选择债券基金的时候，有必要了解其利率敏感程度和信用素质，这样便于我们了解所投资基金品种的风险高低。

（一）久期

债券价格的涨跌与利率的升降成反向关系。要想知道债券价格变化，从而知道债券基金的资产净值对于利率变动的敏感程度如何，可以用久期作为指标来衡量。久期以年计算，久期越长，债券基金的资产净值对利息的变动越敏感。

（二）信用素质

投资者还要了解债券基金的信用素质，这也是由基金所投资债券的信用等级决定的，债券信用等级越高，债券基金信用素质也就越高。

关于债券基金信用素质方面的信息，基民可以通过如下两种渠道来了解：基金招募说明书中对所投资债券信用等级的限制；基金投资组合报告中对持有债券信用等级的描述。

三、债券基金的购买时机

投资者要注意购买债券型基金的时机选择。债券型基金主要投资于债券，因此选择债券型基金很大程度上要分析债券市场的风险和收益情况。具体来说，如果经济处于上升阶段，利率趋于上调，那么这时债券市场投资风险加大。反之如果经济走向低潮，利率趋于下调，部分存款便会流入债券市场，债券价格就会呈上升趋势，这时进行债券投资可获得较高收益。总之，利率的走势对于债券市场影响最大，在利率上升或具有上升预期时不宜购买债券基金。

四、如何选择债券基金

虽然债券基金具有抗风险、收益稳健的特征，但不同的债券基金收益差距较大，因此，投资者在购买债券基金时要做到"三看"。

（一）看基金公司的实力

债券基金的表现主要取决于基金公司的整体实力，一般来说，投资管理能力强、风险控制体系完善、投资服务水平高的基金管理公司所管理的债券基金，有可能取得长期稳定的业绩。

（二）看债券基金的资产配置

纯债券基金风险低，而增强型债券基金风险较前者要高，当股市暴跌的时候，它们的净值肯定会受到拖累。当然，当股票市场出现投资机会时也能获得较高收益。

（三）看债券基金的交易费用

债券基金的长期收益低于股票基金，因此费用的高低也是选择债券基金的一项重要因素。目前债券基金的收费方式大致有三类：A 类为前端收费，B 类为后端收费，C 类为免收认/申购赎回费、收取销售服务费的模式，其中 C 类模式已被多只债券基金采用。

不同债券基金的交易费用有的相差两到三倍，因此投资者应尽量选择交易费用较低的债券基金产品。譬如，老债券基金多有申购、赎回费用，而新发行的债券基金大多以销售服务费代替申购费和赎回费，且销售服务费是从基金资产中计提，投资者交易时无须支付。

债券基金的三类收费模式各有特点，一般来说，A 类模式按购买金额分档次收取认/申购费，适合一次性购买金额较多的投资者；B 类模式按持有时间收费，持有时间越长，费率越低，适合准备长期持有的投资者；C 类模式免收认/申购赎回费，按持有时间的长短收取销售服务费，适合持有时间不太长的普通投资者。

需要指出的是，并非所有的债券基金均开通了上述三类收费模式。如工银强债券基金，基民在购买时，发现有 A、B 两类收费模式，两类模式对应的基金代码也不一样，其主要区别在于：A 类有交易手续费，收取认购、申购、赎回费用，可选择前端或后端收费模式；B 类则是免收交易手续费，但需从基金资产中每日计提销售服务费（年费率为 0.4%）。

投资者可以根据投资期限和金额的多少，选择开通收费方式合适的基金。如果您有一定的风险承受能力，又不满足于仅仅获取债券的收益，建议选择那些可以少量直接投资股票的债券基金。如果您不愿承担二级市场上股票波动带来的风险，只想获得稳定可靠的收益，建议选择那些不直接投资股票的债券基金。

五、投资债券基金的风险

债券基金与股票型基金相比，会给投资者带来更稳健的回报，但是这并不代表着债券基金是零风险的投资工具。债券基金也有投资风险。投资债券基金主要面临三类风险。（1）利率风险。利率风险即银行利率下降时，债券基金在获得利息收益之外，还能获得一定的价差收益；而银行利率上升时，债券价格则会下跌。（2）信用风险。信用风险即如果企业本身信用状况恶化，企业债、公司债等信用类债券与无信用风险类债券的利差将扩大，信用类债券的价格有可能下跌。（3）流动性风险。债券基金的流动性风险主要表现为"集中赎回"，这样就极有可能导致投资收益下降。

理财专家认为，债券型基金是一个风险和收益相对较低的投资品种，因此适合那些希望获得较为稳定的投资回报而不愿过多承担市场风险、对资金流动性要求不高的投资者。

4.4.3　货币型基金投资技巧

阿兰，24 岁，工薪族，已经工作两年。她购物习惯用信用卡，钱包里放不了几张百元现金。虽然工资卡里积累了一定的活期储蓄，但她却愁找不到安全、方便的投资渠道。直到她听了同事让她购买货币基金的建议后，每个月工资一到账，她就通过银行将大部分工资申购成货币基金。尽情刷卡之后，只要在免息期结束的前两天赎回与负债金额相当的货币基金，便轻松赚出零花钱。虽然赚头不多，但每月收益是税后活期存款收益的近 4 倍，阿兰想想就觉得划算。尝到了甜头之后，阿兰除了定期将工资的部分用于购买货币基金外，她还将自己储蓄的大部分也购买了货币基金，一年下来，她的储蓄账户的财富较之前有了明显的增加。阿兰通过投资货币基金，做到了消费理财两不误。

货币市场基金是开放式基金大家族中的一种，它是与股票基金和债券基金鼎足而立的基金品种。货币市场基金（Money Market Fund, MMF），也称货币基金，是指投资于货币市场上短期（一年以内，平均期限 120 天）有价证券的一种投资基金。货币型基金与其他基金相比有一个显著特点，即货币基金只有一种分红方式——红利转投资。货币市场基金每份单位始终保持在 1 元，超过 1 元后的收益会按时自动转化为基金份额，拥有多少基金份额即拥有多少资产。而其他开放式基金是份额固定不变、单位净值累加的，投资者只能依靠基金每年的分红来实现收益。

比如某投资者以 100 元投资于某货币型基金，可拥有 100 个基金单位，1 年后，若投资报酬是 8%，那么该投资者就多 6 个基金单位，总共 106 个基金单位，价值 106 元。

一、货币基金的产品特征

货币基金的主要特点是风险低、收益稳定，是一种较好的流动性理财工具。具体而言，它有如下特征。

（一）低风险、本金有保证

根据国外货币市场基金三十多年的运作经验，以及国内货币市场基金的运作结果得知，货币市场基金尚未有跌破面值的记录。由于大多数货币市场基金主要投资于短期货币工具，如国库券、商业票据、银行定期存单、银行承兑汇票、企业债券等短期有价证券，因此这些投资品种就决定了货币市场基金在各类基金中风险是最低的，从而也就保证了投资者本金的安全。

所以，货币基金不会像股票和股票基金那样存在"亏本"风险（也许小概率事件发生，如金融风暴等风险除外）。

下表概括了货币基金与股票基金、债券基金的区别。

基金类型	投资对象	投资目标	优势
股票基金	以股票为主	获取较高资本利得	预期收益高
债券基金	各种债券	获取稳定收益	收益稳定
货币基金	货币市场工具	获取稳定收益	收益稳定、流动性强

（二）资金流动强、赎回方便

流动性可与活期存款相媲美。基金买卖方便，资金到账时间短，流动性很高，一般基金赎回两三天，资金就可以到账。

（三）投资成本低

买卖货币市场基金一般免收手续费，认购费、申购费、赎回费都为 0，管理费率也较低，1 万元为 0.25%~1%。

当股票或债券市场行情发生变化，投资者想改变投资方向时，可转向其他基金，而只需交纳很低的费用，大大节约了投资成本。

（四）每天计利、每月分红

大多数货币市场基金都采取每天计利的利息计算方法，并按月将累计利息发送到基金投资人的账户上，使投资人的收益定期"落袋为安"。

鉴于货币基金上述种种优点，因此，在欧美国家，购买货币基金早已成为家庭理财的习惯，故它享有"准储蓄"的美誉。

二、货币基金的投资风险

货币基金因具有较强的稳定性和较小的风险而受到投资者的欢迎。然而，货币市场基金毕竟属于开放式投资基金，低风险不等于没有风险。目前说来，货币市场基金存在以下四类风险。

（一）道德风险

投资者选择好基金管理人之后，由于不能直接观测到基金管理人的具体操作动向，能观测到的只是一些变量。因此，基金管理人随时可能出现"道德风险"问题，即基金管理人在最大限度地增加自身效用时做出不利于基金投资人的行动。

（二）信用风险

它是指企业在债务到期时无力还本付息而产生的风险。货币市场基金以货币市场上的短期工具为投资对象，其中各类不同工商企业发行的商业票据占其基金投资组合的一定份额。某些企业一旦遇到经营环境恶化、经营业绩不佳、净现金流锐减等情况时，发行商业票据的企业就会存在到期无法兑付的风险，进而影响到基金的收益。

（三）流动性风险

对投资者而言，它是指投资者自己将持有的金融工具转化为现金的能力，对货币市场基金而言，流动性是指基金经理人在面对赎回压力时，将其所持有的资产——投资组合在市场中变现的能力。一旦基金出现大幅缩水或投资者集中赎回投资的情况，而投资者手中所持流动性资产又不敷支出时，货币市场基金将可能延迟兑现投资者的赎回申请，这无疑提高了流动性的风险

（四）经营风险

基金的收益、风险状况很大程度上取决于基金投资顾问的专业水平，因此基金公司的运营能力和基金管理团队专业水平的高低也在很大程度上决定着货币基金风险的大小。

三、如何选择货币基金

货币基金是一种良好的储蓄替代品种。曾经不为人熟知的货币基金，如今成了投资者非常关心的理财品种。2011年度，货币基金曾一枝独秀，成为弱市中的"基金王者"。在选择货币基金时，收益性、资产规模、基金公告等都是选择货币基金时需要综合评价的参考指标。

（一）收益性

收益性方面，货币基金可用万份基金单位收益或最近七日年化收益率全面衡量基金业绩，两者俱佳的产品更值得看好。

1. 万份基金单位收益

货币基金的收益计算方法和一般开放式基金不同。基金公司通常每日公布当日每万份基金单位实现的收益金额，也就是万份基金单位收益。

"每万份基金单位收益"是以人民币计价收益的绝对数，其计算公式如下。

$$每万份基金单位收益 = 基金收益总金 \div 基金份金份额 \times 10000$$

这个指标越高，表示投资人获得的真实收益就越高。

2. 七日年化收益率

七日年化收益率是最近七天年化收益率，由于是七日的移动平均据，该数字平滑了收益率的波动，使得每日异常波动变得滞后并看起来不甚显著。由基金万份收益我们可计算得到基金日年化收益率：基金日年化收益率 = 万份收益 $\times 365 \div 10000 \times 100\%$，该数字才是投资者当日得到的收益率。

对于收益指标，我们要注意，七日年化收益率有一定参考价值，但它并不是说明未来的收益水平。因此，万份收益历史表现和未来预期应是投资者关注的第一要点。投资者要特别警惕收益的异常波动。作为长期的投资者，建议关注阶段累计年收益率，这样能够通过一定的时间跨度，持续关注基金的稳定性和收益情况。

（二）资产规模

资产规模也是选择货币基金的重要指标，投资者到底该选择规模大的还是规模小的货币市场基金呢？我们应辩证地看待这一问题。

规模较大的货币基金具有节约固定交易费用、议价能力强等优势，相比小规模基金被增量资金摊薄浮盈或遭遇大比例赎回风险而言，受到的流动性冲击会小得多。在货币市场利率上升的环境下，规模适中的基金则有"船小好掉头"的便利，基金收益率上升速度会更快，因此，投资者可更多关注规模适中、操作能力强的货币市场基金。

（三）看基金公告

投资者在购买股票时，需要看上市公司的财务报告等相关资料。同样，在购买货币基金时，我们也需查阅一些相关的信息，尤其是定期的基金公告报告。

投资者应分析基金公告报告中披露的资产配置结构、期限控制、杠杆比例的使用、未来现金流分布结构等多方面的状况，这些信息能反映基金在安全性、流动性和未来收益性等方面的状况。

（四）看加息收益

目前，市场上普遍认为，加息在整体上对货币市场基金有利，但对新发行的货币市场基金更有利。

对于新发行的货币市场基金，由于在加息后可将全部资产配置在更高的收益品种里，不存在调仓或被动等待过程，因此加息所带来的收益提升将更为直接。

四、货币基金投资的操作技巧

陈女士有一笔闲散资金，看到银行正在热销货币基金，于是便用这笔资金购买了一只新的货币基金。可一年多下来，这只货币基金给她带来的实际收益不足3%，低于一年定期储蓄的收益。这令她感到困惑：是自己选的货币基金业绩不好，还是这笔资金就不该投资货币基金？

近年来，货币基金的数量和规模不断扩大，它以其收益等于或高于一年定期储蓄，而灵活性又接近活期的独特优势吸引了广大投资者。但货币基金并非和储蓄一样随便一买就万事大吉，投资者在实际操作中可以参考以下4点建议。

（一）买旧不买新

对于这一点，我们从如下三个方面做出解释：其一，由于货币基金的认购、申购和赎回均没有任何手续费，所以从手续费的角度来说，买新货币基金不占任何优势。其二，货币基金经过一段时间的运作，老基金的业绩已经明朗化了，可新发行的货币基金能否取得良好业绩却需要时间来检验。其三，新货币基金一般有一定时间的封闭期，封闭期内无法赎回，灵活性自然会受到限制。因此，购买货币基金时应当优先考虑老基金。

（二）买高不买低

货币基金品种众多，而各货币基金的收益情况却有所不同，这就需要投资者对货币基金进行综合衡量，优中选优。因此建议投资者可以通过查询所有货币基金的收益率排行榜，或者查询各货币基金的历史收益情况，尽量选择年化收益率一直排在前列的高收益货币基金。

（三）就近不就远

购买货币基金要考虑时间成本，应按照就近的原则购买。而通过网上进行操作，无疑是很便捷的一种方式，因为坐在家里便可以轻松申购和赎回货币基金。

（四）就短不就长

货币基金是一种短期的投资工具，比较适合打理活期资金、短期资金或一时难以确定用途的临时资金。对于一年以上的中长期不动资金，则应选择国债、人民币理财、股票型基金、配置型基金、债券型基金等收益更高的理财产品，以提高资金效率，实现收益最大化。

由于货币基金的收益高于一年期定期存款的利息，而且没有利息税，随时可以赎回，因而非常适合追求低风险、高流动性、稳定收益的单位和个人来投资。专业投资者也可以将货币市场基金作为投资组合的类属资产配置，达到优化组合或规避风险的目的。

4.4.4　指数基金的投资技巧

不少投资者都有这样的经历，当前市场呈现明显的普涨行情，可自己投资的基金却并没有获得相应的盈利幅度，这就是我们常说的"赚了指数不赚钱"。倘若基民买的是指数型基金，就不会出现这种烦恼了。

何谓指数基金？指数基金（Index Funds），又称指数型基金，就是指按照某种指数构成的标准购买该指数包含的全部或者一部分证券的基金，其目的在于达到与该指数同样的收益水平，实现与市场同步成长。

投资者投资指数基金，实际上就是通过购买一部分或全部的某指数所包含的股票，从而构建起指数基金的投资组合，使该组合的变动趋势与所选指数相一致，以期达到与所选指数基本相同的收益率。

指数基金是成熟的证券市场上不可缺少的一种基金，在西方发达国家，它与股票指数期货、指数期权、指数权证、指数存款和指数票据等其他指数产品一样，日益受到交易所、证券公司、信托公司等各类机构的青睐。

指数基金作为一种重要的投资工具，它起源于美国，并且主要在美国获得发展。世界上第一只指数基金于1971年出现于美国，是威弗银行向机构投资者推出的指数基金产品，进入20世纪80年代以后，美国股市日渐繁荣，指数基金开始逐渐吸引一部分投资者的注意。直到20世纪90年代以后，指数基金才真正获得了巨大发展。如今，美国证券市场上已经有超过400种指数型基金，而且每年还在以很快的速度增长。

一、投资指数基金的四大优点

相比其他基金，指数基金的特点主要表现在以下四个方面。

（一）费用低廉

由于采用被动投资，基金管理费一般较低。由于指数基金采取持有策略，不经常换股，交易佣金等费用要远远低于积极管理型基金，这个差异有时达到了 1%～3%，虽然从绝对额上看这是一个很小的数字，但是由于复利效应的存在，在一个较长的时期里累积的结果将对基金收益产生巨大影响。

（二）操作简单

从理论上来讲，指数基金的运作方法简单，只要根据每一种证券在指数中所占的比例购买相应比例的证券，长期持有即可。

（三）业绩透明度高

投资人看到指数基金跟踪的目标指数，如上证 50 指数等的上涨幅度，就会知道自己投资的指数基金净值的大致上升幅度。

（四）分散和防范风险

在规避风险方面，指数基金具有如下两方面的优势：一方面，由于指数基金广泛地分散投资，任何单个股票的波动都不会对指数基金的整体表现构成影响，从而分散了风险；另一方面，由于指数基金所盯住的指数一般都具有较长的历史可以追踪，因此，在一定程度上指数基金的风险是可以预测的。

二、精选指数基金的 5 个建议

实践证明，在大盘指数上升的趋势中，指数型基金是一种良好的投资工具。如在 2006 年、2007 年的牛市，70%以上主动管理的股票型基金是跑输指数的。

那么，在众多的指数型基金中，作为指数基金投资者，我们该如何挑选适合自己的投资产品呢？下面给出了 5 点建议。

（一）看基金费用

投资的目的是为了获取收益，而在其中，尽量降低投资成本也是不容忽视的一点。因而，基民在选择指数型基金时，基金费用的高低也是其衡量因素之一。

相对于主动管理的基金，指数基金每年可以节省 1%左右的管理成本。如果每年可以节省 1%的投资费用，就代表额外赚取了 1%的投资收益，在长期投资复利的威力下，投资结果会有极大的不同。

目前我国的指数基金费率也存在一定差异。其原因多种多样，总体上看，ETF 和指数 LOF 的费率水平较低。投资者在选择指数基金前，应该事先阅读基金合同及招募说明书以了解产品特性和费率水平。

需要特别说明的是，较低的费用固然重要，但前提应是建立在指数型基金良好收益的基础之上。

（二）看跟踪指数的误差

跟踪误差是评估一只指数基金的一个重要衡量指标。因为指数型基金是被动地复制指数，因此跟踪误差越小，表明基金复制指数的能力越强，基金管理人的管理水平越高；反之，则越低。

跟踪误差是基金净值收益率与基准指数收益率之间差值的标准差。这个差额越小，就越代表指数基金与标的指数有更好的拟合度。对于普通指数基金而言，行业内比较认可的正常跟踪误差值一般在 2%~3%。

投资者可以通过查阅基金历史数据，了解基金以前的拟合表现。影响指数基金跟踪误差的因素主要包括基金仓位的影响、标的指数成分股的变化、增强型指数化组合、计算尾差及基金资产的费用支出等。总的来说，提高跟踪标的指数的精度，降低跟踪误差是指数投资最为核心的技术，也是指数基金这一投资工具能够用于投资者大类资产配置的前提。

（三）看基金公司实力

选择基金，其中很重要的一点便是考察基金公司的实力，选择指数型基金也不例外。指数型基金属于被动式投资，这一特点决定了基金公司无须像管理股票型基金那样进行复杂地选股、择时等操作。虽说如此，但这并不意味着基民无须对基金公司进行选择。

由此不难看出，即便市场上有多只跟踪同一标的的指数型基金，可是在一定周期内，其净值增长率也存在差异。而这便与基金公司的实力有关。

（四）关注标的指数

指数型基金的选择，除了要考虑上面 3 个因素外，还需关注指数型基金的标的指数。目前市场上指数型基金所跟踪的标的指数种类繁多，下面我们选择了 5 类常见的标的指数进行简单的介绍。

1. 沪深 300 指数

沪深 300 指数，简称沪深 300，是沪深证券交易所于 2005 年 4 月 8 日联合发布的反映 A 股市场整体走势的指数，它从上海和深圳证券市场中选取 300

只 A 股作为样本，以 2004 年 12 月 31 日为基期，基点为 1000 点。由于沪深 300 指数覆盖了沪深两个证券市场，因此具有很好的总体市场代表性和可投资性。而对投资者来说，选择投资沪深 300 指数基金，相当于将投资目标定位于分享沪深两市的平均收益上。

2. 上证 50 指数

上证 50 指数是由上海证券交易所编制的，挑选上海证券市场中规模大、流动性好的最具代表性的 50 只股票组成样本股。上证 50 指数简称为上证 50，基日为 2003 年 12 月 31 日，基点为 1000 点。投资者在选择投资上证 50 指数基金时，就等于认可了上证 50 指数成分股中的优质大盘企业的投资价值。

3. 上证 180 指数

上证 180 指数是上海证券交易所对原上证 30 指数进行调整并更名后的产物。上证 180 指数不但包括上证 50 指数中的大盘股、蓝筹股，而且还包括沪市很多中小规模的股票。如果投资者更看好沪市的整体收益状况，希望寻求沪市的平均收益水平，那么选择上证 180 指数是较为适合的。据统计，华安上证 180ETF 自 2006 年 4 月成立以来收益率高达 455%。

4. 深证 100 指数

深证 100 指数是由深圳证券交易所委托深圳证券信息公司编制的，它包含了深市 A 股流通市值最大、成交最活跃的 100 只成分股的指数，其成分股代表了深圳 A 股市场的核心优质资产，成长性较强。投资者投资以深证 100 指数为标的的指数基金，大多是因为看好这些上市公司的高成长性与盈利能力。

5. 中小板指数

中小板指数是综合反映 A 股市场中小企业上市公司的整体状况的指数。由于中小板指数样本股企业的规模不大、成长性强，因此，它也获得了不少投资者的青睐。如果投资者对中小企业的成长性普遍看好，那么投资中小板指数是较为合适的选择。

（五）分红回报能力强的基金

指数不可能总上涨，牛短熊长是证券市场发展的规律。通过在证券市场高位兑现盈利进行分红，指数基金就能有效减少熊市阶段所遭受的损失。因而，对于那种落袋为安的投资者而言，一只分红记录良好的指数基金是不错的投资选择。综上所述，对投资者而言，指数基金提供的投资方式最为方便简单，是一种优良的长期投资工具。

三、评价指数基金特有的指标

除了证券投资基金常用的技术指标外，评价指数基金业绩表现优劣还有些独特的技术指标，其主要有跟踪偏离度、跟踪误差和信息比率三项。

（一）跟踪偏离度

投资者评价指数基金的表现，主要看基金收益与标的指数收益的偏离度。所谓跟踪偏离度，指的就是基金的收益率与标的指数收益率之间的偏差。跟踪偏离度以"%"为单位。基金收益与标的指数收益的偏离度，偏离度越小，基金表现越好。

（二）跟踪误差

指数基金的收益不可能每天都与跟踪指数的涨跌幅度保持一致，所以，单单看跟踪偏离度是不能评定指数基金的优劣的，此时，还需引入其他指标，其中之一便是跟踪误差。跟踪误差主要用于衡量每天跟踪偏离度的波动性。试想有如下两种情况。第一种情况，今天指数上涨了1%，指数基金净值上涨了2%，两者的偏离度为1%，到第二天时，指数下跌了1%，指数基金净值下跌了2%，此时，这二者之间的偏离度为-1%，综合来说，这两天的平均偏离度是0。第二种情况，今天你所购买的指数基金和标的指数之间的偏离度是3%，第二天是-3%，综合起来这两天的平均偏离度也是0。

很显然，第二种情况明显比第一种情况的跟踪波动性大，这是量化指数基金跟踪效果的一个重要指标。一般而言，跟踪误差越小，表明基金经理的管理能力越强。跟踪误差越大，反映其偏离标的越大，风险越高。

收益率并不是衡量指数型基金好坏的标准，负收益不代表基金管理人的管理能力差。被动管理的模式就意味着当市场下跌的时候，指数基金也要随着指数的下跌而下跌。因此即使收益率为负，只要跟踪指数精确，即表明该指数基金的管理水平较高。

（三）信息比率

除了上述两项指标外，信息比率也是一项很重要的指标，它考察的是每单位跟踪误差所获得的超越标的指数的超额收益率。在跟踪误差相当的情况下，获得的超额收益越大越好，在对跟踪同一个指数的基金进行评价时，这个指标可能更适合。

4.4.5　混合型基金投资技巧

股市涨跌是常态，那么，投资者如何在震荡市中获得稳健收益呢？混合型基金是个不错的选择。混合型基金是指投资于股票、债券以及货币市场工具的基金，且不符合股票型基金（股票投资比例不低于总资产的 60%）和债券型基金（债券投资比例不低于总资产的 80%）的分类标准。它设计的目的是让投资者通过选择一款基金品种就能实现投资的多元化，而无须去分别购买风格不同的股票型基金、债券型基金和货币市场基金。

一、投资混合型基金的优势

面对并不明朗的投资环境，投资混合型基金其实是一个很不错的选择。主要有以下两方面的原因。

其一，能让投资者享受到专业的理财服务。基金管理人拥有专业的投资团队和强大的信息网络，他们能够更好地对证券市场进行全方位的动态跟踪与分析。因此，投资者将资金交给基金管理人管理，可以享受到专业化的投资管理服务。

其二，组合投资，分散风险。混合基金通常会购买几十种甚至上百种股票，有了这一基础，一旦某些股票下跌，其造成的损失可以用其他股票上涨的盈利来弥补。

二、挑选混合型基金的 4 点建议

混合型基金会同时使用激进和保守的投资策略，其回报和风险要低于股票型基金，高于债券和货币市场基金，是一种风险适中的理财产品。在投资混合型基金时，如下 4 点建议可供参考。

（一）了解混合型基金的资产配置比例

根据股票、债券投资比例及投资策略的不同，混合型基金分为偏股型、偏债型、股债平衡型、灵活配置型等多种类型，其中灵活配置型基金可根据市场情况更加灵活地改变资产配置比例，得以实现进可攻退可守的特点。

（二）看基金的盈利能力

优秀的基金产品不仅要有收益，更要有获得超越市场平均水准的超额收益，因此，基金的阶段收益率和超额收益率两项指标便是我们关注的重点。

基金的阶段收益率反映了基金在这一阶段的收益情况，是基金业绩的最直接体现，但这个业绩受很多短期因素影响，带有偶然成分。为了更全面地判断基金的盈利能力，评价收益率还需要考虑基金获得超越市场平均水准的超额收益率，常用詹森指数等作为衡量指标。

詹森指数衡量基金获得超越市场平均水准的超额收益能力，可以作为阶段收益率的补充。如果某一投资组合的詹森指数显著大于零，则表示其业绩优于市场基准组合。而詹森指数小于 0，则表明该基金的绩效表现不尽如人意。

（三）看基金的抗风险能力

投资者选择混合型基金时，还应关注基金的抗风险能力，这主要是通过该基金的亏损频率和平均亏损幅度来比较。不同的亏损频率和亏损幅度在一定程度上反映了基金经理的操作风格，只有将亏损频率和亏损幅度较好平衡的基金才能具有较强的抗风险能力，帮助投资者实现长期持续的投资回报。

（四）看选股择时能力

基金经理是否能够通过主动投资管理实现基金资产增值是影响混合型基金的一个重要因素，因而考察混合型基金的选股能力就显得尤为重要。大体说来，用于评估基金经理选股能力的常用指标有组合平均市盈率、组合平均市净率、组合平均净资产收益率等，只有持仓组合的组合平均市盈率、组合平均市净率、组合平均净资产收益率等指标处于较合理的水平，基金资产才有较好的增值前景。

以上所述就是选择合适的混合型基金的投资技巧，便于投资者在操作中锁定适合自己的混合型基金。混合型基金在资产配置策略设计方面的最大特点是可通过灵活的资产配置，在规避市场波动风险的同时优化资产组合的收益水平。投资者需要灵活运用相关技巧选出合适的基金，并根据多元化原则构建合理的基金组合，实现资产的长期稳健增值。

4.4.6　ETF 的投资技巧

不少人对 ETF 的投资不是很了解，或者有的干脆直接将 ETF 与指数基金等同起来。其实这两者是不一样的。指数型基金投资策略的核心思想是相信市场的有效性，从而通过复制与市场指数结构相同的投资组合，排除非系统性风险的干扰而获得与所跟踪指数相近，相当于市场平均水平的收益。而 ETF，即交易型开放式指数基金，也被称为交易所交易基金（Exchange Traded Funds，简称 ETF）是一种在交易所上市交易的、基金份额可变的开放式基金，如华夏上证 50ETF、友邦红利 ETF、易基深 100ETF 等。

上海证券交易所关于 ETF 交易规则的相关说明有：（1）交易时间。每周一到周五上午时段 9:30-11:30，下午时段 13:00-15:00，节假日除外。（2）账户开户。投资者需在上海证券交易所开立 A 股账户或基金账户。（3）交易单位。100 份基金份额被称为 1 手。（4）交易价格。每 15 秒计算一次参考性基金单位净值（IOPV），供投资者参考，以上证 50ETF 为例，大约等于"上证 50 指数/1000"。价格最小变动单位为 0.001 元，涨跌幅限制为 10%。（5）交易费用。无印花税，佣金不高于成交金额的 0.3%，起点为 5 元。（6）清算交收。T 日交易，T+1 日交收。

一、ETF 与股票、开放式基金的比较

交易型开放式指数基金属于开放式基金的一种特殊类型，它结合了封闭式基金和开放式基金的运作特点，投资者既可以向基金管理公司申购或赎回基金份额，同时，又可以像封闭式基金一样在二级市场上按市场价格买卖 ETF 份额。

相比投资股票，在交易方式上，ETF 与股票完全相同，投资人只要有证券账户，就可以在盘中随时买卖 ETF，交易价格依市价实时变动，相当方便并具有流动性。ETF 比直接投资股票的好处不仅表现在和封闭型基金一样没有印花税，而且买入 ETF 就相当于买入了一个指数投资组合，对中小投资者而言可达到分散风险的效果。

相比开放式基金，ETF 的申购是指投资者用指定的"一篮子"指数成股实物（开放式基金用的是现金）向基金管理公司换取固定数量的 ETF 份额；而赎回则是用固定数量的 ETF 份额向基金管理公司换取"一篮子"指数成分股（而非现金）。ETF 比开放式基金的交易成本便宜。在基金管理方式方面，ETF 管理方式属于"被动式管理"，ETF 操作的重点在于追踪指数；而传统股票型基金的管理方式则多属于"主动式管理"，基金经理主要通过积极选股达到基金报酬率超越大盘指数的目的。在交易方式方面，ETF 上市后，交易方式就如股票一样，价格会在盘中随时变动，投资者可在盘中下单买卖，十分方便，而传统开放式基金则是把每日收盘后的基金份额净值作为当日的交易价略。

ETF 和股票一样，以 100 个基金单位为 1 个交易单位（也就是 1 手），涨跌幅限制也和股票一样是 10%。每只 ETF 均跟踪某一个特定指数，所跟踪的指数即为该只 ETF 的"标的指数"。为了使 ETF 市价能够直观地反映所跟踪的标的指数，产品设计者有意在产品设计之初就将 ETF 的净值和股价指数联系起来，将 ETF 的单位净值定位有其标的指数的某一百分比。因此，我们通过观察指数的当前点位，就可以直接了解投资 ETF 的损益，从而把握时机进行交易。

另外，ETF 的升降单位和封闭式基金相同，为 1 厘。这样，上证 50 指数每升（降）1 点，每单位的 ETF 净值就相应升（降）0.001 元。

相比其他基金，ETF 具有独特的实物申购和赎回机制。所谓实物申购、赎回机制，是指投资者向基金管理公司申购 ETF，需要拿这只 ETF 指定的一篮子股票来换取；赎回时得到的不是现金，而是股票；如果想变现，需要再卖出这些股票。

二、ETF 的认购方式

ETF 的交易与股票和封闭式基金的交易完全相同，基金份额是在投资者之间买卖的。投资者利用现有的上海证券账户或基金账户即可进行交易，而不需要开设任何新的账户。

三、ETF 的申购与赎回

基金成立后，将在交易所上市，投资者可以在二级市场进行 ETF 份额的买卖。ETF 属于开放式基金的一种特殊类型，它综合了封闭式基金和开放式基金的优点。投资者既可以在二级市场买卖 ETF 份额，又可以向基金管理公司申购或赎回 ETF 份额。

四、ETF 的信息披露

ETF 除了与一般的开放式基金一样披露基金净值、基金投资组合公告、中期报告、年度报告等信息外，还需要在每个交易日开市前通过交易所或其他渠道公布当日的申购赎回清单，二级市场交易过程中，交易所还要实时计算公布 IOPV（基金净值估计值）供投资者买卖、套利时参考，因此 ETF 的信息披露内容较多，是 ETF 运作管理的重要内容之一。

五、ETF 套利交易

ETF 的套利机制是吸引投资者选择 ETF 的一个重要因素。在二级交易市场，ETF 会因供求变化而造成净值和交易价格之间的偏差。当这种偏差较大时，投资者就可以利用申购赎回机制进行套利交易。

ETF 的套利交易有两种方式——溢价套利和折价套利交易。比如，当上证 50ETF 的市场交易价格高于基金份额净值时，投资者可以买入组合证券，用此组合证券申购 ETF 份额，再将基金份额在二级市场卖出，从而赚取扣除交易成本后的差额。相反，当 ETF 市场价格低于净值时，投资者可以买入 ETF，然后通过一级市场赎回，换取"一篮子"股票，再在 A 股市场将股票抛掉，赚取其中的差价。

由此可见，通过普通交易方式逐步分解操作，会使套利交易效率和效果大打折扣，如欲提高套利成功概率，可以借助专门的 ETF 套利交易系统，通过一笔或简单几笔即可迅速完成。

目前国际上现有的 ETF 大部分是指数基金，以跟踪某一指数为投资目标，采取被动式管理。基金资产为一篮子股票组合，组合中的股票种类与某一特定指数（如上证 50 指数）包含的成分股票相同，股票数量比例与该指数的成分股构成比例一致。例如，上证 50 指数包含中国联通、浦发银行等 50 只股票，上证 50 指数 ETF 的投资组合也应该包含中国联通、浦发银行等 50 只股票，且投资比例同指数样本中各只股票的权重对应一致。换句话说，指数不变，ETF 的股票组合不变；指数调整，ETF 投资组合要做相应调整。

基金经理只需通过某种方式确定投资组合分布，并不对个股进行主动研究和时机选择。

总体而言，基金公司对 ETF 的管理包括组合构建、组合调整、投资绩效及跟踪误差评估、信息管理、申购赎回清单设计等内容。

六、避开 ETF 投资误区

ETF 具有的交易成本低、分散风险、流动性强等特点，受到了很多投资者的追捧，但在实际操作过程中，一部分投资者对 ETF 还存在一些认识上的误区。

误区一：认为 ETF 投资门槛高

不少投资者误认为 ETF 投资门槛太高，最小申赎单位少则几十万份、多则百万份且一篮子股票的实物申赎方式烦琐复杂，只适于资金量大的投资者参与。其实除了这一交易方式，ETF 还有一种交易方式，即像股票、封闭式基金那样，在交易所二级市场和其他的 ETF 持有人之间进行"二级市场买卖"。二级市场买卖 ETF，起点只要 100 份（1 手）。因此，对于手上闲余资金不太充裕的普通投资者而言，完全有能力参与。

误区二：持有的基金份额缩水了

ETF 成立时的份额，和它运作后公告的份额是不同的。每一只 ETF 在成立、建仓完成之后，正式上市之前，都要进行"份额折算"，以使 ETF 的净值和它跟踪的指数建立一个比较直观的联系，方便上市后投资者的投资，"看对指数就基本看对 ETF 的净值"，以期实现"赚了指数就赚钱"。

误区三：ETF 赚钱主要靠套利

ETF 固然是存在套利机会，但如果觉得 ETF 赚钱主要靠套利那就大错特错了。因为 ETF 从本质上来说，还是一个指数投资工具，所以其根本赚钱之道，还是跟着指数走，这就是所谓的"赚了指数就赚钱"。

对于普通投资者而言，要正确认识 ETF，并根据自身的财务状况和风险承受能力，设定财务计划和目标，更多尝试智慧地聚集"一篮子"ETF，构建风险分散化的 ETF 投资组合，同时定期回顾审视组合并进行重新再平衡，以获得稳定的回报。

4.5　基金风险控制

4.5.1　基金投资的三大风险

如同道路有上坡下坡、直道弯道一样，股市亦有涨有跌、有牛有熊。我们开车在下坡或前方有弯道时需要刹车减速，以保证行车安全。而基金在市场转折时也需要"刹车"，及时减仓，才能降低投资损失。

小肖前段时间曾以 0.8 元的价格买入一只基金，可三个月过去了，小肖发现这只基金的涨幅并不明显，始终在 0.8 元的价位徘徊。于是，一气之下，他便将基金全部赎了回来。半年后，小肖无意间看见自己之前购买的那只基金涨到了 1.25 元，他很后悔，当时不应将其赎回，于是，他准备再次购买该基金。可是，他又担心这只基金的净值会下跌，所以对是否再次购买这只基金，他一直犹豫不决。两个月之后，这只基金的净值涨到了将近 1.6 元，这次，他更感到后悔了。任何投资都会有风险，基金投资也不例外。投资者一旦投资了基金，其投资风险便产生了。

为了能最大程度地降低投资的风险，投资者就需要事先了解基金投资存在哪些风险。概括起来，可以将基金投资的风险分为三大类，共计 10 种。

一、基金投资的市场风险

基金投资的市场风险又可以分为系统性风险与非系统性风险两类。

（一）系统性风险

政策风险，主要是指因财政政策、货币政策、产业政策、地区发展政策等国家宏观政策发生明显变化，导致基金市场大幅波动，影响基金收益而产生的风险

经济同期风险，指随着经济运行的周期性变化，证券市场的收益水平呈周期性变化，基金投资的收益水平也会随之变化。

利率风险。金融市场利率的波动会导致证券市场价格和收益风险的变动。基金投资于债券和股票，其收益水平会受到利率变化的影响。

购买力风险，指基金的利润主要是通过现金形式进行分配，而现金可能会因通货膨胀的影响万而致购买力下降，从而使基金的实际收益下降。

（二）非系统风险

上市公司经营风险。如果基金公司所投资的上市公司经营不善，其股票价格可能下跌，或者能够用于分配的利润减少，使基金投资收益下降。

操作风险和技术风险。基金的相关当事人在各业务环节的操作过程中，可能因内部控制不到位或者人为因素造成操作失误或违反操作规程而引发风险。此外，在开放式基金的后台运作中，可能因为系统的技术故障或者差错而影响交易的正常进行，甚至导致基金份额持有人利益受到影响。

基金未知价的风险。投资者购买基金后，如果正值证券市场的阶段性调整行情，由于投资者对价格变动的难以预测性，投资者将会面临购买基金被套率的风险。

管理和运作风险。基金管理人的专业技能、研究能力及投资管理水平直接影响到其对信息的占有、分析和对经济形势、证券价格走势的判断，进而影响基金的投资收益水平。

二、基金的未知价风险

开放式基金的申购和赎回交易采取"未知价"成交法，即投资者当日进行基金交易时，并不知道当日的基金份额净值，基金份额净值通常要在当日交易时间后计算出来。因此，投资者在进行基金交易时所参考的份额净值是之前基金交易日的数据，而当日基金份额净值尚无法确定。换言之，基民在购买或赎回基金时，实际上是无法知道具体的成交价的。

三、基金的流动性风险

当开放式基金面临巨额或较大额赎回时，由于基金持有的证券较集中或者市场整体的流动性不足，基金变现资产，导致净值损失，就产生了开放式基金的流动性风险。

关于开放式基金的流动性风险，可以理解为基金的变现能力的风险，特别是对于开放式基金，由于开放式基金需要应对投资者日常的申购和赎回交易，因此，对基金管理人而言，保持资金良好的流动性是非常重要的。

2000 年美国科技股泡沫破灭，纳斯达克市场一路暴跌，科技股基金平均收益率从 1999 年的 128% 跌至 2000 年的 - 37.3%，随后两年继续以 -21.5%、-35%的负收益告终，当时所有投资科技股的行业基金无一幸免，所有这些科技股基金也都惨遭巨额赎回甚至清盘，华尔街数以千计的对冲基金成批倒下至清盘出局。

4.5.2　如何衡量基金的风险

既然基金投资是有风险的，对于基金投资者来说，就需要对基金投资存在的风险进行一个合理的评估，这样才能有针对性地采取相应措施，使自己的投资收益达到最大化。

一般来说，基民对投资风险的衡量，可以从以下五个方面来进行评估。

一、根据评级的结果来考察基金的风险

随着基金的扩张式发展，目前市场上可购买的基金有好几百只，为挑选收益更高、风险更低的基金，基民们选择购买时多求助于专业机构发布的基金投资评级。

专业机构对基金的评级，如晨星、理柏、银河等，其内容包括对基金的风险、收益等多方面的考察，这些结论可以为基民的投资提供一定的参考。

二、根据周转率来考察基金的风险

"基金周转率"，也称"换手率"，是反映基金买进和卖出证券数量的指标，它指一段期间内，基金投资组合内的持股买卖变更次数。换句话说，50%的周转率意味着基金投资组合内有一半的股票被买卖转换过。

基金周转率的计算方法是：用某一段时间内，基金投资总买入量和总卖出量中的较小者除以基金净资产。周转率的高低并不能与绩效的好坏画符号，但周转率高的基金，成本以及风险相对较高，因此选择上仍应留意。

基金的周转率高有两个缺点，一是导致交易成本过高，降低基金操作绩效。由于投资股票的交易成本包括证券交易税以及证券交易手续费，这两项费用都和股票进出买卖的次数成正比，因此周转率越高的基金，成本负担越大，因为这部分的成本都隐含在基金净值里面。二是短线进出，将提高投资风险，因为短线进出容易错估买卖时点。

三、根据持股比重来考察基金的风险

每一只股票型基金的招募书上都会做出这样的说明：投资股票的比例不得超过90%和不得低于60%，基金的投资方向可以是股票或是其他资产。

基金股票的持仓情况称为仓位，仓位越高，说明基金的持股比重越大，也就预示着基金的风险越大。

基金作为市场中主要的机构投资者，其投资取向与大盘走势有着很大的关联。当然，大盘也会在一定程度上左右基金的选择。

基金经理往往会根据市场行情的变化来调整持股比重。例如，在牛市行情中，基金经理通常会加大股票型基金的投资比例；在熊市行情中，则会加大债券型基金或其他相对具有稳定收益品种的投资比例。

四、通过持股集中度来衡量基金

我们可以通过看基金的资产配置及持仓状况来了解基金的风险，尤其是持仓状况，基金的持股集中度就是前十大重仓股占资产净值的比例，持股集中度不要太高，一般不要超过50%，而且单只股票所占比重也不要太高。基金的持股集中度是衡量基金风险程度的一个重要指标。基金持股集中度高，虽然便于资金的控制，可能会使基金净值上升很快，然而，它怎样做到"全身而退"同样也给基金管理人带来了一个很大的难题。

五、通过行业集中度来衡量基金的风险

衡量基金的风险，基民还可以看基金的行业分布。基金是集中投资在某个行业，还是分散在各个行业？基金的行业集中度决定了市场某个板块大幅下跌时基金的表现是否会受到较大影响。

行业集中度是指基金重配行业中占基金全部行业配置（基金持股总市值）的比重。一般情况下，我们用投资的前三或前五大行业代表的基金的重配行业来进行行业集中度的计算。

如果基金大量持有某个行业的股票，当这个行业的股票都大幅下跌时，基金的业绩也随之有较大幅度的变动。

4.5.3 评估基金风险的五大指标

基民选择基金，都希望选择业绩表现佳、抗风险能力强的基金。但是，投资者如何才能判定基金的优劣呢？虽然说专业的星级评级机构每年都会对基金做出星级评定，但因为这个评级结果只是一个综合化的结果，它虽然给出了基金的综合收益情况，但它并不是投资者进行投资决策的唯一指标。

下面介绍几项用于评估基金风险的指标，以便做出更合理的投资决策。

一、夏普比率——基金绩效评价标准化指标

夏普比率（Sharpe Ratio，也叫夏普指数），是诺贝尔奖获得者威廉·夏普根据资本资产定价模型（CAPM）发展出来，用来衡量金融资产的绩效表现的一个指标。

我们可以用一个简单的例子来阐述夏普比率的内涵。试想，如果你要去某个地方，有两种出行方式：乘坐地铁或自己开车，所耗费时间是一样的。在不考虑成本和舒适度的情况下，为了保证准时到达目的地，你会选择哪种出行方式？或许大多数人都会选择乘坐地铁。原因很简单，因为地铁发生故障的概率要远远小于堵车的概率。投资亦是如此。

两只同类基金的同期业绩表现相近，累计净值增长率都一样，而一只基金表现大起大落，另外一只基金稳步攀升、波动较小。理性的投资者会选择后者来规避波动的风险。

夏普比率的核心思想是，选择收益率相近的基金承担的风险越小越好，选择风险水平相同的基金则收益率越高越好。在比较结果中，夏普比率越高越好。

夏普比率计算公式如下：

$$夏普比率 = [(E(Rp)) - Rf] \div \sigma p$$

其中：E（Rp）代表投资组合预期报酬率；Rf 代表无风险利率；σp 代表投资组合的标准差。如果夏普比率为正值，代表基金报酬率高过波动风险；若为负值，代表基金操作风险大过报酬率。因此，夏普比率越大，说明该只基金单位风险所获得的风险回报也就越高，基金的绩效也就越好。

夏普比率在计算上尽管非常简单，也能为投资者在做投资决策时提供有效的参考，但在具体运用中仍需对夏普比率的适用性加以注意。（1）夏普比率未考虑组合之间的相关性，因此纯粹依据夏普值的大小来构建投资组合是不宜的。(2)夏普比率与其他很多指标一样,衡量的是基金的历史表现,因此并不能简单地依据夏普比率来进行未来的操作。(3)计算上,夏普指数同样存在一个稳定性问题:夏普指数的计算结果与时间跨度和收益计算的时间间隔的选取有关。

夏普比率是衡量基金的风险、调整收益水平的一个重要指标,对选择基金有一定的指导意义,但并不是衡量基金绩效的唯一指标,投资者可结合基金的其他因素和自身的风险承受能力来选择基金。

二、阿尔法系数——确定投资回报率

阿尔法系数(α)是基金的实际收益和按照贝塔系数(β)计算的期望收益之间的差额。其计算方法如下:

超额收益=基金的收益–无风险投资收益(在中国为一年期银行定期存款收益)

$$期望收益=贝塔系数×市场收益$$

反映基金由于市场整体变动而获得的收益。具体内容见下表。

基金类型	投资对象	投资目标	优势
股票基金	以股票为主	获取较高资本利得	预期收益高
债券基金	各种债券	获取稳定收益	收益稳定
货币基金	货币市场工具	获取稳定收益	收益稳定、流动性强

阿尔法系数是一种相对指数,阿尔法系数越大说明其基金获得超额收益的能力越大。换言之,在同类基金产品中,阿尔法系数越大,该基金经理便能够额外为投资者带来更多的"附加值"。

假设有一投资组合,通过对其的风险水平分析,资本资产定价模型预测其每年回报率为10%,但是该投资组合的实际回报率为每年14%。此时,这个投资组合的阿尔法系数为4%(14%–10%),即表示该组合的实际回报率超过由资本资产定价模型预测的回报率4个百分点。

我们知道,在投资中风险越大所获得的收益也越大,这是不变的定律,所以阿尔法系数应更值得我们关注。虽然市场千变万化,参考指标也不可能是金科玉律,但巧妙借用阿尔法系数,可以帮助投资者更多地了解基金的盈利能力，选到真正称心如意的基金。

三、贝塔系数——衡量价格波动情况

贝塔系数（β）是一种评估证券系统性风险的工具，用以评估某只股票或某只股票型基金相对于整个市场的波动情况。具体内容如下表所示。

数值	释　义
贝塔系数>1	说明基金的波动性大于业绩评价基准的波动性
贝塔系数<1	说明基金的波动性小于业绩评价基准的波动性
贝塔系数＝1	说明基金的波动性等于业绩评价基准的波动性

贝塔系数是一个相对指标。贝塔系数越高，意味着基金相对于业绩评价基准的波动性越大。换言之，贝塔系数越高，其风险也就越大。

我们可以简单地这样来理解：如果贝塔系数为1，则市场上涨10%时，基金就上涨10%；市场下滑10%时，基金则相应下滑10%。如果贝塔系数为1.1，市场上涨10%时，基金则上涨11%；市场下滑10%时，基金则下滑11%。如果贝塔系数为0.9，市场上涨10%时，基金则上涨9%；市场下滑10%时，基金则下滑9%。

贝塔系数反映了个股对市场或大盘变化的敏感性，也就是个股与大盘的相关性即通常说的"股性"。可根据市场走势预测选择不同的贝塔系数的证券从而获得额外收益，特别适合做波段操作使用。当有很大把握预测到一个大牛市或大盘某个上涨阶段的到来时，应该选择那些高贝塔系数的证券，它将成倍地放大市场收益率，为投资者带来高额的收益；相反在一个熊市到来或大盘某个下跌阶段到来时，应该调整投资结构以抵御市场风险，避免损失，最好的办法是选择那些低贝塔系数的证券。

四、R 平方——反映业绩变化情况

前面我们提到了贝塔系数，然而它能否有效衡量风险，很大程度上受基金与业绩评价基准相关性的影响。如果将基金与一个不大相关的业绩评价基准进行比较，计算出来的贝塔系数就没有意义。所以考察贝塔系数时，应当同时考察另一个指标——R 平方。

R 平方是衡量一只基金业绩变化在多大程度上可以由基准指数的变动来

解释，以 0 至 100 计。如果 R 平方值等于 100，表示基金回报的变动完全由业绩基准的变动所致；若 R 平方值等于 60，即 60% 的基金回报可归因于业绩基准的变动。简言之，R 平方数值越小，说明业绩基准变化与基金表现的相关性越低。此外，R 平方也可用来确定贝塔系数或阿尔法系数的准确性。一般而言，基金的 R 平方值越高，其两个系数的准确性便越高。

五、标准差——反映基金回报率的波动幅度

在体育比赛中，要赢得金牌的关键是，每一次出击，除了表现优异外，更要保持稳定度，才能在高强度的比赛中脱颖而出。投资理财也是一样。

在投资基金上，基民重视的是业绩。但是，基民往往买进了近期业绩表现最佳的基金之后，基金表现反而不如预期，这是因为所选的基金波动幅度太大，没有稳定表现。衡量基金波动的稳定程度的工具就是标准差。

标准差是指过去一段时期内，基金每个月的收益率相对于平均月收益率的偏差幅度的大小。基金的每月收益波动越大，那么它的标准差也就越大。

标准差越大，基金未来净值可能变动的程度就越大，稳定度就越小，投资风险就越高。

上述 5 个指标能帮助基民进行基金风险评估，但是，要想获得理想的投资收益，需要考虑的因素还有很多，如基金公司的情况、基金经理的水平等。所以，我们需要不断地加强投资方面的学习，从而提升投资技能。

4.5.4 基金投资的风险防范

我们经常听到这样一句话，"股市有风险，投资需谨慎"。投资基金也是如此。认识到这一点后，基民要做的是如何降低和控制基金投资的风险。

一、摒弃错误认识

在基金投资实践中，有如下 5 种心态或认识会影响投资者的投资效益。

（一）错误的投资心理

"听说某某买基金赚了一大笔呢""他前不久才买了一只基金，现在就涨了 20% 了"……类似这样的声音总是不绝于耳。但是，基民需要意识到，基金毕竟不同于股票，它很难在短时间内实现财富的暴涨。

不少投资者因看到他人买基金赚了钱，也想投资基金，于是便将自己的全部积蓄投入到基市中，这样不考虑到自己的实际情况而盲目投资，势必会影响自己的正常生活，另外，投资基金也是存在一定风险的。

（二）完全依据基金的历史表现来做决策

诚然，基金的历史业绩是投资者投资基金时的一个参考依据，但它并不是唯一依据，因为过去有好的业绩表现并不能代表未来业绩依然好。

（三）缺乏风险意识

基金作为一种理财工具，若运用得当，会为我们带来收益，但它也存在风险。

2013年3月，老张拿出自己的2万元存款全部买了基金，对于基金投资，他并不太懂。在一次性投资和定额投资的选择上，他选择了一次性投资。投资后的半年，老张看到他购买的几只基金业绩表现都不错，所以他也没想过对自己的投资组合做任何调整。可好景不长，两个月后，他买的几只基金开始下跌。他这样安慰自己：涨跌是正常的，反正已经跌了，就让它这样放着吧。又过了一段时间，老张再次打开他的基金账户，这下让他傻眼了：买入的基金让他亏了将近6000元。

事后，老张谈起这件事，感慨地说道："我压根就没想到买基金也存在这么大的风险，所以我也就没想怎么去应对风险。其实，我当时要把手中的股票型基金换成货币基金什么的，也就不会亏损这么多了！"

相对于股票而言，基金的风险是较低的，但这并不代表基金投资就没有风险。所以，投资者要记住：投资就会有风险，而且风险与收益永远是成正比的。

（四）没有做好长期持有的准备

投资要讲究一个时点固然没错，但总体而言，投资基金应当做好长期持有的准备。有的投资者将基金当作股票一样，采取短期持有的策略，以期获得高收益，但有时往往适得其反。这是因为一方面频繁地进行基金的申购与赎回，可能会错过基金净值上涨的机会；另一方面，存在交易成本的问题。

（五）投资产品选择不当

不同类型的基金由于投资品种和投资范围不同而呈现出不同的收益风险水平，投资者需要根据自身的风险承受能力和理财目标选择合适的基金种类。如对于风险承受能力较高的投资者，股票型和积极配置型基金是合适的品种；对于风险承受能力不高，并且希望获得稳定收益的投资者，可以选择保守配置型基金和普通债券基金等。

二、规避基金投资风险的 3 点建议

基金投资有风险，那么，我们如何才能最大化地降低这一风险呢？下面给出了 3 点建议。

（一）巧用风险指标规避风险

虽然风险统计指标不能消除基金的风险，也不能准确预测未来，但对投资决策还是具有较强的指导性。投资者通过考察风险指标挑选适合自己风险承受能力的基金，而不是一味地追求基金的高回报，是基金投资中的明智之举。

（二）通过试探性投资来降低投资风险

对于缺乏基金投资经验的人来说，不妨采取"试探性投资"的方法来进行投资。即可以从小额单笔投资基金或每月几百元定期定额投资基金开始，以此来作为是否大量购买的依据，从而帮助投资者减少基金买卖过程中的失误率。

假如你有 1 万元可用作基金投资，前期你不妨先投入 1000 元，买进某一只基金，几个月后，待你对基金投资的业务有所了解后，再逐步增加投资额。此外还可以以每月定额的方式来购买基金，如每月 500 元，由于分散了投资的时间，所以，投资的损失也随之得到了降低。

（三）通过组合投资分散风险

进行基金投资时，基民要注意做到分散投资，其策略之一便是进行组合投资，即"不要将鸡蛋放在同一个篮子里"，这是降低投资风险的一个好办法。

组合投资，可以有效地降低证券市场的非系统性风险，这已经得到了现代金融学的证明。投资基金并不是无风险的投资。投资者如果只买一只基金，或无目的地重复购买多只基金，这都不能起到降低风险的作用。如果采取组合投资的方式，有目的地选择、购买几只不同类型、不同风格特征的基金，构建一个有效的基金组合，如此就能达到分散风险，获得持续、稳健收益的目的。

需要说明的是，一个好的基金组合，并不是基金的数量越多越好，而要让组合中单只基金的差异化程度较大。有效的基金组合应该选择不同风格特征的基金，以分散特定风格具有的风险。但是，组合中基金的数量要适度，并不是买的基金越多，风险就越分散。

因此，建议投资者可以根据自己的实际情况，选择两到三家基金公司旗下的几只基金进行组合投资，从而形成个人的投资组合，降低风险。

4.6　基金理财小故事

张女士是从 2003 年开始进入股市的，当时她家里正好有 5 万元准备买房子的钱，看到不少同事买股票都赚了钱，张女士便心动起来，但她老公冯先生是个比较保守的人，冯先生认为只有把钱存到银行才最安全，说什么也不同意张女士买股票，张女士硬是顶住冯先生的"压力"，偷偷地把那 5 万块钱全部投进了股市。原本希望用买股票赚来的钱在枣庄市里买套房子，哪想到入市不久就被套牢，到 2004 年下半年市值已缩水 20%。怎么办？出手吧，不甘心，万一哪天股市好转岂不后悔死啦！继续持有吧，又担心熊市行情久久不肯离去？在老公冯先生的埋怨声中张女士是度日如年。

2004 年 8 月份的一天，张女士听同事说华夏基金管理有限公司要发行一只新基金，晚上一下班回到家，张女士就立即上网进入华夏基金网站，通过阅读公司简介，张女士知道华夏基金管理有限公司成立于 1998 年 4 月，是经中国证监会批准成立的首批全国性基金管理公司之一，公司规范经营，稳健运作，投资管理业绩优良，为投资人创造了满意回报，赢得了业界的广泛认可，是一家业绩优良的老牌基金公司。它发行的新基金叫华夏大盘精选基金，通过阅读发行章程，张女士知道了这只基金的投资范围、投资策略、业绩比较基准、风险收益特征以及风险管理机制等等深深地吸引了张女士，心想买这只基金肯定没有错！张当即决定割肉卖掉股票认购这只新发行的基金。但当张女士把这一想法对冯先生一说，冯先生立即表示反对，说如今股市不景气，你割肉卖掉股票再买基金，与刚出虎口又进狼窝有什么区别；他还说张女士是头脑发晕，不见棺材不掉泪，不到黄河不死心，早晚会花钱买教训。但张这个人就是有个犟脾气，只要是自己认准的死理，就是用八头牛也拉不回来。第二天，张就用卖掉股票到账的钱认购了 4.5 万元华夏大盘精选基金。自从认购这只基金后，每天一下班张就打开电脑进入华夏基金网站，查看这只基金的净值变化情况。看着这只基金的净值一天比一天增长，张女士也一天比一天高兴。但是到了 2005 年 6 月 2 日，由于股市调整，这只基金的净值曾一度跌破面值到 0.898 元。这时原先劝张女士不要买这只基金的冯先生又站出来指责张女士，说张女士不听劝告赔大了吧！但张女士相信中国的股权分置改革一定会成功，也相信华夏基金的经理们可以管理好基金。进入 2006 年，这只基金的净值一天比一天高起来，2 月 28 日、5 月 31 日和 6 月 30 日，还进行了三次分红，单位分红合计达 0.18 元，到 10 月 10 日，这只基金的份额净值达到 1.9634 元，累计净值高达 2.002 元，实现了净值翻番。这时，冯先生立即对张女士刮目相看起来，说张女士有眼光，心理素质好，能经得起股市上的大风大浪。但是自 2007 年 1 月 30 至 2 月 5 日仅 5 个交易日，上证综指就大跌 11.75%，而同期深成指也暴跌 13.23%，这时冯先生又坐不住了，劝张女士赶快赎回这只基金，张女士只是微微一笑，仍然坚持持有。自 2 月 6 日开始股市开始反弹并一路走高，到 4 月 12 日，这只基金的份额净值达到 4.022 元，累计净值已高达 4.202 元，张当初买的 4.5 万元翻了二番还多，购买基金给张女士增加了财富！冯先生也由坚决反对张女士买基金，到现在拿出钱来支持张女士买基金。

张女士有以下几点体会：一是购买基金一定要选择一家有实力的基金公司，比如华夏、上投摩根等，好的基金公司一定会给投资者带来丰厚的回报；二是投资基金一定坚持长线持有，不要被一时的净值涨跌所左右，俗话说长线是金，长期持有不仅会节省频繁认购（申购）和赎回基金的手续费，还能够分享基金分红所带来的高额回报，基金净值下跌时也曾悲哀过，基金净值上涨时也曾欢喜过，因为坚信自己当初的选择，张女士一直持有这只基金到今天，经历了风雨也见到了彩虹；三是要多了解证券市场信息，以提高自己的分析判断能力，不能一有风吹草动，就失去主见，以至错过赚钱良机。

第五章 税务筹划

☞**理财小故事：**

一个老人有财产2000万元，他有一个儿子，一个孙子。他的儿子、孙子都已很富有。假设遗产税税率为50%。如果这个老人的儿子继承了财产后没有增加也没有减少财产值，然后遗赠给老人的孙子，孙子继承了财产后也没有减少和增加财产值，在孙子去世时再遗赠给他的子女，那么从遗产税的角度来看，老人应该如何分配遗产？

1. 若老人不进行税收筹划

这个老人的财产所负担的遗产税为：2000×50%＋1000×50%＋500×50%＝1750万元。

2. 若老人采用节税方案

将其财产遗赠给其孙子。这个老人的财产所负担的遗产税为：2000×50%＋1000 ×50%＝1500万元。

进行税务筹划后的结果：间接减少遗产税250万！

依法纳税是每个公民的义务，而纳税人出于自身利益的考虑，往往希望自己的税赋可以合理地减少到最小。因此，如何在合法的前提下尽量减少税赋就成为每个纳税人十分关注的问题。

（案例来源于搜狐网）

5.1 税务筹划概述

5.1.1 税务筹划的含义与发展

税务筹划是由 Tax Planning 意译而来的，从字面理解也可以称之为"税务筹划""税务计划"，是指在纳税行为发生之前，在不违反法律、法规（税法及其他相关法律、法规）的前提下，通过对纳税主体（法人或自然人）的经营活动或投资行为等涉税事项作出事先安排，以达到少缴税或递延纳税目标，尽可能获得"节税"的税收利益的一系列谋划活动。

纳税人在不违反法律、政策规定的前提下，通过对经营、投资、理财活动的参与和筹划，尽可能减轻税收负担，以获得"节税"（Tax Savings）利益的行为很早就存在。税务筹划在西方国家的研究与实践起步较早，在 20 世纪 30 年代就引起社会的关注，并得到法律的认可。1935 年，英国上议院议员汤姆林对税务筹划提出："任何一个人都有权安排自己的事业，依据法律这样做可以少缴税。为了保证从这些安排中谋到利益……不能强迫他多缴。"在我国，税务筹划自 20 世纪 90 年代初引入以后，其功能和作用不断被人们所认识接受和重视，已经成为有关中介机构一项特别有前景的业务。税务筹划是纳税人的一项基本权利，纳税人在法律允许或不违反税法的前提下，所取得的收益应属合法收益。

5.1.2 税务筹划的特点

税务筹划具有合法性、筹划性、目的性，风险性和专业性的特点。

一、合法性

合法性是指税务筹划只能在税收法律许可的范围内进行。这里有两层含义：遵守税法和不违反税法。合法是税务筹划的前提，当存在多种可选择的纳税方案时，纳税人可以利用对税法的熟识、对实践技术的掌握，作出纳税最优化选择，从而降低税负。对于违反税收法律规定，逃避纳税责任，以降低税收负担的行为，属于偷逃税，要坚决加以反对和制止。

二、筹划性

筹划性是指在纳税行为发生之前，对经济事项进行规划、设计、安排，达到减轻税收负担的目的。在经济活动中，纳税义务通常具有滞后性。这在客观上提供了对纳税事先作出筹划的可能性。另外，经营、投资和理财活动是多方面的，税收规定也是有针对性的。纳税人和征税对象的性质不同，税收待遇也往往不同，这在另一个方面为纳税人提供了可选择较低税负抉择的机会。如果经营活动已经发生，应纳税额已经确定而偷逃税或欠税，都不能认为是税务筹划。

三、目的性

税务筹划的直接目的是降低税负，减轻纳税负担。这里有以下两层意思。一是选择低税负。低税负意味着较低的税收成本，较低的税收成本意味着较高的资本回收率。二是滞延纳税时间，获取货币的时间价值。通过一定的技巧，在资金运用方面做到提前收款，延缓支付。这将意味着企业可以得到一笔"无息贷款"，避免高边际税率或减少利息支出。

四、风险性

税务筹划的目的是为了获得税收收益，但是在实际操作中，往往不能达到预期效果，这上税务筹划的成本和税务筹划的风险有关。税务筹划的成本是由于采用税务筹划方案而增加的成本，包括显性成本和隐含成本，如聘请专业人员支出的费用，采用一种税务筹划方案而放弃另一种税务筹划方案所导致的机会成本。此外，对税收政策理解不准确或操作不当，而在无意情况下采用了导致企业税负不减反增的方案，或者触犯法律而受到税务机关的处罚都可能使税务筹划的结果背离预期的效果。

五、专业性

专业性不仅是指税收筹划需要由财务、会计专业人员进行，而且是指面临社会化大生产，全球经济一体化、国际贸易业务日益频繁、经济规模越来越大，各国税制越来越复杂的情况下，仅靠纳税人自身进行税收筹划显得力不从心。因此，税务代理、税务咨询作为第三产业应运而生，使税收筹划向专业化的方向发展。

5.1.3　税务筹划中的有关概念

一、节税

顾名思义，节税就是节减税收，是纳税人利用税法的政策导向性，采取合法手段减少应纳税款的行为。就实质而言，节税实际上是税务筹划的另一种委婉表述。在通常意义上，凡是符合税收立法精神的实现税收负担减轻的行为都属于节税，节税在一切国家都是合法的也是正当的现象。节税具有合法性、政策导向性、策划性、倡导性的特征。

二、避税

避税是纳税人采取非违法的手段减少应纳税款的行为。这是纳税人使用一种在表面上遵守税收法律、法规，但实质上与立法意图相悖的非违法形式来达到自己的目的。所以，避税被称之为"合法的逃税"。避税具有非违法性、策划性、权利性、规范性和非倡导性的特点。

三、逃税与偷税

逃税是纳税人故意违反税收法律、法规，采取欺骗、隐瞒等方式，逃避纳税的行为。偷税是指"纳税人伪造（设立虚假的账簿、记账凭证）、变造（对账簿、记账凭证进行挖补和涂改等）、隐匿、擅自销毁账簿或记账凭证，或者在账簿上多列支出（以冲抵或减少实际收入），或者不列、少列收入，或者经税务机关通知申报仍然拒不申报或进行虚假的纳税申报，不缴或少缴应纳税款的"行为。对偷税行为，税务机关一经发现，应当追缴其不缴或少缴的税款和滞纳金，并依照税收征管法的有关规定追究其相应的法律责任。构成偷税罪的，应当依法追究刑事责任。逃税与偷税的概念基本相同，我国有关法条的规定中没有"逃税"的概念，一般是将其归入偷税的范围加以处罚。

综上所述，节税属于合法行为，避税属于非违法行为，逃税、偷税属于违法行为。节税是顺应立法精神的，是税法允许甚至鼓励的，是税务筹划的主要内容；避税是违背立法精神的，是不倡导的，也会招致政府的反避税措施。在避税的情况下，纳税人进入的行为领域是立法者希望予以控制但不能成功地办到的领域，这是法律措辞上的缺陷及类似问题产生的后果。避税可以被利用作为税务筹划的手段，但是随着税法的逐渐严密和完善，利用空间会越来越小；逃税、偷税是被禁止的，要受到法律的制裁，还会影响企业声誉，使企业遭受更大的损失。

当然，税务筹划也不是仅指表面意义上的节税行为，税务筹划作为企业经营管理的一个重要环节，必须服从于企业财务管理的目标——企业价值最大化或股东财富最大化。因此，企业税务筹划的最终目的应是企业利益最大化。

5.2　税务筹划的方法与步骤

5.2.1　税务筹划的基本方法

税务筹划的方法很多，而且在实践中也是多种方法结合使用。为了便于理解，这里只简单介绍利用税收优惠政策法、纳税期递延法、转让定价筹划法、利用会计处理方法筹划法等几种方法。

一、利用税收优惠政策

利用税收优惠政策筹划是指纳税人凭借国家税法规定的优惠政策进行税务筹划的方法。税收优惠政策是指税法对某些纳税人和征税对象给予鼓励和照顾的一种特殊规定。例如，免除其应缴的全部或部分税款，或者按照其缴纳税款的一定比例给予返还等，从而减轻其税收负担。从总体角度来看，利用优惠政策筹划的方法主要包括以下几种。

（一）直接利用筹划法

国家为了实现总体经济目标，从宏观上调控经济，引导资源流向，制定了许多税收优惠政策，对于纳税人利用税收优惠政策进行筹划，国家是支持与鼓励的，因为纳税人对税收优惠政策利用得越多，越有利于国家特定政策目标的实现。因此，纳税人可以光明正大地利用优惠政策为自己节税。

（二）地点流动筹划法

从国际大环境来看，各国的税收政策各不相同，其差异主要有税率差异、税基差异、征税对象差异、纳税人差异、税收征管差异和税收优惠差异等，跨国纳税人可以巧妙地利用这些差异进行国际间的税务筹划。从国内税收环境来看，国家为了兼顾社会进步和区域经济的协调发展，税收优惠适当向西部地区倾斜，纳税人可以根据需要，或者选择在优惠地区注册，或者将现时不太景气的生产转移到优惠地区，以充分享受税收优惠政策，减轻纳税人的税收负担，提高自身的经济效益。

二、纳税期递延筹划

利用延期纳税筹划是指在合法、合理的情况下，使纳税人延期缴纳税收而节税的税务筹划方法。纳税人延期缴纳本期税收并不能减少纳税人的纳税绝对总额，但相当于得到一笔无息贷款，可以增加纳税人本期的现金流量，使纳税人在本期有更多的资金扩大流动资本，用于资本投资。由于货币的时间价值，即今天多投入的资金可以产生收益，使将来可以获得更多的税后所得，相对节减税收。

三、利用转让定价筹划

转让定价是指在经济活动中，有经济联系的企业各方为了转移收入、均摊利润或转移利润而在交换或买卖过程中，不是依照市场买卖规则和市场价格进行交易，而是根据他们之间的共同利益或为了最大限度地维护他们之间的收入进行的产品或非产品转让。在这种转让中，根据双方的意愿，产品的转让价格可高于或低于市场上由供求关系决定的价格，以达到少纳税甚至不纳税的目的。例如，在生产企业和商业企业承担的纳税负担不一致的情况下，若商业企业承担的税负高于生产企业，则有联系的商业企业和生产企业就可以通过某种契约的形式，增加生产企业利润，减少商业企业利润，使他们共同承担的税负和各自承担的税负达到最少。

四、利用会计处理方法筹划

利用会计处理方法筹划是利用会计处理方法的可选择性进行筹划的方法。在现实经济活动中，同一经济事项有时存在着不同的会计处理方法，而不同的会计处理方法又对企业的财务状况有着不同的影响，同时这些不同的会计处理方法又都得到了税法的承认。所以，通过对有关会计处理方法筹划也可以达到获取税收收益的目的。

5.2.2 税务筹划的基本步骤

一般税务筹划的基本步骤应包含了解纳税人的情况和要求，签订委托合同、制订税务筹划计划并实施，控制税务筹划计划的运行四项内容。

一、了解纳税人的情况和要求

税务筹划真正开始的第一步，是了解纳税人的情况和纳税人的要求。纳税人有企业纳税人和个人纳税人之分，而不同企业和不同个人的情况及要求又有所不同。

（一）对企业纳税人进行税务筹划

对企业纳税人进行税务筹划，需要了解以下几个方面的情况。

（1）企业组织形式。

（2）财务情况。

（3）投资意向。

（4）对风险的态度。

（5）纳税历史情况。

（二）对个人纳税人进行税务筹划

对个人纳税人进行税务筹划，需要了解的情况主要包括以下方面。

（1）出生年月。

（2）婚姻状况。

（3）子女及其他赡养人员。

（4）财务情况。

（5）投资意向。

（6）对风险的态度。

（7）纳税历史情况。

此外，还需要了解纳税人的要求，如要求增加短期所得还是长期资本增值，或者既要求增加短期税收所得，又要求资本在长期增值。

二、签订委托合同

税务筹划的一般步骤是受托方在收到委托单位申请之后，进行前期洽谈，然后明确税务筹划的目标，并进行现场调查、搜集资料，再综合考虑自身的业务能力，决定是否接受委托，如果接受，则需要签订委托合同。税务筹划合同没有固定的格式，一般包括以下几项内容：委托人和代理人的一般信息；总则；委托事项；业务内容；酬金及计算方法；税收筹划成果的形式和归属；保护委托人权益的规定；保护筹划人权益的规定；签名盖章；合同签订日期和地点。

三、制订税务筹划计划并实施

税务筹划的主要任务是根据纳税人的要求及其情况来制订税务计划。筹划人需要制订尽可能详细的、考虑各种因素的税务筹划草案，包括税务筹划的具体步骤、方法、注意事项；税务筹划所依据的税收法律、法规；在税务筹划过程中可能面临的风险等。筹划草案的制订过程实际上就是一个操作的过程，主要包括以下内容。

（1）分析纳税人的业务背景，选择节税方法。

（2）进行法律可行性分析。

（3）应纳税额的计算。

（4）各因素变动分析。

（5）敏感分析。

四、控制税务筹划计划的运行

税务筹划的时间可能比较长，在计划实施以后，筹划人需要经常、定期地通过一定的信息反馈渠道来了解纳税方案执行的情况，对偏离计划的情况予以纠正，以及根据新的情况修订税务筹划的计划，以最大限度的实现筹划的预期收益。

5.3 增值税税务筹划

5.3.1 增值税纳税人的筹划

一、一般纳税人与小规模纳税人

增值税纳税人分为一般纳税人和小规模纳税人。一般纳税人是按照增值额征收增值税的，具体体现为按销项税额扣减进项税额的余额确定应纳税额；而小规模纳税人是按照不含税的销售额乘以征收率计算应纳税额的。一般纳税人是指经营规模达到规定标准、会计核算健全的纳税人，通常为年应征增值税的销售额超过财政部规定的小规模纳税人标准的企业和企业性单位。

二、增值税的计算

从两种增值税纳税人的计税原理来看，一般纳税人的增值税的计算是以增值额作为计税基础，而小规模纳税人的增值税是以全部收入（不含税）作为计税基础。在销售价格相同的情况下，税负的高低主要取决于增值率的大小。一般来说，对于增值率高的企业，适于做小规模纳税人，税负轻；反之，则选择做一般纳税人，税负会较轻。在增值率达到某一数值时，两种纳税人的税负相等。这一数值我们称之为无差别平衡点增值率。

1. 一般纳税人应纳增值税的计算

一般纳税人应纳增值税额

=销项税额−进项税额

=销售额×增值税税率−销售额×（1−增值率）×增值税税率

=销售额×增值税税率×［1−（1−增值率）］

=销售额×增值税税率×增值率

2. 小规模纳税人应纳增值税的计算

小规模纳税人应纳增值税额

=销售额×征收率（3%）

3. 无差别平衡点增值率的计算

当两者税负相等时的增值率为无差别平衡点增值率，即：

销售额×增值税税率×增值率=销售额×征收率

解得：

增值率=征收率÷增值税税率

例如，当增值税税率为13%，征收率为3%，则：

增值率=3%÷13%=23.08%

纳税人可以根据本企业的实际购销情况计算出自己的增值率，公式为：

增值率=（销售收入–法定扣除的外购项目金额）÷销售收入

然后将自己的增值税与无差别平衡点的增值率相比较。当增值率恰好为23.08%时，两种纳税人的税负相同；当增值率低于23.08%时，小规模纳税人的税负重于一般纳税人，适于选择做一般纳税人；当增值率高于23.08%时，一般纳税人的税负高于小规模纳税人，适于选择做小规模纳税人。

【示例3-1】

某生产性企业，年销售收入（不含税）为90万元，会计核算制度健全，为增值税的一般纳税人，可抵扣购进金额为60万元。适用的增值税税率为13%，年应纳增值税额为3.9万元。该企业选择哪种身份税负较轻？

【解析】

由无差别平衡点增值率可知，企业的增值率为33%［（90-60）/90］，大于无差别平衡点增值率23.08%，企业选择做小规模纳税人税负较轻。因此，可通过将企业分设为两个独立核算的企业，使其销售额分别为45万元和45万元，各自符合小规模纳税人的标准。分设后的应纳税额为2.7万元（45×3%+45×3%），可节约税款1.2万元（3.9-2.7）。

如果从相对应的角度看，用1减去无差别平衡点的增值率就是无差别平衡点抵扣率。对于增值税一般纳税人来说，与无差别平衡点抵扣率相比较，抵扣率越大，增值率越小，实际税负越轻；相反，抵扣率越小，增值率越大，实际税负就会越重。因此，在一般纳税人与小规模纳税人税负比较时，也可以用抵扣率进行衡量，即，用1（100%）减去无差别平衡点的增值率即可得出无差别平衡点的抵扣率，当抵扣率大于无差别平衡点的抵扣率时，一般纳税人比小规模纳税人税负轻；反之，当抵扣率小于无差别平衡点的抵扣率时，一般纳税人比小规模纳税人税负重。

三、纳税人身份筹划的其他问题

纳税人在进行一般纳税人还是小规模纳税人身份筹划时，还要从多方面进行综合考虑。一般情况下，增值税纳税人身份的筹划应注意以下问题：

第一，税法对一般纳税人的认定要求。

根据《增值税暂行条例实施细则》第三十四条的规定，对符合一般纳税人条件，但不申请办理一般纳税人认定手续的纳税人，应按照销售额依照增值税税率计算应纳税额，不得抵扣进项税额，也不得使用增值税专用发票。

第二，企业财务利益最大化。

企业经营的目标是追求企业利润最大化，这就决定着企业必须扩大生产经营规模，生产经营规模的扩大必然带来销售规模的扩大。在这种情况下，限制了企业作为小规模纳税人的选择权。另外，一般纳税人要有健全的会计核算制度，需要培养和聘用会计人员，将增加会计成本；一般纳税人的增值税征收管理制度复杂，需要投入的财力、物力和精力也多，会增加纳税人的纳税成本等。

第三，企业产品的性质及客户的类型。

企业产品的性质及客户的要求决定着企业进行纳税人筹划空间的大小。如果企业产品销售对象多为一般纳税人，决定着企业受到开具增值税专用发票的制约，必须选择一般纳税人，才有利于产品的销售。如果企业生产、经营的产品的主要销售对象为不能抵扣进项税额的纳税人，则不受发票类型的限制，筹划的空间较大。

5.3.2 增值税计税依据的筹划

一、结算方式的安排

根据《增值税暂行条例》第十九条的规定，增值税纳税义务发生时间为：

（1）销售货物或者应税劳务，为收讫销售款或者取得索取销售款凭据的当天。先开具发票的为开具发票的当天。

（2）进口货物，为报关进口的当天。

《增值税暂行条例实施细则》第三十八条明确规定，《条例》第十九条第（1）款规定的销售货物或者应税劳务的纳税义务发生时间，按销售结算方式的不同，具体为：

①采取直接收款方式销售货物，不论货物是否发出，均为收到销售额或取得索取销售额的凭据的当天。

②采取托收承付和委托银行收款方式销售货物，为发出货物并办妥托收

手续的当天。

③采取赊销和分期收款方式销售货物,为书面合同约定的收款日期的当天。

④采取预收货款方式销售货物,为货物发出的当天。无书面合同或者书面合同没有约定收款日期的,为货物发出的当天。但生产销售生产工期超过12个月的大型机械设备、船舶、飞机等货物,为收到预收款或者书面合同约定的收款日期的当天。

⑤委托其他纳税人代销货物,为收到代销单位销售的代销清单的当天。未收到代销清单或货款的,为发出代销货物满180天的当天。

⑥销售应税劳务,为提供劳务同时收讫销售额或取得索取销售额的凭据的当天。

⑦纳税人发生视同销售货物的行为(《细则》第四条第(三)款至第(八)款所列),为货物移送的当天。

根据税法的规定,纳税人选择的结算方式不同,纳税义务发生的时间也不同。纳税人应根据税法关于纳税义务发生时间的具体规定,灵活地选择结算方式,尽量推迟确认收入递延纳税。

二、进项税额抵扣的筹划

在纳税人销项税额一定的情况下,可以抵扣的进项税额越多,则实际应缴增值税税款越少。而增值税相关法规对可抵扣的进项税额有严格的规定,在进行筹划时应在认真理解国家税收政策法规的基础上进行。例如,我国目前对农业生产环节创造的增值额是免征增值税的,这样,对于以农产品为主要原料的生产企业来讲,只有改变企业组织结构,才能使农产品的增加值在计税时得到充分进项抵扣,享受到免税待遇,减轻企业实际税负。

三、销售方式的选择

企业采用不同销售方式,应缴增值税的计算方法不完全相同,应缴的增值税税额会有差别,并会导致应缴企业所得税的差异,最终使企业销售同等数量商品税后利润不完全相同。

5.4 消费税税务筹划

5.4.1 消费税纳税人的筹划

我国的消费税实行的是一次课征制,凡在中华人民共和国境内从事生产,委托加工和进口应税消费品的单位和个人，为消费税的纳税人。以应税消费品的生产为例，生产企业生产出应税消费品出厂销售时需要缴纳消费税，生产企业缴纳消费税后，商业企业销售应税消费品和消费者购入应税消费品消费时，均不再缴纳消费税。所以，如果生产企业设立自己的销售公司，将自己直接对外的销售业务分拆出来，由销售公司对外销售，就可以少缴消费税。

【示例 4-1】

某酒厂主要生产粮食白酒，产品销往全国各地的批发商。按照以往的经验，本地的一些商业零售户，酒店、消费者每年到工厂直接购买的白酒大约1000 箱（每箱 12 瓶，每瓶 500 克）。企业销给批发部的价格为每箱（不含税）1200 元，销售给零售户及消费者的价格为每箱（不含税）1400 元。经过筹划，企业在本地设立了一独立核算的经销部，企业按销售给批发商的价格销售给经销部，再由经销部销售给零售户，酒店及顾客。已知粮食白酒的税率为 20%，定额税率为 0.5 元/斤。

【解析】

直接销售给零售户，酒店，消费者的白酒应纳消费税额：

$1400×1000×20\%+12×1×1000×0.5=286000$（元）

销售给经销部的白酒应纳消费税额：

$1200×1000×20\%+12×1000×0.5=246000$（元）

节约的消费税额：

$286000-246000=40000$（元）

5.4.2 消费税计税依据的筹划

一、成套销售应税消费品计税依据的确定

按照消费税税法对"化妆品"税目的解释，成套化妆品包括在计税范围内，且应按销售额全额计征消费税。一般护肤护发用品不征消费税。

【示例 4-2】

2012 年，某化妆品厂将自制的化妆品和护肤护发用品组套销售，每套中包括香水、口红等化妆品，价值 368 元；浴液、香皂等护肤护发用品，价值

132 元（不含消费税，增值税价格）

假设该消费品只有本企业一个生产环节，无增值税进项抵扣。化妆品消费税率 30%：护肤护发用品不需缴纳消费税，但如两者组套销售，则一并按化妆品税率计缴消费税。

对于该项组套销售业务有两种方案，其应缴的消费税，增值税税款有明显不同：

方案一：在出厂环节组套，则：

应缴消费税 =（368+132）÷（1−30%）×30% = 214.29（元）

应缴增值税 =（368+132）÷（1−30%）×17% = 121.43（元）

共应缴流转税 = 214.29+121.43 = 335.72（元）

方案二：在出厂环节，化妆品与护肤护发用品分开销售，由商家在零售环节再组套，则

应缴消费税 = 368÷（1−30%）×30% = 157.71（元）

应缴增值税 =［368÷（1−30%）+132］×17% = 111.81（元）

共应缴流转税 = 157.71+111.81 = 269.52（元）

方案二比方案一，每套化妆品节税（流转税）66.20 元（335.72 − 269.52）。

二、选择合理的加工方式

消费税只在一个环节征税，征税后，后续环节不需要再征消费税。不同的加工方式决定了计税的环节不同，计税的依据不同，因而税负轻重也不相同。比如，与自行加工应税消费品相比较，委托加工应税消费品往往就是一种较好的节税方式。

委托加工应税消费品是指由委托方提供原料和主要材料，受托方只收取加工费和代垫部分辅助材料而加工的应税消费品。

委托加工的应税消费品，由受托方（除委托方为个人外）在向委托方交货时代收代缴消费税。

委托加工的应税消费品，按照受托方的同类消费品的销售价格计算纳税，同类消费品的销售价格是指受托方（即代收代缴义务人）当月销售的同类消费品的销售价格。没有同类消费品销售价格的，按照组成计税价格计算纳税：

组成计税价格＝（材料成本+加工费）÷（1-消费税税率）

式中：材料成本是委托方所提供加工材料的实际成本；加工费是受托方加工应税消费品向委托方收取的全部费月，包括辅助材料的实际成本，不包括增值税。

委托加工的应税消费品，受托方在交货时已代收代缴消费税，委托方收回后直接出售的，不再征收消费税。在通常情况下，委托方收回委托加工的应税消费品后，要以高于成本的价格售出。这样，只要委托方收回的应税消费品价格低于收回后的直接销售价格，委托加工应税消费品的税负就会低于自行加工应税消费品的税负。对于委托方来讲，其产品对外售价高于委托加工应税消费品的计税价格的部分，实际上是没有缴纳消费税的。

5.5　企业所得税税务筹划

5.5.1　企业所得税纳税人的筹划

公司要发展业务、扩大规模，再投资设立分支机构是一个重要渠道，但此时面临着是建立子公司还是建立分公司的选择问题。公司扩张后有两种组织形式，即母子公司结构和总分公司结构。在母子公司结构中，子公司一般是指母公司出资设立的被母公司控股的具有独立法人资格的公司，子公司可以在其自身经营范围内独立开展各种业务活动，依法独立承担民事责任。按照新《企业所得税法》的规定，除国务院另有规定外，企业之间不得合并缴纳企业所得税，即在缴纳企业所得税时，母子公司是独立纳税的，各自就自己的经营所得缴纳企业所得税。

而在总分公司结构中，分公司实际上属于总公司依法设立的不具备独立法人资格但可以独立经营的分支机构，分公司设立时不要求注册资金，虽然也可以独立开展业务活动，但应在总公司授权范围内进行，分公司的经营范围不能超过总公司的经营范围。按照新《企业所得税法》的规定，居民企业在中国境内设立不具有法人资格的营业机构的，应当汇总计算并缴纳企业所得税。即在缴纳企业所得税时，总分公司是合并各自的经营所得缴纳企业所得税。

无论是从税务筹划的角度还是从经营管理的角度分析，分公司和子公司在很多方面都存在着差异，纳税人在设立分支机构时，是选择分公司还是子公司，需要审慎考虑。一般情况下，子公司与分公司选择的税务筹划方法为：

（1）当无税收优惠的企业投资设立能够享受税收优惠的机构时，最好设立子公司（母子公司），以使子公司在独立纳税时享受税收优惠待遇。

（2）如果预见到组建的公司一开始就可以盈利，设立子公司有利，因为政府的税收优惠往往都是给予独立法人企业的，所以，在子公司盈利的情况下，子公司就可以享受政府提供的各种税收优惠了；如果预见到组建的公司一开始就可能亏损，那么，组建分公司就比较有利，分公司的亏损与总公司汇总纳税时，就可以减轻总公司的税收负担；当然，如果投资主体是亏损的，估计所设立的分支机构是盈利的，也应组建分公司，汇总纳税以盈补亏。

5.5.2 企业所得税计税依据的筹划

一、选择合理的筹资方式

企业的权益性资本融资与债务融资，其融资成本在税务处理中的规定是不同的。债务融资所支付的利息（不超过银行同期同类贷款利率标准的）可在计算企业所得税时扣除；而企业向其股东支付股息，仅能在缴纳企业所得税后用税后利润支付。

只要企业息税前利润高于负债成本，增加负债额度，提高负债比重，就会带来权益性资本收益水平的提高。

【示例 5-1】

2013 年，建华公司计划筹资 1000 万元用于一项新产品的生产，制定了甲、乙、丙三个方案。假设三个方案下，公司的资本结构（长期负债与权益资本比例）分别为 0：1000、200：800 和 600：400。三个方案的利率都是 10%，企业所得税税率均为 25%。企业息税前利润预计为 300 万元，则企业为达到节税的目的，应选择何种方案呢？

【解析】

三种方案下的税前利润、应纳税额、税前投资利润率以及税后投资利润率如表 5-1 所示。

表 5-1 三种方案比较

项　　目	方案甲	方案乙	方案丙
长期负债：权益资本	0：1000	200：800	600：400
息税前利润（万元）	300	300	300
利息率	10%	10%	10%
税前利润（万元）	300	280	240
应纳税额（万元）（税率25%）	75	70	60
税后利润（万元）	225	210	180
税前投资利润率（权益资本）	30%	35%	60%
税后投资利润率（权益资本）	22.5%	26.25%	45%

经计算可知，三种方案下的税前利润分别为 300 万元、280 万元，240 万元；应纳税额分别为 75 万元，70 万元、60 万元；税后利润分别为 225 万元、210 万元、180 万元；税前投资利润率（权益资本）分别为 30%，35%，60%；税后投资利润率（权益资本）分别为 22.5%，26.25%，45%。

由以上可以看出，随着债务资本比例加大，企业纳税呈递减趋势，从 75 万元减为 70 万元，再减为 60 万元，表明债务筹资具有节税功能。

同时可以看出，当投资利润率大于债务融资利息率时，债务资本在投资中所占的比例越高，对企业权益资本越有利。

应特别注意的是，这一结论的重要前提是"投资回报率大于债务融资利息率（债务融资成本）"。一般情况下，企业债务比例较低时，进一步债务融资的成本也比较低；随着债务比例提高，进一步债务融资的成本会相应提高。而如果出现债务融资利息率大于投资回报率时，则债务融资比例越大，权益资本投资利润率就会越低。

二、合理利用税收优惠政策

（一）研发费用加计扣除

自 2008 年 1 月 1 日起开始实施的《企业所得税法》第三十条规定，企业开发新技术、新产品、新工艺发生的研究开发费用，可以在计算应纳税所得额时加计扣除。《企业所得税法实施条例》第九十五条规定，《企业所得税法》第三十条所称研究开发费用的加计扣除，是指企业为开发新技术、新产品、新工艺发生的研究开发费用，未形成无形资产计入当期损益的，在按照规定据实扣除的基础上，按照研究开发费用的 50% 加计扣除；形成无形资产的，按照无形资产成本的 150% 摊销。国家税务总局于 2008 年 12 月 10 日颁布的《关于印发〈企业研究开发费用税前扣除管理办法（试行）〉的通知》（国税发〔2008〕116 号文件），对研发费用的列支范围及摊销方式做了详细规定：

企业在一个纳税年度中实际发生的下列费用支出，允许在计算应纳税所得额时按照规定实行加计扣除：

（1）新产品设计费，新工艺规程制定费以及与研发活动直接相关的技术图书资料费、资料翻译费。

（2）从事研发活动直接消耗的材料，燃料和动力费用。

（3）在职直接从事研发活动人员的工资，薪金、奖金、津贴、补贴。

（4）专门用于研发活动的仪器、设备的折旧费或租赁费。

（5）专门用于研发活动的软件、专利仪、非专利技术等无形资产的摊销费用。

（6）专门用于中间试验和产品试制的模具、工艺装备开发及制造费。

（7）勘探开发技术的现场试验费。

（8）研发成果的论证、评审、验收费用。

对企业共同合作开发的项目，凡符合上述条件的，由合作各方就自身承担的研发费用分别按照规定计算加计扣除；对企业委托给外单位进行开发的研发费用，凡符合上述条件的，由委托方按照规定计算加计扣除，受托方不得再进行加计扣除；对委托开发的项目，受托方应向委托方提供该研发项目的费用支出明细情况，否则，该委托开发项目的费用支出不得实行加计扣除。

研发费用计入当期损益未形成无形资产的，允许再按其当年研发费用实际发生额的 50%，直接抵扣当年的应纳税所得额；研发费用形成无形资产的，按照该无形资产成本的 150% 在税前摊销。除法律另有规定外，摊销年限不得低于 10 年。

【示例 5-2】

某企业为适应市场变化的需要，对所生产产品不断进行研发改进，每年研发费支出大约 680 万元。该企业没有一个专门的研发机构，因此，在企业财务核算中，与研发活动相关的材料消耗，燃料动力，设备折旧、研发人员工资等费用都分散在各生产部门。在年终企业所得税汇算清缴时很难将研发费清楚分离，因此，无法享受"研发费加计扣除"的相关优惠政策。

该企业财务总监在进行财务分析时发现这个问题，遂向企业决策层提出建议：在企业内部成立一个研发中心，可将与研发活动相关费用数据进行分别核算，这样，可为企业享受"研发费加计扣除"的税收优惠政策创造基本条件。

每年可为企业节税：680×50%×25%＝85（万元）

2. 投资抵免应纳税额

《企业所得税法》第三十四条规定：企业购置用于环境保护、节能节水、安全生产等专用设备的投资额，可以按一定比例实行税额抵免。

《企业所得税法实施条例》第一百条规定：《企业所得税法》第三十四条所称税额抵免，是指企业购置并实际使用《环境保护专用设备企业所得税优惠目录》《节能节水专用设备企业所得税优惠目录》和《安全生产专用设备企业所得税优惠目录》规定的环境保护、节能节水、安全生产等专用设备的，该专用设备的投资额的10%可以从企业当年的应纳税额中抵免；当年不足抵免的，可以在以后5个纳税年度结转抵免。

享受前款规定的企业所得税优惠的企业，应当实际购置并自身实际投入使用前款规定的专用设备；企业购置上述专用设备在5年内转让、出租的，应当停止享受企业所得税优惠，并补缴已经抵免的企业所得税税款。

3. 安置特殊人员就业

企业安置残疾人员所支付工资的加计扣除，是指企业安置残疾人员的，在按照支付给残疾职工工资据实扣除的基础上，按照支付给残疾职工工资的100%加计扣除。残疾人员的范围适用《中华人民共和国残疾人保障法》的有关规定。企业安置国家鼓励安置的其他就业人员所支付的工资的加计扣除办法，由国务院另行规定。

4. 创投企业优惠政策

创业投资企业从事国家需要重点扶持和鼓励的创业投资，可以按投资额的一定比例抵扣应纳税所得额。

抵扣应纳税所得额，是指创业投资企业采取股权投资方式投资于未上市的中小高新技术企业 2 年以上的，可以按照其投资额的 70% 在股权持有满 2 年的当年抵扣该创业投资企业的应纳税所得额；当年不足抵扣的，可以在以后纳税年度结转抵扣。

【示例 5-3】

融博创业投资有限责任公司有 3000 万元资金可用于投资。A 企业和 B 企业均为符合条件的中小型高新技术企业，若对两个企业进行投资，其预期回报率和投资风险差别不大。A 企业需要投资金额为 2800 万元；B 企业需要投资金额为 1800 万元。请问投资哪家企业更能节税？

【解析】

从充分享受税收优惠政策的角度分析：

融博创投公司如果投资 A 企业，两年后，该项投资可抵减的企业所得税为：$2800 \times 70\% \times 25\% = 490$（万元）

如果投资于 B 企业，两年后，该项投资可抵减的企业所得税为：$1800 \times 70\% \times 25\% = 315$（万元）

投资于 A 企业比投资于 B 企业为融博创投公司多节税 175 万元。

5.6　个人所得税税务筹划

5.6.1　身份避税筹划

自由职业者均可以采用这种方式避税。以自由撰稿人为例，在自由撰稿人从事自由撰稿并取得一定成绩后，通常会面临三种选择：一是受聘于报社或杂志社成为记者或者编辑。二是受雇于报社或杂志社，为指定版面或栏目创作非署名文章。三是继续保持自由者的身份，向报社或杂志社自由投稿。作为自由撰稿人往往最关心还是个人收益，可以从税收筹划方面考虑如何选择。

【示例 6-1】

王先生是一位长期从事自由撰稿的文字工作者。王先生的文章语言生动、独特，带有浓厚的地方特色，因此很受读者的欢迎。王先生每月发稿在 10 篇左右，每篇 3000 字左右，每篇稿子的稿酬在 500~1500 元。平均每个月王先生的收入在 10000 元左右。由于王先生的文字比较受读者欢迎，当地一些报社，杂志社多次找到王先生，请求王先生加入报社、杂志社做记者或编辑。如果王先生不愿意也可受雇于报社或杂志社，为指定版面或栏目创作非署名文章。王先生每月向报社或杂志社提供 10 篇稿子，每篇大约 3000 字，报社或杂志社将每月给予王先生报酬。

【解析】

从王先生所面临的情况来看，王先生在缴纳个人所得税方面面临三种情况：一是成为记者，编辑后，按"工资、薪企所得"缴纳个人所得税。二是与报社或杂志社达成合作协议后，按"劳务报酬所得"缴纳个人所得税。三是继续保持自由撰稿人身份，按稿酬所得缴纳个人所得税

方案一：王先生在成为记者或编辑后，按工资、薪金所得每月应缴纳的个人所得税为：

应纳税额 = 3000×3%+2000×10% = 290（元）

方案二：王先生与报社或杂志社达成创作协议后，每月从报社或杂志社取得劳务报酬。个人所得税法实施条例规定，劳务报酬所得，属于一次性收入的，以取得该项目收入为一次。属于同一项目连续性收入的，一个月内取得的收入为一次。因为王先生是属于同一项目取得连续性收入，所以以一个月内取得的收入为一次收入。王先生按劳务报酬所得每月应缴纳的个人所得税为：

应纳税额 = ［10000×（1-20%）］×20% = 1600（元）

方案三：王先生继续保持自由撰稿人身份，个人所得税法实施条例规定，稿酬所得以每次出版，发表取得收入为一次。在此王先生单篇稿件的稿酬按平均稿酬计算，每篇 1000 元。按照个人所得税法规定，稿酬所得每次不超过 4000 元的，减除 800 元后全额为应纳个人所得税余额。因此王先生按稿酬所得每月应缴纳的个人所得税最高为：

应纳税额 = （1000-800）×20%×（1-30%）×10 = 280（元）

通过以上对照可以看出，仅从税收筹划角度来看，王先生继续保持自由撰稿人的身份所获得的个人利益最大。

5.6.2　工资、薪金税收筹划

工资、薪金所得的税收筹划，是个人/家庭最关心的事情，具体方法主要有以下几种：

一、工资，薪金适当福利化

一般来说，个人的工资、薪金收入超过 5000 元就要纳税。税收筹划时，可以将超过 5000 元的工资，薪金部分用于职工福利支出，这样不仅可改善福利状况、增加其可支配收入，还可以降低名义收入以减少纳税。

二、合理发放年底双薪、绩效工资、年终奖金、年薪

年终绩效工资、年薪制的年薪、年终双薪，可以与年终一次性奖金一样，适用优惠税率，其他名目的奖金（如半年奖、季度奖，加班奖，先进奖，考勤奖等），一律与当月工资、薪金收入合并，按税法规定缴纳个人所得税。因此可以通过合理分配，尽可能地采用降低适用税率的方法节税。

5.6.3　充分利用税收优惠政策

根据税法规定，独生子女补贴；执行公务员工资制度未纳入基本工资总额的补贴、津贴差额和家属成员的副食品补贴；托儿补助费；差旅费津贴、误餐补助等不属于工资、薪金性质的补贴、津贴，不缴个人所得税。另外，在国家规定的缴费比例内，单位为个人缴付和个人缴付的基本养老保险费、基本医疗保险费、失业保险费免征个人所得税。个人和单位分别在不超过职工本人上年度月平均工资 12% 的幅度内，实际缴存的住房公积金允许在税前扣除，实际支取原提存的"三险一金"免税。

公益性捐赠行为也可以在一定程度上减轻税负，尤其是个人所得适用超额累进税率时，通过捐赠可以降低其适用的最高边际税率，减轻税负。我国个人所得税法规定，个人将其所得通过非营利性的社会团体和国家机关向公益事业以及遭受严重自然灾害地区，贫雨地区的捐赠，捐赠额没超过纳税人申报的应纳税所得额 30% 的部分，可以从应纳税所得额中扣除；而个人将其所得通过上述组织和机构向红十字事业，教育事业，公益性青少年活动场所和非营利性老年福利机构等进行的捐赠，可以在税前全额扣除。由于我国现行税法对个人公益性、救济性捐赠规定有捐赠限额，超过部分不允许扣除，因此，在捐赠数额确定的情况下，将一次性的大额捐赠分为多次的限额内捐赠可以降低捐赠者的税负。此外，2019 年新加了一些专项扣除项目，主要包括子女教育支出、继续教育支出、大病医疗支出、住房租金支出、住房贷款利息支出、赡养老人支出六个项目，这些费用都会在税前扣除。

5.6.4　投资避税策略

合理合法避税，针对个人/家庭而言，运用得最多的方法还是投资避税，投资者主要可以利用基金定投、国债、教育储蓄、保险产品以及银行推出的本外币理财产品等投资品种来避税。目前股票型基金，债券型基金和货币型基金等开放式基金派发的红利都是免税的。此外，作为"金边债券"的国债，其稳妥安全的投资特点和利息税免税效应，也仍受到部分追求稳定收益的投资者的青睐。除了上述投资品种之外，目前市场上常见银行发行的本外币理财产品也可以避税。

投资者还可以利用购买保险来进行合理避税。从目前看，无论是分红险、养老险还是意外险，在获得分红和赔偿的时候，被保险人都不需要缴纳个人所得税。因此，购买保险也是一个不错的理财方法，在获得所需保障的同时还可以合理避税。此外，信托公司发行的信托产品以及教育储蓄等品种，同样可以避税。只不过这两类品种适合的人群相对而言作用小一些，故建议投资者可根据自身的实际情况决定是否投资。

第六章　消费信贷

☞ **信用卡的故事**：

世界上第一张信用卡发行于 20 世纪 20 年代。当时，几家美国石油公司想出了一个主意，即发行一种卡，允许顾客凭卡购买汽油并且以后付账。那是一种简单而实在的想法，但后来很长时间都没有流行起来。另一种早期信用卡是"就餐者俱乐部"卡，1950 年，由纽约的拉尔夫·施内德尔发行。它允许俱乐部成员在 27 家纽约餐馆就餐。一开始，这些信用卡只能在极少数的消费场所使用。但施内德尔很快便有了将卡的有效性扩大到零售商店以及批发商行的念头。不久，就有人想出了几乎在任何地方都有效的"通用"卡。1958 年，第一张银行卡——美洲银行的"邦加美利卡"发行。如今人们已十分熟悉信用卡，它成了一种国际语言。全世界的银行都明示它们可接受的信用卡。

与信用卡相关的另一个重要的发明物是计算机。到 20 世纪 50 年代中期，计算机首先应用于商业。这意味着顾客的账目信息可以很方便地归拢在一起并贮存起来。从那时起，其他许多发明物使得信用卡更安全，更便于使用。例如把磁条加到卡上的想法，卡上可录入顾客的身份及身份证号码等信息。现在像这样的卡已用于各种途径，如到银行贷兑现款、担保支票，当然还有像最初打算的那样用来购物。

内装集成电路的信用卡越来越流行，集成电路上可以贮存持有人的银行账户和其他信息细目。这类卡以"智能卡"而闻名。

6.1　消费信贷的基本概念

6.1.1　消费信贷的历史与发展

消费信贷的历史可以追溯到古希腊和罗马，但是现代消费信贷制度的基础出现在 1915 年之后的 20 年间。消费信贷的发展历史就是不断地突破传统消费观念的历史。1880 年左右，美国开始兴起分期付款赊销，众多收入低下的普通百姓为了获得比自己生活水平高一些档次的产品，从开展赊销的销售商那里购买产品，让自己背上沉重的债务负担。在那个阶段，分期付款方式被上流社会指摘为贫困和不节俭的标志。但到了 20 世纪 20 年代以后，分期付款方式抛弃了社会地位方面的耻辱，变成购买昂贵家庭用品的标准方式，甚至富豪也采取此种方式购买商品。不过，对消费信贷的接受有过反复。当美国 1929 年发生经济大萧条以后，这种信贷融资方式被人们贬低，认为分期付款严重威胁了公共道德，是经济灾难的预兆，分期付款提供者是国家经济的叛徒。虽然遭到如此的批判和谩骂，但是消费信贷依旧大行其道，最终变成了美国普通大众购买昂贵耐用消费品的途径，并使负债成为一种生活方式。

信用卡问世于 20 世纪 50 年代，它是消费信贷的一部分，是消费信贷最重要的象征。消费信贷最广泛、人们最熟悉的形式是分期付款。

现在，所有的经济学家意识到消费信贷已经是美国经济中一股强大的动力。任何关于经济的预测和评估均认为消费者消费趋势和消费信贷是支持经济增长的动力。套用一句老的政治术语，消费者走到哪里，经济就走到哪里。

6.1.2 消费信贷的基本概念

一、信贷

是当期得到现金、商品或服务，未来对其进行支付的一种安排。

二、消费信贷

是零售商、金融机构等贷款提供者向消费者发放的主要用于购买最终商品和服务的贷款。与其他形式的贷款相比，它有两个显著的特点；首先，消费信贷的贷款对象是个人和家庭，用法律术语来说，是"自然人"，而不是各类企业、机构等"法人"；其次，从贷款用途来看，消费信贷是用于购买供个人和家庭使用的各类消费品，这与向企业发放的用于生产和销售的信贷有着本质区别。

尽管消费信贷的含义十分明确，但是，这种以贷款对象和贷款用途来区分消费信贷与其他形式信贷的方法，在实际中会遇到一些问题。如向农户发放的贷款可能用于消费，也可能用于农业生产，或两者兼而有之，这两种不同用途之间的贷款额是很难区分的。其他部门，如向个体经营者发放的贷款，也存在同样的问题。实际上，消费信贷的用途虽主要是最终商品和服务的消费，但不完全局限于此，它可以用于缴纳个人税收，投资于房地产或用于债务重组等。因此，广义的消费信贷包括向个人和家庭发放的全部贷款。

6.1.3 消费信贷的分类

根据不同的分类标准，消费信贷大致可以分为以下几类。

一、根据消费信贷的提供者划分

根据消费信贷提供者的不同进行划分，可以分为商业信贷和银行信贷。商业信贷是由零售商等向消费者提供的用于购买商品，主要是耐用消费品的贷款；银行信贷也称现金贷款，是由银行和其他金融机构提供的用于购买各种消费品或其他用途的贷款。

二、根据消费信贷的用途划分

根据消费信贷的用途划分，可以分为商品信贷、服务信贷和其他用途信贷。商品信贷是指用于购买各种商品如住房、汽车、电脑等耐用消费品和非耐用消费品的贷款。服务信贷是指用于支付旅游、教育、医疗等服务费用的贷款。

三、根据贷款的担保情况划分

根据贷款的担保情况划分，可以分为信用贷款和担保贷款。信用贷款是消费信贷提供者完全基于消费者的信用而发放的贷款，借款人仅仅提供一种书面的还款承诺就可以获得贷款。担保贷款除了这种书面承诺外，还需要由借款人提供某种还款保证才能获得贷款。这些保证可以由第三者担保，也可以以某种财产作为抵押担保。前者也被称为"保证贷款"，它由个人或机构等保证人在借款人违约时替其承担偿还贷款的责任；后者由借款人将其财产作为担保来申请贷款，当借款人不能履行还款义务的时候，贷款人有权按照贷款合同和担保协议的规定收回担保品用于抵偿贷款。

四、根据还款方式划分

根据还款方式的不同划分，可以分为分期付款贷款和一次还款贷款。在分期付款贷款中，又可以分为分期付款协议和循环信贷两种，前者是消费者与贷款机构就使用贷款购买某种特定的商品而签订的协议，协议允许消费者分期偿还贷款本息，若还须使用贷款，则必须重新申请，还清贷款后协议就终止，是一种一次申请、一次使用的信贷。循环信贷是指一次申请，多次使用的信贷，在一定的期限内，消费者可以在贷款机构批准的信用额度内多次使用贷款，并在规定的期限内分多次偿还贷款，如信用卡透支、个人信贷额度等均属于此类。

五、根据贷款期限划分

根据贷款期限来划分，可以分为长、中、短期消费信贷。长期一般是指10年以上的贷款，主要是住房抵押贷款；中期一般是指1年以上10年以下的贷款；短期一般是指1年以内的贷款。

6.1.4 消费信贷的作用

消费信贷之所以能在发达市场经济国家取得长足发展，主要在于，它无论是对金融机构、生产部门和商业部门，还是对消费者，都起着重要的积极作用，促进生产与消费的良性互动，推动整个社会经济稳步发展。具体来说，消费信贷的作用主要体现在以下几方面。

一、消费信贷促进了金融机构业务的拓展

20世纪30年代中期，尤其是第二次世界大战以来，企业对资金的需求大幅度减少，金融机构为了寻求资金的安全性、流动性和增值性，开始把资金投向转到消费领域，从贷款利息中扣除存款利息和各种经营费用，加上收取的非利差收入（如各种手续费、工本费等），从而获得不菲的收益。不仅如此，接受消费信贷的客户还有可能成为金融机构其他业务的潜在客户，为金融机构扩大其他新的服务业务占领新的金融市场打下坚实的客源基础。因此，金融机构对消费信贷的开展十分感兴趣，从而不断推出新的消费信贷品种，提高服务质量。

二、消费信贷促进了商品在流通环节的顺利实现

生产部门是产品的生产者，商业部门是产品的销售者，如果没有实现从产品到商品转换的"惊险一跳"，则生产者和销售者都不可能获取利润。消费者的购买意愿是实现这"惊险一跳"的起跳点，购买行为则等同于这一"跳"本身；而消费信贷则能使购买力不足的消费者变成现实的消费者，成为实现这一"跳"的"助推器"。

三、消费信贷促进了消费者生活水平的提高

消费信贷毕竟是针对消费者个人或家庭的信贷。如果它对消费者本身没有多大的积极作用，则不论金融机构如何改进服务质量，生产部门和销售部门如何大力推广，也不会被消费者所接受。消费信贷之所以能得到蓬勃的发展，主要还是在于它使消费者既能提前享受到高水平的物质文化生活，又不会对今后的生活水平造成多大的不利影响，使人们在自己的生命周期内基本上能保持一种较高且较平稳的生活水平，从而使消费者的整体生活质量达到令人满意的程度。当然，要使消费信贷的作用得到有效发挥，离不开有利于它的各种外部环境。西方发达资本主义国家有着悠久而较成熟的市场经济环境，有较为健全的社会保障制度和较为完善的个人信用体系，有注重消费的传统文化环境，因此，这种"先消费，后存款"的现代消费方式容易得到推广，淋漓尽致地发挥出它本身具有的作用。

6.1.5 信贷的优点和缺点

消费信贷使消费者能够在现在拥有商品并享受服务——一辆车、一栋房、教育以及紧急事件——并依据未来收入通过付款计划对其进行支付。信用卡允许你在存款不足时仍然可以购买商品。具有核准信用的用户可能会享受到额外的服务，比如，有关商品销售的提前通知，通过电话订货的权利以及购买可退换商品的权利。除此之外，商家认为退还用分期付款方式购买的商品比退还用现金购买的商品要容易。信用卡同样能够给购物提供便利，以及用每月一次付款的方式支付多次购买的商品的账单。

信贷不仅仅是现金的替代品。它提供的许多服务也被视为理所当然的。你每次打开水龙头，按下电灯开关，或者打电话给朋友，都是在使用信贷。使用信贷很安全，因为赊账和信用卡使得你在商店以及旅途中并不需要携带大量现金。信贷带来很多便捷，比如，你只需要一张信用卡来预订酒店、租车，以及通过电话或网络进行购物。你也可以使用信用卡在兑换支票时进行身份识别，并且可以保留消费记录。

使用信用卡可以提供最长 50 天的浮动期，意味着在你购买东西之后直到付款期限截止日，贷方从账户中扣除相应金额有 50 天的时间。很多信用卡发行机构设有浮动期，浮动期还包括 20~25 天的无息期。在无息期间，如果你每个月都能在账单日后 25 日内全额还款. 那么对现在的购买将不收取额外的费用。一些像通用电气和通用汽车这样的公司，发行它们自己的 Visa 卡和万事达信用卡，并且在购买时提供折扣。

最后，信贷意味着稳定性。贷方认为你是良性风险者通常意味着你是一个负责任的人。然而，如果不及时还清债务，你就会发现信贷有很多缺点。信贷的缺点也许使用信贷最大的缺点就是过度消费的诱惑，尤其是在通货膨胀时期。货币贬值时，今天买东西，明天支付，看起来确实很容易。但是持续的过度消费确实可能引发严重的问题。

无论信贷是否涉及抵押品（用以抵押贷款的有价物品），无法还贷可能会导致收入、有价资产以及名誉的损失，甚至可能发展到涉及法庭裁决以及破产。滥用信贷能够产生长期的、严重的理财问题，给家庭成员之间的关系造成损伤，并推迟了达到理财目标的进程。因此，你需要谨慎对待信贷，避免在预算范围外使用信贷。

尽管信贷能够给你带来需求和欲望的直接满足感，但是它并没有增加总的购买力。信贷购买必须使用未来收入进行支付，因此，信贷和未来收入的使用紧密联系在一起。此外，如果你的收入无法增加以抵消花费的增长，那么你将不再有保证还款的能力。在使用信贷购买商品和服务前，需要考虑它们是否有持续的价值，是否会在现在和未来增加你的满足感，以及你现在的收入将来是保持不变还是会增长。

最后，信贷其有成本。你必须付钱才能得到这种服务。在一段时期内付款比一次性现金支付需要更高的成本。相对于现金购物，使用信贷购物的一大劣势就是每月的融资费用和复利效应造成的成本更高。

6.2　消费信贷的种类

消费信贷存在两种基本类型：封闭式和开放式信贷。采用封闭式信信贷，你需要在固定的一段时间内以相同金额分数次偿还贷款，比如抵押信贷、汽车贷款、分期付款贷款（分期付款销售信贷。分期付款现金信贷，一次性信贷）等。采用开放式信贷，贷款循环发放，根据定期邮寄的账单进行部分缴付，比如百货商店发行的卡，银行卡（Visa，万事达信用卡）、旅游和娱乐(T&E)（美国捷远，大来俱乐部）、透支保护等。

6.2.1　封闭式信贷

封闭式信贷用于特定目的并且涉及具体金额。抵押贷款、汽车贷款、购买家具或者电器的分期付款都是封闭式信贷的范例。通常来讲，卖家持有商品的所有权，直至完成全部付款。

封闭式信贷三种最常见的形式是分期付款销售信贷、分期付款现金信贷和一次性信贷。分期付款销售信贷是通过贷款使你收到商品，通常类似于电器或家具等高价商品。你支付首付款，并且通常要签订还款合同，在固定期限内分期等额偿还包括利率和服务费用在内的所有款项。

分期付款现金信贷是为个人目的、房屋改善，或者假期消费而建立的一种直接贷款。你不需要预付款项，只需定期支付具体的金额。

一次性信贷的贷款必须在具体的某一天全部偿还清，通常在 30~90 天之内。一次性信贷很普遍，但并不经常被使用，用来购买单一产品。

一、个人住房贷款

个人住房贷款是指贷款人向借款人发放的用于购买各类住房的贷款。

（一）个人住房贷款的担保方式

贷款人发放贷款时，借款人必须提供担保，担保方式可以采取抵押、质押或保证，也可以将以上两种或三种担保方式合并使用。当借款人不能按期偿还贷款本息时，贷款人有权依法处理其抵押物（质押物）或由保证人承担连带责任偿还贷款本息。抵押贷款指贷款行以借款人或者第三人提供的符合规定条件的房产作为抵押而向借款人发放贷款的方式。质押贷款方式指借款人或者第三人将凭证式国库券、国家重点建设债券、金融债券、AAA 级企业债券、银行存单等有价证券交由贷款行所有，贷款行以上述权利凭证作为贷款的担保而向借款人发放贷款的方式。保证贷款方式指贷款行以借款人提供的具有代为清偿能力的企业法人单位或第三方自然人作为保证人而向其发放贷款的方式，包括售房单位回购保证贷款方式、房地产开发公司全额全程保证贷款方式、企业法人的全额全程保证贷款方式、个人全额全程保证贷款方式。

（二）个人住房贷款的资金来源方式

目前，个人住房抵押贷款类型主要有三类。

1. 政策性个人住房抵押贷款

政策性个人住房抵押贷款是指为推进城镇住房制度改革，运用住房公积金、住房售房款和住房补贴存款，为房改单位的职工购买、建造、翻建和修葺自主住房而发放的贷款，主要包括个人住房公积金贷款和其他政策性个人住房贷款。个人住房公积金贷款是指政府部门所属的住房资金管理中心运用房改资金，委托银行向购买自住房屋（含建造、大修）的住房公积金缴存人和离退休职工发放的贷款。贷款人须由借款人提供财产抵押担保、财产质押担保或连带责任担保。借款到期不能偿还贷款本息时，贷款管理部门（权益人）有权依法处理其抵押物或质押物，并将其依法处理后的货币资金用于抵还贷款本息。

2. 商业性个人住房抵押贷款

商业性个人住房抵押贷款是商业银行运用自身的本外币存款，自主发放的住房抵押贷款，也称住房按揭贷款。目前，商业性个人住房抵押贷款主要包括个人住房购置贷款、个人住房装修贷款、个人商业用房贷款、二手房按揭贷款、个人住房抵押消费贷款和个人自建房贷款等品种。其中，个人住房抵押消费贷款是指借款人以自有产权住房为抵押物，向贷款人申请用于购置家具、家用电器等消费的贷款。个人自建房贷款是指借款人以土地使用权作抵押向贷款人申请的用于自己建造自用住房的贷款。

3. 个人住房组合贷款

银行在向借款人发放政策性个人住房贷款时，如果这笔贷款不足以支付购房款，可以向借款人同时发放部分商业性贷款来弥补购房款的不足。这种政策性和商业性贷款相结合的贷款方式就是个人住房组合贷款。个人住房组合贷款，能使个人住房贷款额度大幅度增加。只有办理了住房公积金缴存的职工个人才可以申请个人住房组合贷款。当个人申请购房贷款时，如果利用住房公积金个人贷款取得的贷款额不能满足购房需要，同时贷款额度不到所购住房总价款的一定比例要求，如70%时，可以同时申请商业性个人住房贷款，但这两项贷款总额不得超过所购住房总价款的比例要求。

（三）个人住房贷款的还款方式

根据中国人民银行规定，目前个人住房贷款的偿还方式为：借款期限为1年期内（含1年）的，采用到期一次还本付息方式；贷款期限超过1年的，主要采用等额本息还款法和等额本金还款法。

1. 等额本息还款法。是指贷款的本金和利息之和采用月等额还款的一种方式。由于月还款额相同，简单又干脆，适用于在整个贷款期内的家庭，如国家机关、科研、教学单位人员等。目前，住房公积金贷款和多数银行的商业性个人住房贷款都采用了这种方式。

2. 等额本金还款法。就是借款人将贷款额平均分摊到整个还款期，每期

（月）归还，同时付清上一交易日至本次还贷款利息的一种还款方式。这种方式每月的偿还额逐月减少，较适合于已经有一定的积蓄，但预期收入可能逐渐减少的借款人，如中老年职工家庭，该方式 1999 年 1 月推出，已被各银行逐渐采用。

3. 累进偿还法。累进偿还法是目前我国银行正在尝试的一种偿还方法，指贷款期内逐年或每隔几年按一定比例递增还款额，但每年或每几年内的各个月份，均以相等的额度偿还贷款本金及与实际贷款额相应的贷款利息。

二、个人汽车消费贷款

汽车消费贷款是指借款人（购车人）以抵押、质押、向保险公司投保或第三方保证等方式为条件，向可以开办汽车消费贷款业务的银行或机构申请贷款，用于支付购车款，再由购车人分期归还本金、利息的一种消费贷款。

目前，全球 70% 的私人用车都是通过贷款购买的，美国贷款购车的比例甚至高达 80%。目前，美国每十辆售出的新家用车中就有九辆是通过各类贷款实现的，仅新车贷款产生的利息收入即高达几百亿美元。有关研究指出，如果没有汽车贷款，美国年新车销售量至少要减少 50%。

（一）我国汽车消费贷款的需求类型

目前，我国汽车消费贷款市场需求主要有以下六类。第一，私家用车。购买私车的消费者主要有两大类：一是工薪阶层的消费者，他们购买的目标是经济型轿车。另一类是私营业主，他们的目标是中高档轿车。私人用车市场将随着人民生活水平的不断提高而不断扩大，最终成为市场主流。第二，出租车。该类人群购买汽车是为了投入出租车市场，通过营运进行盈利。目前，国务院正在酝酿公车改革，这个举措的实行将会大大提高出租车的市场份额，也会在不同程度上刺激个人汽车消费贷款的发展。第三，货运车。一般为购买大中型货车，主要用于公路运输，这是目前国内中小城市个人消费贷款市场的主流。第四，工程车。主要是购买后八轮系列车型，一般投入建筑工程的使用。第五，其他。包括农用车及二手车市场等。

（二）我国汽车消费贷款的服务主体及其经营模式

我国是在 1997 年亚洲金融危机后，为拉动国内需求而大力开展汽车信贷业务的，几年来，发展态势较好、潜力巨大的汽车信贷市场正逐渐形成。目前，在我国提供汽车信贷业务的服务主体主要有三类：商业银行．汽车经销商和非银行金融机构，其中以商业银行为主。根据服务主体的不同，中国的汽车信贷市场上有三种经营模式。

1. 以银行为主体的直客模式

该类汽车信贷是由银行.专业资信调查公司、保险公司.汽车经销商四方联合，银行直接面对客户，在对客户信用进行评定后与客户签订信贷协议，客户将在银行设立的汽车贷款消费机构获得一个车贷的额度，使用该车贷额度就可以在汽车市场上选购自己满意的产品。银行的车贷中心还为客户提供相应的售后服务，如汽车维修、汽车救援、维修期间提供代用车及汽车租赁等一系列增值服务。在该模式中，银行是中心，由银行指定律师行出具客户的资信报告，指定保险公司并要求客户购买其保证保险，指定经销商销售车辆，风险由银行与保险公司共同承担。

2. 以经销商为主体的间客模式

该模式的汽车信贷是由银行、保险公司、经销商三方联手，该模式服务的特点是由经销商为购车者办理贷款手续，负责对贷款购车人进行资信调查，以经销商自身资产为客户承担连带责任保证，并代银行收缴贷款本息，而购车者可享受到经销商提供的一站式服务。在这一模式中，经销商是主体，它与银行和保险公司达成协议，负责与消费信贷有关的一切事务，风险由经销商与保险公司共同承担。以经销商为主体推出的汽车信贷服务，除了能够建立强大的汽车采购网络以保证充足的车源外，还可以让消费者根据自己的条件对贷款银行、保险公司、汽车经销商进行任意组合，为客户带来了极大的方便。

3. 以非银行金融机构为主体的间客模式

该模式由非银行金融机构组织进行购买者的资信调查、担保、审批工作，向购买者提供分期付款。经国务院批准，原银监会颁布了《汽车金融公司管理方法》，意味着我国正式允许设立非银行金融机构从事汽车消费信贷业务。今后，消费者除了通过贷款，还可以在汽车金融公司办理购车贷款。而后，原银监会颁布《汽车金融公司管理办法实施细则》，对此前颁布的《汽车金融公司管理办法》进行了细化，这意味着汽车金融公司的设立进入实际操作阶段，符合条件的投资人就可以向原银监会提交申请，设立汽车金融公司，汽车金融公司是专门从事汽车消费信贷业务，并提供相关汽车金融服务的非银行金融机构。

三、个人助学贷款

高等教育体制的改革是人们较为关注的问题之一，它与人们的生活息息相关。随着教育费用、生活费用、住宿费用的提高，一些家庭经济条件困难的同学开始面临因经济问题带来的入学难的现象。为了确保不让考入公办普通高等学校的学生因为经济困难而上不了大学，从 1999 年开始，我国推出了国家助学贷款。同时，对于不符合国家助学贷款的申请条件又想继续深造的个人，商业银行又推出了一般商业性助学贷款，以帮助他们达成求学的愿望。

（一）国家助学贷款

国家助学贷款是 1998 年由中国人民银行、教育部、财政部等部门联合建立的一种贷款制度，是对符合中央和地方财政贴息规定的高等学校在校学生发放的，用于借款人支付在校期间的学费和生活费的人民币贷款。借款学生通过学校向银行申请贷款，用于弥补在校学习期间学费、住宿费和生活费的不足，毕业后分期偿还。

（二）一般商业性助学贷款

一般商业性助学贷款是指金融机构对正在接受非义务教育学习的学生或其直系亲属或法定监护人发放的商业性贷款。该项贷款资金只能用于学生的学杂费、生活费以及其他与学习有关的费用。一般商业性助学贷款财政不贴息，各商业银行、城市信用社、农村信用社等金融机构均可开办。

目前，国内有的商业银行根据贷款用途，将一般商业性助学贷款细分为学生学杂费贷款、教育储备金贷款、进修贷款和出国留学贷款。学生学杂费贷款是指面向学生本人发放的用于支付学生就读国内的大、中专院校所需的学杂费用和面向学生父母、其他直系亲属、监护人发放的用于支付学生就读国内学校的学杂费用的贷款。教育储备金贷款是指面向学生父母、其他直系亲属、监护人发放的用于支付学生就读民办学校的教育储备金贷款。进修贷款是指面向已有稳定工作收入的人士或其直系亲属、配偶发放的用于国内进修或再教育学习所需的学杂费用的贷款。出国留学贷款则是指面向出国留学人员在国内的直系亲属、监护人或配偶发放的用于出国留学人员在国外学习所需的学杂费用的贷款。

四、其他类型的消费信贷

除了上述几种主要的消费信贷形式之外，目前我国的商业银行还开展了针对消费者的四种贷款类型。

（一）个人大额耐用消费品贷款

大额耐用消费品贷款是指向消费者个人发放用于购买大额耐用消费品的人民币贷款。大额耐用消费品是指单价在 3000 元以上（含 3000 元）、正常使用寿命期在 2 年以上的家庭耐用商品，包括家用电器、电脑、家具、健身器材、卫生洁具、乐器等（汽车、房屋除外）。大额耐用消费品贷款只能用于购买与贷款人签订有关协议、承办分期付款业务的特约销售商所经营的大额耐用消费品。

（二）个人综合消费贷款

个人综合消费贷款是商业银行为满足借款人消费需要，向借款人发放的不限定个人消费范围的人民币担保贷款。其特点是贷款额度较大、不限定具体消费范围和担保形式多样等。个人综合消费贷款虽然不限定具体的消费范围，但必须用于"消费"，具体而言就是用于购买大额耐用消费品、旅游、支付医疗费用、支付人寿保险金、房屋装修，以及其他消费用途。目前，也有的商业银行将用于旅游的消费贷款专门作为一类，推出个人旅游贷款。

（三）个人综合授信

个人综合授信是银行根据个人客户的资信情况及其提供的担保方式，给予优质个人客户一定期限内的综合授信额度，在综合授信额度和期限内，客户可以多次贷款、随时归还、循环使用的贷款形式。其特点包括以下几种。第一，放贷的比例高。由存单、凭证式国库券面值的 80% 提高到 95%。第二，手续便捷。借款人可随时申请贷款，无须反复办理抵押或质押。第三，灵活方便。可分期分次申请借款，一次或分次还清贷款。第四，可"欠旧账借新款"。只要贷款额未超过合同确定的最高限额，贷款未出现逾期，再借款时不必还清前笔贷款。

（四）个人信用贷款

个人信用贷款是指商业银行为解决借款人临时性的消费需要，向资信良好的借款人发放的，期限较短、额度较小的人民币信用贷款。个人信用贷款条件下，借款人只需凭借自己资信状况和稳定经济收入就可以向银行申请，无须提供任何形式的实物担保。其贷款的期限一般为 1 年以内的短期贷款，最低金额为 1000 元，最高金额不超过借款人月均工资性收入的 6 倍，且不超过 3 万元。

（五）个人旅游贷款

个人旅游贷款有出国旅游保证金贷款和旅游消费贷款两种：出国旅游保证金贷款用于支付因出国旅游而需要向旅行社交付的保证金；旅游消费贷款用于支付自旅游申请提出至旅游过程结束为止，所发生的物质消费和精神消费以及其他相关费用。

（六）个人住房装修贷款

个人住房装修贷款是指以家庭住房装修（也有银行为商用房提供装修贷款）为目的，以借款人或第三人具有所有权或依法有权处分的财产、权利作为抵押物或质押物，或由第三人为贷款提供保证，并承担连带责任而发放的贷款。住房装修贷款为短期贷款，各大银行期限会略有不同，不过一般不会超过五年。住房装修贷款一般以所购住房作抵押，贷款利率按照中国人民银行规定的同期同档次贷款利率执行，一般没有利率优惠。

6.2.2　开放式信贷

使用百货商店发行的信用卡或者使用银行发行的信用卡在不同商店购买东西，在餐馆付餐费，以及使用透支保障都是开放式信贷的范例。很快你会发现你不会像封闭式信贷那样为了一次简单的采购而进行开放式信贷。然而，你可以在不超过你的信用额度的范围内使用开放式信贷购买任何你想购买的东西，所谓信用额度，就是贷方提供给你的可用的最大信贷额度。你可能需要支付利息，即因使用信贷而定期征收的费用，或者其他形式的信贷费用。一些债权人在开始收取利息之前，提供20~25天的无息贷款期，可以让你还清全部贷款。

大多数零售商使用开放式信贷，消费者能够在任何时候购买商品或服务，所购总额有固定的上限。通常你可以选择在30天内还清贷款并且不支付任何利息，你也可以每月分期付款，偿还贷款金额和利息。

很多银行还提供循环性活期贷款，又称做银行信用限额，这是你可以签署特殊支票提取事先约定的限额的贷款。还款采用约定期限内分期付款的形式，并且根据该月内使用的信贷额度和已贷款余额收取费用。

最典型的开放式信贷就是信用卡。信用卡非常流行。平均每位信用卡持有者拥有超过9张信用卡，包括银行卡、零售卡、汽油卡以及电话卡。每月偿还所有欠款的持卡者被称为方便型用户。每月无法偿还欠款的持卡者被称为借款人。

一、信贷费

大多数信用卡公司提供免息期，即在一段时间之内账户中不收取信贷费。信贷费是你为使用信用卡而支付的金钱。通常，如果持卡者在还款到期日之前还清你每月账单上的欠款，就不需要支付信贷费。如果持卡者超过免息期还款，则需要支付信贷费。

信贷的费用根据你所拥有信用卡的种类以及贷方陈述的借款条款而定。作为持卡人，你可能需要支付利息或者其他理财费用。一些信用卡公司向持卡人征收年费，通常大约是25美元。但大多数公司为了吸引消费者，已经取消收取年费。如果你想要办一张信用卡，那么请比较后寻找无年费的信用卡机构。我们在随后的"个人理财实践"栏中为选择信用卡提供一些有用的线索。

二、银行信用卡

最常见的开放信贷账户是商业银行和其他金融机构发行的银行信用卡，其中Visa卡和MasterCard卡是两个主要类型。这些信用卡持有者可以在世界范围内无数商店、餐厅、小店、加油站刷卡消费，当然也可以在网上消费，信用卡已经成了网上支付的首选方式。信用卡可以用来支付几乎所有事项，如日用百货、医疗费、大学学费、飞机票、租车费。信用卡也可以用来透支现金。

金融危机使信用卡的申请门槛提高了，信用卡的额度大幅降低。在经济危机中，申请信用卡的标准越来越高，有可能几年后申请标准才能回到经济危机前的标准。结果是，消费者发现现在很难申请到新的信用卡，现有信用卡的额度也被大幅缩减。许多经济学家预测，现在信用卡的申请标准比经济危机前还严格，而且会持续下去。尽管如此，信用卡对消费者来说还是很方便，也很有价值。要想充分利用信用卡，个人应该熟悉信用卡的一些基本特征。

三、信用额度

信用额度是发行人为信用卡持有人提供的，授予持卡人在一定期限内透支的最大数额。信用额度由发卡机构根据申请人的要求以及申请人的信用和财务状况来确定。信用额度可以达到50 0000美元或更高，但大部分情况下，信用卡的最高额度一般为500~2500美元。虽然发卡机构希望透支保持在一定限额内，但在欠款余额超过此限额一定的比例之前，发卡机构一般不会采取限制行动。例如，一张卡的信用额度 1000 美元，持卡人未偿还欠款在超过 1200 美元之前（即 1000 美元信用额度的 20%），刷卡时不会有超额警示音。但另一方面，发卡机构会向持卡人收取超出信用额度的费用。

四、现金借款

除了购买商品和服务，持卡人还能从发卡行获得现金借款。现金借款是一种一借款就开始计息的贷款。这种提款交易和购买商品的方式类似，只不过要在银行或其他金融机构进行操作，持有人收到的是现金（或支票）而不是商品和服务。现金借款的另一种方式是从发卡行获得"便捷支票"以支付所购商品。你甚至可以在银行的 ATM 机上提取现金，不论白天还是晚上，不受时间限制。在 ATM 机上提取现金的数额不会很大，会受到限制，一般为 500 美元或更少。而在银行柜台，取现金的数额只受信用卡未使用额度的限制。

五、利息费用

一般来说，信用卡的利率比其他消费借款的利率要高，2012 年年初，用信用卡购物的平均年利率是 16.87%，用信用卡进行现金借款的利率更高。例如，购物利率可能是 12%，而现金借款的利率是 19% 或 20%。申请信用卡时，一定要留意初始阶段的低利率，这称为"优惠利率"。期限为 6~12 个月，一旦优惠期结束，低利率也就取消了。

大部分信用卡的利率是浮动的，它们与随市场而变化的某种指数捆绑在一起。最常用的指数是基本利率（base rate），这是贷款给个人或中小型企业的利率。这些信用卡会按月或按季调整利率，通常使用最低和最高利率。举例来说，信用卡条款中有：利率为基础利率加 7.5%，最低利率是 10%. 最高利率是 15.25%。如果基础利率是 3.25%，那么这张卡的利率是 3.25% + 7.5% = 10.75%。

在发卡机构发卡前，必须向消费者披露利息成本和相关信息。在用信用卡购买商品或服务时，在宽限期（grace period）之前不会收取透支的利息。通常在 20~30 天的宽限期内，你只要全额偿还信用卡的欠款，就能避免透支产生的利息。然而，如果你在宽限期内没有全额偿还，利息就会自动加到你以前的欠款中，新购买商品的交易也要收取利息。现金借款的利息是从你取出现金那天开始计算的。

六、其他费用

除了信用卡的利息，你还需要知道信用卡的其他费用。许多（虽然不是全部）信用卡都有年费，作为使用信用卡的代价。在大多数情况下，年费大约是 25~40 美元，金卡可能收费更高。一般来说，越是较大的银行或储蓄和贷款联盟，越有可能收取年费。其次，许多发卡机构会对每笔信用卡现金借款收取交易费，金额为 5 美元，或是贷款额的 3%，取二者中的较高者。

从过去来看，发卡机构会想出各种办法从你身上榨取其他的收入，费用名目繁多，包括延迟偿还费、超限额使用费、外币交易费、余额转出费等。例如，如果你偿还信用卡迟了一点儿，那么有些银行就会收取延迟偿还费，这是额外的收费，因为你得支付未偿还余额的利息。类似的情况是，如果你不小心超过了信用额度，也会被银行收费（额外的利息）。一些人批评这种收费，因为持卡人不知道什么时候到了信用限额。如果不用信用卡，一些发卡机构也会收费。例如。持卡人在六个月内不使用信用卡。有些银行会向客户收取 15 美元的费用。

6.2.3 消费信贷来源

消费信贷有很多可利用的资源，包括商业银行和信用合作社。表 6.2.1 概括了主要消费信贷的来源，研究并比较它们之间的区别，决定哪种来源能更好地满足你的需求。

表 6.2.1　　　　　　　　消费信贷的来源

消费信贷的来源	信贷来源	贷款种类
商业银行	单项支付贷款	寻找有一定信用记录的消费者
	个人分期付款贷款	通常要求有抵押品或担保
	存折贷款	更愿意接受如汽车、住房改良和住房翻新这样的大额贷款，信用卡贷款和支票贷款计划除外
	支票贷款	根据贷款日的确定还款计划

续表

消费信贷的来源	信 贷 来 源	贷 款 种 类
	信用卡贷款	根据贷款种类、时间、消费者信贷历史以及提供的担保物变换贷款利率
	第二抵押贷款	可能需要几天时间处理新的贷款申请
消费者融资公司	个人分期付款贷款	经常提供无担保贷款
	第二抵押贷款	经常根据贷款额度大小变换利率
		提供多种还款计划
		小额贷款比例高于其他贷款机构
		依法限制最高贷款额
		申请处理过程迅速，一般都在申请当天结束
信用合作社	个人分期付款贷款	仅向会员发放贷款
	股份汇票信用计划	提供无担保贷款
	信用卡贷款	超过一定额度的贷款可能需要抵押品或担保人
	第二抵押贷款	可能要求用工资抵扣的方式还款
		可能要向委员会提交大额贷款申请以获得批准
		提供多种还款计划
人寿保险公司	单项支付或部分支付贷款	根据寿险保单的现金价值贷款
		没有还款期限或罚金
		如果还款前当事人死亡或保单到期，将从保单保险金中扣除相应金额
联邦储备银行	个人分期付款（一般由州注册的储蓄协会批准）	将给所有信用良好的个人贷款
	房屋改良贷款	经常需要抵押品
	教育贷款	贷款利率依据贷款额度、支付时间长度以及担保物而变化
	储蓄账户贷款	
	第二抵押贷款	

6.3 消费信贷的成本

6.3.1 贷款成本和年利率

当你考虑借钱或者开设信贷账户时，你应该首先考虑贷款成本和年利率，以确定贷款的承担能力。尽可能寻找最好的条件。有两个重要概念需谨记，即融资成本费和年度百分率。

一、融资费和年度百分率

贷款成本各不相同。如果知道融资费和年度百分率，就可以比较不同贷款渠道的贷款价格了。融资费是指持卡人支付的资金占用费。它包括利息成本，有时还包括其他成本，如服务费、与贷款有关的保险费或评估费等。

例如，借100美元一年的利息成本是10美元，如果加上服务费1美元，则融资费就是11美元。年度百分率（APR）以百分比表示的年贷款成本。无论是贷款金额还是偿还期限，年度百分率是比较成本最重要的指标。

假设你贷款100美元一年，并支付融资费10美元。一年后如果你立刻偿还100美元，则年度百分率是10%。

贷款金额（美元）	月份	支付金额（美元）	贷款余额（美元）
100	1	0	100
	2	0	100
	3	0	100
	…	…	…
	12	100	0

（加10美元利息）

总之，你在一年内充分使用了100美元。要计算贷款的平均使用额，请把第一个月和最后一个月的贷款余额相加，然后除以2：

$$平均余额 = \frac{100 + 100}{2} = 100 \text{ 美元}$$

但是如果你将 100 美元贷款和融资费（共计 110 美元）在 12 个月中的每个月偿还一次，那么并没有在一年里充分利用这 100 美元。实际上，如下表所示，你每个月可以使用的贷款额正在逐渐降低。在这个例子中，10 美元的融资费实际上相当于 18.5% 的年度百分率。

贷款金额（美元）	月份	支付金额（美元）	贷款余额（美元）
100	1	0	100
	2	8.33	91.67
	3	8.33	83.34
	4	8.33	75.01
	5	8.33	66.68
	6	8.33	58.35
	7	8.33	50.02
	8	8.33	41.69
	9	8.33	33.36
	10	8.33	25.03
	11	8.33	16.70
	12	8.33	8.37

请注意，虽然你在第二个月期间只使用了 91.67 美元，而不是 100 美元，但你依然要支付 10% 的利率。在最后一个月中，你只欠了 8.37 美元，但利息支付金额依旧是 100 美元的 10%。在上例中，当年的资金平均使用额是（100 美元+8.37 美元）÷2 = 54.18 美元。下面的专栏说明了计算年度百分率的方法。

年度百分率的数学计算

计算 APR 有两种方法：年度百分率公式法和年度百分率计算表法。年度百分率计算表法比公式法更精确。下面的公式只大概计算了年度百分率。

$$r = \frac{2 \times n \times l}{P(N+1)}$$

其中：

r = 近似年度百分率

n = 一年中的支付次数（如果是每月支付，则为 12；如果是每周支付，则为 52）

l = 贷款总成本

P = 本金或贷款净资金

N = 计划偿还贷款所支付总次数

现在比较一下年底一次性偿还 100 美元的方法以及每月偿还、12 个月付清相等贷款金额方法的年度百分率。两种贷款的年利率是 10%。

根据这个公式，一次性贷款的年度百分率是：

$$r = \frac{2 \times 1 \times 10}{100(1+1)} = \frac{20}{100 \times 2} = \frac{20}{200} = 0.10$$

或是 10%.

每月偿还贷款方式的年度百分率是：

$$r = \frac{2 \times 12 \times 10}{100(12+1)} = \frac{240}{100 \times 13} = \frac{240}{1300} = 0.1846$$

或是 18.46%（近似为 18.5%）。

6.3.2 如何选择融资方法

当选择融资方法时，你必须在自己偏好的特性（贷款期、支付规模、固定还是可变利率，或支付计划等）与贷款成本之间进行权衡。以下是一些你应该考虑的主要折中因素。

一、期限与利息成本

许多人选择长期融资是因为他们希望降低月支付额。但是在既定利率条件下，贷款的期限越长，你支付的利息更高。请参考下面的贷款期限和利息成本之间关系的分析。

假设你购买了一辆价值 7 500 美元的二手车。需要借 6 000 美元。请比较以下三种贷款安排：

	APR（%）	贷款期限	月支付额 （美元）	总融资成本 （美元）	总成本 （美元）
债权人 A	14	3 年	205.07	1382.52	7382.52
债权人 B	14	4 年	163.96	1870.08	7870.08
债权人 C	15	4 年	166.98	2015.04	8015.04

如何比较这些选择呢？答案一部分与你的需求有关。债权人 A 的贷款成本最低。如果你需要更低的月支付净额，你可以选择较长时间的贷款期限，不过总成本将随之提高。债权人 B 的贷款年度百分率也是 14%，但贷款期限是 4 年，这样你的融资成本也会增加 488 美元。

如果只有债权人 C 提供的 4 年期贷款，15% 的年度百分率会使你的融资成本再增加 145 美元。其他条件，如首期付款规模，也会影响融资成本。在作出决定前一定要查看所有的条件。

二、贷款者风险与利率

你可能喜欢定期还贷金额少但最后付款额高的融资，或首期还款额最少的融资。但这些要求都可能增加你的借款成本，因为它们均增加了贷方的风险。

如果想让借款成本最小化，你就需要接受减少贷方风险的条件。以下是一些减少贷方风险的条件。

（一）可变利率

可变利率是根据银行系统利率的变化而变化的利率，例如，最优惠利率。在此类贷款中，你将与贷方共同承担利率风险。因此，贷方可能提供低于固定贷款利率的初始利率。

（二）担保贷款

如果你将个人财产或其他资产进行担保，你的贷款利率可能会降低。

（三）首期现金付款

许多贷方相信，如果你在融资时，对该商品的大部分金额以现金方式支付，你偿还贷款的几率较高，你也会更容易得到其他你想得到的条件。

（四）贷款期限缩短

你已经了解到贷款期限越短，出现阻止你偿还贷款的障碍的可能性越小，因此，贷方的风险也越小。因此，如果你接受较短期限的贷款，你的贷款利率可以相应降低。但是支付的金额将会增加。

6.3.3　计算贷款成本

计算利息的最常见方法是简单利息公式。其他方法还包括余额递减简单利息法和利息叠加法等。

一、简单利息

简单利息是只计算本金的利息，而忽略利息的累积的算方法，它是贷款的美元成本。该成本根据以下三种要素：贷款金额又称为本金，利率以及本金贷款期计算而得。

你可以使用下面的公式计算简单利息：

利息＝本金×利率×时间　　　　　　或

$$I = P \times r \times T$$

我们可以通过以下的例子来加深理解：

假设你说服亲戚借给你 1 000 美元来购买笔记本电脑。你的亲戚答应只收 5% 的利息，你同意一年后还贷款。根据简单利息法，一年的利息是 1 000 美元的 5%，即 50 美元，因为你占用了 1000 美元整一年。

$$I = 1000 \times 0.05 \times 1 = 50 \text{ 美元}$$

现在使用 ARP 计算公式：

$$APR = \frac{2 \times n \times l}{P(N+1)} = \frac{2 \times 1 \times 50}{100 \times (1+1)} = \frac{100}{2000} = 0.05，\text{ 或 } 5\%$$

注意：计算所得的 5% 是年度百分率。

二、余额递减简单利息法

当简单利息贷款的偿还次数超过 1 次时，计算利息的方法就称为余额递减法。每次支付的利息只是未偿还贷款余额的利息。因此支付次数越多，利息越低。大多数信贷联盟使用这种方法。如下例：

用余额递减简单利息法计算利息支出。假设贷款额为 1000 美元。年利率为 5%，两次付清。第一次付款在半年末。第二次付款在第二个半年末，总利息是 37.50 美元。计算过程如下。

第一次支付：

$$I = P \times r \times T$$

$=1\ 000\times0.\ 05\times1/2$

$=25$ 美元利息加 500 美元，即 525 美元

第二次支付。

$I=P\times r\times T$

$=500\times0.\ 05\times1/2$

$=12.\ 50$ 美元利息加 500 美元余额。计 512.50 美元

贷款总偿还金额是：

$525+512.50=1\ 037.50$ 美元

用 APR 公式进行计算：

$$APR=\frac{2\times n\times l}{P\ (N+1)}=\frac{2\times2\times37.50}{1000\times\ (2+1)}=\frac{150}{3000}=0.\ 05,\ 或\ 5\%$$

三、利息叠加法

采用利息叠加法时，利息以贷款初始木金的总额为基础进行计算时，与支付次数无关。当一次性偿还贷款时，年度百分率计算法与简单利息法一致。但是当分期支付时，该方法产生的实际利率就会高于法定利率，并且利息不会随着每次贷款的偿还而减少。贷款偿还期限越长，利息支付越多。

四、开放式贷款的成本

《贷款真实法》要求开放式贷款的债权人披露融资费以及年度百分率对你的贷款成本造成的影响。例如，债权人必须告诉你融资费的计算方法。他们还必须告诉你贷款账户的计息起始日，这样你就知道在被征收融资费前还有多少时间支付账单。

五、贷款成本与预期通货膨胀

通货膨胀降低了货币的购买力。通货膨胀每上升一个百分点。你以相同数额的货币可以购买的商品和服务的数量相应下降1%，因此，贷方为了保护贷款的购买力，在决定利率的过程中加上预期通货膨胀率。

回到之前的例子中，即你从银行那里以5%的利率借款1000美元，为期一年。如果当时的通货膨胀率是4%，那么贷方的实际回报率只有1%（5%减去4%的通货膨胀率）。如果是专业的贷款人，那么他为了获得贷款额5%的利息必须要征收9%的利息（5%的利率加上4%的预期通货膨胀率）。

六、避免最低月支付额的陷阱

对于信用卡账单以及其他固定形式的贷款来说，最低月还款额是你保持

借方良好信誉的最低支付金额。贷方常鼓励你偿还最低金额。因为此方法可以延长你的还款期限。如果你仅仅在每月结账过程中支付最小月支付额，那么就需要认真计划一下你的预算了。还款期限越长，支付的利息越多。对一笔款项实际支付的融资费最后很可能超过该笔款项应有的实际价值。

6.4　消费信贷的使用

6.4.1　我们为什么使用信贷

一般来说，人们使用信贷支付目前买不起的商品和服务。对于 25~44 岁的人来说更是如此，他们积累流动资产的时间不长，没有能力立即用现金支付大件商品和费用。当人们到 45 岁左右时，其积蓄和投资开始增加，所负担的债务一般会下降。所以，45~54 岁的人的家庭净资产比 35~44 岁的人高得多。无论处于什么年龄段，人们往往会出于以下几个原因借钱。

一、避免用现金支付大额花费

人们一般不用现金购买大件商品，如房子和汽车，大部分人会借一部分钱，并按计划偿还贷款。分期付款使人们买得起大件商品，消费者能立即享用一件昂贵的商品。

二、应对财务紧急状况

例如，人们在失业时需要借钱来支付生活费，或者要买飞机票去看望一个生病的亲戚。

三、为了方便

经销商和银行提供各种各样的赊账卡和信用卡，允许消费者以赊账方式来消费所有商品，从汽油、服装、音响到医生和牙医费用，甚至大学学费。在许多地方，例如餐厅，用信用卡比写支票更方便。

四、为了投资

投资者借用资金满足融资需求相对容易。实际上，美国的保证金贷款到 2012 年年底总额达到 2894 亿美元。

因此，使用信贷购买商品和服务可能允许消费者更有效率或更多产，或者使消费者的生活更现在，使用信贷可以增加个人购买商品或服务所能够支付的总金额，但是它相应减少了你未来可花费的金额。然而，许多人都预期他们的收入会增加，并期望能够支付过去贷款购买的东西，因而仍然购买新物品。

在决定如何与何时进行大件采购之前，有如下的问题你需要考虑，例如，买一辆车：

1. 我拥有预付首付款所需的现金吗？

2. 我是否想用个人的存款买东西？

3. 该采购与我的预算是否相符？

4. 我能否通过更好的方式利用信贷支付所需采购的商品？

5. 我能否推迟购买？

6. 推迟购买的机会成本是什么（交通成本，这辆车可能增长的价格）？

7. 使用信贷的财务成本和心理成本是什么（利率，其他财务费用，处在债务中并承担每月还款）？

如果你决定使用信贷，确信现在购买得到的好处（提高的效率或者生产力，更好的生活等）超过使用信贷产生的成本（财务和心理成本）。这样，有效使用信贷便能够帮助你拥有并享受更多。如果误用信贷，则会导致违约、破产和信誉的流失。

6.4.2　信贷的使用

一、是否有贷款的能力

要确定你可以承担的信贷额度，唯一的方法是首先学会制定准确、可行的个人或家庭预算。

贷款前，你应该了解自己能否在满足所有基本支出的同时支付月贷款金额。你可以用两种方法进行计算。一种是月总支配收入扣除月总基本开支。如果差额小于月还贷金额，并且还需要为支付其他费用留有资金，那么你就根本没有还贷能力。

第二种，也是更可靠的方法，就是估算自己需要放弃哪些支出以支付月还贷金额。如果你当前储蓄的收入大于月支付金额，你可以利用这些存款偿还贷款。但如果不是，你必须放弃一些娱乐项目、新电器，甚至一些基本需求的支出。你准备作出这种牺牲了吗？虽然准确衡量自身的信贷能力很难，但是还有一些基本的规则可以遵循。

二、信贷能力的基本准则

(一) 债务支付-收入比

将月还债支出（不包括住房支出，因为它属于长期债务）除以月收入得到债务支付-收入比。专家建议，每月的消费信贷支出不要超过月税后净收入的 20%。20%的比例是最高限额，不过 15%的比例更好。20%的比例是根据家庭的平均费用预测的，没有将大额紧急支出计算在内。如果你刚刚开始使用信贷，而且信贷支出占净收入 20%时，切忌高枕无忧。

(二) 负债-权益比

总负债除以净资产等于负债-权益比。该比率不包括你的住房价值和抵押贷款金额。如果负债-权益比等于 1，即消费性分期付款负债额大致等于净资产（不包括住房或抵押贷款），那么你的负债很可能已经接近最高限额了。

以上两种方法并非适用于所有人，而且最高限额只有指导意义。你必须根据自己的收入、当前负债以及未来的理财规划来决定你需要并且可以承担的信贷额度。你必须成为自身的信贷管理者。

(三) 信贷的五 C 原则

通过了解贷款人是否提供信贷的因素有哪些，可以帮助了解自身是否有能力申请贷款。

当你准备申请贷款或者信用卡时，你应该了解能够决定贷款人是否向你提供信贷的因素有哪些。贷款人向客户提供贷款时，应该意识到其中一些客户将无法或不愿意偿还贷款的情况很有可能发生。因此，贷款人建立了贷款发放政策。因此，大多数贷款人建立了"信贷五 C 原则"的政策：性格（character）、能力（capacity）、资本（capital）、担保（collateral）和状况（conditions）。

(四) 性格：你会偿还贷款吗？

贷款人想知道你的性格，给什么样的人。他们需要确认你是值得相信并且很稳定的。贷款人可能会询问一些与个人及职业相关的信息，也可能会查看你是否有触犯法规的历史记录。为确定你的性格，贷款人可能会问到如下问题：

1. 你之前是否使用过信贷？
2. 在现居住地已生活了多久？
3. 你在现在的岗位已经工作了多长时间？

（五）能力：你能够偿还贷款吗？

你现有的收入以及债务将对你的还款能力将造成影响。所谓能力，即你能支付额外债务的能力。在你已经有大额的债务且接近收入的情况下，贷款人可能不会再向你提供更多的贷款。贷款人可能问到的关于你的收入和消费的问题有：

1. 你是做什么工作的？你的收入是多少？

2. 你有其他收入来源吗？

3. 你现在的债务有多少？

（六）资本：你有多少资产？资产的净值是多少？

资产是包括现金、财产、个人所有物以及投资在内的你所拥有项目的价值。资本是你所拥有的资产超过负债的部分。贷款人想确信你有足够的资本以保证贷款的偿还。基于此，如果你丧失了收入来源，那么你可以通过储蓄或变卖部分资产来偿还贷款。贷款人可能会询问：

1. 你的资产有什么？

2. 你的负债有什么？

（七）担保：倘若你不偿还贷款会怎么样？

贷款人会了解你拥有的财产或储蓄，因为这些可以作为贷款的担保。如果你无法还款，贷款人可能没收你所承诺的作为抵押品的所有东西。贷款人可能会询问：

1. 你拥有什么样的资产以确保贷款的稳定（例如，汽车、住房，或者家具）？

2. 你有其他有价值的资产吗（例如，债券或存款）？

（八）状况：如果你的工作不稳定会怎样？

一般的经济状况，如失业和经济衰退，会影响你还贷的能力。因而最基础的问题就是安全性——你的工作的稳定性以及你所供职的公司的稳定性。

通过从你的申请表以及信用管理局收集到的信息，建立你的信用级别。信用级别是用来衡量个人及时偿还贷款的能力和意愿的，用以决定个人信用级别的因素有收入、现有债务、性格信息以及偿还贷款的历史记录。如果你总是能及时偿还贷款，你将很有可能拥有很高的信用评级。相反，信用级别就会很差，并且债权人很可能不会继续向你发放贷款。一个好的信用等级相当于有价值的资产，你应该尽力维护。

债权人对五 C 原则进行不同的组合后作出决定。有些债权人的标准很高，有些债权人极其厌恶某种贷款。一些债权人严格依赖自己的直觉和经验。其他一些债权人会利用信用评分或统计体系来预测申请人是否具有较少的信用风险。当你申请贷款时，贷款人很可能会通过一些问题来评价你的申请，问题会涉及以上所列的各项以及在个人理财实践中遇到的问题。

6.4.3 信贷的滥用

许多人使用消费贷款时超出了他们的收入水平。对一些人来说，过度消费成了一种生活方式。最大的危险就在借贷之中，因为借钱很容易。经过 2007—2009 年的信贷危机，大家看得更清楚。的确，当信贷变得触手可及、取之即来的时候，越来越多的消费者正在过度使用它。消费者是否能用信用卡不是一个问题，问题是信用卡就放在眼前等着人去拿，这给美国带来了从来没有见过的信贷崩溃。

事实上，一旦你迷恋上这个"塑料"卡片，人们就会使用信用卡进行日常购买，大部分人意识不到他们正在过度使用，等意识到为时已晚。人们的想法是，有了信用卡，我买得起想要的东西，每月偿还信用卡的最低还款额。遗憾的是，这种消费方式会使你的欠款越积越多。如果使用最低还款额，长期来看，借教人会背上巨债。表 6.4.1 显示了若仅偿还欠款余额的 3%，还清信用卡欠款所用的时间和支付的利息。例如，你有 3000 美元的信用卡余额没有偿还（这个数字大约是美国个人平均欠款额的 1/4），信用卡的年利率为 15%，如果你用 14 年偿还债务，你需支付的利息费用总额是 2000 美元，这是初始欠款的 66%。

表 6.4.1 **最低还款额意味着最长还款年限**

使用每月最低还款额会让你偿还信用卡欠款的时间更长，利息更多，如表 7-1 所示。以下是根据 3% 的最低还款额和 15% 的年利率计算的结果。

初始欠款	偿还年限	支付利息	总利息占初始欠款的百分比（%）
5000	16.4	3434	68.7
4000	15.4	2720	68.0
3000	14.0	2005	66.8

续表

初始欠款	偿还年限	支付利息	总利息占初始欠款的百分比（%）
2000	12.1	1291	64.5
1000	8.8	577	57.7

一些信用卡甚至提供更低的最低还款额——欠款余额的2%。看起来，支付这么点是个好交易，但实际上对你并不利，这只会增加你偿还的时间和利息费用。的确，只支付2%的最低还款额，若利率是15%，偿还5000美元的信用卡欠款所需要的时间会超过32年。如果最低月还款额是3%的话，5000美元的欠款能在16.4年内还完。看一看就明白，每月多偿还1%将节省你16年的利息。这就是为什么联邦银行监管者要发布指南，要求信用卡的最低月还款额为未偿还余额和其他费用的1%。避免未来偿还压力的最好方法是不要在以下情况下使用信用卡：

1. 满足基本的生活支出。

2. 冲动消费，尤其是很昂贵的商品或服务。

3. 购买非耐用（短期）商品或服务。

除了这些情况，偶尔为了方便可以使用信用卡，或者把信用卡消费引起的支出列入每月的预算中。需要记住一条原则，用信用卡所买的商品使用时间要比偿还信用卡欠款的时间长。

遗憾的是，那些用信用卡过度消费的人最终要么因偿还不起而违法，要么牺牲其必需的消费，如食物和衣服。如果不偿还，会损害个人信用记录，导致诉讼甚至个人破产。

6.4.4 选择消费信贷的原则

一、审视个人消费的合理性

个人消费的合理性没有绝对的标准，只有相对的标准。消费的合理性与个人的收入、资产水平、家庭情况、实际需要等因素相关。在日常消费中，要注意以下四方面：平衡即期消费和远期消费，即理财从储蓄开始；消费支出的预期要合理；合理规划孩子的消费；抑制住房、汽车等大额消费的提前消费和过度消费。

二、贷款金额要在个人偿债能力之内

在进行消费信贷之前，需要了解自己的偿债能力。偿债能力就是在借款人现在及可预见的未来所处的经济状况下，能够按照合同要求偿还借款的能力。个人在借款时，需要考虑自己目前以及未来的经济状况，需要充分考虑短期偿债能力和长期偿债的能力。例如，个人购买汽车和住房的首付款必须一次性付清，这样才有资格获得贷款。同时，以后每期的还款额和日常支出中的经常项目，也必须有足够的收入来保障，以保证自身财务状况的平衡。例如，小李月收入6500元，每月生活开支至少1 500元，每月最多节约金额为5 000元，他准备购买的一套住宅，按揭30万元，若是选择5年期的贷款，每月还款额为5700元，这样的月供与他的收入是不相适应的。考虑到以后收入有增长的预期，因此，可以将贷款时间延长到10年及以上，使其每月的还款额控制在节约金额的40%以内，这样贷款金额就控制在自身偿债能力范围以内了。

三、节约利息支出

在选择消费信贷的偿还方式、贷款期限等方面，要充分考虑节约利息支出。节约利息的方式多种多样，在此原则下，可以灵活应用。例如，非大宗耐用消费品尽量不选择消费贷款，如果使用信用卡投资消费，则应该在免息期结束前及时偿还金额。在同等条件下，个人汽车贷款和住房贷款选择等本还款法就比等额还款法节约利息。在一般情况下，选择贷款期限应该在对未来合理预见的基础上"就短不就长"，但"就短"要注意不要设定为自身支付极限情况下的最短期限。如果个人善于投资且投资收益比银行同期贷款利率高，那么贷款期限就可以适当偏长一些，这也是变相降低总体利息支出。

四、保持良好的个人信用

个人信用的好坏是获得金融机构发放消费贷款的重要保证之一，所以保持良好的信用记录是以后贷款成功的关键。衡量个人信用的主要标准就是以往的还款记录以及家庭资产状况。如果以前所有的个人借款都能够及时偿还，并且保持健康的财务状况，则个人信用评级就会高，获得贷款的机会就会多。

6.4.5 应对消费信贷的具体策略

一、做好偿债计划

贷款消费并不意味着无节制地超前消费，它只是因人而异设计的理财方

式，负债是平衡现在与未来享受的工具。在有效债务管理中，应以个人（贷款人）的自身实力和资产价值为前提，先算好可负担的额度，再拟订偿债计划，按计划还清负债。偿债计划主要包括以下内容：

（一）明确偿债资金来源

根据收入情况，合理计算月份（年度）正常生活消费支出，估算偿债资金的数额，明确资金来源。

（二）设定合理的还贷比例

偿债需要将贷款控制在合理的比例范围内，一般用贷款安全比率来衡量。其计算公式为

贷款安全比率＝每月还债支出/月净收入

消费贷款安全比率的上限是35%，如果没有住房贷款，则此比例可以降低一些。超过此比例，将有可能引起个人或家庭生活质量的下降，得不偿失。

（三）控制好还贷年限和还贷方式

在收入预期上涨时，可以采取等额本息还款法，降低前期的还款压力；如个人收入较高，随着年龄的增长有下降的趋势，则可以采取等额本金还款法。

二、做好信用管理

贷款虽然能满足当时的消费欲望，但是以将来的收入为代价的。如果不能合理地均衡贷款债务与收入水平，就很可能陷入经济危机，所以在进行贷款时需参考以下基本原则：

（一）贷款需在负债能力之内的原则

在贷款前，需了解自己的负债能力。所谓负债能力，就是在借款人现有及可预见的未来经济状况下，能够按照协议要求偿还的借款数量。以上定义涉及两个方面：一个是目前的经济状况；另一个是未来的经济状况，也就是短期还款能力（流动性）和长期偿付债务的能力（偿付能力）。例如，住房贷款的首期款就是对短期流动性资金的考验，必须一次性地付清首期款，才能得到住房贷款。同时，以后每个月的还贷额，是未来支出中的经常项目，也必须有足够的收入来平衡。只有满足以上两个条件，财务状况才可能保持健康；否则，就会出现过度负债或借款过多的情况，如不及时平衡就会对财务状况造成不良影响。

实际上，在贷款前，为了贷款的安全，贷款机构（银行）也会关心，偿

付能力。家庭预算不可能是完全准确的，各种不可预料的风险一样会影响偿付能力。

（二）贷款期限与资产生命周期相匹配的原则

所谓匹配原则，就是贷款期限与贷款消费的商品的生命周期相匹配。我们在基本术语中介绍过贷款期限，商品的生命周期是什么意思呢？商品生命周期就是此商品平均使用年限。如汽车，一般平均使用年限在 5~8 年，则汽车的生命周期为 5~8 年；住房至少使用 30 年以上，则房子的生命周期超过 30 年；一般百货或易消耗品，基本上就是现买现消费，所以它们的生命周期为 0。根据以上原则，住房的贷款期限最长，一般可达 30 年，汽车贷款期限一般在 5 年以下，其他消费就不需贷款，最好用现金支付，就算是用信用卡透支消费的，也需及时补款还上。

（三）保持良好的信用

消费信贷就是消费信用贷款，其中的信用是贷款能实现的重要保证之一，所以怎么获得信用并保持良好的信用记录是以后贷款成功的关键。衡量信用的主要标准就是以往的还款记录以及家庭资产状况。如果以前所有的借款都能及时偿还，且保持健康的财务状况，则信用评分就高，获得贷款的机会就多。

第七章 信 托 投 资

张先生一直对孙子青睐有加，因为他继承了自己在商业上的天赋。因此，他希望能专门留一笔其他人都无权动用的资金给心爱的孙子。同时，作为父亲，张先生为花钱无节制的儿子的未来生活担忧，也想为儿子留一笔让他无法挥霍、却能满足他的基本生活水平的资金。

经过多方打听，张先生最终决定投保某家信托公司的信托产品——托富未来。张先生可设立信托合同并约定保险金赔付的 60% 归属孙子，剩余的 40% 则归属儿子。归属孙子的部分，在孙子硕士研究生毕业后可领取 50 万元，首次创业或承担特定职位时领取 100 万元，并在 35 岁时一次性领取完剩余全部金额。归属儿子的部分，在其年满 50 岁后每年领取一笔资金，供其养老开销；若张先生的儿子在此期间身故，未领取完的部分将仅归其孙子所有。受益人之间相互屏蔽隔离，仅知道自己继承的部分。

通过该信托产品，实现了张先生财产的跨代传承。那么你了解故事中信托的含义吗？接下来由我们一起走进信托！

7.1 信用委托基础

7.1.1 信托的发展历史

一、信托的产生

信托是社会经济发展到一定阶段的产物。它是如何产生的呢？一般认为，英国的尤斯（USE）制度是现代信托制度的最初形态。

早在封建时代，英国人便有着浓厚的宗教信仰，宗教信徒一般自愿把财产在死后捐赠给教会，结果教会便逐渐扩大了对财产，特别是对土地的占有。本来，在英国的封建制度下，君主可因臣下死亡而得到包括土地在内的贡献物，但在宗教势力扩大的情况下，不仅使封建君主不能因臣下死亡而得到土地等贡献物，而且对教会占有的土地不课征徭役和赋税，这样就大大降低了君主利益。

教会掌握的土地越多，对君主利益触犯就越大。于是，12世纪英王亨利三世颁布了《没收条例》。条例规定，凡是将土地让与教会者，需经君主及诸侯的许可，否则由官府没收。这一条例的目的是在于制止教徒捐赠土地，但当时英国的法官大多是教徒，他们都积极地设法为教会解困。

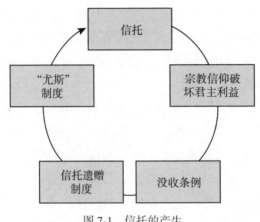

图 7-1　信托的产生

于是，英国法官参照罗马法典中的信托遗赠制度而创设"尤斯"制度。该制度的基本办法是：凡是以土地捐献给教会者，不做土地的直接让与，而是先将其赠送给第三者，然后由第三者将从土地上取得的收益转交给教会。这样教会虽没有直接掌握土地的财产权，但能与直接受赠土地一样受益。

后来，这种制度被广泛地利用于逃避一般的土地没收以及保障家庭财产（主要是土地）的继承上。按照当时英国封建制度的习惯，长子独得其父亲的全部遗产。而当时，有一定家庭财产的人，为保障其妻子和幼子在他死后的生活，会委托第三者代为掌握土地产权，代为管理产业，并将土地上的收益按其遗嘱分配给妻子和诸子。

由此可见，尤斯制是一种为他人领有财产权并代其管理产业的办法。尤斯制的最初目的是为了维护宗教上的利益，规避法令的限制，其对象也局限于土地。随着经济的发展，尤斯制的运用开始转移到为社会公共利益、为个人理财等方面。现代的信托业是在尤斯制的基础上发展起来的。

二、国外的信托发展

(一) 信托在英国的发展

英国是信托业的发源地。信托业最初由英国创始时是由个人来承办的，而且不以营利为目的。当时，英国信托的受托者主要有教会牧师、学校教师和银行经理等社会上信誉较好、地位较高的人。委托者不给受托者报酬，故称之为"民事信托"。

这种依靠个人关系而进行的信托，经常发生受托人贪污或先于委托人死亡等情况，往往会导致财产的损失和纠纷。为此，英国政府于 1883 年颁布了《受托者条例》，1896 年又颁布了《官选受托者条例》，1907 年进一步颁布了《官营受托法规》，并于 1908 年成立了官营受托局，使信托业具有了法人资格，并开始收取信托报酬。

根据 1925 年公布的《法人受托者条例》，由法人办理的以营利为目的的营业信托也正式开业。目前，英国法人承办的信托业务主要是股票、债券等代办业务和年金信托、投资顾问、代理土地买卖等业务。

目前，英国经营信托的机构主要是银行和保险公司，专业的信托公司所占的比重很小。按比例来看，银行所经营的信托业务占整个英国信托业务量的 20%左右，而威士敏斯特、密特兰、巴克莱、劳埃德这 4 大商业银行设立的信托部和信托公司所经营的信托业务量占整个银行所经营的信托量的 90%以上。

(二) 信托在美国的发展

美国的信托业务是从英国传入的。最初的美国信托业务是从受托执行遗嘱和管理财产等民事性质的业务开始的。随着美国经济的迅速发展，美国的信托业就开展了由公司经营的，以盈利为目的的商事性业务。

原先个人承办的民事信托不能适应经济发展的要求，以盈利为目的的信托公司和银行信托部等法人组织在美国应运而生。信托从个人承办演进为由法人承办并做商事性经营，这在美国出现得比英国还早。

1822 年，美国的"农民火灾保险及借款公司"开始兼营以动产和不动产为对象的信托业务。后来，为了适应业务发展的需要，该公司于 1836 年更名为"农民放款信托公司"。这是美国的第一家信托公司。

目前，美国的信托机构主要由商业银行设立的信托部承办，专业的信托公司很少。全美有 15000 家商业银行，其中 4000 多家商业银行设有信托部。

美国的信托业务，按委托人的法律性质可分为个人信托、法人信托和混合信托三大类。个人信托又分为生前信托和身后信托两大类。生前信托是指委托人生前委托信托机构代为处理其财务上的事务的信托业务；身后信托是委托人委托信托机构代为处理其死后一切事务的信托业务，如按遗嘱的规定分配遗产及赠与物，处理债权债务，代理继承人管理继承的财产，对未成年子女的监护，以及代理领取和处理人寿保险赔款等。法人信托主要是代理企业和事业单位发行股票和债券，进行财产管理，办理保险代办公司的设立、改组、合并、清理手续等。混合信托有信托投资、不动产信托、公益金信托和管理破产财团等。

（三）信托在日本的发展

日本的信托业是从英国和美国传入的。据记载，明治三十五年（1902年），日本兴业银行首次办理信托业务。日本的信托业在吸收英美信托中的精华的同时，根据本国的具体特点创办了许多新的信托业务。

在日本除了有大银行设立的"信托部"外还有许多专业信托公司。受托经营的财产种类，扩大到金钱、有价证券等各种动产及土地、房屋等不动产，还包括金钱债权和土地租借权等权益。

受托的业务对象，从对财产物资的经营管理扩大到对人的监护和赡养，以及包罗万象的咨询、调查等方面。日本现行《信托法》是 1922 年颁布，于1923 年起开始施行。

三、我国的信托发展

中国的信托业始于 20 世纪初的上海，具体如下表 7.1 所示：

表 7.1   信托在中国的发展

信托在中国的发展史		
时　间	机 构 名 称	地点
1921 年 8 月	中国通商信托公司	上海
1935 年	中央信托总局	上海

到了 1936 年，我国实有信托公司 11 家，还有银行兼营的信托公司 42 家。

当时这些信托机构的主要经营业务有：信托存款、信托投资、有价证券信托、商务管理信托、保管信托、特约信托、遗产信托、房地产信托和代理信托等。

自 1949 年至 1979 年，金融信托因为在高度集中的计划经济管理体制下没有得到发展。党的十一届三中全会后，随着国民经济的调整和改革措施的施行，我国出现了多种经济并存、多层次的经济结构和多种流通渠道，财政分权，企业扩权，国民收入的分配比例发生了变化，这对资金的运作方式和供求关系产生了重大影响。

经济体制的变革呼唤多样性的信用体制的形成，金融信托作为一种重要的信用形式开始发展。1979 年 10 月中国银行成立了信托投资咨询部，10 月 5 日成立了中国国际信托投资公司，1980 年后各地的信托投资公司纷纷成立。

在中国信托业发展过程中，随着市场经济的不断深化，全行业先后经历了五次清理整顿。在历史跨入新世纪之时，伴随《信托法》和《信托投资公司管理办法》的颁布实施，信托业终于迎来了发展的春天，我国的信托业也必将为加快建设有中国特色的社会主义事业，繁荣市场经济发挥出巨大的作用。

2008 年年底 1.22 万亿，2009 年年底 2.01 万亿，2010 年年底 3.04 万亿，2011 年年底 4.81 万亿，2012 年 6 月末 5.54 万亿，2008 年以来，中国信托业的信托资产规模几乎每年以约一万亿元的增长不断刷新纪录。

信托业管理的资产规模已经远远超过公募基金行业（2011 年年底证券投资基金资产净值 2.19 万亿元），直追保险业资产规模（2011 年年底保险资产总额 6.01 万亿元）。

中国信托公司的持续高速发展主要得益于以下几个方面：

（1）中国经济在过去 20 年保持高增长，使得国民财富迅速积累，居民对投资理财的需求迅速增加。众多理财产品中，固定收益类信托产品受到投资者的追捧。

（2）在分业经营、分业监管的金融体制下，信托公司相比其他各类金融机构，投资范围最为广泛，投资方式最为灵活。近年来，各类金融机构大规模与信托公司合作开展资产管理和财富管理业务。比如，银行的理财业务部门与信托公司合作，开展银信理财合作业务；银行的私人银行部门与信托公司合作，开发并代销集合信托产品。

（3）在持续的银行信贷规模管控环境下，信托公司满足了企业的融资需求。2008年四季度国家"四万亿"经济刺激计划出台后，银行开始大规模的信贷投放，但2009年第四季度以来，国家开始逐步控制信贷规模增长。在偏紧的信贷融资环境下，企业能够承受较高的融资成本，加之信托资金使用的灵活性，实业企业对信托融资的接受程度和实际需求都大大增加。

（4）大量高素质人才加盟信托业。近年来，不少信托公司建立了市场化运作、市场化激励机制，吸引了大量商业银行、证券公司、基金公司的人才"回流"信托业。信托公司形成了"自下而上"的创新动力。

此外，原银监会对信托业的科学定位和监管，也是信托业快速发展的重要原因。2007年，原银监会对《信托公司管理办法》《信托公司集合资金信托计划管理办法》进行了系统修订，进一步明确了信托公司"受人之托、代人理财"的定位。同年，原银监会非银部牵头组织拟定了信托公司未来发展规划：力争在3~5年时间内使信托公司盈利模式发生较大转变，成为真正体现信托原理、充分发挥信托功能、面向合格投资者，主要提供资产管理、投资银行业务等金融服务的专业理财机构。

7.1.2 信托的基本知识

一、信托的概念

信托是一种理财方式，是一种特殊的财产管理制度和法律行为，同时又是一种金融制度。信托与银行、保险、证券一起构成了现代金融体系。信托业务是一种以信用为基础的法律行为，一般涉及三方面当事人，即投入信用的委托人，受信于人的受托人，以及受益于人的受益人。

信托就是信用委托，信托业务是由委托人依照契约或遗嘱的规定，为自己或第三者（即受益人）的利益，将财产上的权利转给受托人（自然人或法人），受托人按规定条件和范围，占有、管理、使用信托财产，并处理其收益。

二、信托的职能与作用

（一）信托的职能

从信托理论和国外信托业的发展经验来看，信托业的职能主要有财产管理、融通资金、协调经济关系、社会投资和为社会公益事业服务五种。

信托业以其独特的，有别于其他金融机构的职能，牢固地在现代各国金融机构体系中占有重要的一席之地，并以其功能的丰富性获得"金融百货公司"之美誉。但必须明确的一点是，虽然时至今日，信托业的职能很多，但其原始功能——财产管理功能是其基本职能，其他诸种职能，都是在这一职能的基础上衍生而来。

表7.2 信托的职能

财产管理职能	指信托受委托人之托，为之经营管理或处理财产的功能，即"受人之托、为人管业、代人理财"，这是信托业的基本功能
融通资金职能	指信托业作为金融业的一个重要组成部分，本身就赋有的调剂资金余缺的功能，并以此作为信用中介为一国经济建设筹集资金，调剂供求
协调经济关系职能	指信托业处理和协调交易主体间经济关系和为之提供信任与咨询事务的功能
社会投资职能	指信托业运用信托业务手段参与社会投资活动的功能
为社会公益事业服务的职能	指信托业可以为欲捐款或资助社会公益事业的委托人服务，以实现其特定目的的功能

鉴于信托的这些职能，中国信托业的职能定位是：以财产管理功能为主，以融通资金功能次之，以协调经济关系功能、社会投资功能和为社会公益事业服务功能为辅。

（二）信托的作用

1. 信托拓宽了投资者投资渠道

对于投资者来说，存款或购买债券较为稳妥，但收益率较低；投资股票有可能获得较高收益，但对于投资经验不足的投资者来说，投资股市的风险也很大，而且在资金量有限的情况下，很难做到组合投资、分散风险。此外，股市变幻莫测，投资者缺乏投资经验，加上信息条件的限制，难以在股市中获得很好的投资收益。

信托作为一种新型的投资工具，把众多投资者的资金汇集起来进行组合投资，由专家来管理和运作，经营稳定，收益可观，可以专门为投资者设计间接投资工具，投资领域可以涵盖资本市场、货币市场和实业投资领域，大大拓宽了投资者的投资渠道。信托之所以在许多国家受到投资者的欢迎，发展如此迅速，都与信托作为一种投资工具所具有的独特优势有关。

2. 信托通过把储蓄转化为投资，促进了产业发展和经济增长

信托吸收社会上的闲散资金，为企业筹集资金创造了良好的融资环境，实际上起到了把储蓄资金转化为生产资金的作用。

这种把储蓄转化为投资的机制为产业发展和经济增长提供了重要的资金来源，特别是对于某些基础设施建设项目，个人投资者因为资金规模的限制无法参与，但通过信托方式汇集大量的个人资金投资于实业项目，不仅增加了个人投资的渠道，同时也为基础设施融资提供了新的来源。而且，随着信托的发展壮大，信托的这一作用将越来越大。

3. 信托促进金融市场的发展和完善

证券市场是信托重点投资的市场之一，信托的发展有利于证券市场的稳定。信托由专家来经营管理，他们精通专业知识，投资经验丰富，信息资料齐备，分析手段先进，投资行为相对理性，客观上能起到稳定市场的作用。

同时，信托一般注重资本的长期增长，多采取长期的投资行为，不会在证券市场上频繁进出，能减少证券市场的波动。

信托有利于货币市场的发展。《信托投资公司管理办法》中规定，信托投资公司可以参与同业拆借，信托投资公司管理运用资产的方式可以采用贷款方式，信托投资公司可以用自有资产进行担保，这些业务不仅仅是银行业务的重复，而是对于中国货币市场的补充。

商业银行作为货币市场的主要参与者，有其运作的规模效应，但同时也限制了它的灵活性。信托虽没有商业银行的资金优势、网络优势，但可以直接联系资本市场和实业投资领域，加上其自有的业务灵活性，对于企业的不同的融资需求和理财需求能够设计个性化的方案，丰富货币市场的金融产品。

三、信托基本原理

（一）信托主体

信托主体包括委托人、受托人以及受益人。

1. 委托人

委托人是信托的创设者，他应当是具有完全民事行为能力的自然人、法人或者依法成立的其他组织。委托人提供信托财产，确定谁是受益人以及受益人享有的受益权，指定受托人，并有权监督受托人实施信托。

2. 受托人

受托人承担着管理和处分信托财产的责任，应当是具有完全民事行为能

力的自然人或者法人。受托人必须恪尽职守，履行诚实、信用、谨慎、有效管理的义务；必须为受托人的最大利益，依照信托文件和法律的规定管理和处分信托事务。

3. 受益人

受益人是在信托中享有信托受益权的人，可以是自然人、法人或者依法成立的其他组织，也可以是未出生的胎儿。公益信托的受益人则是社会公众，或者一定范围内的社会公众。

（二）信托客体

信托客体是指信托关系的标的物。信托客体主要是指信托财产，是委托人通过信托行为转移给受托人并由受托人按照一定的信托目的进行管理或处置的财产，信托财产通常具有转让性、独立性、有限性、有效性等特征。

1. 信托财产的范围

信托财产是指受托人承诺信托而取得的财产；受托人因管理、运用、处分该财产而取得的信托利益，也属于信托财产。信托财产的具体范围我国没有具体规定，但必须是委托人自有的、可转让的合法财产。法律法规禁止流通的财产不能作为信托财产；法律法规限制流通的财产须依法经有关主管部门批准后，方可作为信托财产。

2. 信托财产的特殊性

信托财产的特殊性主要表现为独立性。信托财产的独立性是以信托财产的权利主体与利益主体相分离的原则为基础的，是信托区别于其他财产管理制度的基本特征。

同时也使信托制度具有更大的优越性。其体现为：安全性，成立信托固然不能防止财产因市场变化而可能遭受的投资收益的损失，但却可以防止许多其他不可预知的风险；保密性，设立信托后，信托财产将属于受托人，往后的交易以受托人名义进行，使原有财产人的身份不致曝光；节税，在国际上信托是避税的重要方式，我国在这方面的立法还需完善。

3. 信托财产的物上代位性

在信托期内，由于信托财产的管理运用，信托财产的形态可能发生变化。如信托财产设立之时是不动产，后来卖掉变成资金，然后以资金买成债券，再把债券变成现金，呈现多种形态，但它仍是信托财产，其性质不发生变化。

4. 信托财产的隔离保护功能

信托关系一旦成立，信托财产就超越于委托人、受托人、受益人，对受托人的债权人而言，受托人享有的是"名义上的所有权"，即对信托财产的管理处分权、而非"实质上的所有权"自然不能对不属于委托人的财产有任何主张。所以受托人的债权人不能对信托财产主张权利。

可以说，信托财产形成的风险隔离机制和破产隔离制度，在盘活不良资产、优化资源配置中，信托具有永恒的市场，具有银行、保险等机构无法与之比拟的优势。

5. 信托财产不得强制执行及例外

由于信托财产具有独立性，因此，委托人、受托人、受益人的一般债权人是不能追及信托财产的，对信托财产不得强制执行是一般原则。

我国《信托法》规定，仍有例外：一是设立信托前债权人已对该信托财产享有优先受偿的权利，并依法行使该权利；二是受托人处理信托事务所产生的债务，债权人要求清偿该债务的；三是信托财产自身应负担的税款；四是法律规定的其他情形。

（三）信托行为

信托行为是指以信托为目的的法律行为。信托约定（信托关系文件）是信托行为的依据，即信托关系的成立必须有相应的信托关系文件作保证。信托行为的发生必须由委托人和受托人进行约定。

委托人立下遗嘱，经过法院鉴证，也是法律行为，同样属于信托行为。此外，信托行为也可以由法院按有关法律强制性建立。

从信托的本质出发，作为法律行为之一的信托行为，应具有两大特点。

1. 信托行为是一种角色行为

法律角色是同一定的法律地位有关的被期待的一套行为模式，是与行使权利和履行义务联系在一起的。行为者按照法律为本角色规定的权利与义务活动，就是角色行为。判定一种法律行为是否属于角色行为，主要是根据行为本身是否出自或应否符合某一特定的法律角色。

在信托制度之下，不论是委托人，受托人，还是受益人，其在信托法律关系中的地位、作用及活动范围均受《信托法》的严格规制，其行为具有典型的角色性。

2. 信托行为是一种抽象行为

行为的抽象性与具体性不在行为本身，而在于行为的效力范围。依此界定，抽象行为是针对不特定对象而做出的、具有普遍法律效力的行为，具体行为是针对特定对象而做出的、仅有一次性法律效力的行为。

由于在信托行为成立生效后，其最重要的一个法律后果是产生了信托财产的破产隔离功能。由此可知，信托行为具有抽象性。

由于信托是一种法律行为，因此在采用不同法系的国家，其定义有较大的差别。历史上出现过多种不同的信托定义，但时至今日，人们也没有对信托的定义达成完全的共识。

我国随着经济的不断发展和法律制度的进一步完善，于 2001 年出台了《中华人民共和国信托法》，才对信托的概念进行了完整的定义。

（四）信托价格和信托报酬

《中华人民共和国信托法》中对信托报酬的相关规定如下：受托人有权依据信托文件的约定取得报酬，设立信托的书面文件可以载明受托人报酬的事项，信托终止时，如果信托报酬没有按照约定支付，受托人可以留置信托财产或者向信托财产的权利归属人提出请求。《信托投资公司管理办法》规定，信托合同应当载明信托财产税费的承担事项，信托投资公司依据约定以手续费或佣金的方式收取报酬。

7.2 信用委托机构

7.2.1 中国十大信托公司简介

一、中融信托

中融国际信托有限公司成立于 1987 年，前身为哈尔滨国际信托投资公司。2002 年 5 月重新登记并获准更名为"中融国际信托投资有限公司"。2007 年 7 月，公司取得新的金融许可证，更名为"中融国际信托有限公司"。公司注册资本为人民币 16 亿元，注册地为黑龙江省哈尔滨市南岗区嵩山路 33 号，主要办公地为北京市西城区金融街武定侯街 2 号。法定代表人为公司董事长刘洋先生。

二、中信信托

中信信托有限责任公司是原银监会直接监管的以信托业务为主业的全国性非银行金融机构，是我国资产管理规模最大且综合经营实力稳居行业领先地位的信托公司，并于 2009 年被推举为中国信托业协会会长（理事长）单位。

三、外贸信托

中国对外经济贸易信托有限公司（中文简称外贸信托，英文简称 FOTIC）成立于 1987 年 9 月 30 日，是中国中化集团公司旗下从事信托业务的公司，也是少数几家受原银行业监督管理委员会直接监管的中央级信托公司，中国信托业协会副会长单位之一。

四、平安信托

中国平安保险（集团）股份有限公司于 1988 年诞生于深圳蛇口，是中国第一家股份制保险企业，至今已发展成为融保险、银行、投资等金融业务为一体的整合、紧密、多元的综合金融服务集团。公司为香港联合交易所主板及上海证券交易所两地上市公司，股票代码分别为 2318 和 601318。

五、中诚信托

该公司风险管理遵循全面、独立、相互制约、一致性等原则，根据业务类别制定相应的风险控制政策以及系统的内控制度，形成"事前防范、事中控制、事后评价"的风险管理规程。项目选择实行尽职调查制度，项目决策实行分级审批制度，项目执行实行双人负责制，项目运转实行风控人员全程跟踪监督制度。财务管理方面，公司根据法律法规要求实行信托财产与固有财产分户管理、分别核算，不同信托财产开立不同账户等管理制度。

六、中铁信托

中铁信托有限责任公司（简称中铁信托，原名为衡平信托有限责任公司）是经原银行业监督管理委员会批准，以金融信托为主营业务的非银行金融机构，注册资本 20 亿元。2007 年 7 月，公司按照原银监会《信托公司管理办法》换发了新的金融许可证，公司名称由"衡平信托投资有限责任公司"变更为"衡平信托有限责任公司"，成为全国首批换发金融许可证的信托公司之一。2008 年 12 月，经四川银监局批准，公司正式更名为"中铁信托有限责任公司"。

七、新华信托

该公司始创于 1979 年。1986 年 5 月，经中国人民银行《关于成立中国工商银行重庆信托投资公司的批复》批准，成立中国工商银行重庆信托投资公司。1992 年 3 月，经中国人民银行重庆市分行和重庆市经济体制改革委员会联合发表《关于完善中国工商银行重庆信托投资公司股份制体制有关问题的批复》，同意改制为股份有限公司。

八、西安信托

西安国际信托有限公司于 1986 年经中国人民银行批准成立。1999 年 12 月公司增资改制为有限责任公司，更名为"西安国际信托投资有限公司"。2002 年 4 月，中国人民银行总行批准重新登记申请，该公司获准单独保留。2008 年 2 月经原银行业监督管理委员会批准，公司换领新的金融许可证，同时更名为"西安国际信托有限公司"，公司注册资本金为人民币 3.6 亿元。

九、中粮信托

中粮信托有限责任公司（以下简称"中粮信托"）于 2009 年 7 月 1 日获原银行业监督管理委员会批准开业。中粮信托注册地在北京，是由原银监会直接监管的非银行金融机构。经由原银监会批准，中粮信托于 2012 年成功引进战略投资者——蒙特利尔银行，由此股东架构调整为中粮集团有限公司持股 72.009%，蒙特利尔银行持股 19.99%，中粮财务有限责任公司持股 4.0005%，中粮粮油有限公司持股 4.0005%。

十、华润信托

华润深国投信托有限公司（以下简称"华润信托"）是一家历史悠久、业绩领先、实力雄厚、品牌卓越的综合金融服务机构。

公司前身是成立于 1982 年、有"信托行业常青树"之称的"深圳国际信托投资有限公司"（简称"深国投"）。华润信托注册资本为人民币 26.3 亿元，股东分别为华润股份有限公司和深圳市人民政府国有资产监督管理委员会。

7.2.2　信托机构及其管理

一、信托机构的设立及管理

信托投资机构管理是中央银行或有关金融管理部门对信托投资机构的设置、业务范围、活动方式和监督检查等管制行为的总称。经营信托业务必须具备一定条件，主要包括：资本充足、符合社会公众对信托业务的要求、具有经营管理能力等。

（一）信托机构建立的条件

信托投资公司是一种以受托人的身份，代人理财的金融机构。它与银行信贷、保险并称为现代金融业的三大支柱，也是投资公司的一种，成立信托投资公司需要满足以下条件：

1. 设立信托投资公司需人民银行批准，并领取《信托机构法人许可证》；

2. 具有符合公司法和人民银行规定的公司章程；

3. 具有人民银行规定的入股资格的股东；

4. 注册资金不低于3亿元；

5. 有具备入行规定从业资格的高级管理人员和信托从业人员；

6. 具有健全的组织机构管理办法、信托操作规范、风险控制等制度。

（二）组织机构的管理办法

信托组织机构的设立需要相关法律和规则来约束，才能有效、循序发展。根据《中华人民共和国中国人民银行法》等法律和国务院有关规定，中国人民银行制定了《信托投资公司管理办法》。其目的是加强对信托投资公司的监督管理，规范信托投资公司的经营行为，促进信托业的健康发展。《信托投资公司管理办法》的内容主要请参见有关条文。

二、信托机构的操作

在信托机构中，各个岗位各司其职，信托机构在接受一单任务前，总是要经过前期考察、立项、预审、终审的流程。每个流程都要根据法律法规严格层层把关。

（一）信托操作

信托业务操作规范：

项目前期考察→信托项目立项

信托项目预审→信托项目终审→信托项目报备

信托项目成立→信托项目推介→信托项目后续管理

信托项目清算→信托项目披露

信托项目立项流程：

审查机构职责四部及其职责如下：

（1）信托管理部：审查立项材料、信托文件的完整性、规范性以及是否符合行业监管规则等。

（2）计划理财部：审查会计账户设置及核算管理的合规性等。

（3）风险管理部：审查交易结构的合理性、尽职调查的完整性、风险防范和控制措施的有效性等。

（4）法律事务部：审查法律关系、法律风险、法律责任等。

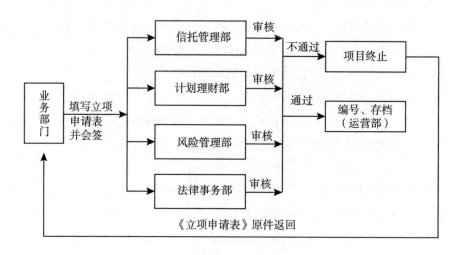

信托立项项目审查表

承办部门：

项目名称		项目所在地	
客户企业名称		业务类型	

立项报告

（以下内容为参考内容，页面不够可另行提供附件）

(1) 项目简介与客户评估

(2) 业务模式与操作方案

(3) 收益与风险分析

(4) 操作可行性分析

(5) 大致时间安排

项目经理签名：

部门负责人签名：

申报日期：____年____月____日

分管领导 意见	
	签名：
公司总裁 意见	
	签名：

信息管理部统一编号：

信托立项项目审查表

承办部门：

项目名称		项目所在地	
客户企业名称		业务类型	

项目立项撤销原因

项目经理签名：

部门负责人签名：

申报日期：＿＿年＿＿月＿＿日

分管领导意见	
	签名：
公司总裁意见	
	签名：

信息管理部统一编号：

信托业务流程如下：

（1）审查

①信托项目应经过四部分别审查，审查完成后提交项目审查委员会进行会审，会审通过以后，再提交风险控制委员会进行审批。

②若信托项目涉及关联交易的，应经关联交易委员会审批，并按规定实行银行托管。

③信托资金涉及证券投资的，应经证券投资决策委员会审核通过。面向自然人推介并销售的集合资金信托计划应报董事会审批。

（2）报备

经公司审批后的集合资金信托计划，应向银监局报告、备案；异地集合资金信托计划应向当地银监局和推介地银监局报告、备案。

（3）推介

①本地推介和异地推介。

②公司直销和金融机构代理推介。

③对委托人的尽职调查、个人稳定收入证明。

（二）网上信托业务流程

所谓网上信托，是指委托方通过信托公司或其他信托机构提供的网络平台，在网上签订信托合同、转让信托产品、查询信托财产以及有关交易情况的信托业务运作方式。网上信托的特点详见下表。

网上信托产品的购买流程如下：

第一步，遴选产品。

选择优质的信托项目，要从三个维度考虑，即安全性、流动性、收益性。信托的收益分固定收益、浮动收益，以及固定收益+超额收益。挑选固定收益类信托产品，需从信托公司、行业、融资方、抵押/质押物及收益和期限五个方面把关。

第二步，选择渠道。

信托产品的购买包括银行、信托公司和第三方理财公司三条渠道。一般来讲银行的信托产品种类繁多，网点众多购买方便，但收益率偏低；信托公司产品收益率高，但产品相对单一，异地购买也是难题，第三方理财收益较高，选择性比较大，是中产阶层理想的理财渠道。

第三步，认购缴款。

推荐期届满，投资者确认份额后，除银行购买信托产品外，投资者采取在信托公司直接购买或通过第三方理财公司购买信托产品，需保证在约定日期前将其足额的认购资金，用银行转账形式划入受托人为本信托计划单独开立的银行托管资金账户内（信托专户）。第三方理财公司不能通过自由账户为投资者代缴、代存资金。

第四步，签署合同。

委托人（投资者）交款后与信托签署信托合同及相关文件，签约时委托人须向受托人提供以下材料：银行转账凭证原件、信托利益划付账户、身份证明文件以及信托公司要求的其他材料。

第五步，购买成功。

委托人（投资者）完成缴款，信托计划成立后，信托公司将在成立后约定时间内向受益人发放受益权证书。

7.2.3　信托公司业务风险防控

现代金融体制的快速发展，带给了金融业高速的发展空间，在传统的银行、证券、保险三大金融业外，信托、期货、基金、财务、典当等其他金融业也发展加速，成为金融业市场不可忽视的力量。信托公司凭借其宝贵的金融业经营牌照，享有投融资贷款方面的优势，成为除银行外进行大规模建设投资的重要资金供应方。

在信托投融资过程中，也相应出现各种各样的风险，如何预期这种风险的危害，以及合理化解风险带来的损害将是信托业务正常发展的关键。

一、信托面临的风险

信托公司因其推出的信托品种涉及的行业不同面临着不同的风险，如利率、汇率、政策风险等。

（一）操作风险

操作风险可以理解为金融机构系统不完善、管理失误缺位、内部控制不健全、无效或其他一些人为的错误导致损失的可能性。现阶段的信托资金投向其实主要集中在两个方面：贷款类和证券投资类。这两项业务也是银行和证券公司的传统主营业务，原银监会主席刘明康曾说："信托公司做出产品的风险都大于银行的产品，因此信托公司的人才、技艺就应高出银行人才一筹。"信托公司在这两个环节的人才储备不足也是加剧信托公司操作风险的最大客观因素。

（二）法律风险

法律风险主要是指合同的文书不符合相关法律规定的要式及真实意思表示不明确，与合同双方当事人因履行过程中的争执纠纷引发的诉讼等产生的风险。信托公司的信托业务可以说从信托计划的推出、运用，到分配的全过程中，每个环节都要涉及合同的问题。对于同客户签证的合同的内容、格式等要素在"一法两规"中都做出明确的规定，现在存在的问题主要有信托公司私自改变资金用途，变相以高的收益率许诺，超出 200 份的上限等，信托资金到期回收不及时所面临的资金供需双方的诉讼问题以及抵押权实现等都需要相应熟悉《合同法》《担保法》《破产法》等法律法规的专家。

（三）技术风险

监管层下一步推出的政策可能涉及信托资金运用信息披露及关联方交易等事项。将要求信托公司真正做到财务上自营、信托业务分账核算，对信托资金运作的全过程分时、分类披露，特别关注的是信托公司关联方交易的性质、定价、内容等事项。《信托公司集合资金信托业务信息披露暂行规定》《信托业务关联交易指引》等法规的正式出台将使得信托公司现有业务趋向透明，也迫使其对现有的不合规业务进行整改以及经营思路的改变。

普通投资者对资金运作起码的知情权的要求和不少信托公司违规操作促使监管层出台类似严格的政策，不仅对信托公司的财务数据对外提供提出来更高的技术要求，更将对少数信托公司的现有盈利机制和"侥幸"过关、心存幻想的经营思路进行了打击并催其变革。

（四）制度风险

不少信托公司尽管改制完毕，引进社会股东，但是经营风格上仍沿袭原国有企业，先进的管理机制成为摆设，内部人控制现象严重，激励机制模糊。一方面机构臃肿，人浮于事，另一方面自营、信托业务一套人马两套班子，缺乏优秀的研发、管理类人才。经营层不思进取，没有建立风险控制委员会，弱化内部审计部门作用等，更有甚者还使信托公司成为大股东的提款机。

二、信托风险防范措施

（一）形成一个核心的盈利模式

多元化的产品投资渠道一定程度上增加了盈利点，但是同时需要很强的驾驭能力相匹配，否则只能是适得其反。

在理财领域，专业化能力竞争加剧，"广种薄收"的观念早应更新。面对证券公司的集合资金理财业务和基金市场的低门槛，信托公司的理财优势应集中体现在某一方面或几个方面。

"术业有专攻"不能只看到信托品种横跨资本、货币、产业市场，没有足够的人才、技术储备就贸然进入新的领域只能增加自身的风险。形成特色的盈利模式不仅能快速占领市场，而且能增强抵抗风险的能力。

（二）增强研发能力

1. 研究能力

主要是对国家宏观政策，相关法律法规的分析、理解、把握能力。金融市场是一个国家经济运行的"晴雨表"，相关政策法律的效力是应最先反映在金融市场中的某一个或几个行业中，由此作为非银行性金融机构的信托公司把握政策走向，合理规避政策风险，推出抗风险能力强的信托品种应是检验其研究能力的最好标尺。

2. 调研能力

先进的研究理论切实转化成适销对路的产品需要较高的调研水平。任何产品必须符合当地的市场需求、消费偏好、消费能力、产业结构等。

像一些以未来的高速公路收费收入做担保设立的高速公路项目的受益信托品种，需要对公路的使用年限，车辆流量，收费标准等相关项目进行调研，不能仅局限于对方提供的设计能力上。

财政支持的基础建设项目需要对财政收入水平、支付结算方式方面进行分析调研，不能依靠口头承诺。房地产信托品种需要对开发商的实力，资本真实性，开发项目的销售前景，抵押权的真实性、有效性等进行考察，不能仅对其财务报表做简单分析。

（三）完善内部治理结构

现代企业制度的建立健全不是形式的要求，而是要让"产权清晰，责权明确，科学管理"的公司内部治理结构充分发挥作用，真正做到责、权、利明确，防范风险，提高效率，为信托公司业务做强、做大打下良好的基础。行业所面临的风险和对投资报酬率的内在要求是影响现代企业财务管理目标实现的重要因素，也是信托公司稳健经营、持续发展必须解决的问题。无论从监管层还是地方政府态度上看，信托公司现在面临的外部环境可以说是历史上最好的。

三、信托公司开展尽职调查的五大原则

对于信托产品而言，由于其信托目的和受托责任各不相同，每个信托项目涉及的交易结构和调查内容也存在诸多差异。因此，每个信托产品的尽职调查必须要有较强的针对性，以求最大限度实现信托目的并保障受益人利益，同时，也为了降低资金成本、时间成本和机会成本，尽职调查的效率效果和精准性也极为重要。

总结下来，信托产品的尽职调查可以遵循以下几项原则。

（一）全面性原则

调查内容要在受托职责范围内尽可能的系统全面，尽可能覆盖信托产品运作和管理中的各种方面，充分揭示或规避各种潜在风险。

同时，尽职调查人员还必须采集和调查所有相关的材料，从各种基础性材料中发现事实、发现问题、验证判断，尽职调查要涵盖目标企业或目标项目有关管理运营的全部内容。

（二）独立性原则

尽管信托公司常常聘请具备资质的专业机构协助开展尽职调查工作，但是，受托责任的履行必须建立在独立判断的基础上。

无论是自行调查或是委托调查，信托公司应当能够独立地进行尽职调查并作出自己的判断，信托公司的尽职调查人员应保持客观态度，并在工作上与其他专业机构保持独立。

（三）审慎性原则

信托公司在开展尽职调查时，应保持在调查流程方面和获得资料方面的谨慎态度，对任何资料、信息以及相关人员口头陈述中所发现的任何问题，均应保持审慎的怀疑态度，并做更深入的了解和探究。

信托公司还应结合风险控制的重要性原则，委派专人对尽职调查工作中的相关计划、工作底稿及报告进行复核。

（四）透彻性原则

由于信托产品具有较强的灵活性和特殊性，往往涉及很多周密细致的环节，需要对信托财产和相关权益作出全面透彻的了解，要与相关当事人、政府机构和中介机构等进行调查和沟通。以股权为例，尽职调查要明确股权的性质、所属以及章程中的相关限制，了解资本市场对于股权抵押、转让方面的规定，甚至董事会对此的特殊规定。

以专利为例，尽职调查不仅需要了解专利权的权属和状态，还要明确其是否存在纠纷、有效期限、地域范围以及专利许可情况等内容。

（五）区别性原则

针对不同的信托产品和信托项目，尽职调查应该有所侧重。

首先，尽职调查会因不同的信托目的而不同，通常情况下，资产管理业务的尽职调查内容远远大于纯受托事务管理的尽职调查内容。

其次，尽职调查会因不同的信托财产而不同，以实物资产作为信托财产的尽职调查更注重资产价值和相关权益，而以股权为信托财产的尽职调查则更注重目标企业的经营状况和相关信用增级手段。

最后，尽职调查会因不同的目标企业所处的行业、背景而不同，也会因企业不同的治理结构、规模、成长阶段而不同。

7.3 信用委托业务

随着信托在中国的不断发展壮大，为适合国情发展，信托在业务类型方面不断进行调整，作为一种理财方式，信托已经成为一种日渐被人们所接受和信赖的理财助手，它的安全性和灵活性更大程度地满足了人们的需求，降低了理财风险，更为人们以后的生活做出理想的蓝图。信托理财让你能够拥有轻松、闲适的生活。

7.3.1 资金信托业务

一、资金信托概述

资金信托，又称金钱信托，它是指委托人基于对受托人（信托机构）的信任，将自己合法拥有的资金委托给受托人，由受托人按委托人的意愿以自己的名义，为受益人的利益或者特定目的管理、运用和处分资金的行为。资金信托业务是信托机构一项重要的信托业务，也是信托机构理财业务的主要存在方式。

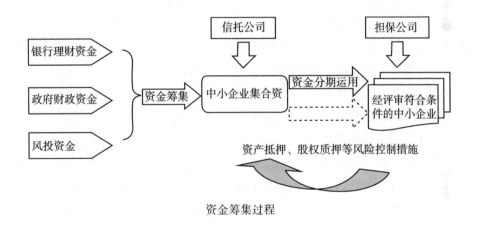

资金筹集过程

二、资金信托的特点

集合信托计划的运用范围除存放（拆放）于其他金融机构外，只用于投资具有规范二级市场的国债、政策性金融债、企业债券、上市公司可流通股票、证券投资基金等有价证券的，为有价证券投资集合信托计划。

因此，集合资金信托有广泛的应用领域。微观方面，能够发挥信托机构规模化管理和专业化运作资金的优势，聚集闲散资金投资于证券、产业项目等领域，满足中小投资者的投资需求，缓解资金需求者的燃眉之急。宏观方面，为实现国家的产业政策，可以通过集合资金信托为个人和机构投资者提供运用资金的多种形式和广阔平台，增强金融对整个国民经济的渗透力。

目前，由于条件不具备，我国的信托机构没有开展第一种业务，《暂行办法》所规范的是第二种资金信托业务。由于这类业务的委托人要有资金实力，能自担风险，信息公开披露的要求不高，因而对委托人的准入门槛要高。如英国规定，拥有10万英镑的年收入或拥有25万英镑净资产的个人有资格参加此类业务；美国规定，拥有500万美元资产的个人或机构有资格参加此类业务，且人数不超过100人。这样规定的目的，是避免把风险识别能力和损失承受能力较弱的普通投资者引入此类业务。

参加集合资金计划一般属于高风险、高收益的投资，特别是向固定资产项目投资，一般具有建设周期长、项目大、风险大、收益相对比较高的特点。按照管理第二种资金信托业务的要求，《暂行办法》第六条规定"信托机构集合管理、运用、处分信托资金时，接受委托人的资金信托合同不得超过200份（含200份），每份合同金额不得低于人民币5万元（含5万元）"。这样规定，提高了加入集合资金计划者的门槛，也对信托机构提出了相应的约束条件。同时，为了不排斥有风险意识的小投资人加入集合资金计划，从我国的国情出发，每份合同最低金额定为人民币5万元。

三、资金信托的种类

资金信托根据不同的标准可以划分为不同的类型，具体如下：

信托机构在办理资金信托业务时，可以按照委托人的要求，为其单独管理信托资金，即称为单独管理资金信托；为了使受托资金达到一定的数额，也可以采取将不同委托人的资金集合在一起管理的做法，通常称为集合资金信托。

（一）单独管理资金信托

又可分为特定单独管理资金信托和指定单独管理资金信托。特定单独管理资金信托是指委托人指定资金的运用方法及标的，包括投资标的的类别、名称、数量、时期、交易价格等，信托机构并无裁量权。其资金运用的范围包括：

（1）存放金融机构的存款或信托资金；

（2）投资国债或企业债券；

（3）投资短期票券；

（4）国内上市股票；

（5）国内证券投资信托基金；

（6）其他经主管机关核定的业务。

指定单独管理资金信托业务是指结合信托机构自身信托投资及土地开发业务专长，引导信托资金投资于政府编列预算执行的开发项目。

（二）集合资金信托

按照接受委托的方式，集合资金信托业务又可分为两种：第一种是社会公众或者社会不特定人群作为委托人，以购买标准的、可流通的、证券化合同作为委托方式，由受托人统一集合管理信托资金的业务；第二种是有风险识别能力，能自我保护并有一定的风险承受能力的特定人群或机构为委托人，以签订信托合同的方式作为委托方式，由受托人集合管理信托资金的业务。

按照集合资金信托计划的资金运用方向，其可分成证券投资信托和组合投资信托。

（三）证券投资信托

即受托人接受委托人的委托，将信托资金按照双方的约定，投资于证券市场的信托。它可分为股票投资信托、债券投资信托和证券组合投资信托等。

（四）组合投资信托

即根据委托人风险偏好，将债券、股票、基金、贷款、实业投资等金融工具，通过个性化的组合配比运作，对信托财产进行管理，使其有效增值。

四、资金信托合同

资金信托合同就是信托当事人之间达成的有关资金信托的合同。重点在于明确信托目的、信托财产、信托当事人及其权利义务、信托利益、信托风险等重要事宜。

信托投资公司办理资金信托业务，应与委托人签订信托合同。采取其他书面形式设立信托的，按照法律、行政关系的规定设立。信托合同应当载明以下事项：

（1）信托目的；

（2）委托人、受托人的姓名或者名称、住所；

（3）受益人姓名或者名称、住所，或者受益人的范围；

（4）信托资金的币种和金额；

（5）信托期限；

（6）信托资金管理、运用和处分的具体安排；

（7）信托利益的计算，向受益人交付信托利益的时间和方法；

（8）信托财产税费的承担，其他费用的核算及支付方法；

（9）受托人报酬计算方法，支付期间及方法；

（10）信托终止时信托财产的归属及分配方式；

（11）信托事务的报告；

（12）信托当事人的权利、义务；

（13）风险的揭示与承担；

（14）信托当事人的违约责任及纠纷解决方式。

信托合同还可以载明信托财产的交付，信托资金管理、运用、处分的具体方法。改变方法时受托人的建议和委托人的指示，信托的变更、解除和终止，信托财产的审计或者评估，以及委托人和受托人认为需要载明的其他事项。

例：资金信托合同

委托人：_____   受托人：_____

法定代表人或负责人：_____   法定代表人：_____

营业执照号：_____   住所地：_____

营业地址或住址：_____   邮政编码：_____

联系地址：_____   联系电话：_____

邮政编码：_____   传真：_____

联系电话：_____

传真：_____

鉴于：

1. 委托人与其他投资人共同出资，委托_____（以下简称"信托投资公司"或"发起人"）发起设立了_____（以下简称"股权收购信托"）；

2. 委托人根据股权收购信托相关信托文件的规定，与信托投资公司签订《_____资金信托合同（特定受益类）》，并提供信托资金_____元，并成为该项目的特定受益人；

3.《_____资金信托合同（优先受益权）》（以下简称"a类资金信托合同"）项下之优先受益人（以下简称"优先受益人"），有权要求上述股权收购信托特定受益人受让其所持有的信托受益权；

4. 委托人同意向受托人提供本合同所规定的信托资金，由受托人进行管理和运用，在股权收购信托项下，优先受益人要求 c 类合同特定受益人受让上述优先受益权时，或根据股权收购信托及相应信托合同的有关规定，以上述信托资金，受让取得上述信托受益权；为此，委托人与受托人，根据《中华人民共和国信托法》《信托投资公司管理办法》《信托投资公司资金信托管理暂行办法》《中华人民共和国合同法》及其他有关法律法规和规章，签订本合同，以资共同遵照执行。

第一条 信托目的

委托人基于对受托人的信任，自愿将其合法所有的资金委托给受托人，由受托人按照本合同的规定进行运用和处分，为本合同受益人获取收益，同时根据股权收购信托项下信托文件的规定，受让 a 类资金信托合同优先受益人的信托受益权，为优先受益人的优先受益权良好的流动性和顺利退出提供保障。

第二条 信托资金的用途

本项目为指定用途资金信托。信托资金用于：

1. 在本合同第八条规定的情况发生时，受让股权收购信托项下优先受益人信托受益权。

2. 在本合同第八条的情况尚未发生时，以保证上述信托资金的流动性、安全性为原则，参与受托人与本合同项下信托资金同等金额部分的债权项下投资，包括受让受托人编号_____贷款合同（_____资金贷款项目），或投资受托人其他信托产品，以获取信托收益。

3. 信托资金所取得的信托收益在分配前可进行同业拆放、银行存款或国债回购等稳健性运作。

第三条 受益人

本合同项下的信托为自益信托。受益人与委托人为同一人。

第四条 信托资金及其交付

本合同项下资金信托的币种为人民币。

本合同项下信托资金金额为人民币（大写）：_____元（小写金额：￥_____元）。

委托人应于签订本合同后三日内，将上述信托资金缴纳或划转至受托人指定的信托资金专户。

受托人指定的本合同信托资金专户信息如下：户名，_____；开户行，_____；账号，_____。

第五条 信托生效

本合同项下信托在以下条件满足时始得生效：

1. 股权收购信托计划成立；

2. 委托人已按照本合同第四条的规定，足额交付信托资金。

第六条 信托期限

本合同项下信托的期限为股权收购信托之存续期间。

第七条 信托资金的管理和运用

本合同项下的信托财产，由受托人按本合同的规定，设立信托资金专户以区别于股权收购信托计划项下其他信托合同的信托财产，进行相对独立的管理和运用；但在本合同第八条规定的情形发生时，受托人应当以本合同项下的信托财产用于实现优先受益人所享有的信托受益权。

受益人无条件同意前款规定的信托财产的管理和运用方式。

受托人对本合同项下的信托项目资金应建立单独的会计账户进行核算。

第八条 信托财产的使用

在以下情形下，本合同项下的信托财产用于受让优先受益人的信托受益权：

1. 在股权收购信托存续期间，优先受益人根据信托计划股权计划和相应的资金信托合同的规定，要求 c 类资金信托合同特定受益人受让其信托受益权时，受托人应当按照上述信托计划和资金行托合同规定的条件和价格，以本合同项下的信托财产，受让上述信托受益权；

2. 在股权收购信托计划终止前，优先受益人根据该信托计划和有关信托合同的规定应当向特定受益人或其指定的人转让其信托受益权。特定受益人或其指定的人受让上述优先受益人的信托受益权时，特定受益人或其指定的人如无其他资金受让，受托人应当按照股权收购信托计划和该信托计划项下相关信托合同规定的条件和价格，以本合同项下的信托财产，受让上述信托受益权。

若本合同项下，信托财产中的现金不足以受让上述信托受益权，受托人须将信托财产以公平市场价格转让给第三方，或由受托人受让，直至足额受让上述信托受益权止。

第九条 受让上述信托受益权后信托受益权确定

受托人受让上述信托财产后，其继受的信托受益权按照股权收购信托计划项下 c 类信托合同规定的信托受益权确定和执行。受让人除享有上述 c 类信托合同项下第十二条第（1）项、第（2）项和第（3）项规定的权利，并承担相应的义务外，放弃特定收益人的其他权利。

第十条　委托人的权利和义务

1. 委托人的权利

（1）有权了解信托财产的管理、运用、处分及收支情况，并有权要求受托人作出说明；

（2）有权查阅、抄录或者复制与其信托财产有关的信托账目以及处理信托事务的其他文件；

（3）因设立信托时未能预见的特别事由，致使信托财产的管理方法不利于实现信托目的或者不符合受益人的利益时，委托人有权要求受托人调整该信托财产的管理方法；

（4）受托人违反信托目的处分信托财产或者因违背管理职责、处理信托事务不当，致使信托财产受到损失的，委托人有权申请人民法院撤销该处分行为，并有权要求受托人恢复信托财产的原状或者予以赔偿；

（5）本合同及法律法规规定的其他权利。

2. 委托人的义务

（1）按本合同的规定交付信托资金；

（2）保证其所交付的信托资金来源合法，是该资金的合法所有人；

（3）保证已就设立信托事项向债权人履行了告知义务，并保证设立信托未损害债权人利益；

（4）本合同及法律法规规定的其他义务。

第十一条　受托人的权利和义务

1. 受托人的权利

（1）自信托生效之日起，根据本合同的规定，管理、运用和处分信托财产；

（2）可根据本合同的规定将信托事务委托他人代为处理；

（3）本合同及法律法规规定的其他权利。

2. 受托人的义务

（1）根据本合同的规定，妥善管理和运用信托财产。未经委托人的同意，不得以本合同规定之外的方式，擅自运用、处分信托财产；

（2）为受益人的最大利益处理信托事务，恪尽职守，履行诚实、信用、谨慎、有效管理的义务；

（3）对委托人、受益人以及处理信托事务的情况和资料依法保密；

（4）按照本合同及法律法规的有关规定，向委托人和受益人提供信托资金管理报告和信托资金运用及收益情况表，并保存处理信托事务的完整记录、原始凭证及资料，保存期为自本信托终止之日起十五年；

（5）将信托财产与其固有财产分别管理、分别记账，并将不同委托人的信托财产分别管理、分别记账；

（6）本合同及法律法规规定的其他义务。

第十二条　受益人的权利

受益人在本合同项下享有如下信托受益权：

1. 享有根据本信托合同规定，取得信托财产项下信托受益的权利；

2. 在本信托终止后，取得全部信托财产的权利。

第十三条　信托财产应承担的税费和费用

1. 除非委托人另行支付，受托人因处理信托事务发生的下述费用与税费由信托财产承担；

（1）信托财产管理、运用或处分过程中发生的税费；

（2）文件或账册制作、印刷费用；

（3）信息披露费用；

（4）审计费、资产评估费用、律师费、信用评级费等中介费用；

（5）收付代理机构代理费用；

（6）信托报酬；

（7）按照有关规定可以列入的其他税费和费用。

2. 费用计提

信托存续期间实际发生的费用从信托财产中支付，列入当期费用。受托人以固有财产先行垫付的，受托人有权从信托财产中优先受偿。

信托报酬由受托人按本合同第十四条的规定提取。

第十四条　信托报酬

受托人根据其运用信托资金从事本合同第二条第 2 项的投资行为获取信托收益情况，按照以下规定收取信托报酬：

（1）若信托资金当年收益率在 5% 以下（含 5%），当年信托报酬的计算方法为：信托资金×0%；

（2）若信托资金当年收益率在5%以上，当年信托报酬的计算方法为：信托资金×（当年信托资金收益率-5%）。

受托人从事本合同第二条第2项之外的信托资金运用，不得收取信托报酬。

第十五条　信息披露

1. 信托存续期间的信息披露

受托人在信托存续期间，应当自信托设立之日起，每半年以书面形式向委托人和受益人提交《资金信托项目报告》，并附送信托财产运用及收益情况表。受托人应保证上述报告和情况表所载内容的真实、准确、完整。

2. 信托终止后的信息披露

本项目项下信托终止后，受托人应当于信托终止后十个工作日内做出处理信托事务的清算报告，并送达受益人。

第十六条　信托终止后信托财产的分配

1. 信托终止后信托财产的归属

本信托终止后，信托财产，包括尚余的信托资金以及按照本合同的规定使用上述信托资金所取的财产或权利，归属于本合同受益人。

2. 信托终止后信托财产的领取及其期限：

（1）信托终止后，尚余的信托财产为现金的，由受托人于信托终止之日起十五日内将上述金额划转至受益人的以下银行账号：户名，＿＿＿＿＿＿；开户行，＿＿＿＿＿＿；账号，＿＿＿＿＿＿。

（2）信托终止后，尚余的信托财产为财产权益的，受托人应当于信托终止之日起十五日内，将上述财产权益过户至受益人名下，并依法办理完毕必要的财产权利转移手续。

第十七条　风险揭示与风险承担

受托人管理、运用或处分信托财产过程中，可能面临各种风险，包括投资对象和投资项目的风险、法律与政策风险、市场风险、管理风险等。

受托人根据本合同的规定管理、运用或处分信托财产导致信托财产受到损失的，由信托财产承担。

受托人违反本合同的规定处理信托事务，致使信托财产遭受损失的，受托人应予以赔偿。

第十八条　信托受益权的转让

本合同项下受益人享有的信托受益权不得转让。

第十九条　信托的变更、解除与终止

1. 本信托设立后，除本合同另有规定，委托人和受益人不得变更、撤销、解除或提前终止信托。

2. 本信托可因下列原因而终止：

（1）本合同信托期限届满；

（2）信托当事人一致同意提前终止信托；

（3）信托目的已经实现或者不能实现；

（4）本合同另有规定，或法律法规规定的其他法定事项。

第二十条　违约与补救

若委托人或受托人未履行其在本合同项下的义务，或一方在本合同项下的保证严重失实或不准确，视为该方违反本合同。

除非法律法规另有规定，非因受托人原因导致信托被撤销、被解除或被确认无效，视为委托人违约。由此给信托计划项下其他信托的受益人和信托财产造成损失的，由委托人承担违约责任。

本合同的违约方应赔偿因其违约而给守约方造成的全部损失。

第二十一条　法律适用与争议解决

本合同的订立、生效、履行、解释、修改和终止等事项适用中华人民共和国现行法律、法规及规章。

本合同项下的任何争议，各方应友好协商解决；若协商不成，任何一方均有权向受托人住所地人民法院起诉。

第二十二条　申明条款

委托人在此申明：在签署本合同前已仔细阅读了本合同和信托财产管理、运用风险申明书，对本合同及风险申明书所规定的内容已经充分了解并没有异议。

第二十三条　期间的顺延

本合同规定的受托人接收款项或支付款项的日期如遇法定节假日，应顺延至下一个工作日。

第二十四条　合同签署

本合同经签字盖章后生效。

本合同一式_____份，委托人持_____份，受托人持_____份。具有同等法律效力。

甲方（盖章）：_____　　　　　乙方（盖章）：_____

法定代表人（签字）：_____　　　法定代表人（签字）：_____

_____年_____月_____日　　　_____年_____月_____日

签订地点：_____　　　　　签订地点：_____

7.3.2　财产信托业务

财产信托是指信托公司依据《信托投资公司管理暂行办法》接受委托人的有形财产进行管理和运用的一种信托业务，财产信托包括动产、不动产、其他信托和财产权信托等品种。财产信托又被称为实物信托和物品信托。

一、财产信托概述

财产信托业务是指委托人将其合法所有的财产或财产权（包括各种动产、不动产和其他权益等）交付给信托公司设立信托，由信托公司作为受托人，按照委托人意愿，为受益人的利益，根据信托文件的约定进行管理、运用和处分的业务。

二、财产信托的特点

财产信托的特点主要表现在以下几个方面。

（一）转让性

信托的成立，以信托财产由信托人转移给受托人为前提条件。因此，信托财产的首要特征是转让性，即信托财产必须是为信托人独立支配的可以转让的财产。

信托财产的转让性，首先要求信托财产在信托行为成立时必须客观存在。如果在要设立信托时，信托财产尚不存在或仅属于信托人希望或期待可取得的财产，则该信托无法设立。其次，要求信托财产在设立信托时必须属于信托人所有。如果信托财产在设立信托时虽然客观存在，但不属于信托人所有，则因信托人对该财产不享有处分权而无权将其转移给受托人，信托无由成立。最后，信托财产的转让性要求凡法律法规禁止或限制流通的财产，都不能成为信托财产。

（二）物替性

物替性全称为"物上替代性"，是指任何信托财产在信托终了前，不论其物质形态如何变换，均属于信托财产。

例如，在信托设立时信托财产为不动产，后因管理需要受托人将其出售，变成金钱形态的价款，再由受托人经营而买进有价证券。在这种情况下，信托财产虽然由不动产转换为价款，再由价款转换为有价证券，在物质形态上发生了变化，但其并不因物质形态的变化而丧失信托财产的性质。

信托财产的物上替代性不仅使信托财产基于信托目的而在内部结合为一个整体，不因物质形态的变化而丧失信托财产的性质，而且使信托财产在物质形态变化过程中，不因价值量的增加或减少而改变其性质。

(三) 独立性

信托财产最根本的特征在于其独立性。信托一旦有效设立，信托财产即从委托人、受托人和受益人的自有财产中分离出来而成为一项独立的财产。就委托人而言，其一旦将财产交付信托，即丧失对该财产的所有权，从而使信托财产完全独立于委托人的自有财产。

就受托人而言，其虽因信托而取得信托财产的所有权，但由于他并不能享有因行使信托财产所有权而带来的信托利益，故其所承受的各种信托财产必须独立于其自有财产。如果受托人接受不同委托人的委托，其承受不同委托人的信托财产也应各自保持相对独立。

就受益人而言，其虽然享有利得财富权，但这只是一种利益请求权，在信托法律关系存续期间，受益人并不享有信托财产的所有权，即使信托法律关系终了后，委托人也可通过信托条款将信托财产本金归于自己或第三人，故信托财产也独立于受益人的自有财产。

由于信托财产在事实上为受托人占有和控制，故信托法对信托财产独立性的维持主要是通过区别信托财产与受托人的自有财产来体现的。

三、财产信托的种类

财产信托根据不同的标准可以划分为不同的类型，具体如下：

1. 根据信托财产的标的物，可以分为动产信托、不动产信托、知识产权信托和其他财产权信托。

(1) 动产信托：公司接受动产的制造商或销售商的委托，将动产出售于特定的或者非特定的购买人，或在出售前出租于购买人而设立的信托。动产信托主要品种有交通工具信托 (如火车、飞机、轮船等) 和机械设备信托。

（2）不动产信托：公司接受拥有不动产所有权或使用权企业、单位和个人的委托，开展的以房地产、土地使用权及其他不动产的管理、开发、投资、转让、销售为主要内容的信托业务。不动产信托主要品种有房地产信托、土地使用权信托和其他不动产信托。

（3）知识产权信托：公司接受商标权、专利权、版权及其他知识产权的所有人的委托，将这些财产权加以管理和运用的信托业务。

（4）国有资产信托：在国有企业资产清产核资并量化的前提下，为建立现代企业制度，实现国有资产保值、增值的目的，公司接受国有资产管理部门的委托，代其行使国有资产管理权而设立的信托。

2. 根据信托方式，可以分为管理处理财产信托、处理方式财产信托和管理方式财产信托

（1）管理处理财产信托：将财产的出租与代售两种职能融于一体的财产信托方式。

（2）处理方式财产信托：将财产或财产权委托公司代为出售的财产信托方式。

（3）管理方式财产信托：将财产或财产权委托公司出租或者管理的信托方式。

3. 根据是否给予资金融通，可以分为融资性财产信托和服务性财产信托。

（1）融资性财产信托：公司受托将委托人的动产、不动产转让或出售给指定或不指定的购货方，公司以分期付款的方式向购货方提供资金融通，为购货方垫付货款，然后购货方以分期付款的方式，定期归还公司的垫款。

（2）服务性财产信托：公司只为财产购销双方在转让、出售过程中代办有关手续、监督付款或提供中介信用保证，而不提供融资服务的信托方式。

7.3.3 投资基金信托

投资基金信托一方面可以增加人们的投资渠道，防止基金的闲置，实现资产的增值；另一方面又融通了资金，满足企业对资金的需求，加速了证券市场的发展，对促进经济的增长意义重大。

一、投资基金信托概述

信托基金也叫投资基金，是一种"利益共享、风险共担"的集合投资方式。信托基金指通过契约或公司的形式，借助发行基金券（如收益凭证、基

金单位和基金股份等）的方式，将社会上不确定的多数投资者不等额的资金集中起来，形成一定规模的信托资产，再交由专门的投资机构按资产组合原理进行分散投资，获得的收益由投资者按出资比例分享，并承担相应风险的一种集合投资信托制度。

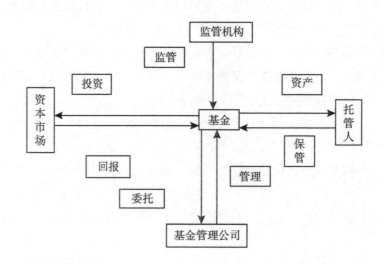

二、投资基金信托的特点

基金作为一种现代化的投资工具，主要具有以下三个特征。

（一）集合投资

基金是这样一种投资方式：它将零散的资金巧妙地汇集起来，交给专业机构投资于各种金融工具，以谋取资产的增值。基金对投资的最低限额要求不高，投资者可以根据自己的经济能力决定购买数量，有些基金甚至不限制投资额大小，完全按份额计算收益的分配，因此，基金可以最广泛地吸收社会闲散资金，集腋成裘，汇成规模巨大的投资资金。在参与证券投资时，资本越雄厚，优势越明显，而且可能享有大额投资在降低成本上的相对优势，从而获得规模效益的好处。

（二）分散风险

以科学的投资组合降低风险、提高收益是基金的另一大特点。在投资活动中，风险和收益总是并存的，因此"不能将所有的鸡蛋都放在一个篮子里"，这是证券投资的箴言。但是，要实现投资资产的多样化，需要一定的资金实力，对小额投资者而言，由于资金有限，很难做到这一点，而基金则可以帮助中小投资者解决这个困难。基金可以凭借其雄厚的资金,在法律规定的投资范围内进行科学的组合,分散投资于多种证券,借助于资金庞大和投资者众多的公有制使每个投资者面临的投资风险变小,另一方面又利用不同的投资对象之间的互补性,达到分散投资风险的目的。

(三) 专业理财

基金实行专家管理制度,这些专业管理人员都经过专门训练,具有丰富的证券投资和其他项目投资经验。他们善于利用基金与金融市场的密切联系,运用先进的技术手段分析各种信息资料,能对金融市场上各种品种的价格变动趋势做出比较正确的预测,最大限度地避免投资决策的失误,提高投资成功率。

对于那些没有时间,或者对市场不太熟悉,没有能力专门研究投资决策的中小投资者来说,投资于基金,实际上就可以获得专家们在市场信息、投资经验、金融知识和操作技术等方面所拥有的优势,从而尽可能地避免盲目投资带来的失败。

三、投资基金信托的种类

投资基金信托根据不同的标准可以划分为不同的类型,具体如下:

(一) 根据投资的目标,可以将它划分为成长型基金、收入型基金、成长收入型基金、积极成长型基金、平衡型基金等。

1. 成长型基金:这种基金有时也称长期成长基金,是投资基金中为数最多的一种。成长型基金以资金的增值为投资目标,注重基金的长期成长。这种基金在投资中往往信誉比较好,适合具有长期盈余能力的公司。

被成长型基金所选择的公司,资金成长速度通常要比股市的平均水平快些。由成长型基金的投资目标所决定,成长型基金的风险往往比收入型基金或收入成长型基金的风险要大,价格的波动也比较大。

成长型基金追求的是稳定的、持续的长期成长,这点与积极成长型的基金不同。积极成长型基金有时会把追求资金在短期内最大的增值为投资目标。

2. 收入型基金:这种基金的目的是最大限度地增加当期收入,而对证券升值并不十分重视。收入型基金一般将其资金投资于各种可以带来收入的有价证券,收入型基金基本有两种类型。

较低的风险下,强调不变的收入,其收入是比较固定的,因而有人将这种收入称为固定收入型基金。

力图最大可能的收入，还运用财务杠杆。前者的投资对象主要是将资金投资于债券和优先股股票，后者则主要投资于普通股。

相比之下，后者的成长潜力较大，但比较容易受股市波动的影响。

3. 成长收入型基金：这种基金，顾名思义，即它把成长和收入作为基金的投资目标，这种基金在一般情况下以成长为重，收入次之。它通过投资于可带来收入的证券及有成长潜力的股票来达到双重目的。

为了顾及收入，基金所投资的股票，往往要求能够分配股利，在这一点上与成长型基金有较大的差别，成长型基金往往投资于有成长潜力的股票，而对股利的多少则较少注意。成长收入型基金是成长型基金中派生出来的，可以说是一种极为保守的成长型基金，它较为适合资金不多，经不起蚀本，希望资金能够不断增长，也希望有若干当期收入的小投资者。

4. 积极成长型基金：积极成长型基金有时也被称为绩效基金。它的主要目标在于尽可能争取资本的快速成长。因此，它所承担的风险也比较大，又有人将其称为风险基金。这种基金往往将资金投资于小公司、新公司、高科技公司，或是一些根据股价判断几乎还没有获利的公债。有的积极成长型基金还进行保证金交易，这样风险就更高了。积极成长型基金所投资的高成长潜力的股票或其他证券，通常付很少的股利或根本不付股利。

5. 平衡型基金：这种基金是指对其资金的投资采用较为保守的方法，将它们投资在不同工业的不同公司的债券、优先股和普通股上。这种基金一般将 25%～50% 的资金投资于优先股及债券，其余的投资于普通股，以确保投资资金的安全性。

平衡型基金的特点是风险比较低，特别是在股市行情下跌时，它的保值能力往往比专门投资于股票的基金好。

（二）根据投资对象，可以将它划分为货币市场基金、债券基金、认股权证基金、普通股基金和黄金基金货币。

1. 货币市场基金：货币市场基金是开放型基金的一个主要特征，货币市场基金一般把筹集到的资金用于购买一般的信用凭证。

货币市场基金的优点是风险比较低，资金的流动性比较高、弹性较大、比较安全、清偿能力比较有保障、有价证券的投资收益比较多。

除此之外，货币市场基金还具有以下几个方面的特点：第一，其证券发行的最低价格为 500～1000 美元；第二，每天都公布和复核股息；第三，没有销售佣金；第四，一般是通过电话提款；第五，股份的偿还比较缓慢。

货币市场基金常被认为是无风险或低风险的投资。在利率高、通货膨胀低的时期，往往能为投资者带来财富，不过，在利率低落时货币市场基金的获利就不如其他的基金了。

2. 债券基金：指投资基金将其资金投资在债券上，以期获得固定收入。因为大部分的债券都属于高级别的债券，因而这种基金的收益率比较低、较为稳定，参加这一基金的投资者大部分属于保守的投资者。

3. 认股权证基金：这是投资基金的新兴品种。认股权证是股票发行公司制造出来的一种凭证，持有这种凭证的人可以在认股权凭证的有效期内以特定的价格认购一定数量的该发行公司普通股的股票。认股权证基金就是专门投资于认股权凭证的投资基金。

4. 普通股基金：指投资基金将其大部分的资金投资于普通股股票。它们也偶然购买一些短期政府债券和商业票据。对普通股基金的管理可以采取保守的办法，也可以采取积极进取的办法，这一般是根据市场的状况来决定的。对基金证券管理政策可采用成长型的，也可采用收入型的。甚至可以采用成长收入型的。普通股基金的范围很广，有的几乎只投资于高流动性的热门股票，也有的投资于新的不稳定的股票。

5. 黄金基金：指投资基金将其资金投资于金矿公司股票。黄金基金的特点是比直接拥有黄金的风险要来得小，特别是在通货膨胀、货币贬值而黄金市场看好时，金矿公司赚钱，投资者也因此可以分配股利。另外，基金分散投资于各国的金矿公司，这是个人直接拥有黄金所办不到的。所以这种基金在通货膨胀时，特别适合于投资者。

（三）根据投资国别，可以分为国内基金和国际基金。

1. 国内基金：指投资基金的资金筹集、资金来源，以及对资金资产的运用都在一国境内，其特点是所有有关基金的行为都发生在一国的国内。

2. 国际基金：指投资基金将其资金投资于外国的股票和债券。国际基金有时是以某个国家的证券市场为特定投资对象的一种跨国基金投资，人们又称之为国家基金或海外基金。

7.4　信用委托案例

张女士早年丧夫，有一儿一女，女儿 26 岁，儿子 28 岁。通过前些年的打拼，张女士积累下来数目可观的家产如下：

1. 银行存款 4500 万元

2. 一家独资的工厂

3. 两栋别墅（投资用的）

4. 拥有三家公司的股权（非控股大股东）

张女士年龄越来越大，身体越来越不好。工厂经营也处于滑坡。一儿一女不服管教，整天游手好闲，没有正常的工作，两人对家产的挥霍无节制。通过朋友介绍，张女士了解到通过信托可以帮她在家庭资产得到进一步保值增值，并能让她安享退休后的晚年生活。

于是张女士便咨询了某信托机构，业务员热情地招待了她，并根据张女士家产的特征，向其推荐适合的信托产品。具体情况如下：

1. 对于张女士的银行存款 4500 万元，推荐购买资金信托中的集合资金信托。所谓集合信托就是指信托投资公司接受两个以上（含两个）委托人委托、共同运用和管理信托资金的信托业务。集合资金信托产品相对于储蓄、国债收益水平较高，同时又比股票投资风险小，因此集合资金信托产品一经推出，就受到广大投资者的欢迎。对于张女士的银行存款，购买这种信托将是一个不错的选择。集合资金信托的优势有三点：一是预期收益高（虽然预期收益率并不一定等于实际收益率，但是在投资人看来，预期收益是吸引其购买的重要原因）；二是有担保、转让等条件；三是商业银行代销，银行信誉有保证。

2. 对于张女士的一家独资的工厂和两栋别墅，推荐购买财产信托。财产信托就是指委托人通过信托行为，转移给受托人并由受托人按照一定的信托目的进行管理、运用或处分财产的业务。法律、行政法规禁止流通的财产，不得作为信托财产；法律、行政法规限制流通的财产，依法经有关主管部门批准后，可以作为财产信托。信托财产的业务包括动产、不动产及其他财产的信托业务。考虑到张女士的两栋别墅是用于投资的，该信托公司决定为她制定一份出租方案。财产信托具有可转让、物上替代性、独立性的特征，和其他形式的财产转移相比，财产信托的优点非常明显：一是受益人的信息均绝对保密，不公开供公众查询，因此可以很好地隐蔽财富。二是信托可以保护信托受益人不受其债权人的追索，可以免于偿债。三是财产信托可以合法有效地规避高额遗产税。

3. 对于张女士拥有的三家公司的股权，推荐购买股权信托。股权信托就是指委托人将其持有的公司股权转移给受托人，或委托人将其合法所有的资金交给受托人，由受托人以自己的名义，按照委托人的意愿将该资金投资于公司股权。由于张女士非控股大股东，可以采用股权基本类型中的管理型股权信托。管理型股权信托可以说是"受人之托，代人管理"股权，其核心内容就是将委托人手里的股票表决权和处分权委托管理。信托公司将会以最优的方式行使股票的投票表决权和处分权，使得这些权利的行使能够实现张女士对该上市公司的表决控制力。

4. 根据张女士现在的身体情况和儿女的情况，建议张女上购买一份遗嘱信托。所谓遗嘱信托就是根据个人遗嘱而设立并在遗嘱人死后发生效力的信托业务。遗嘱信托可以给张女士带来很多好处和便利。（1）可以保障张女士家庭。除了可以避免子孙挥霍外，还能让那些为了家族财产而与家庭成员结婚之人没有可乘之机，使家族财产不会落入外人手中。（2）避免纷争。因为争夺遗产而让家庭成员反目成仇的案例不胜枚举。而遗嘱信托可以让张女士依照心愿，预先安排资产分配给各家庭成员、亲友、慈善团体及其他机构。由于遗嘱信托具有法律约束力，特别是中立的遗产监管人的介入，使遗产的清算和分配更公平，从而避免死后可能出现的财产继承矛盾。（3）免于偿债。遗嘱信托可以保护信托受益人不受其债权人的追索。（4）灵活运用。信托契约中可保有适度的弹性（尤其是全权委托信托），以确保受托人随外在环境的变迁，仍能为受益人谋求最佳的福利。（5）财富升值。从理则的角度看，信托机构人员都具有专业的理财能力，这样就能弥补财产继承人理财能力匮乏的缺陷，从而使家庭财产得以稳健增值。

张女士在听完该信托机构的业务人员介绍后，被业务人员所推荐的几个信托业务吸引了，感觉与信托相见恨晚。她认为信托机构帮助他们做资产配置，便利，可以为他们节省更多时间；其次信托产品作为高端理财产品具有收益高、稳定性好等特点；甚至可以根据她的情况及要求，为她解决遗产继承分配这一操心事。

第八章　养老和遗产规划

☞ **你退休后的居住选择:**

退休后,你打算住在哪儿呢?这将对你的财务需求有着重要的影响。在退休之前,最好充分利用假期的时间来寻找你心仪的居住地。当你找到了自己喜欢的地方后,就需要在一年中的不同时间去那儿转一转,这样就能对那里的气候有所了解。此外,你要与附近的居民进行面对面的交流,从中了解当地的活动、交通以及税收情况。

此外,你还需充分考虑到搬到一个新的地方生活存在的不利条件。你最终可能会发现你根本就不喜欢这里,却已陷入其中无力脱身。此外,搬家可是成本不菲的,并可能会使你在感情上备受煎熬。你可能会想念你的孩子、你的孙子,以及那些远离你的家人和朋友。如果你决定在退休后搬到另一个地方颐养天年,那么就请做好足够的心理准备吧,现实地面对你所需放弃的东西以及你会获得的东西。

8.1　养老规划概述

几乎每个人都认为养老规划很重要,但是只有很少人制定了养老规划,也没有多少人留出足够的储蓄为他们的养老规划提供资金。《2019 年中国养老前景调查报告》调查结果显示,相对 2018 年,人们的养老规划意识逐渐增强:在 5 万多名调查对象中,50%的受访者表示已经开始为退休储蓄;此外,18~34 岁的年轻一代开始为退休储蓄的比例也从 44%上涨至 48%。

从财务的角度审视,我们的一生中有两大财务缺口:一是 18 岁之前的财务缺口;二是 60 岁退休之后的财务缺口。退休很容易,难的是成功地退休,毫无疑问 18 岁之前的财务缺口由我们的父母来弥补,而 60 岁之后的缺口则需要我们用自己积累的财富来填补。在漫长的一生中,人的消费呈持续的线形，而收入为点状。在人生的各个阶段收入与支出并不匹配：中青年阶段，一般收入大于支出；老年阶段，一般支出大于收入。如果不在青年时期做好退休养老安排，那么在老年阶段可能就会过得比较拮据。

一、养老规划的概念

养老规划是为了保证客户在将来有一个自立的、有尊严的、高品质的退休生活，而从现在开始积极实施的理财方案。养老规划实际上协调的是即期消费和远期消费的关系，或者说是衡量即期积累和远期消费的关系。

在很多方面，退休规划抓住了理财规划的本质。它具有前瞻性，会影响现在及未来的生活水准，同时，它又是高回报的，会对个人的净资产产生较大影响。

养老规划的内容分为退休前和退休后。退休前是资金投入的有序安排，包括时间安排、投入金额安排以及投资工具和方式的安排；退休后是支出的安排，指如何安排消费才不会使前期投入的养老金出现短缺。

根据客户对象划分，养老规划可以分为个人退休规划、家庭退休规划。家庭退休规划是针对所有家庭成员的退休规划，一般而言，退休规划都是以家庭为整体来进行的。家庭成员如果年龄差距较大，退休时间间隔就会相差较大，做规划时需要考虑年龄差距的影响。特别是在作为家庭收入主要贡献者的家庭成员先退休的情况下，更应做好退休资金投入与使用安排。

清华学院经管学院联合同方全球人寿发布的2018年《中国居民退休准备指数调研报告》显示，在期待的退休年龄上发现，希望在60岁退休的受访者的居民比例最高，为34%；希望的退休年龄平均为57岁，预期退休后可以生存的平均年限为27年。有21%的受访者希望在50岁之前退休，13%的受访者希望推迟退休。我国的受访者希望未来退休收入能占到当前收入的69%，与全球的平均水平68%是非常接近。如何缓解退休的财务压力，尽早实现理想的退休生活？这就需要做好养老规划，养老规划的原则如下。

1. 及早规划原则

养老规划越早开始越好。养老规划开始得早，可以在一个较长的时期内进行定投和其他方式的资金运作，具有比较高的成功率，而且每期投入的资金会相对少一些。

提早确定退休年龄、财务目标等内容，可以帮助个人养老规划执行得更顺利。确定自己的退休年龄很重要，因为退休后收入一般都会大幅削减，这会影响个人的生活水平和质量。无论养老金以何种形式进行储备，都应未雨绸缪，提前做好规划和安排，越早开始积累越轻松，持之以恒才能有美好的明天。

2. 弹性化原则

养老规划的制定要留有充足的余地，应当视个人的需求及实践能力而定，若发现拟定的目标偏高，可以适当调整。对退休后的生活，不同的人有不同的期望，所需要的费用也不尽相同，既取决于制定的退休计划，又受到人们职业特点和生活方式的限制。人们的生活方式和生活质量应当建立在对收入和支出进行合理规划的基础上，不切实际的高标准只能让退休生活更加困难。为此，我们需要树立正确的消费观，一方面要尽力维持较高的生活水平，不降低生活质量；另一方面还要考虑到自己的实际情况，不盲目追求高端生活。

总之，养老规划应具有弹性或缓冲性，确保能根据环境的改变做出相应调整，以增强其适应性。

3. 谨慎性原则

总会有一些人对自己退休后的经济状况过于乐观，他们往往会高估退休之后的收入，而低估退休之后的开支。应充分考虑各种情况，再确定自己的养老目标，避免对退休后的经济状况的估计过于乐观或过于保守。应本着谨慎性原则，多估计支出，少估计收入，使退休后的生活有更多的财务资源。谨慎性原则并不是说要放弃高风险的投资，而是应根据预计投资年限和退休金使用情况，对高低风险收益的投资工具进行合理搭配。年龄越大的投资者投资高风险的理财产品的比例越低，因为需要较长的时间才能够获得较高的收益。年龄较大的投资者对于资金需求更大，所以不建议即将退休的投资者再去投资风险较高的理财产品。

4. 动态化原则

养老规划制定好以后并不是一成不变的，而是要不断修订与更新。养老规划的时间跨度比较大，计划赶不上变化，最初制定养老规划时的条件可能发生改变，比如，随着通货膨胀率的提高，个人所需养老金的数额也要相应提高，此外，个人生活水平、不同投资工具回报率和社会保障体系完善程度等多种因素的改变，都将直接影响到养老规划的合理安排。由于养老金的积累时间很长，因此不断对投资组合方案进行修正，对养老规划进行动态的管理是必不可少的重要环节。

二、养老规划的考虑因素

当人们进行养老规划时，很容易犯三大错误：（1）开始得太晚；（2）投入太少；（3）投资太保守。

许多人在 20 多岁甚至 30 多岁时，感觉很难拿出钱来为退休做准备，可能是因为他们有其他更为急迫的事项———比如买房子、归还学生贷款、支付孩子的抚养费。最终结果是他们把养老规划推迟到人生的后半段，在很多情况下，会推迟到 30 多岁或 40 多岁。但是，人们开始养老规划的时间越晚，他们在退休后能获得的养老金越少，或者不能在自己想要退休的时间点退休。另外，人们在选择养老规划时投入太少，虽然这可能是由于他们财务状况紧张导致的，但其实更多是性格使然。

除此以外，许多人选择养老金投资方式时过于保守。事实上，他们把养老金过多投到低收益或固定收益证券上——比如定期存单和国债。虽然不应对养老金产生投机的想法，但也没有必要完全规避风险。投资一个能获得更高收益且具有合理风险的项目没有任何问题，过度谨慎在长期看来会付出代价。事实上，较低的收益可能会对长期的资本积累产生重大影响，在很多情况下，这可能意味着是仅仅维持生存还是享受晚年生活。

总之，养老规划应该是人们依据自身经济状况，综合考虑家庭收入和支出，对自己退休后的生活方式和生活质量进行恰当的评估和合理的安排。一方面要尽量维持较高的生活水平；另一方面还要考虑到自己的实际情况，不能盲目追求超标准生活。因此，在进行养老规划之前，还有几个因素需要考虑：

1. 预期寿命

人们的预期寿命是养老规划中首先要考虑的问题。预期寿命长则应多储备退休基金；预期寿命短则应少储备养老基金。若退休后的实际寿命大于准备退休基金覆盖的年份，那么就意味着产生了风险，也就是人活得太长也是一种"风险"。因此，进行养老规划时应当估计人们的预期寿命。在估计人们的预期寿命的时候，可以参照原保监会发布的人寿保险业经验生命表。当具体到某个个人预期寿命的时候，除了要了解某一时期全国范围的预期寿命，还应了解这一时期内客户所在地区的预期寿命，以及影响客户寿命的其他因素如身体状况和家族疾病史等情况。

2. 退休年龄

在进行养老规划时，除了要了解人们的预期寿命外，还要了解退休年龄的相关问题，因为退休年龄相当于养老规划的一个关键点。退休时间早，则退休生活时间长，工作时间少，也即消耗养老基金的时间长，积累养老基金的时间短；退休时间晚，则退休生活时间短，工作时间长，也即消耗养老基金的时间短，积累养老基金的时间长。客户从事不同的职业，其退休年龄自然会不同，自由职业者的退休年龄通常比较灵活，但是公务员和城镇企业职工的退休年龄则比较固定。

3. 家庭结构

家庭结构和规模的变化对养老规划有着重要的影响，就中国目前的情况而言，尤其是 20 世纪 80 年代后的家庭往往都是三口之家，子女目前生活压力较大，很多父母并不指望孩子有足够的费用为自己养老，"养儿防老"的观念悄悄地发生了变化，早做好退休养老规划变得十分必要。

4. 资金因素

养老规划方案的制定之前，还要考虑估算退休后的资金需求、退休后的收入状况，测算退休后的资金缺口，并在退休前积累退休资金。退休收入的主要来源是社保金、资产收益（如存款、股票、债券）、全职或者兼职工作收入和养老金计划。考虑退休后的资金需求的时候，必须考虑到通货膨胀率的存在，由于通货膨胀率的存在，目前 100 元所购买到的货物在几十年退休之后以 100 元显然是买不到的。

阅读资料：退休规划中的行为偏差

理论上，理性的人善于预测退休后的需求，他们能够预测未来的收入、投资收益、税率、家庭成员的健康状况，并能预测自己的寿命。然而有文章表明大部分人储蓄过少，做了一些不合理的投资，并且在退休后过快地花掉了他们的储蓄。值得注意的是，有调查表明，人们非常不擅长制定退休规划，也没有为了退休而进行充足的储蓄。大约有 40% 的人没有计算过退休后需要多少钱，30% 的人没有进行足额的储蓄只有 20% 的人对能够过上舒适的退休生活有信心。

有一些行为偏差可以解释为什么人们对于退休缺乏准备。认识到这些问题非常重要。

1. 自我控制

大部分人想要进行储蓄与规划，但是他们实际上却没有这样做。可以使用各种理财计划的自动扣除方法，这些方法可以修正个人行为，鼓励人们进行储蓄和退休规划。

2. 选择过多

面对复杂的退休投资，许多人都放弃选择，或者选择一个默认的方案，甚至决定不参与雇主提供的计划。在做决策时寻求一些帮助可能会使事情发生变化。

3. 管理退休投资时的惰性

许多人倾向于"锚定"他们最开始选择的退休账户进行投资，并且不再改变。认识到这个倾向并且与投资顾问定期对投资进行分析评价，可以减少退休账户的损失。

4. 代表性和可获性偏差

人们倾向于过度依赖投资产品过去的回报情况，并据之做出决策。举个例子，一个共同基金在去年表现很好，但并不意味着它在明年也会表现很好。类似地，许多人倾向于依赖很容易获得的信息去做投资决策，因为他们认为越容易获得的信息，存在的风险越小。

5. 过度自信

许多退休资金投资者在做选择时过度自信，没有对他们的投资进行足够的分散化。

三、养老规划的工具

大多数国家的养老保险体系由三部分构成，即基本养老保险、企业年金和商业养老保险。三者的设立主体不同，基本养老保险由国家设立，企业年金是一种企业化形式，商业养老保险是个人行为。此外，新的保险产品如护理险和"以房养老"等新型养老规划工具也受到越来越多的人关注。

1. 社会养老保险

社会养老保险是国家和社会根据一定的法律法规，为解决劳动者在达到国家规定的解除劳动义务的劳动年龄界限，或者因为年老丧失劳动能力退出劳动岗位后的基本生活而建立的一种社会保险制度。社会养老保险是社会保障制度的组成部分，是社会保险最重要的险种之一，它包括三个层次的含义：第一，社会养老保险是在法定范围内的老年人完全退出或基本退出社会劳动生活后才自动发生作用的。第二，社会养老保险的目的是保障老年人的基本生活需要，为其提供可靠的生活资金来源。第三，社会养老保险是以社会保险手段达到保障的目的。社会养老保险一般是由国家立法强制实行，企业和个人都必须参加。社会养老费的来源，一般由国家、企业、职工三方共同缴纳或者由企业和职工双方缴纳。社会养老保险影响广泛，费用支出金额巨大，具有社会性，因此，要有专门的机构对社会养老资金进行管理。

我国基本养老金由基础养老金和个人账户养老金组成。企业缴费的比例不超过企业工资总额的20%，不记入个人账户；个人账户的规模一律为个人工资的8%，全部由个人缴费形成。城镇个体工商户和灵活就业人员都要参加基本养老保险，缴费基数统一为当地上年度在岗职工平均工资，缴费比例为20%。

养老金的发放按照"新人新制度、老人老办法、中人逐步过渡"的方针实行。在《国务院关于建立统一的企业职工基本养老保险制度的决定》实施后参加工作的参保人员属于"新人"，缴费年限满15年，退休后将按月发放基本养老金。基本养老金由基础养老金和个人账户组成。退休时的基础养老金月标准按照当地上年度在岗职工月平均工资和本人指数化月平均缴费工资的平均值为基数，缴费满1年的计发1%。个人账户养老金月标准为个人账户储蓄额除以计发月数，计发月数根据职工退休时城镇人口平均预期寿命、本人退休年龄、利息等因素决定。按照基本养老金的计发办法，参保人员多缴费1年，养老金中的基础部分增发1个百分点，上不封顶，形成"多工作、多缴费、多得养老金"的激励机制。

在《国务院关于建立统一的企业职工基本养老保险制度的决定》实施前参加工作、实施后退休的参保人员属于"中人"，由于以前这部分人个人账户的积累比较少，缴费年限满15年，退休后在发给基础养老金和个人账户养老金的基础上，再发给过渡性养老金。

在《国务院关于建立统一的企业职工基本养老保险制度的决定》实施前就已经退休的参保人员属于"老人"，他们仍然按照国家原来的规定发给基本养老金，同时随着基本养老金调整而增加养老保险待遇。城镇个体户和灵活就业人员退休后按企业职工基本养老金计发办法发放养老金。

2. 企业年金

在我国，企业年金实际上是指企业及其职工在依法参加基本养老保险的基础上，自愿建立的补充养老保险制度，是企业在国家宏观指导下，由企业内部决策执行的，是多层次养老保险体系的组成部分。（与基本养老保险制度相似，企业年金以为职工提供保障或福利为目的，但和基本养老金相比覆盖面比较窄，只有经济效益比较好的单位才有能力为职工提供保障。

企业年金与基本养老金不同，这是企业在自愿的基础上形成的制度，完全属于企业行为。企业年金一方面可以促使职工参与企业的管理，以提高企业的经济效益，另一方面可以增强企业的凝聚力，促使职工爱岗敬业。3）政府鼓励。由于企业年金可以承担一部分社会保障的责任，减轻国家的负担，所以政府支持企业实行这种政策，对企业有税收优惠。企业年金的费用由企业和职工双方共同缴纳。企业缴费每年不超过本企业上年度职工工资总额的1/12，企业和职工个人缴费合计一般不超过本企业上年度职工工资总额的1/6。

企业年金基金实行完全积累，采用个人账户进行管理。企业和个人缴费、年金的投资运营收益都记入个人账户。职工达到退休年龄后，可以从本人年金账户中一次或定期支取；没有达到退休年龄的，不得提前支取；职工变动工作单位时，企业年金个人账户资金可以随同转移；出境人员可以根据个人要求一次性支取；职工或退休人员死亡后，其企业年金个人账户余额由其指定的受益人或法定继承人一次性领取。

3. 商业养老保险

商业养老保险是指个人自愿地为实现老年收入保障提前进行的养老金积累行为，通常有两种方式，即银行储蓄和购买商业养老保险，最受到居民关注的保险产品主要有三类：人寿保险、年金保险和长期护理保险。

其中，护理保险是指以因保险合同约定的日常生活能力障碍引发护理需要为给付保险金条件，为被保险人的护理支出提供保障的保险，通常按月给付。护理保险主要在被保险人因年老体衰不能从事特定的日常起居活动而需要帮助照顾时，提供经济保障，国际上一般称其为"长期护理保险"（long-term care insurance）。除年老体衰之外，该险种也适用于因为疾病或者意外事故等原因而需要护理的情况。

表 8.1　　　　　　　　　　　我国护理保险产品比较

产品名称	A	B	C	D
投保年龄	18~55 周岁	18~59 周岁	18~65 周岁	18~59 周岁
保额限制	1 万 ~ 100 万元	无上限	无上限	无上限

续表

产品名称	A	B	C	D
缴费期间	15 年，20 年缴费期间	趸缴，5 年，10 年，20 年多种缴费期间	趸缴，5 年，10 年，15 年，20 年多种缴费期间	趸缴，5 年，10 年，20 年多种缴费期间
保障范围	身故或第一级残疾保险金 长期看护复健保险金 满期保险金	长期护理保险金 老年护理保险金 老年关爱保险金 身故保险金	长期护理保险金 长期护理疗养保险金 身故保险金	长期护理保险金 老年护理保险金（二者不能兼得）
给付期限	至被保险人满88 周岁	至被保险人满100 周岁	终身	最长 30 年
保费豁免	丧失自理能力后，豁免以后相应各期应缴保险费	自首次给付日起，豁免以后相应各期应缴保险费	自确定给付保险金之日起，豁免以后各期保险费	领取长期护理保险金期间，免缴保险费

资料来源：北京当代金融培训有限公司组织编写的《个人风险管理与保险规划》，北京：中国人民大学出版社 2019 年版。

4. 以房养老

"以房养老"即住房的反向抵押贷款，又称"倒按揭"。住房的反向抵押贷款是指已经拥有房屋产权的老年人将房屋的产权抵押给银行、保险公司等，该金融机构对借款人年龄、预计寿命、房屋的现值、未来的增值折损情况以及借款人去世时房产的价值等进行综合评估后，按其房屋的评估价值减去预期折损和预支利息，并按人的平均寿命计算，将其房屋的价值化整为零，分摊到预期寿命年限中去，按月或按年支付现金给借款人，一直延续到借款人去世。

"以房养老"使得投保人终生可以提前支用该房屋的销售款，借款人在获得现金的同时，将继续获得房屋的居住权并负责维护。当借款人去世后，相应的金融机构获得房屋的产权，进行销售、出租或者拍卖，所得用来偿还贷款本息，相应的金融机构同时享有房产的升值部分。即"抵押房产、领取年

（月）金"，因其操作过程像是把抵押贷款业务反过来做，如同金融机构用分期付款的方式从借款人手中买房，所以在美国最先被称为"反向抵押贷款"，即倒按揭。

8.2 养老规划方案的选择

8.2.1 养老规划的目标

养老规划的第一步是设置退休后的目标。花点时间想想退休以后要做的事，比如你想保持的生活水准、想得到的收入水平以及其他一些特殊需要。这些目标非常重要，它们会为你的退休规划指引方向。当然，就像其他财务目标一样它们随着你生活环境和条件的变化而变化。

一、估计收入需求

如果我们生活在一个静态环境中，养老规划将会变得非常简单。但事实不是这样，你需要接受个人预算和整体经济环境都不断变化的现实。这使得精确估计退休需求变得很困难。即使这样，你也应该面对现实，并且通过一两种方法来应对。养老规划的一种策略是通过一系列短期计划来实现总体规划，一个方法是以你现在收入的一个百分比来估计退休后的收入目标，然后，每三到五年修改并更新你的计划。

另外，你可以采取长期投资的方法规划你想在退休以后获得的收入水平，以及为了获得想要的生活水平必须积累的资金额度。与在短期方法中强调一系列短期计划不同，这种方法要持续直到你退休，确定现在的投资与储蓄数额，据以实现长期退休目标。当然，如果环境与期望在未来发生很大的变化，则有必要相应改变长期退休规划与战略。

二、确定未来的退休需求

为了说明如何预计未来的退休需求与收入，我们可以参考关于估计退休收入和投资需求表，这能够帮助你确定退休后的收入需求，退休资金的规模以及为了达到退休目标每年需要储蓄的金额。

表 8.2　　　　　　　　　关于估计退休收入和投资需求表

---

1. 估计退休后的家庭支出；

距离退休的年限

当前年家庭支出，不包括储蓄

估计退休后家庭支出占当前支出的百分比

估计退休后年家庭支出（B＊C）

2. 估计退休后的收入；

社会保障（年收入）

公司/年金计划（年收入）

其他来源（年收入）

总的年收入（E+F+G）

额外收入需求或年度缺口（D-H）

3. 通胀因素

现在至退休期间预计年度通胀率

通胀因子

经通胀调整的年度缺口（I＊K）

4. 为缺口融资

退休后持有资产的期望回报率

退休资金需求（L/M）

退休前的期望投资回报率

复利因子

退休基金需要的年度储蓄额（N/P）

注：第一部分和第二部分以当前的货币价值编制，第三和第四部分可以用带有时间价值计算功能的计算器计算，通胀因子和复利因子可查找相关数据。

资料来源：劳伦斯·J. 吉特曼. 个人理财. 张宏亮，秦娜，译. 北京：中国人民大学出版社，2016

阅读资料：中国居民的退休准备

退休准备指数是综合反映居民在退休准备认识和退休准备行动方面的指数。这个指数是根据对受访者在退休责任意识、财务规划认知水平、财务问题理解能力、退休计划完善度、退休储蓄充分度以及取得期望收入的信心方面的得分，经过加权求和计算出来的。

退休准备指数＝退休责任意识×8.0%＋财务规划认知水平×17.9%＋财务问题理解能力×15.3%＋退休计划完善度×23.3%＋退休储蓄充分度×24.7%＋取得期望收入的信心×10.9%。

2018 年中国居民退休准备指数为 6.65，根据荷兰全球人寿 2018 年的全球调研结果，在被调查的 15 个国家中，中国的居民退休准备指数上升至第 2 名，而 2017 年时中国位居第 4。调查发现，发展中国家的退休准备指数要高于发达国家，特别是保障体系并不健全的印度多年来居于高位，而具有较完善退休保障体系的日本反而排名倒数。

资料来源：清华学院经管学院联合同方全球人寿发布了《中国居民退休准备指数调研报告》

8.2.2 养老规划方案的制定

在清楚了退休后想要什么以及确定养老规划中的资金缺口后，下一步就是选择能够实现退休目标的养老需求的投资工具。

一、工具选择

投资工具以及规划是你建立养老规划重要的一部分。它们是养老金管理中一个主动和持续的过程。因此，个人投资组合中的很大一部分用于设立退休资金池并非一个巧合。税收筹划也很重要，因为好的退休规划的一个主要目标是尽可能多地增加收入的税盾，通过这种方式最大限度地积累退休资金。

社会养老保险和年金对于个人而言没有主动选择性，退休养老金缺口以不同的投资工具的收益来填补，而投资工具的选择决定了不同的收益率。比如货币市场基金与高科技股票的收益率和风险均不同。养老规划在于每年提现率与投资工具收益率之间的均衡。投资工具的收益不同，意味着可供你支配的钱的数额也不同。

与此同时，投资工具的选择也受投资年限、投资者风险偏好以及年龄、个人财务状况的影响。退休养老工具分流动性投资工具、安全性投资工具、风险性投资工具三种。流动性投资工具具有随时可以变观、不会损失本金、投资效益低的特点。主要包括活期储蓄、短期定期储蓄、通知存款、短期国债等。安全性投资工具具有不会亏本、投资收益适中、投资收益有保障、流动性稍差的特点。主要包括中期储蓄、中长期国债、债券型基金、储蓄型商业养老保险、社会养老保险等。风险性投资工具的特点是可能亏本，但也可能带来很高的投资收益。主要包括股票，房地产，黄金，外汇，非保本型银行、券商、信托理财产品及收藏品等。流动性、安全性、风险性的配比，应根据时间阶段的不同进行调整。随着剩余投资年限的减少和个人年龄的增长，应增加流动性和安全性投资工具的比例，降低风险性投资工具的比例。

二、时间选择

养老规划是长期的规划，是从刚开始工作就对退休进行筹划，还是临近退休才考虑，年投入额是不一样的。同样的资金缺口 100 万元，假设 60 岁退休，那么在 20 岁、30 岁、40 岁、50 岁不同年龄制定养老规划，其投入额是不一样的。假设投资回报率为 5%，20 岁开始每年只需投入 8278 元，30 岁则每年需要 15051 元，40 岁每年需要投入 30243 元，50 岁则需要每年投入 79505 元。

养老规划开始得越早，每年的投入额就越少，并可以充分享受复利效应，时间可以熨平资本市场的波动，更有可能取得较高的收益。若临近退休才进行规划，则要投入较高的金额才能达到理想目标。要减少投入额就必须提高投资回报率，承担更大的风险。

8.2.3 养老规划方案的调整

随着实际生活的变化，退休养老目标、退休养老资金需求和预期退休养老收入等都可能会发生变化，因此对于退休养老规划的方案需要随时做出调整。通常的调整方法有提高储蓄比例即降低目前的生活水平、延长工作年限即推迟退休时间、减少退休后的支出即降低退休后的生活质量、进行更高收益率的投资、退休后兼职工作、寻找收入更高的工作、参加额外的商业保险等途径。

此外，由于选择的养老工具具有不同的流动性和风险，因此有关选择投资工具的流动性、安全性、风险性的配比，也应根据时间阶段的不同进行调整。随着剩余投资年限的减少和个人年龄的增长，应增加流动性和安全性投资工具的比例，降低风险性投资工具的比例。

8.2.4 案例：养老规划

钓了一天的鱼却一无所获要比在办公室里度过美好的一天更好吗？对于

一名已经退休的父亲查克来说的确如此。因为享有公司养老金，至少他不用为钱而发愁。在以往的美好日子里，如果你拥有一份体面的工作，并坚持工作到退休，那么你享有的公司养老金，加上社会保障支付足以让你生活得舒适无忧。查克的儿子罗伯就没有赶上这样的好日子，他没有公司养老金，也不清楚当他退休的时候社会保障还是否存在。所以每当谈到养老这个话题、我们都会一再强调，越早开始进行储蓄越好。

莫琳是一名计算机公司的销售员．泰蕾兹在一家灯饰制造厂担任会计师。她们二人都是 25 岁开始参加工作的。莫琳从参加工作之初就开始进行养老储蓄。她每个月以 9% 的年利率储蓄 300 美元，直至 65 岁的时候。而泰蕾兹直到 35 岁的时候才同样地以 9% 的年利率每个月储蓄 300 美元。两者之间的差别令人震惊！在她们 65 岁的时候、莫琳已经拥有了高达 140 万美元的养老金，而泰蕾兹的养老金只有 553 000 美元。从中我们学到了什么道理？储蓄开始得越早，为养老做的积累就越多。对于女性来说尤其应该尽早地开始进行养老储蓄，因为女性通常较晚才参加工作，工资水平普遍较男性低，也就是说女性的年金要低于男性。

劳拉·塔博克斯是塔博克斯股权的所有人及董事长，她对如何确定养老需求以及当人们退休后其预算将会发生怎样的变化作出了阐述。她认为，你退休后的收入需求将远高于之前人们普遍认为的退休前收入水平的 60%~70% 这一水平。她警告说，绝大多数的人希望将退休后的支出水平尽量保持在退休前的水平。尽管人们在退休后会减少如工作服、干洗、交通费等方面的花销，但在其他方面的支出反而会有所提高，如保险、旅游及休闲娱乐方面的支出。

问题：

1. 过去人们往往一辈子均为一个雇主效力，直至他们退休。导致这种非常高的员工忠诚度的主要原因是什么？

2. 为什么莫琳积累了 140 万美元的养老金，而泰蕾兹仅积攒了 553 000 美元的养老金？

3. 为什么女性需要尽早地开始进行养老储蓄？

4. 退休后哪些方面的支出会上升，哪些方面的支出会下降？

上官夫妇目前均刚过 35 岁，打算 20 年后即 55 岁时退休，估计夫妇俩退休后第一年的生活费用为 8 万元（退休后每年年初从退休基金中取出当年的生活费用），考虑到通货膨胀的因素，夫妇俩每年的生活费用预计会以 4% 的速度增长。夫妇俩预计退休后可生存 25 年，现在拟用 20 万元作为退休基金的启动资金，并计划开始每年年末投入一笔固定的资金进行退休基金的积累。夫妇俩在退休前采取较为积极的投资策略，假定年回报率为 6%；退休后采取较为保守的投资策略，假定年回报率为 4%。请问：

1. 上官夫妇的退休资金需求折现至退休时约为多少元？

2. 上官夫妇手中的 20 万元资金若以 6% 的速度增长，20 年后上官夫妇 55 岁初的时候会增长为多少元？

3. 上官夫妇的退休基金缺口为多少元？

4. 为弥补退休基金缺口，上官夫妇采取每年年末"定期定投"的方法，则每年年末约需投入多少元？

5. 若上官夫妇每年的结余没有这么多，二人决定将退休年龄推迟 5 年，原 80000 元的年生活费用按照每年 4% 的上涨率上涨，这笔资金 5 年后会增长为多少元？由于推迟了退休年龄，上官夫妇退休基金共需约多少元？

6. 上官夫妇 35 岁初的 20 万元资金到 60 岁初约增值为多少元？此时上官夫妇退休后的基金缺口约为多少元？

8.3　遗　产　规　划

8.3.1　遗产与遗产规划的概念

一、遗产

遗产是指自然人死亡时遗留的个人合法财产，它包括不动产、动产和其他具有财产价值的权利。遗产是财产继承权的客体，在确权分割前，在同一财产之上，也有可能是被继承人与其他人共有。自然人生存时拥有的财产不是遗产，只有在其死亡之后，遗留下来的财产才是遗产。遗产被处理之后，若已经转归继承人所有，则不再具有遗产的性质。

二、遗产规划

遗产规划是指自然人通过选择遗产筹划工具和制订遗产计划，对拥有或控制的各种资产或负债进行安排，从而保证在自己去世后尽可能实现个人为其家庭（也可能是他人）所确定的目标的安排。

无论是在养老金规划还是在理财规划中，遗产规划都是一个十分重要的组成部分。首先，通过储蓄、投资以及购买保险丰富你的个人财产。其次，确保这些财产在你去世后能够按照你的意愿进行分配。如果你是位已婚人士，那么你还应该为你的配偶及子女进行充分的考虑。即使你是位单身人士，依然要确保你的 财务事项为财产受益人准备妥当。你的财产受益人是经你指定的，在你去世后有权继承你的全部或部分遗产的个人。在税收导向的经济中，税收最小化是遗产筹划的一个重要动机，但是税收最小化并不是遗产筹划的唯一目标，不应该过度强调节税问题。

遗产规划的目标是使得人们在活着的时候最大化其拥有的资产的用途，并在死后实现其个人目标。随着当事人的需求、愿望和所处环境的改变，你必须不断修改遗产规划。引起遗产规划评价与修改的主要事项包括配偶或者家庭中其他成员的死亡或者伤残、搬到其他州居住、换工作、结婚或者离婚、生孩子、取得新的资产及收入、健康状况或生活水准发生重大变化。因为与遗产规划相关的法律比较复杂，为了制定有效的遗产规划，从律师、会计师或者理财规划师那里获得专业的帮助是非常必要的。

阅读材料：我国遗产的范围

根据《继承法》的规定，遗产包括以下财产：

（1）公民的收入。公民的收入包括公民的工资、奖金、存款的利息，从事合法经营的收入，以及接受赠与、继承等所得的财产。

（2）公民的房屋、储蓄和生活用品。公民的房屋包括公民个人所有的自住房、出租房、营业用房（仅指地上建筑部分，不包括宅基地，宅基地为公有，公民只有使用权）。公民的储蓄即公民个人所有的存款。公民的生活用品指公民个人所有的日常生活用品，如家具、衣服、首饰、家用电器等。

（3）公民的林木、牲畜和家禽。公民的林木是指依法归公民个人所有的树木、竹林、果园等，既包括公民在其使用的住宅地、自留地、自留山上种植的林木，也包括公民在其承包经营的荒山、荒地、荒滩上种植的归个人所有的林木；公民的牲畜指公民自己饲养的马、牛、羊、猪等；公民的家禽指公民自己喂养的鸡、鸭、鹅等。

（4）公民的文物、图书资料。公民的文物指公民自己收藏的书画、古玩、艺术品，如果其中有国家规定的珍贵文物，应遵守《中华人民共和国文物保护法》的有关规定，严禁倒卖牟利，严禁私自卖给外国人；公民的图书资料是公民个人所有的书籍、书稿、笔记等，如果涉及国家机密的，应按国家有关保密的规定处理。

（5）法律允许公民所有的生产资料。法律允许公民所有的生产资料一般指国家法律允许从事工商经营的或农副业生产的公民拥有的汽车、拖拉机、船舶及饲料加工机等各种交通运输工具、农用机具、饲养设备等，以及华侨、港澳台同胞、外国人在我国内地投资所拥有的各种生产资料。

（6）公民的著作权、专利权中的财产权利。公民的著作权、专利权中的财产权利一般指公民享有的知识产权（著作权、专利权、商标权等）中的财产权利。但依法律规定，知识产权具有时间性，其财产权只在一定时间内受到法律保护，所以公民只在法定的保护期限内享有知识产权的财产权利，如我国对著作权的财产权保护期为作者终生及其死后 50 年、对发明专利权的财产保护期为 20 年等。法定保护期届满，知识产权中的财产权利归于消灭，其继承人也就无从继承，该智力成果则成为公共财富，任何人都可以无偿地自由利用。

（7）公民的其他合法财产。公民的其他合法财产包括国库券、债券、支票、股票等有价证券和履行标的为财物的债权等。此外，公民个人承包应得的个人收益为公民的合法收入的组成部分，也属于遗产的范围。

遗产不包括的范围。

（1）保险金。关于保险金能否作为遗产的问题，应分两种情况加以讨论：保险合同指定了受益人的，则由受益人取得保险金；保险合同未指定受益人的，则保险金可以作为遗产加以继承。

（2）抚恤金。遗产是公民死亡时遗留的个人合法财产，而抚恤金是职工因公死亡后，所在单位给予死者家属或其生前被抚养人的精神抚慰和经济补偿。由于抚恤金不是给予死者的，也不是死者生前的财产，故不属于遗产的范围，不能作为遗产继承。而有关部门发给因公伤残而丧失劳动能力的职工、军人的生活补助，归个人所有，这类抚恤金可以作为遗产继承。那么抚恤金如何分割呢？法律并无明确规定，根据我国目前的有关政策，享受抚恤金待遇的人必须同时具备两个条件：一是必须是死者的直系亲属、配偶；二是死者生前主要或部分供养的人。死亡抚恤金的具体分割由当事人协商解决，如果实在协商不成，也可向法院起诉，法院一般按照均等分割原则处理抚恤金，同时也会酌情考虑各近亲属的客观情况进行分割。

（3）公共财产及其使用权、经营权。被继承人生前享有使用权的自留地、自留山、宅基地等或享有承包经营权的土地、荒山、滩涂、果园、鱼塘等，是属于国家或集体所有的财产，即公共财产，均不能作为被继承人的遗产。另外，被继承人对公共财产享有的土地使用权、经营承包权等也不能作为遗产来继承。

8.3.2 遗产规划的工具

一、遗嘱

遗嘱是遗嘱人生前在法律允许的范围内，按照法律规定的方式对其遗产或其他事务进行安排并于遗嘱人死亡时发生法律效力的法律行为。根据《继承法》的规定，遗嘱可以分为公证遗嘱、自书遗嘱、代书遗嘱、录音遗嘱和口头遗嘱。其中，公证遗嘱的效力最强，是遗产筹划与财富传承中应用范围最广的遗嘱形式。

遗嘱给予客户很大的遗产分配权。客户的部分财产，如共同拥有的房产等，需要客户与其他持有人共同处置，但这类财产在客户的遗产中通常只占很小的比例。客户可以通过遗嘱来分配自己独立拥有的其他大部分遗产。遗嘱是遗产规划中最重要的工具，现实中，多数客户的遗产规划目标都是通过遗嘱来实现的。比如法律通常规定，居民的遗产应平均分配给去世者的配偶和子女；但如果客户比较疼爱妻子，而且子女也已经成年，就可以在遗嘱中将妻子指定为大部分遗产的受益人。遗嘱也常常被客户所忽视。许多客户由于没有制定或及时更新遗嘱而无法实现其目标。

有关口头遗嘱，我国《继承法》规定，遗嘱人在危机情况下，可以立口头遗嘱。口头遗嘱应当有两个以上见证人在场见证。危机情况解除后，遗嘱人能够用书面或录音形式立遗嘱的，所立口头遗嘱无效。由于口头遗嘱有易于被篡改和伪造，以及在遗嘱人死后无法查证的缺点，所以《继承法》对口头遗嘱作了以上限制性规定。所谓危急情况，一般指遗嘱人生命垂危或者处于战争中或遭遇意外灾害，随时都有生命危险，来不及或没有条件设立其他形式遗嘱的情况下。口头遗嘱须符合以下要求才有效：第一，只有在不能以其他方式设立遗嘱的危急情况下才可以立口头遗嘱；第二，须有两个以上见证人在场见证。

遗嘱首先必须要符合法定的形式。需要注意的是，根据我国《继承法》

的规定，有合法有效的遗嘱，被继承人死亡时，按照遗嘱执行继承；如果没有合法有效的遗嘱，则按照法定继承处理。

二、遗产授权委托书

遗产授权委托书是当事人授权他人在生前代表自己安排和分配其财产，并在自己死亡后办理有关遗产手续、完成遗产分配的法律文书。

被授予权利代表当事人处理其遗产的一方称为代理人。遗产委任书是遗产筹划的另一种工具，它授权当事人指定的一方在一定条件下代表当事人指定其遗嘱的订立人，或直接对当事人遗产进行分配。在遗产委任书中，当事人一般要明确代理人的权利范围。代理人只能在此范围内行使其权利。

客户通过遗产委任书，可以授权他人代表自己安排和分配其财产，从而不必亲自办理有关的遗产手续。

遗产规划涉及的遗产委任书有两种：普通遗产委任书和永久遗产委任书。如果当事人本身去世或丧失了行为能力，普通遗产委任书就不再有效。所以必要时，当事人可以拟订永久遗产委任书，以防范突发意外事件对遗产委任书有效性

个人税务与遗产筹划产生影响。永久遗产委任书的代理人，在当事人去世或丧失行为能力后，仍有权处理当事人的有关遗产事宜。所以，永久遗产委任书的法律效力要高于普通遗产委任书。在许多国家，对永久遗产委任书的制定有着严格的法律规定。

三、遗产信托

遗产信托是一种法律上的契约，当事人通过它指定自己或他人来管理自己的部分或全部遗产，从而实现各种与遗产筹划有关的目标。根据制定方式，可将遗产信托分为生前信托和遗嘱信托。

（一）生前信托

生前信托是指当事人仍健在时设立的遗产信托。生前信托又可以分为可撤销信托和不可撤销信托。可撤销信托具有很强的可变性，它允许客户随时对之进行修改，受到大众的欢迎。此类信托不仅可以作为遗嘱的替代文件帮助客户进行遗产安排，而且可以节约昂贵的遗嘱验证费用。不可撤销信托则只能在有限的情况下进行修改，但按照美国相关税法，它能够享受一定的税收优惠，也能更好地起到资产隔离和保护的作用，所以当客户不打算对信托中的条款进行调整时，可以采用这一信托形式。

（二）遗嘱信托

遗嘱信托是指根据当事人的遗嘱条款设立的遗产信托，它是在当事人去世后遗嘱生效时，再将信托财产转移给托管人，由托管人根据信托的内容，管理处分信托资产。

遗嘱信托可以减少遗产纷争；按照个人意志传承财产；可以将财产传给非法定继承人；同时可以保持财产的完整性；可以免于偿还死者债务；可以解决财产接受者无力管理财产的难题；可以减少纳税金额；实现传承财产的保值增值；实现财产传承的保密性。但是遗嘱信托在遗产规划中也存在手续较复杂，设立成本和门槛较高的缺陷。

四、人寿保险

人寿保险产品在遗产规划中也有着很大的作用，近年来越受人欢迎。客户如果购买了人寿保险，在其去世时就可以获得一大笔保险赔偿金。而且，它是以现金形式支付的，所以能够增加遗产的流动性。尽管有多种遗产规划工具可以选择，但只有人寿保险能够兼具以下四个特征：

第一，能按遗产所有人本人的意愿指定受益人。

第二，事先确定受益金额。

第三，以被继承人死亡为给付保险金条件。

第四，指定受益人所获的死亡保险金不形成被保险人（继承人）的遗产（不同国家法律规定存在差异）。

同时，人寿保险在遗产规划中也有诸多优点。

（一）人寿保险增加遗产继承的确定性和流动性

被继承人购买确定额度的终身寿险，指定受益人为继承人，可避免遗嘱继承和法定继承的不确定性，实现遗产额度的确定继承。而且，继承人用人寿保险金支付被继承人临终费用，清偿债务，缴纳遗产税，能解决遗产继承中的诸多流动性问题。如果没有现金，则资产被迫变现（如遗产被法院强制拍卖）不仅会遭受不必要的损失，更容易产生纠纷的扩大和进一步的损失。

（二）人寿保险可以合理避税

被继承人生前购买终身寿险，指定继承人为受益人，终身寿险规划既可实现家庭和家庭企业的债务规避，又可实现家庭财富的代际转移和代际保全。

在征收遗产税时，利用终身寿险做遗产规划，能实现合理避税和财富保全的双重功能：第一，被继承人用生前资产给自己购买终身寿险，没有赠与税；第二，指定受益人所获的死亡保险金不征收遗产税和个人所得税；第三，可考虑以遗产税的金额为投保保额，即未来终身寿险死亡保险金将被用于缴纳遗产继承时的遗产税，在寿险一定的杠杆功能下，所缴保费通常会比投保保额小，从而能够实现财富保全。

由于上述优点，人寿保险在遗产规划中受到金融理财师和客户的重视。然而，在有些国家，人寿保险赔偿金和其他遗产一样，也要支付税金。此外，客户在购买人寿保险时，需要每年支付一定的保险费。如果客户在规定的期限内没有去世，虽然可以获得保险费总额及其利息，但利率通常低于一般的储蓄利率。但如果客户在其将近去世时才购买人寿保险，保险费就会很高。所以，客户应该大致估计自己的生存时间，然后做出选择。

在受益人所获得的死亡保险金作为被保险人死后遗产的国家（如美国）中，可以通过人寿保险与不可撤销信托的组合，如不可撤销人寿保险信托来完成继承人对遗产的继承。根据美国《统一信托法》的规定，不可撤销的信托利益不作为委托人的赠与和遗产税，信托受益人利用死亡保险金（信托利益）缴纳遗产税，完成遗产的继承。

委托人与受托人签订不可撤销人寿保险信托协议，委托人将保单的所有权转移给受托人，并指定受托人为保险受益人。一旦不可撤销人寿保险信托成立后，委托人不得再主张任何保险合同所生的权利，对于信托合同的内容及受益人的指定不得再做任何变更。

五、赠与

赠与是指当事人为了实现某种目标将某项财产作为礼物赠送给受益人，而使该项财产不再出现在遗嘱条款中。客户采取这种方式一般是为了减少税收支出。对于赠与，多数国家和地区会规定每年有一定的赠与免税额，因此，提早规划赠与可以多享受免税额，生前多赠与可以降低死后的遗产额，降低遗产税。

根据我国《合同法》的规定，赠与合同是赠与人将自己的财产无偿给予受赠人，受赠人表示接受赠与的合同。赠与人在赠与财产的权利转移之前可以撤销赠与。具有救灾、扶贫等社会公益和道德义务性质的赠与合同或者经过公证的赠与合同，不适用上述规定。赠与的财产依法需要办理登记等手续的，应当办理有关手续。具有救灾、扶贫等社会公益和道德义务性质的赠与合同或者经过公证的赠与合同，赠与人不交付赠与的财产的，受赠人可以要求交付。因赠与人故意或者重大过失致使赠与的财产毁损、灭失的，赠与人应当承担损害赔偿责任。

赠与可以附义务。赠与附义务的，受赠人应当按照约定履行义务。赠与的财产有瑕疵的，赠与人不承担责任。附义务的赠与，赠与的财产有瑕疵的，赠与人在附义务的限度内承担与出卖人相同的责任。赠与人故意不告知瑕疵或者保证无瑕疵，造成受赠人损失的，应当承担损害赔偿责任。

受赠人有下列情形之一的，赠与人可以撤销赠与：（1）严重侵害赠与人或者赠与人的近亲属。（2）对赠与人有扶养义务而不履行。（3）不履行赠与合同约定的义务。赠与人的撤销权，自知道或者应当知道撤销原因之日起一年内行使。因受赠人的违法行为致使赠与人死亡或者丧失民事行为能力的，赠与人的继承人或者法定代理人可以撤销赠与。赠与人的继承人或者法定代理人的撤销权，自知道或者应当知道撤销原因之日起六个月内行使。撤销权人撤销赠与的，可以向受赠人要求返还赠与的财产。赠与人的经济状况显著恶化，严重影响其生产经营或者家庭生活的，可以不再履行赠与义务。

六、公益捐赠

除了以上几种遗产规划工具外，也可以选择公益捐赠的方式。根据《中华人民共和国公益事业捐赠法》的规定，自然人、法人或者其他组织自愿无偿向依法成立的公益性社会团体和公益性非营利的事业单位捐赠财产，用于公益事业的属于公益捐赠。公司和其他企业依照《公益事业捐赠法》的规定捐赠财产用于公益事业，依照法律、行政法规的规定享受企业所得税方面的优惠。自然人和个体工商户依照《公益事业捐赠法》的规定捐赠财产用于公益事业，依照法律、行政法规的规定享受个人所得税方面的优惠。境外向公益性社会团体和公益性非营利的事业单位捐赠的用于公益事业的物资，依照法律、行政法规的规定减征或者免征进口关税和进口环节的增值税。对于捐赠的工程项目，当地人民政府应当给予支持和优惠。《中华人民共和国慈善法》同样规定，慈善组织及其取得的收入依法享受税收优惠。自然人、法人和其他组织捐赠财产用于慈善活动的，依法享受税收优惠。

8.4　遗产规划的制定

遗产规划通过制订压制计划以管理和分配你去世后的资产，使资产以你的期望和亲人的需求相适应的方式进行分配，同时尽量减少纳税，还包括制定伤残情况下的个人事务管理计划以及提前编制关于医疗护理的个人意愿声明，因为在这些情况下你可能无法清晰表达你的意思。

8.4.1　遗产规划过程的步骤

遗产规划由七个重要的步骤组成，列示如下：

1. 评估家庭状况并设立遗产规划的目标
2. 收集全面而精确的数据。
3. 列示所有的资产并确定资产的价值。
4. 指定遗产的受益人。
5. 评估遗产的转移成本。
6. 制订并实施你的计划。
7. 定期评价计划并在必要时修改。

一、确立遗产规划的目标

遗产规划的一个焦点是如何消除或者减少税金，使得最后转移给你的继承人或者受益人的遗产数量尽可能多。遗产规划也包括采取步骤以确保你的财产在你因伤病或者其他状况而不能管理时被合理地管理。你制定的计划类似保险，目的是当你失去资产处理能力时保护你的资产。这些计划包括关于你的医疗护理的一些指示，谁来负责你的财务和法律事项，以及当你生活不能完全自理时给予家人的其他特殊说明。

二、收集数据并制作遗产清单

其次，被继承人的财务状况决定着可分配遗产的规模，因此在进行遗产规划前要详细了解其资产状况、负债情况。资产情况主要是被继承人所有的财产状况、权属、价值等。负债情况主要指被继承人所欠的债务情况、权属、价值等，并制作遗产清单表；遗产规划还要收集被继承人的家庭构成及家庭成员信息，制作继承人清单。因为被继承人的家庭构成及家庭成员的生活状况都会对遗产继承产生影响，并制作继承人清单。

三、确定遗产继承工具并计算成本

在我国，遗产继承的方式主要有法定继承、遗嘱继承两种方式。遗嘱继承在上文遗产规划的工具一节中已经提及，在此不再赘述。而法定继承是指在被继承人没有对其遗产的处理立有遗嘱的情况下，由法律直接规定继承人的范围、继承顺序、遗产分配的原则的一种继承形式。法定继承又称为无遗嘱继承，是相对于遗嘱继承而言的。法定继承是遗嘱继承以外的依照法律的直接规定将遗产转移给继承人的一种遗产继承方式。在法定继承中，可参加继承的继承人、继承人参加继承的顺序、继承人应继承的遗产份额以及遗产的分配原则，都是由法律直接规定的，因而法定继承并不直接体现被继承人的意志，仅是法律依推定的被继承人的意思将其遗产由其近亲属继承。

法定继承人是指按法律规定有资格继承遗产的人。法定继承顺序是指法定继承人继承遗产的先后次序。第一，我国《继承法》规定继承权男女平等。第二，我国法定继承分为两个顺序，第一顺序为配偶、子女、父母，第二顺序为兄弟姐妹、祖父母、外祖父母。《继承法》所说的子女，包括婚生子女、非婚生子女、养子女和有抚养关系的继子女。《继承法》所说的父母，包括生父母、养父母和有扶养关系的继父母。《继承法》所说的兄弟姐妹，包括同父母的兄弟姐妹、同父异母或者同母异父的兄弟姐妹、养兄弟姐妹、有扶养关系的继兄弟姐妹。第三，我国《继承法》规定被继承人的子女先于被继承人死亡的，由被继承人的子女的晚辈直系血亲代位继承，代位继承人代位继承时是作为第一顺序继承人参加继承的；代位继承人一般只能继承他的父亲或者母亲有权继承的遗产份额，代位继承人如为数人，则不能与其他第一顺序的法定继承人一同按人均分遗产，只能共同继承代位人有权继承的遗产份额。第四，我国《继承法》规定丧偶儿媳对公、婆，丧偶女婿对岳父、岳母，尽了主要赡养义务的，作为第一顺序继承人。

8.4.2 财产分割的原则

一、共有财产的相关部分

共有财产多以一定身份关系或契约关系的存在为前提，共有财产包括夫妻共有、家庭共有等。当被继承人为共有财产的权利人之一时，其死亡后，应把死者享有的份额从共有财产中分出，作为死者遗产的组成部分。

夫妻共有财产和遗产的分割原则主要有以下三个。第一，遵守法律的原则，即遵守《婚姻法》和《继承法》的有关规定，这些法律和制度对有关夫妻共有财产和遗产的分割问题都有比较具体的规定。第二，遵守约定的原则，即夫妻之间有约定的或有遗嘱的，应作为分割夫妻共有财产和遗产的依据。第三，平等协商、和睦团结的原则，即在分割夫妻共有财产和遗产时，对有争议的问题要本着平等协商、和睦团结的原则来处理。

夫妻在婚姻关系存续期间所得的共同所有的财产,除另有约定以外,如果分割遗产,应当先将共同所有财产的一半分出为配偶所有,其余的为被继承人的遗产;也就是说,当夫妻一方死亡时,只能将夫妻共有财产的二分之一作为死者的遗产,其余的二分之一为生存配偶的个人财产。同时,我国《继承法》规定:遗产在家庭共有财产之中的,遗产分割时,应当先分出他人的财产。也就是说,只有把家庭共有财产中属于其他家庭成员的财产分出后,其余的部分才是死亡的家庭成员的遗产。

二、不能分割的遗产

某些遗产不能被分割,如古董。有些遗产分割可能导致较大的财产损失,如封闭式企业的继承。有时,封闭式企业一旦被分割后,企业规模变小,企业之间恶意竞争,会导致企业衰亡。也有时,企业主的部分继承人也可能对企业经营无意愿,适宜由有经营意愿的继承人进行经营。

因此可以采取以下两种分配方式:第一,变价分割,即把共有财产或遗产出卖换成货币,然后由当事人或遗产继承人分割货币。第二,作价补偿,当共有财产或遗产是不可分物时,如果任何一方或遗产继承人任何一方希望取得该物,就可以作价给他,由他将超过其应得份额的价值补偿给夫或妻一方或其他遗产继承人。

不论以上哪种情形,继承人(特别是有多个继承人时)必须有额外现金解决资产可能无法分割但又必须分割的问题。因此,被继承人生前必须规划应对诸如资产保全、遗产继承时的各种特殊情况。

8.4.3 案例:遗产规划

1. 何老先生有两个儿子:何老大与何老二,老伴多年前就已去世,何老先生带着小儿麻痹症的小儿子一同生活,何老大定期给付父亲赡养费用。2015 年何老先生突发心脏病去世,留有一份自书遗嘱,将全部财产 10 万元留给何老大,并希望何老大能照顾好何老二。

思考题:该遗嘱是否有效?

分析:该遗嘱无效,因为没有为何老二留一份。我国《继承法》规定,遗嘱应当对缺乏劳动能力又没有生活来源的继承人保留必要的遗产份额。这一规定属于强行性规定,遗嘱取消缺乏劳动能力又没有生活来源的继承人的继承权的，不能有效。案例：梁老太的丈夫早年去世，她靠自己一双手把三个子女拉扯大，现三个子女均在外省工作生活。十多年前，梁老太用自己的积蓄购置了一套商品房并居住。近年来，梁老太日渐衰老，饮食起居基本由邻居周女士照料，三个子女也很少回本市或者把梁老太接到身边照顾。去年，梁老太因病住院，病情日趋严重，自感时日无多，为报答周女士多年来对自己的照顾，遂决定立下遗嘱，将自己那栋房屋遗赠给周女士，并请公证处办理该份遗嘱的公证手续。梁老太去世前几天，三个子女从外地赶来，他们一起说服梁老太在病榻上写下了将该房屋给三个子女继承的遗嘱。思考题：那么梁老太去世后，她的房屋应该由谁来继承？分析：我国《继承法》规定，继承开始后，按照法定继承办理；有遗嘱的，按照遗嘱继承或者遗赠办理。我国《继承法》还规定：遗嘱人可以撤销、变更自己所立遗嘱；立有数份遗嘱，内容相抵触的，以最后的遗嘱为准；自书、代书、录音、口头遗嘱不得撤销、变更公证遗嘱。梁老太前后立有两份遗嘱，内容相抵触，前一份遗嘱办理了公证手续，属公证遗嘱，后一份属于自书遗嘱。自书遗嘱虽为梁老太最后所立的遗嘱，但是它不能撤销或变更之前的公证遗嘱。梁老太的商品房应按照公证遗嘱进行分配。因此梁老太名下的该套商品房应该由周女士接受遗赠，而其三个子女只能"望房兴叹"。如果梁老太确要变更遗嘱，将遗产留给三个子女继承，应先办理撤销前一份公证遗嘱的公证，然后重新立下遗嘱才有法律效力。

2. 比尔·盖茨家族遗产规划案例

2008 年 6 月 27 日，比尔·盖茨这个垄断了"世界首富"之名长达 13 年的人，最后一次作为微软的总舵手，走出自己的办公室。比尔·盖茨把市值为 580 亿美元的个人资产悉数捐给比尔和梅琳达·盖茨基金会。该基金会于2000 年由盖茨夫妇创立，致力于在全球推广卫生和教育项目，时下已经成长为美国规模最大的民间慈善机构。盖茨夫妇曾打算在去世后留给三个子女数百万美元遗产，捐出其余资产。如今，他们连遗产也无意留下。盖茨说："我们决定不将财产留给子女，我们希望以最能产生正面影响的方式回馈社会。"2010 年，比尔·盖茨和沃伦·巴菲特发起的"捐赠誓言"活动在欧洲国家遭到质疑和批评，许多德国富豪拒绝跟随他们的步伐捐出财产。带头的德国汉堡船运巨头彼得·克雷默表示，富豪捐身家的承诺等于将应该缴税的钱捐出去，令富人凌驾于国家之上，影响公众利益。按照美国的法律，如果富豪要把遗产留给子女，美国联邦政府会从中抽掉过半的遗产税。事实上，许多美国富豪都以慈善捐款的手段规避遗产税。欧洲媒体也对此次活动大泼冷水，很多评论都表示美国富豪与其参加"捐赠誓言"行动承诺捐款，不如按时交税。

第九章 互联网金融投资分析

近年来，以第三方支付、P2P网络贷款平台和众筹平台等为代表的互联网金融异军突起，各种模式竞相发展，迅速改变了我国金融业的面貌，成为金融创新的主力军。以第三方支付为例，自2005年网络支付在我国正式起步以来，取得了长足的发展。根据艾瑞咨询的公开数据显示，2017年我国第三方移动支付交易规模达到120.3万亿元，同比增速为104.7%，其中线下扫码支付规模增长迅速，称为移动支付市场重要增长点。第三方支付已经成为支撑电子商务发展的重要基础，也日渐成为互联网金融服务的主要模式之一。相较于第三方支付，P2P网贷的发展在2012年和2013年则进入了爆发期，在全国各地迅速扩张。进入2013年，网贷平台以每天1~2家上线的速度快速增长，据网贷天眼研究院不完全统计，截至2018年12月31日，我国P2P网贷平台数量累计达6591家。此外，互联网金融门户和大数据金融等新金融形态也不断涌现出来，并得到快速发展。

9.1 互联网金融发展概述

理解中国的互联网金融发展，首先需要从全球视角和历史演进视角来审视各类互联网金融业态发展的共同动因、机制以及其现状和影响力，其次根据中国的发展阶段和体制特征，探究我国互联网金融发展进程中存在的具有特殊性的问题，并逐一加以分析，以便从体制改革和金融发展的角度提出应对举措。为实现这一目标，本节先对全球和中国互联网金融的发展做个梳理：

9.1.1 互联网金融的发展历程

一、20 世纪八九十年代：前互联网金融时代

计算机及通信技术最早被引入金融领域时主要包括两个方面：一方面是所谓的"金融电子化"，它在 20 世纪八九十年代伴随金融业开始采用先进的计算机技术而发展起来，包括电子数据处理系统、金融信息管理系统和决策支持系统等。另一方面是电子支付系统的建立，即由提供支付服务的中介机构、管理货币转移的法规以及实现支付的电子信息技术手段共同组成的，用来清偿经济活动参加者在获取实物资产或金融资产时所承担的债务。银行卡的出现、计算机技术的发展以及各种电子资金转账系统的建立和推广，促使纸币发展为电子账户和电子货币，通过资金流和信息流这两种电子信号流将资金支付活动的双方有机地联系起来，形成各种电子支付系统（不仅包括 ATM、POS 等客户与金融机构间地电子支付系统，SWIFT、CHIPS 等金融机构之间的电子支付清算系统，还包括支付信息管理系统等）。虽然上述金融电子化与电子支付系统的建立主要依托的还是银行专用网络，但是却实现了金融机构内部以及金融机构之间甚至是不同国家金融市场之间的互联，为互联网与金融的进一步融合奠定了基础。

进入 20 世纪 90 年代，伴随着电子商务的蓬勃发展，网络信息技术的高速发展，尤其是网络支付的发展，以及国际金融法规和国际金融组织的建立和完善，网络金融逐渐进入人们的视野，这是互联网与金融真正结合的开始。1995 年，全球第一家网络银行"安全第一网络银行"在美国诞生，标志着银行网络金融业务的诞生。此后，发达国家和地区的网络金融发展迅猛，出现了从网络银行到网络保险，从网络个人理财到网络企业理财，从网络证券交易到网络金融信息服务的全方位、多元化网络金融服务。

我国网络金融的发展相较于发达国家起步稍晚，在网络银行方面，2000 年 6 月 29 日，由中国人民银行牵头，国内 12 家商业银行联合共建的中国金融认证中心全面开通，开始正式对外提供发证服务；在网络保险方面，2000 年 8 月，太平洋保险公司和平安保险公司几乎同时开通自己的全国性网站，自此专业保险电子商务网站纷纷涌现；在网络证券方面，1997 年 3 月，中国华融信托投资公司湛江营业部推出多媒体公众信息网上交易系统，揭开我国网络证券的帷幕。但这一时期，网络金融仅是传统的金融机构或传统的金融服务向互联网的延伸，作为内核的传统的金融媒介功能并未受到实质性的冲击，只是在互联网的平台上降低交易的成本，增进金融服务的可达性。

二、21 世纪初叶：互联网金融时代的到来

虽然世纪之交"新经济"泡沫的破灭给全球宏观经济运行造成震荡，但互联网发展的脚步并未停歇，互联网经济也逐渐展露出其独特的技术特点和运行模式，它不甘于仅作为传统金融机构降低运营成本的工具，而是逐渐将其"开放、平等、协作、分享"的精神向传统金融业态渗透，特别是通过移动支付、社交网络、搜索引擎和云计算等技术的发明、扩散和商业化，对全球金融模式的创新产生根本的影响。此时，以 P2P 网络借贷、第三方支付、众筹融资、移动金融等具有代表性的互联网金融业态，成为学界和业界关注的焦点。

尤其近年来，以互联网为代表的新技术已经开始对既有金融模式产生巨大冲击，2013 年阿里巴巴联合天弘基金推出"余额宝"业务，5 个月内规模突破 1000 亿元，成为国内首只达到千亿规模的基金，互联网金融实现爆发，因此 2013 年也被人们誉为"互联网元年"。但值得注意的是，现如今种类繁多令人眼花缭乱的所谓互联网金融创新，部分实质上仅是把线下传统金融模式披上"互联网外衣"，因此需要在理解互联网金融概念、内涵及特征的基础上加以甄别。

9.1.2 互联网金融的概念内涵

2012 年，依赖持续升温的互联网金融热浪引起国内学界的广泛关注，"互联网金融"作为一种学术概念开始频繁出现在各种中文研究文献当中。在众多国内学术文献中，谢平等（2012）较早地提出了具有代表性的看法，即指出互联网金融模式是既不同于商业银行间接融资，也不同于资本市场直接融资的第三种金融融资模式。不过值得注意的是，国内金融界所称的"互联网金融"涉及支付、信贷、基金等各类金融业态，由本质特征截然不同的多种金融服务构成，并不构成第三种独立的投融资模式，其功能也不仅仅局限于投融资。

根据 2013 年第二季度"中国货币政策执行报告"的相关表述和部分学者（如李扬等，2014；霍学文等，2013）的分析，可以将"互联网金融"大致界定为：

在新的技术条件下，各类传统金融机构、新兴金融机构和电商企业依托于其海量的数据积累以及强大的数据处理能力，通过互联网渠道和技术所提供的信贷、融资、理财、支付等一系列金融中介服务。它的基本特征是基于大数据的、以互联网平台为载体的金融服务。

基于该定义，我们认为通常所讨论的互联网金融形态或要素可以分为两大类：基于互联网的金融创新，以及互联网金融的产业与政策效应。

表9.1 互联网金融形态与要素

	新的货币或金融资产形式	互联网货币（比特币、莱特币、瑞波币等不由央行发行的电子货币或虚拟货币）
基于互联网的金融创新	新的金融中介/机构	P2P网络借贷，众筹融资
	新的运营方式/产品	——传统存款货币类机构与产品+互联网（如电子银行，无实体的网络银行） ——传统保险机构或产品+互联网（无实体的网络保险机构，网络保险产品等） ——传统证券类机构或产品+互联网（包括：货币市场基金+互联网支付=余额宝；其他理财产品+互联网；还有无实体的网络证券公司）
	新的支付手段或模式	——基于互联网的支付创新（主要是PC互联网支付+移动互联网支付，即不依托特定的专有网络的、主要以第三方支付为代表的零售支付的创新；当然银行也是推动零售支付创新的重要主体，此外还包括Ripple这种跨境支付清算模式创新）
	与商业实体或流程的更紧密结合	——互联网企业（或电商企业）设立金融机构或开展金融业务（根据网络经济的发展需求、利用互联网平台经济和商业大数据的支持，进行资源配置类金融服务，包括针对平台产业链客户和消费者的融资或信用支持服务等） ——基于互联网的多层次金融信用体系建设、信用数据的积累，基于大数据的金融信息企业发展与信息服务创新

续表

互联网金融的产业与政策效应	对市场结构的影响	对于市场交易与组织形态的影响（分为货币市场和资本市场，主要针对资本市场）
	对市场制度的影响	对于金融制度的影响（宏观、微观，包括法与金融制度等）
	对金融监管的影响	政府的新监管措施
	对宏观经济政策的影响	对货币政策的冲击等

9.1.3 我国互联网金融的发展动因及现存的问题

为何互联网金融会在近年来在我国飞速发展，原因在于：

首先，传统金融体系的弊端激发市场对互联网金融的热情。一方面，多数资金供给者难以找到有效的投资产品、财富管理渠道、资产配置模式；另一方面，包括小微企业和居民在内的大量资金需求者，仍然难以得到有效的资金支持。在这种结构性金融供给与需求严重失衡的前提下，互联网金融的出现为满足国人迫切的金融需求勾勒出可行的模式，弥补传统金融体系的不足。

其次，民间资本的积累与投资热点匮乏，为互联网金融的发展提供推力。一方面，国内民间财富迅速积累，各种各样的资金流入至"民间资本"的大范畴里，形成拥有短期逐利性的"热钱"。另一方面，实体经济的生产效率下降、边际资本收益率增长乏力，以及金融投资市场的容纳有限，使得大量资金期望寻找新的优质投资对象。互联网金融由于兼具巨大的想象空间、处于金融活动的"边缘地带"、拥有监管部门"相对友好"的观望态度、能融合众多业态与商业模式的模糊概念、继而产生对具有创新和探索心态的新一代金融消费者的巨大吸引力等优势，使得互联网金融成为资本追逐的新宠。

最后，实体部门的金融热情持续提升，传统金融部门的边界逐渐模糊。各国金融发展大多表现出根源于实体部门的内生性特征，譬如信用卡的发行、证券化的创新等，在许多国家最早都是实体企业自发推动的。互联网的发展带动电子商务的飞跃、服务业结构的变化、产业结构的提升等，由此使得各类具有产业链集中性特征的新兴企业出现，并有可能高效率、风险可控地自发提供或运用金融资源，而不再完全依靠传统金融机构或资本市场。这种根植于实体部门需求地互联网金融创新，往往是相对健康且最具生命力的。

20 世纪末以来，曾有诸多喧嚣一时的经济热点概念，最后归于沉寂。互联网金融若要跳出这一发展怪圈，应关注其发展中存在的根本性问题：

（1）就现有混乱的概念体系而言，无助于明确认识互联网金融的真正内涵及特征，了解其发展的潜力及存在的价值。因此，应从理论着手，以互联网给金融概念内涵带来的新变化为基础，以其对不同金融功能的冲击为主线，系统梳理在金融运行中出现哪些与互联网相关的新的组织、产品、规则等，然后再分析不同的金融运行机理及产品风险收益特征，最后剖析特定的监管原则及制度变化前景。

（2）需要有效定位服务对象。对于传统金融体系而言，被人诟病的问题之一就是更为注重资金需求者，尤其是大的资金需求者，对于中小资金需求者以及资金供给者的服务严重缺失。互联网金融活动则走向不同的侧面，一方面，无论从各类模式及产品设计，还是宣传方面，现有各方焦点都过于侧重资金供给者，尤其是为居民提供高回报的理财和财富管理产品等方面；另一方面，对于小微企业融资的真实作用，以及与包括小贷在内的线下非互联网融资模式的实质性区别，在现实中的研究和关注还非常不足，而对于居民消费金融支持等方面更是相对空白的领域。因此，互联网金融创新旨在强调避免传统弊端的同时，也要有效实现服务资金供给与需求者的平衡，找出真正符合商业原则、可持续且能实现普惠金融目标的路径。

（3）必须指出的是，现行的包括 P2P 网络借贷等在内的互联网金融模式，之所以能够获得如此大的发展空间，除政策宽松外，也因为目前利率市场化尚未彻底完成，资金价格的"多轨制"仍然存续。一旦利率市场化深入推进，金融要素流动壁垒不断消除，结构性金融供求失衡的局面得以改变，则现行许多模式的可持续性会大大弱化。譬如美国新兴互联网融资企业发挥作用便十分有限，资金需求者多数能从现有体系中获得满足。因此，无论是互联网金融的践行者、投资者、受益者还是关注者，都需要从整体上、从长远来认识其模式的可持续性所在，把握中长期发展轨迹。

（4）互联网金融创新的源泉在于推动实体部门"内生"的金融创新，加速传统金融脱媒。随着金融创新的演变和信息技术的腾飞，原有依靠银行或资本市场的资金配置方式，实际上持续处于脱媒状态，但近年来伴随"虚拟一代"生活方式的演变，这种冲击更为凸显。对于实体部门，可以跳出对传统金融体系的依赖，自发地推动相应的金融服务功能实现，虽有赖于监管部门放松监管，但却迎合金融回归实体的主流，与电子商务想联系的供应链金融、产业链金融创新都是其中的代表。

（5）金融业怎么面对互联网金融的挑战？在我国，以商业银行为代表的传统金融业，其面临的挑战并非仅来自互联网金融，而是在经济产业结构变迁、市场化改革推进、国际化挑战加剧、政府"父爱主义"弱化、消费者主权意识增强等多种因素影响下面临的二次改革压力的总体现。互联网金融借助数十年来信息技术革命扑面而来的活力，仅为危机和压力提供了一个令人感兴趣的引领主题。实质上，一方面，传统金融机构没有必要跟风电商平台或 P2P 网络借贷的噱头，或者以互联网金融为名重启表外的影子银行业务，而是应积极稳妥地推进和修正已经实施地互联网技术创新策略。另一方面，透过互联网金融地表象，须认清我国金融业面临的真正危机与挑战，包括：可能与全球同步的下一个经济衰退周期；准备适应市场化和国际化带来的竞争加剧；面对金融消费者主权时代的来临，更强调客户导向，而非被神话的"供给创造需求"；新的产融结合时代，金融与非金融部门的边界进一步模糊，创新型合作模式不断出现等。

9.1.4 互联网创新发展趋势

自 1995 年全球第一家网络银行——安全第一网络银行在美国成立，随后欧洲、日本等地的互联网金融业开始逐步兴起。从互联网金融发展的具体形态来看，目前在全球范围内，互联网呈现以下重要趋势：

一、在新的金融中介和机构方面，互联网金融模式呈现"中介替代"趋势

第一，2008 年全球金融危机后，欧美大型商业银行加强对中小企业融资的限制，在此背景下，网络融资凭借其融资方式多元化、定价方式与期限选择更灵活、风险控制机制不断完善、信用体系日趋完备等经营特点，迅速占领欧美部分信贷市场，并对传统融资方式形成补充；第二，P2P 网络借贷在小微金融领域部分替代传统存贷款业务，其实质是一种"自金融"的借贷模式；第三，众筹融资部分替代传统证券业务和线下风险投资。

二、在新的运营方式和产品方面，以网络银行为代表呈现多元化转型趋势

（一）直销银行是国外成熟的一种网络银行模式，即没有线下营业网点、完全通过互联网技术向客户提供服务的银行，如美国的 Bank of Internet、ING Direct、Simple 等。（二）全能化转型。通过致力于开发新的电子金融服务，美国的网络银行以满足客户的多样化需要而吸引更多个人客户和中小企业。在亚洲，较为典型的是日本的住信 SBI 银行，它依托主要股东三井住友银行和 SBI 金融集团，在全国范围内建立了可提供集团内各项金融服务的"一站式"资讯平台。（三）特色化发展模式。网络银行相较于传统银行其局限在于不能提供传统银行所能提供的部分服务，譬如不能为客户提供安全保管箱，同时也不适合销售过于复杂的金融产品，因此欲参与竞争必须提供特色化服务。譬如日本的 eBank、索尼银行分别定位为专业小额支付银行、资产管理专业银行，主要以专业化的金融服务、低成本、低费用吸引特定的客户群。

三、在新的支付模式方面，非银行机构推动的网络支付创新日益重要

非传统金融机构从事的互联网支付，即第三方电子支付或第三方互联网支付，实际上是第三方支付于互联网支付的交叉点，在美国属于货币服务机构，在欧洲则称为电子货币机构，在国内有时与名词"第三方支付"混用。

（一）从欧美国家的情况来看，在零售支付领域，非银行支付已经逐渐与银行间支付的交易量比肩。在我国，第三方支付是指具备一定实力和信誉保障的非银行机构，借助通信、计算机和信息安全技术，采用与各银行签约的方式，在银行支付结算系统之间建立连接的电子支付模式。实际上，用户放在第三方支付平台的资金相当于活期存款，但支付平台不属于金融机构，不能为用户提供利息收入，用户缺乏动力在支付平台留存大额资金。在此情况下，基于第三方支付平台的货币市场基金模式应运而生，这也是支付渠道与互联网财富管理的有效结合。

（二）国外第三方支付（如 PayPal、Eway、Google Wallet）市场发展一方面依托个人电子商务市场而起源、壮大和成熟；另一方面向外部的专业化、垂直化电子商务网站深入拓展。其中非银行类第三方支付机构蓬勃发展且近年来引人注目。

（三）随着移动通信设备的渗透率超过正规金融机构的网点或自助设备，以及移动通信、互联网和金融的结合，全球移动支付交易增长迅猛。全球市场调研机构 Merchant Machine 发布的 2018 年全球移动支付平台统计数据披露，微信支付在全球已经拥有 6 亿用户，居世界第一，支付宝以 4 亿用户紧随其后，创立最早的 PayPal 仅 2.1 亿用户据第三。数据称，中国、挪威、英国是移动支付三大市场，中国有47%的用户使用移动支付，挪威42%，英国24%，而美国仅有17%。

目前，在一系列互联网金融产品"创造性破坏"式的冲击下，金融市场竞争加剧，银行的负债端资金成本急速攀升，垄断利润开始大幅度缩水，各类既有金融机构的"奶酪"正在被新兴的互联网金融机构蚕食，加速金融脱媒进程。这一进程中，新的货币、新的金融中介、新的金融产品、新的支付手段层出不穷（如图9-1）。

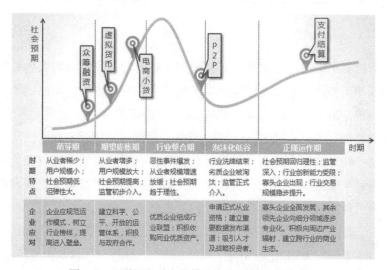

图9-1 互联网金融主要模式在中国所处不同时期

9.2 新的货币——互联网货币

在互联网货币概念盛行前，有关"电子货币"的文献已经十分丰富。学界通常认为界定电子货币既要着眼于其"电子化"的特殊性，又不应该脱离其作为货币的本质属性。据此欧洲央行（ECB，2013）指出：电子货币就是存储于技术设备中的电子化的货币价值，可以广泛地用于向除了发行者之外的其他方进行支付，作为一种预付工具在交易中不必要与银行账户相关联。

根据我国学者谢平（2014）的定义，以虚拟货币为蓝本发展起来的互联网货币则更是由某个网络社区发行和管理，不受或少受央行监管的，以数字形式存在的，被网络社区成员普遍接受和使用的货币。

由此可见，虚拟货币和互联网货币是包含在电子货币概念范畴内的事物。学者贝多广（2013）提出的分类法较为清晰地展示两者间的关系：在电子货币中，银行电子货币（包括电子支票）受到政府监管，属于法定货币范畴；而以互联网货币为主体的虚拟货币不受政府监管，属于补充性货币范畴；补充性货币的出现，不再简单是法定货币内部纸币与电子货币的替代，而是法定货币被补充性货币替代，而中央银行难以监控补充性货币的发行。

根据是否有发行中心，以互联网货币为主体的虚拟货币可以划分为两类：

9.2.1　有发行中心的虚拟电子货币

根据欧洲中央银行的定义，互联网上所有的发行商用来购买各种网络虚拟产品或相关增值服务的支付媒介均可被称为有发行中心的类法定货币虚拟货币（ECB，2012），以 Ripple 的 Ripple 币、腾讯的 Q 币、魔兽世界的 G 币、亚马逊的 Coins、Facebook Credits 等为代表，这类虚拟货币由互联网运营商发行，在某一特定范围内充当一般等价物，具备有限的流通和支付功能。事实上，第一种互联网货币由来已久，除了发行主体不同，其集中式的发行方式并没有突破传统货币理论的解释范围。

以 Ripple Labs（其前身为 OpenCoin）发行的虚拟货币瑞波币（Ripple 币，又名 XRP）为例，瑞波币是 Ripple 网络的基础货币，它可以在整个 ripple 网络中流通，总数量为 1000 亿。XRP 目前可精确到 6 位小数。最小的单位称为一滴（drop）。1000000 滴等于 1 XRP，1XRP = 1000000dXRP。简单讲 XRP 是由 OpenCoin 公司发行的在 ripple 网络中流通的基础虚拟货币，就像比特币一样可以整个网络中流通，而不必局限于熟人圈子。传统的货币是储存在不同金融系统里的，比如 VISA/MASTERCARD 信用卡中或者支付宝里面。如果你要在不同的兄里面转账，他们会收取你高额的手续费，并且不同的金融系统对你的身份会有严格的检查。XRP 用来在每笔交易中支付极小的费用，XRP可以在 Ripple 入口节点之间转账，并可以兑换成任何货币。XRP 的发行总数是固定的，在开始就被设定为 1000 亿个。不会再发行。Ripple 的交易费用非常的低，每次交易只有 1/1000 美分的交易费。这个交易费是用来防止有人通过大量的交易破坏系统的行为。

瑞波币的特点：

1. 交易费用低不同法币之间的交易，通常会收取百分之几，再加上交易费用。Ripple 的任何交易都低于 0.01 $；

2. 匿名 Ripple 网络不需要用户提供电子邮件，名字，或其他任何信息，为消费者提供隐私；

3. 安全发送 ripple 就像发送现金一样，接收完毕后，没有任何其他费用，用信用卡和支票付款，付款人必须提供个人信息，这样可能会导致欺诈；

4. 可靠由于 ripple 交易不可逆，商户可以同任何人进行交易，而不用担心反悔。

瑞波币的功能：

1. 现实与虚拟货币的双向流通；

2. 多币种的 P2P 兑换与支付；

3. P2P 网络信贷；

4. 个人网络清算。

瑞波币的优越性同比特币一样，Ripple 也是一种可共享的公共数据库，同时它也是全球性的收支总账。共识机制允许 Ripple 网络中的所有计算机在几秒钟内自动接受对总账信息的更新，而无须经由中央数据交换中心。这种处理速度是 Ripple 在工程学方面的一次重大突破。它意味着 Ripple 的交易确认时间仅为 3~5 秒，而比特币则需要 40 分钟。

瑞波币的盈利方式体现为：瑞波币（XRP）和比特币一样都是基于数学和密码学的数字货币，但是与比特币没有真正的用途不同，XRP 在 Ripple 系统中有主要桥梁货币和有保障安全的功能，其中保障安全的功能是不可或缺的，这要求参与这个协议的网关都必须持有少量 XRP。理论上而言，网关需要购买的 XRP 并不多，其价格也非常便宜，1 个 XRP 仅为 0.4 美分（截止到 2015 年 3 月 14 日，其价格已经升至 1 美分左右）。与比特币一样，XRP 的数量也是不能"超发"的（总量为 1000 亿个），但由于每次交易都将销毁少量 XRP，这就意味着 XRP 的数量会逐渐减少。如果 Ripple 协议能够成为全球主流的支付协议，网关对于 XRP 的需求就会更为广泛——需求旺盛而数量却在减少，就会导致 XRP 的升值。Ripple Labs 持有 770 亿的 XRP，简单以 0.4 美分的价格估值，价值约为 3 亿美元。Ripple Labs 称，为了让 Ripple 协议有更多的参与者，他们将逐步将其中的 550 亿 XRP 捐赠给这一系统中的用户，自己留下 220 亿。而假如 Ripple 协议成为了主流支付协议，XRP 数量又在减少，

XRP 就会升值，即使捐出了持有大部分 XRP，Ripple Labs 的价值仍然可以非常之高。这仅仅是设想。毕竟，这一支付协议还只是一个新生的事物。截至目前，全球首家、也是唯一一家的宣布接入 Ripple 协议的银行，是德国 Fidor 银行，这是一家在数字货币领域踊跃探索的互联网直销银行，总部设在德国慕尼黑。此前，该银行在与比特币合作也被视为开创性的举动。虽然有了起步，但 Ripple 协议要"征服"银行，尤其是不像 Fidor 那么创新的传统银行，仍是任重道远。①

9.2.2　去中心化的虚拟电子货币

去中心化的类金属（黄金）虚拟货币主要是指比特币、莱特币、瑞波币等不由央行发行的虚拟货币，这些货币的去中心化设计使其不再依赖中央银行或政府等机构的担保，而取决于种子文件在 P2P 对等网络中达成的网络协议。

一、以比特币为代表的虚拟货币

2008 年爆发全球金融危机，2008 年 11 月 1 日，一个自称中本聪（Satoshi Nakamoto）的人在 P2P foundation 网站上发布了比特币白皮书《比特币：一种点对点的电子现金系统》，陈述了他对电子货币的新设想——比特币就此面世。比特币作为一种数字货币，由计算机生成的一串串复杂代码组成，新比特币通过预设的程序制造，随着比特币总量的增加，新币制造的速度减慢，直到 2014 年达到 2100 万个的总量上限，被挖出的比特币总量已经超过 1600 万个。2017 年 12 月 17 日，比特币达到历史最高价 19850 美元。从全球范围来看，围绕比特币已经形成了生产、储值、兑换、支付、消费、相关金融服务的较为完整的产业链，见图 9-2。

作为一种全球通用的加密电子货币，比特币的交易完全交由用户们自治。与法定货币相比，比特币不依赖于特定的中央发行机构，而使用遍布整个 P2P 网络节点的分布式数据来记录货币的交易，谁都有可能参与制造比特币，而且可以全世界流通，可以在任意一台接入互联网的电脑上买卖，不管身处何方，任何人都可以挖掘、购买、出售或收取比特币，并且在交易过程中外人无法辨认用户身份信息。因此，比特币是一种对等网络支付系统和虚拟计

① https：//blog. csdn. net/sinat_ 34070003/article/details/79398027

价工具，并且没有中心化的清算机构。比特币的这种"去中心化"设计，使其不再需要中央节点的控制，因而具有更好的流通性，可在全球范围内流通而不需要货币兑换机构。

尽管理论上可确保任何人、机构和政府都不可能操纵比特币的货币总量，或者制造伪币，但是伴随比特币逐步达到与现实货币的自由兑换，并涉足现实商品和服务的购买且投机炒作开始增多时，也引起关于比特币的争议。对于比特币，诺贝尔经济学奖获得者保罗·克鲁格曾指出，"比特币本身并没有什么价值，但是网络上的投机炒作者（愿意交易这些货币的人）对这种货币提出需求，这种需求支撑了比特币的价值，也使得更多人想要使用它作为通货"。换言之，愿意将比特币和现实货币进行交换并为此承担风险的人，支撑了实实在在利用比特币作为支付工具的人们。但这并不是一个100%令人满意的答案，因为没有人能保证投机者会一直对比特币抱有兴趣，这点就不同于现实货币，因为法律规定了一部分人或机构必须持有货币。这因此也解释了比特币近年来暴涨暴跌的主要原因。

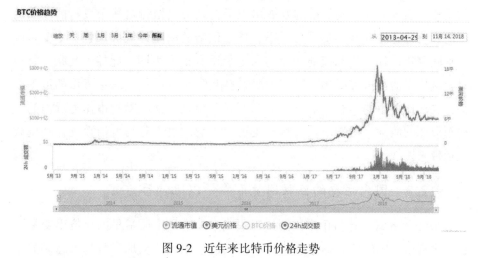

图 9-2 近年来比特币价格走势

资料来源：币通指数（www.bitong.top，简称"币通"）

二、莱特币

除了比特币以外，还有其他一些典型的虚拟货币，譬如莱特币（Litecoin，LTC）。莱特币诞生于 2011 年 10 月 7 日，是一种基于点对点（Peer to Peer）

技术的网络货币。莱特币受到了比特币（BTC）的启发，并且在技术上具有相同的实现原理，莱特币的创造和转让基于一种开源的加密协议，不受到任何中央机构的管理。莱特币旨在改进比特币，与其相比，莱特币具有三种显著差异。第一，莱特币网络每 2.5 分钟（而不是 10 分钟）就可以处理一个块，因此可以提供更快的交易确认。第二，莱特币网络预期产出 8400 万个莱特币，是比特币网络发行货币量的四倍之多。第三，莱特币在其工作量证明算法中使用了由 Colin Percival 首次提出的 scrypt 加密算法，这使得相比于比特币，在普通计算机上进行莱特币挖掘更为容易。每一个莱特币被分成100000000 个更小的单位，通过八位小数来界定。莱特币当前可以交换法定货币以及比特币，大多数通过线上交易平台。可撤销的交易（比如用信用卡进行的交易）一般不用于购买莱特币，因为莱特币的交易是不可逆的，因此带来了退款风险。莱特币创始人李启威的聪明之处，就是承认莱特币是比特币山寨币，以"比特金，莱特银"的口号，让莱特币的市值一直稳居数字货币前十。莱特币曾一度霸占数字货币市值的第二名，仅次于比特币。

在互联网对传统金融的改造下，中央银行货币政策的运行模式受到很大的挑战，表现为互联网货币的发展出现了打破中央银行对货币发行的垄断的可能性。并且在互联网货币模式下，货币供给的内生性大大加强，主要是因为互联网货币的发行和流通规律与法定货币有很大不同。此外，互联网货币对金融稳定的冲击和影响，目前主要来自互联网货币兑换法定货币的汇率波动，这在比特币的运行上表现得尤为明显。总之，互联网货币作为货币的一种新形态的萌芽，对货币政策将产生重大影响，也会对物价指数统计和税收计量带来挑战。

9.2.3　国内主要的互联网货币——以比特币为例

2011 年 6 月，比特币中国网站正式成立，这是中国最早的比特币交易平台。比特币中国的建立标志着比特币正式进入中国，从那以后越来越多的中国网民通过网站、微博，QQ 群参与制造比特币和从事比特币交易，比特币在中国的影响力逐渐增大，中国比特币活跃节点数目快速飙升，例如在四川省雅安地震后，公募基金壹基金甚至宣布接受比特币作为地震捐款。目前国内排名前 3 的比特币交易平台为 Okcoin、比特币中国及火币网，事实上这也是全世界排名前 3 的比特币交易平台。在 2013 年 11 月下旬，比特币在中国的日交易量达到 3.5 亿元人民币，从事二级交易的平台接近 30 家，总注册用户超过 20 万，日均交易用户近 4 万，中国比特币持有量已经稳居世界第二，交易量居世界第一。

然而 2013 年 12 月 5 日，中国人民银行等五部委曾联合发布《关于防范比特币风险的通知》，明确比特币不具有与货币等同的法律地位，不能且不应作为货币在市场上流通使用，普通民众在自担风险的前提下拥有参与的自由，各金融机构和支付机构不得以比特币为产品或服务定价。2013 年 12 月 16 日，央行召集支付机构座谈，以窗口指导的方式，关闭了比特币平台的支付接口。

目前以比特币为代表的互联网货币尚未成为真正的货币，更谈不上挑战我国现有的主权货币体系。中国人民银行基于四点原因认为比特币不是真正意义上的货币：第一，比特币没有国家信用支撑，没有法偿性和强制性；第二，比特币规模存在上限，难以适应经济发展的需要，若比特币成为货币，会导致通货紧缩，抑制经济发展；第三，比特币缺乏中央调节机制；第四，比特币具有很强的可替代性，任何有自己的开采算法、遵循 P2P 协议、限量、无中心管制的数字"货币"都有可能取代比特币。

就比特币易诱发的风险而言，中国人民银行在《中国金融稳定报告2014》将其归结为三点：一是比特币的网络交易平台、过程和规则等都缺乏监管和法律保障，容易产生价格操控和虚假交易等行为，其账户资金安全和清算结算环节也存在风险；二是比特币价格缺少合理的支撑，其涨跌主要取决于参与者的信心和预期，甚至主要依赖于比特币未来将成为世界货币这一假想，容易沦为投机炒作的工具，一旦市场或政策出现风吹草动，就有可能泡沫破裂；三是比特币交易具有较高的隐蔽性、匿名性和不受地域限制的特点，其资金流向难以监测，为毒品、枪支交易和洗钱等违法犯罪活动提供了便利。

从另一方面而言，目前并不能排除互联网的发展具有改造传统货币体系的可能性，即便今天的比特币更多执行的并不是交易媒介的功能，而是沦为一种投机工具，但是这种尝试或许为将来探索出一种个人交易层面的"超主权货币"提供经验，实际上互联网改造货币体系并不一定非要创造出一种新的货币，通过改造支付体系同样可达到目的，比如以支付宝为代表的第三方支付，虽然无法预测未来的互联网金融将通过类似支付宝的形式或类似比特币的形式改变货币体系，但仍然不能以机械的、既定的思维来考虑互联网在改造货币体系方面的创新。

9.3　新的金融中介或机构

互联网金融的本质特征是基于大数据的、以互联网为平台的金融中介。由于金融服务实体经济最主要的功能就是媒介资源配置、提高资源配置效率，因此新技术推动的新型金融中介自然是互联网金融创新的重要内容。根据国内外的实践，以 P2P 网络借贷为代表的网络借贷、众筹融资是互联网平台上最为重要的两种金融中介业务创新。

9.3.1　P2P 网络借贷

一、P2P 概述

P2P 网络借贷（Peer to Peer Lending）是当前最流行的网络借贷形式，它是指借款人和出借者之间通过网络借贷平台而不是金融机构产生的无抵押小额贷款模式。P2P 网络借贷平台作为一种能为用户提供比传统金融机构更加简单、快速、方便的贷款服务的新兴金融中介，在一定程度上缓解中低收入人群的资金短缺困境，同时也部分满足大众理财需求，故而是发展普惠金融的重点之一。

全球首家 P2P 网络借贷平台 Zopa 在英国伦敦成立，掀开网络借贷发展的大幕。2006 年，P2P 网络借贷平台 Prosper 在加州三藩市成立，标志着这种新型的借贷模式正式进入美国。随后，日本、西班牙、冰岛等国相继成立自己的网络借贷公司。我国首家 P2P 公司是上海的拍拍贷，它成立于 2007 年 6 月，同时也是第一家由工商部门特批，获得"金融信息服务"资质，从而被政府认可的互联网金融平台。事实上在第一家 P2P 平台正式出现前，我国的 P2P 小额贷款理念早已酝酿并日臻成熟，具体而言我国 P2P 小额信贷市场的发展可分为以下五个阶段：

（一）萌芽期

P2P 小额贷款的理念起源于 1976 年，但鉴于当时并没有互联网技术，因此在该理念下的金融活动无论贷款规模、从业者规模还是社会认知层面都比较局限。直到 2005 年 3 月，英国人理查德·杜瓦、詹姆斯·亚历山大、萨拉·马休斯和大卫·尼克尔森4位年轻人共同创造了世界上第一家P2P贷款平台Zopa，次年Prosper在美国成立，欧美国家的P2P借贷理念传播至我国并逐渐发挥重要影响。

（二）期望膨胀期

P2P贷款于2007年正式进入中国，拍拍贷是国内第一家注册成立的P2P贷款公司，同期还有宜信、红岭创投等平台相继出现。但总体来看，2007－2010年间，我国社会融资的需求和导向还没有从资本市场中转移，大部分资金集团还寄希望于资本市场的再次转暖，尽管市场对于新形式的融资平台期望较高，但是从业者相对较少。

（三）行业整合期

进入2010年后，随着利率市场化、银行脱媒以及民间借贷的火爆，P2P贷款呈现出爆发性的态势，大量的P2P贷款平台在市场上涌现，各种劣质产品也大量的涌向市场。由于缺少必要的监管和法规约束，导致2012年多家P2P贷款公司接连发生恶性事件，给我国正常的金融秩序带来不利影响。市场也因此重新审视P2P贷款行业的发展，对行业的期待开始回归理性，各P2P贷款公司也开始组成行业联盟、资信平台，并积极向央行靠拢，寻求信用数据对接，市场开始呼唤法律法规的监管。

（四）泡沫化低谷期

随着市场的理性回归，市场上不正规的劣质企业将被淘汰，企业数量增速放缓，幸存下来的优质P2P贷款公司将具有更多话语权。艾瑞预计，未来两年内将会有关于P2P贷款的法律法规出台，试点增多，P2P贷款行业进入牌照经济时代。

（五）正规运作期

我国个人及中小企业征信系统将因P2P贷款风控体制的补足而进一步完善，同时P2P贷款的本土化进程基本完成，整体市场将形成三足鼎立局面：首先是更多国有金融机构将会以子公司或入股已有P2P公司的方式参与P2P市场竞争；其次是资历较深的正规P2P贷款公司，经过行业整合后实力将进一步加强；最后是地区性、局部性以及针对特定行业的小规模P2P贷款平台。

在P2P网络借贷运行模式中，存在着一个关键的中间服务方——P2P网络借贷平台。其主要职能是为P2P网络借贷双方提供信息流通交互、信息价值认定和其他促进交易完成的服务，但是通常不作为借贷资金的债权债务方。具体的服务形式包括但不限于：借贷信息公布、信用审核、投资咨询、资金中间托管结算、法律手续、逾期贷款追偿以及其他增值服务等。从国外经验来看，P2P 网络借贷在全球发展的类型主要分为三类：

（一）直接 P2P 模式

通过让资金的融入方和融出方在一个平台上直接联系，银行和其他金融中介不再参与融资的过程。英国的 Zopa 是历史上第一家提供此类服务的中间机构，作为英国甚至是全球的借贷平台领头羊，自 2005 年推出以来已累计发放贷款超过 37 亿英镑，并在 2017 年实现全年盈利。这种运行模式主要在发达国家中进行，美国的 Prosper 和 Lending Club 同时隶属该种模式。

（二）间接 P2P 模式

这个模式主要是由 P2P 公司股东出资开发市场，并在各地建立分支机构，进行调研和贷款审核。这个模式相比第一种的差别在于，互联网贷款公司主动介入到贷款的过程中，参与风险控制和尽职调查，为贷款提供一定程度的担保。

（三）网络小额贷款模式

相比作为平台提供商的第一种方式，网络小额贷款是直接由小额贷款公司作为出资人，进行放贷业务。与普通的小额贷款公司没有实质的差别，不过是从线下到线上，风险评估的方式更多集中在真实交易的审查上。

与国外相比，我国 P2P 行业的发展极具特点，在美国由于 SEC 对于注册要求设立很高的市场参与门槛，使得行业集中度很高，P2P 网络借贷市场基本上完全被 Lending Club 和 Prosper 占领，其余平台可以忽略不计。而在我国 P2P 市场相当分散，可谓为群雄逐鹿的状态。据网贷天眼研究院不完全统计，截至 2018 年 12 月 31 日，我国 P2P 网贷平台数量累计达 6591 家。中国 P2P 网络借贷的模式主要是以下四种（如下图所示），而且我国 P2P 贷款平台在本土化进程中，很少采取单一模式运营，95% 以上的 P2P 贷款平台都是将以下四种模式综合运用的综合型 P2P 贷款平台。

基于上述模式我国的 P2P 网络借贷行业对借贷涉及的主要环节进行大量细分和差异化，这些环节类型的组合可产生上百种业务模式（零壹财经、零壹数据，2014）。

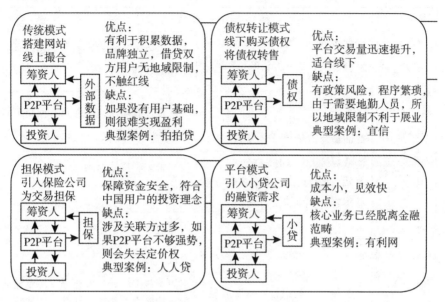

图 9-3   P2P 网贷平台运营模式

表 9.2   **P2P 网贷平台运营模式（细分）**

参与方		内　　容	特　　点
借款端	获客路径 线上	直接通过网络推广、电话营销等非地面方式寻找借款人，对借款人的征信与审核也大多在线上完成	获客成本相对较低，推广能力经常受限，对信贷技术要求高，在积累一定的经验之后，发展潜力较高
	线下	通过线下门店、地面销售人员寻找借款人	获客成本高，但是只要投入足够的资金，业务推广能力较强
	混合	同时拥有线上获客渠道和线下获客渠道	既可快速推广业务，又可积累数据审贷经验，管理复杂度高，对平台经营者的要求较高
	第三方	平台自身不直接开发借款人，而是通过第三方合作机构（例如小贷公司、担保公司）进行	平台与合作机构分工明确，有利于发挥各自的优势，但是业务流程的割裂增加了合作双方的道德风险

续表

参与方			内　容	特　点
借款端	借款人类型	普通个人	借款额小，一般 10 万元以下，多为信用借款，平台主要审查其个人信用和违约代价	由于金额小，客户开发成本和审贷成本相对较高
		小型工商户	借款额稍大，从几万元到几十万元，平台同时审查其个人信用和商铺经营情况	优缺点比较均衡，形成 P2P 网络借贷的中坚力量
		中小企业主	借款额较大，从几十万元到上千万元，甚至更高，平台主要考察其企业经营状况	要求平台有较强的信用评估和风险控制能力
平台	撮合方式	直接撮合	借贷双方直接进行需求匹配	借款人的需求信息在平台上进行公开展示，与投资人的需求直接匹配，综合成本较低
		债权转让	专业放款人先以自有资金放贷，然后把债权转让给投资人	多用于线下平台，可充分发挥专业放款人的能力优势和灵活性，加快放款速度
	产品类型	信用贷款	额度低，无须借款人提供任何抵押物，办理较方便	速度快，风险高，利率高
		抵押贷款	需要借款人提供一定的抵押物（多为房产或汽车）	多了抵押环节，额度较高，速度一般，风险较低，利率较低
		担保贷款	需要借款人寻找愿意为其提供担保的担保机构	多了担保环节，额度较高，借款人需要承担担保费用
平台	保障机制	风险保障金	由平台从每笔交易中提出一定比例的费用作为风险保障金，一般也匹配平台的部分自有资金，以风险保证金的总额为限，对投资者进行有条件的保障	投资者可获得的保障范围较明确，但应注意风险，保障金账号的真实性和透明性
		平台担保	平台承诺以自有资金对投资者因借款人违约造成的损失进行全额本金或本息赔付	平台深度介入风险经营，实质上从事着担保业务，有踩线风险
		第三方担保	由担保公司或具备担保资质的小贷公司对借款进行全额担保	风险由平台转移至担保公司或小贷公司，对其担保资质、资金杠杆的审查极其重要

参与方			内　容	特　点
投资端	获客途径	线上	直接通过网络推广，电话营销等非地面方式寻找投资人	获客成本较低，但对策划、宣传、推广能力的要求较高
		线下	通过线下活动，地面销售人员寻找投资人	获客成本较高，但指标易量化，易复制，适用于特定人群
	投标方式	手动投标	投资人必须手动选择每笔投资标的和每笔投资金额	投资人拥有自主选择权，操作较繁琐，不宜抢到优质标的
		自动投标	投资人设定投资总额和投标条件，委托平台自动选择投资标的和每笔投资金额	操作简单，投资人无自主选择权，自动投标算法可能引起争议
		定期理财	对自动投标设置标准化的份额、期限和利率，投资者以购买定期理财产品的形式进行自动投标	操作简便，刚性兑付的暗示强，平台若操作不当，易引发资金池的争论，也可能给平台进行金额，期限错配留下空间

注：引自零壹财经、零壹数据（2014）

与传统金融机构会针对项目本身进行考察相区别，P2P 平台融合消费者信贷机构提供的数据，以及从先前贷款中收集而来的数据和个人借款者的信用得分，建立一套自己的风险评分系统，然后便可以根据资金供求调节利率达成投资者与融资者之间的匹配，同时再辅以审查借款者的收入信息和雇佣信息，以确保网络借贷的还款履约率。这种通过规范化的个人信息建立风险模型来对借款者进行甄别，相比于传统的针对差异化的一个个具体项目的甄别，大大节约成本，虽然或许其风险的评估、控制水平较银行而言有差距，但是成本的节约却使其具有独特的竞争力，尤其是覆盖银行难以覆盖的小微金融领域。在实践中，影响 P2P 网络借贷行为的因素具体包括：

1. 借款者的借入信用等级、借出信用等级、历史借款成功次数和总的投标笔数与借款者融资成功概率呈正相关关系，而借款金额、借款期限与借款者融资成功概率呈负相关关系。更具体来说，对借贷行为影响较大的是工作认证、收入认证、视频认证和车产、房产等认证指标。另外，相对于单纯的线上信用认证方式，线上和线下相结合的信用认证方式更能提高借款成功率并降低借款成本。

2. 借款者选择每月还款时，其借入资金的概率更大，而选择到期还款方式则会降低融资成功概率。

3. 友情借贷模式中，"关系"或者说借款人的社会资本能够对借款者的借贷成功率及借款成本产生显著影响，并在一定程度上降低借款者的借款成本。

4. P2P 网络借贷平台投资者表现出明显的羊群行为特征，并且这种羊群行为对借款成功率有着重要的影响。

二、P2P 平台备案

所谓 P2P 备案，是指各地方金融监管部门依申请对辖内 P2P 平台的基本信息进行登记、公示并建立相关机构档案以备事后监管的行为。目前完备备案合规的现状是，在 2018 年网贷整改合规大限到期后，政府将对没有获得备案牌照的网贷平台进行取缔（也就是没有获得备案的平台可能倒闭）。P2P 备案的目的就是为了通过放宽事前准入，强调信息收集与存档方面的功能，强化事中事后监管的手段，逐步构建和完善市场主导、政府监管的局面，保护各参与主体的合法权益。备案制的意义在于：一方面以便行政机关进行事中事后的监管，另一方面就一定的具体行为提供相应的信息，以备第三人从行政机关查询。

在备案要求下，自 2018 年以来 P2P 网贷行业迎来新的变化：平台数量腰斩、成交量下滑、景气度骤降。P2P 平台数量减少主要基于三方面的原因：首先是备案延期，备案的延期给全行业造成巨大的不确定性，很多平台资质备案无望而选择主动清盘、转型或被劝退；其次是监管趋严，如 2018 年 8 月网贷整治办下发《关于开展 P2P 网络借贷机构合规检查工作的通知》，开展新一轮检查，本身经营不善存在自融、资金池等问题的平台出清；最后，以唐小僧、投之家等问题平台的不断爆出，让投资人对行业失去信心，行业发生挤兑，资金流趋紧，大量综合实力不够硬的平台无法坚持运营。

然而，从投资者角度，备案的成功对于 P2P 平台投资者的影响表现为：首先，问题平台将减少。备案类似于对 P2P-平台的考核，结果是合格的留存，不合格的淘汰。平台自身的合规难度压力、业务违规严重程度和整改成本，都将是平台不得不退出的原因。只有淘汰掉不合规的平台，才能让互联网金融行业更加健康发展；其次，运营平台更加规范。监管部门对 P2P 平台的备案审核，涉及平台的组织人事、程序业务、信息披露、技术安全等各个方面，通过备案的平台意味着已经得到监管部门的认可，平台资质相对健全，合规程度更高，信息披露更加全面；最后，加速投资红利减少。P2P 平台的投资收益在逐年下降，当然这是有很多因素综合决定，例如 P2P 行业的竞争越发激烈，合规的成本也是其中原因之一。P2P 合规备案使得投资者资金安全性提高的同时投资红利减少。

案例 1：海外 P2P 小额信贷典型模式案例研究——Lending Club

Lending Club，2007 年成立于美国加利福尼亚州旧金山，是首家于美国证券交易委员会以票据注册为证券的 P2P 网贷平台，以点对点借贷模式汇集了符合信用的借款人和精明的投资者，提供更快、更便利的渠道实现借贷和投资以取代高成本和复杂性的银行贷款方式，从而摆脱了银行在借贷中的核心媒介作用。截至 2013 年 11 月，Lending Club 已累计促成 28 亿美元的借贷交易。

随着 Lending Club 业务规模的快速增长，Lending Club 提供了可通过权证进行交易的二级平台，由 FOLIOfn 运营。2010 年 11 月，LC Advisor（投资管理公司）注册成功，以保障投资者的资金安全。随着 Lending Club 大额投资期的到来，Lending Club 设立了投资低风险借款人（A、B 级客户）的保守信贷基金 CCF 和投资于中等风险借款人（B、C、D 级客户）信贷基金 BBF。

此外，生态圈中涌现了一些围绕 Lending Club 进行数据分析的工具和平台（Nickel Steamroller、Lendstats、Peercube、Interest Radar），形成了完整生态系统，主要针对不同的投资决策进行回测。

一、Lending Club 的借款层级

LendingClub 以"Better Rates"为核心理念，通过发行收益权凭证，为用户彼此之间直接进行投资和贷款提供交易平台，避免了高成本和复杂性的银行借贷系统，从而剩下的收益以更低的利率受益于借款人，以更高的收益回报给投资者。

LendingClub 设定了清晰明确的借贷模式，将借款人分为从 A 到 G 7 个不同的贷款等级，每个等级中又有 5 个子等级，即每一笔贷款根据借款人信用报告中的详细数据在系统的规则分配下划分为 A1 到 G5 共计 35 个贷款等级，而根据每笔贷款的等级信息、借款额度、借款期限等确定该笔贷款的利率，如表 9.3：

表 9.3　　　　　　　　　　　　　**Lending Club 的借款等级**

Loan-Term	A			B	C	D	E	F	G
Sub-Grade	1	2-3	4-5	1-5	1-5	1-5	1-5	1-5	1-5
36-Month	1.1%	2.0%	3.0%	4.0%	5.0%	5.0%	5.0%	5.0%	5.0%
60-Month	3.0%	3.0%	3.0%	5.0%	5.0%	5.0%	5.0%	5.0%	5.0%

　　整个业务流程只需 10 分钟即可完成所有步骤。一旦借款人在 LendingClub 发布了贷款需求，投资者即可对其进行投资，完成整个贷款的投资过程可以从短短的几个小时到最长 14 天，平均为 5~6 天。

　　投资者在 Lending Club 上通过投资工具进行投资组合的设定，或者通过浏览平台上发布的贷款信息，自行选择投资项进行投资即可。

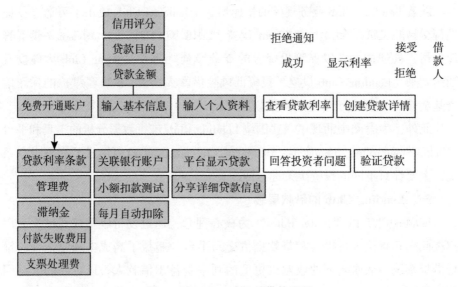

图 9-4　Lending Club 的借款流程

　　由于美国监管及法律与国内大不相同，Lending Club 的撮合交易模式不像国内那样简单。对于借款人需求，投资人先得购买 Lending Club 发行的"会员偿付支持票据"，Lending Club 再通过发行银行（Web bank）对借款人进行放款、收款等。同时，Web bank 会将借款人签发的贷款本票转让给 Lending Club。如此做能帮 Lending Club 利用发行银行的牌照，满足美各个州的借贷监管要求，避免各个州贷款利率上限，便于快速占有市场份额。

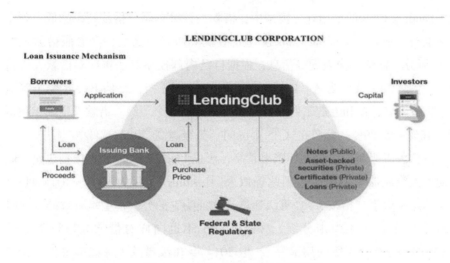

图 9-5   Lending Club 贷款发放机制

资料来源：公司年报、天风证券研究所

二、Lending Club 的风险控制

Lending Club 作为一家定位于信息中介的 P2P 公司，利用互联网技术帮助投资者和借款人撮合成交，完全去担保——不会为借款人信用背书，自然也不承担借款人违约的责任。因此，Lending Club 至多因为经营不善倒闭，而不会因为无法归还投资者的钱而跑路。

无担保的纯信息中介 P2P 平台吸引投资者主要靠成熟有效的风控机制。在征信方面，美国的三大征信局会根据 FICO 公司提供的算法、利用各自数据库计算出相应的 FICO 征信分。FICO 评分模型基于大数据技术，对涉及消费者的信用、行为、支付能力和品德等指标量化分档并加权计算出每一消费者的总得分，为 P2P 行业提供基础的信用评估依据。

Lending Club 在 FICO 评分的基础上，对借款人设置了更为严苛的准入条件：

（1）申请者 FICO 评分在 660 以上；

（2）申请者债务对收入比率应该低于特定比例（上市前是 40%）；

（3）申请者在信用报告中至少要有 2 个账户是正常使用的；

（4）申请者至少要有 3 年信用记录，在过去 6 个月内，不得超过 5 次信用调查等。

Lending Club 的信用评分模型中，借款人评级越高，借款利率越低。就个人标准贷款而言，Lending Club 在完成借款人初步筛选后，会参照借款人的 FICO 得分、征信历史表现等信息，根据自己内部模型算法再次对借款人进行分级。借款人一共分为 A、B、C、D、E、F、G 七档，每档下设 5 个子等级（例如 A1~A5，A 和 1 是序列最高等级），一共 35 个等级。借款人贷款年利率为 6.16%~35.89%，分布在这 35 个区间，等级越高，利率越低。

借款人等级越低，贷款坏账率越高，彰显 Lending Club 风控模型成熟，同时期宜人贷风控模型无法达到此等效果。Lending Club 从 3Q11~2Q14 期间，贷款坏账率近乎严格按 A~G 等级递增，这证明它的分级模型是有效的。同时期的宜人贷（13 年尚未分级），在 14~15 年也同样对借款人进行类似的 ABCD 四档分级（A 级信用最好），但 2014 年 B 级借款人坏账率最低，2015 年竟是信用得分最高的 A 级借款人的坏账率最高。我们认为，Lending Club 分级模型更有效，得益于美国较完善的征信评分制度和成熟的内部算法设计。

表9.4　　　　　　　　　　　**Lending Club 的盈利模式**

评级	14Q3	14Q2	14Q1	13Q4	13Q3	13Q2	13Q1	12Q4	12Q3	12Q2	12Q1	11Q4
A	0.94%	0.98%	1.19%	1.23%	1.47%	1.72%	1.56%	1.58%	1.33%	0.58%	1.22%	1.11%
B	2.32%	2.37%	2.82%	2.29%	2.08%	2.07%	2.23%	2.10%	2.03%	2.07%	2.22%	2.55%
C	3.57%	2.92%	3.61%	3.12%	2.18%	2.42%	2.64%	2.95%	3.16%	3.87%	4.11%	5.04%
D	4.39%	4.38%	5.22%	5.04%	4.36%	5.17%	4.89%	4.02%	3.61%	4.11%	4.86%	5.28%
E	6.38%	6.08%	6.78%	6.22%	4.62%	4.52%	6.47%	4.47%	5.20%	5.00%	5.37%	5.49%
F	10.55%	8.93%	9.77%	6.49%	5.71%	5.97%	8.83%	6.00%	9.54%	3.72%	8.14%	7.35%
G	8.42%	13.02%	8.49%	5.13%	9.02%	12.06%	11.21%	9.65%	8.27%	5.2		

资料来源：公司招股说明书，天风证券研究所

Lending Club 本身并不直接接触投资者和借款人之间的资金往来，其核心盈利模式主要来自于撮合借贷双方时收取的交易费、服务费和管理费。交易费是借贷成功时，Lending Club 向借款人收取贷款额度 0%~6% 的费用；对于医疗贷款，LC 还会收取发卡银行的费用及医疗服务商费用。交易费是其收入

的主要来源，2015 年占比超过 90%，而 16~17 年占比也很高，这导致公司的营收较为依赖贷款交易规模。

对投资者而言，公司收取的服务费因投资渠道各不相同。投资者购买票据的费率为借款人收到金额的 1%；若投资者购买的是全额贷款则每月支付贷款金额 1.3% 的月费；若投资者购买的是信托等凭证，则每月支付给公司的费用最低为资产余额的 1.2%。

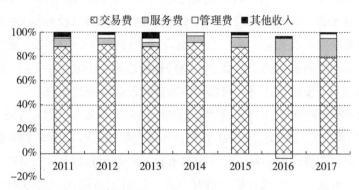

图 9-6 Lending Club 的收入以交易费为主

资料来源：公司年报，天风证券研究所

然而，自 2016 年起，伴随着行业规模收缩和无休止的监管、集体诉讼、商誉减值等因素，公司营收和贷款交易规模增速大幅放缓，亏损扩大，贷款逾期率飙升——而在同时期，中国的宜人贷、趣店在净利润、营收、贷款规模上全面超越 Lending Club。

案例 2：中国 P2P 小额信贷典型模式案例研究——拍拍贷

一、拍拍贷简介

拍拍贷成立于 2007 年 6 月，公司全称为"上海拍拍贷金融信息服务有限公司"，总部位于国际金融中心的上海，现有员工 160 人，是中国第一家 P2P（个人对个人）网络信用借贷平台。拍拍贷同时也是第一家由工商部门特批，获得"金融信息服务"资质，从而得到政府认可的互联网金融平台。对我国 P2P 贷款行业发展具有重要意义和作用。由于其纯线上运作的方式，因此业务覆盖区域可以扩大至全国范围，如果破除法律政策的限制因素，纯线上平台的业务可以覆盖全球。

拍拍贷用先进的理念和创新的技术建立了一个安全、高效、诚信、透明的互联网金融平台，规范了个人借贷行为，让借入者改善生产生活，让借出者增加投资渠道。拍拍贷相信，随着互联网的发展和中国个人信用体系的健全，先进的理念和创新的技术将给民间借贷带来历史性的变革，拍拍贷将是这场变革的领导者。

拍拍贷纯线上的模式，联合了其他电商平台，将电商平台内的贷款需求引入拍拍贷平台，并作为网商专区进行发布。因此拍拍贷的产品主要分为两大类：一类是个人消费标；另一类是电商标。目前个人消费标在交易笔数和交易规模上与电商标相当，但是个人消费标的增速高于电商标。

二、拍拍贷发展现状——网站用户覆盖量及注册用户规模

2012 年 11 月至 2013 年 8 月间，拍拍贷网站月均覆盖人数保持在 50 万人上下，并于 2013 年 11 月超过 60 万人。在月均覆盖人数较为平稳增长的情况下，月度有效浏览时间却在 6 月开始显著提高，并得以维持。艾瑞分析认为，拍拍贷已经形成了一个固有用户群体，在这部分固有的用户群体中，用户已形成了相对较强的粘性。一方面，对于出借人和借款人双方来说，出借资金或发布需求后粘性会显著提升；另一方面，更多的投资人加入会通过网站来实现自身的学习和对标的的长期关注。

三、拍拍贷发展现状——交易规模及营收情况

经历了 6 年的时间发展，拍拍贷平台交易规模连续五年维持 200%以上的增长速度，2012 年实现交易规模 2.9 亿元，2013 年实现增速 257.7%，交易规模超过十亿元；而在营收层面，则从 2009 年实现的 7.5 万元连续高速增长，2012 年实现营收规模 908.3 万元，2013 年实现营收超过 3000 万元。

四、拍拍贷发展现状——借款用途

拍拍贷平台目前出借资金的主要用途在于企业经营及个人消费，两者综合占整体平台比例达到 84.4%。而企业经营类借款中电商经营性借款则高于其他企业类型。艾瑞咨询认为，对接电商平台为拍拍贷带来了直接的风控数据和用户资源，而优质的标的又进一步提升了撮合交易的成功概率，进而提升了电商经营性借款在整体规模中的占比。

而个人消费则是未来的核心潜力市场，一方面在于互联网本身的在 C 端用户层面的先天优势，在聚集庞大用户之后，C 端用户的消费能力将进一步显现；另一方面则在于伴随着人们信用消费意识的逐步加深，以及现有信用体系无法满足所有用户群体的信用卡需求，P2P借款为此类用户提供了更好的信用消费渠道。

五、拍拍贷用户不同利率区间投标金额占比

根据艾瑞咨询统计数据显示，在所有利率区间中，投资金额占比最高的来自于16%～20%的利率区间，占比为47.1%，其次则在于20%～24%的利率区间，占比为29.4%。16%～24%的利率区间占比超过四分之三。

艾瑞咨询认为，借款人的资质水平对于利率的高低有着最为直接的影响，与此同时，出借人对于风险的偏好也对平台整体达成交易的利率水平起到一定的影响。

另外，线上的业务模式以及非担保的业务形态可以为借贷双方均带来更多的资金价值，一方面来自于借款方将享受到更低的利率，而另一方面，也会将更多的收益让利给出借人，从而让出借人获得更高的实际收益。

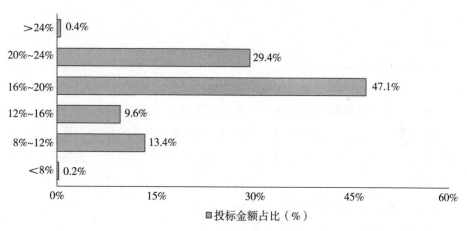

图9-7 2013年拍拍贷用户不同利率区间投标金额占比

六、拍拍贷的盈利模式

拍拍贷的业务模式决定其本身的人力成本远低于线下模式的P2P企业，因此可将更多的利益让渡给投资人和借款人，并以较低的借款成本和较高的投资收益获取更多的用户。

整体来看，拍拍贷的营收来源分为两大类，一类为常规收费，即面向投

资人和借款人的服务性费用，另一类则来自于逾期费用和补偿。具体费率详见下表 9.5：

表 9.5　　　　　　　　　　**2013 年拍拍贷资费标准**

名　称	征收对象	具 体 费 率
VIP 会员费	全部用户	VIP 银牌会员，需要成功出借 1000 元，半年服务费 100 元；VIP 金牌会员不对外出售，由用户评比产生。
成交服务费	投资者	完全免除
	筹资者	6 个月以下，按本金的 2% 收取；6 个月以上，按本金的 4% 收取。借款不成功不收费。
第三方平台充值服务费	全部用户	即时到账按充值金额的 1% 收取，非即时到账单笔 10 元，银牌 VIP 用户免费。
第三方平台取现服务费	全部用户	3 万元以下，单笔 3 元；3 万~4.5 万元，单笔 6 元，银牌 VIP 会员单笔 3 元。
逾期催收费	筹资者	按照逾期本金 0.6%/日收取，由拍拍贷奖励积极参与催收的借出者或者补贴催收成本。

七、拍拍贷的风险控制方案——考察还款能力和违约成本

拍拍贷的风控流程比较特殊，纯线上平台没有用户的信用积累，因此一切从零做起。它采用了会员等级制，这既是拍拍贷的会员管理制度，也是风险控制制度。

而其判断风险的核心方向来自于两个层面：

（一）还款能力

即通过判断用户基本属性判断其未来的现金流是否可以支撑未来的还款，这也是传统金融机构倚重的风险控制方案，保证用户可以按时还款；

（二）违约成本

这是一种区别于传统金融风控方案的内容，核心在于判断用户是否会承担因为违约而付出的社会信用值降低的成本，并对自身未来的一切融资行为产生影响，其核心在于判断用户是否有还款的根本意愿。

综上，通过对还款能力、还款意愿两个层面的衡量来判断用户的最终违

约风险。

表9.6   **2013 年拍拍贷风险审核流程**

步骤	具 体 内 容
第一步	筹资人提交融资申请
第二步	拍拍贷接受申请，并要求筹资人提供个人资料 （包括：身份证，户口本，手机号码，个人真实照片等）
第三步	拍拍贷进行视频认证及资料审核，根据认证内容授予用户相应标识
第四步	根据用户等级，核定筹资额度
第五步	投标

八、拍拍贷的风险控制体系——数据金融和社会征信体系

区别于美国良好而发达的征信体系，针对中国现有的实际情况，拍拍贷的风控体系主要通过大数据和社会征信体系两个维度去实现完全再现的风控体系：

（一）数据风控

基于中国现有的征信体系，拍拍贷正在寻求一条通过数据实现的风险控制体系。从 P2P 平台自身的角度出发，其数据维度依然存在一定的局限性，即平台本身并不能获得用户的日常行为数据，主要以用户在平台网站上的行为数据以及用户提交的资料为主。因此，扩展外部数据成为拍拍贷目前发展的重要一环。包括电商平台数据和"快捷登录"实现的外部共享数据，数据数量和维度在此基础上实现数量级的膨胀，并因此获得了更多的用户资源。

（二）社会征信体系

因为我国的征信体系依然以传统金融机构为主导，因此，拍拍贷在外部寻求新的征信体系维度，通过网贷平台的自律性合作实现了平台与平台之间的数据对接，实现对于信用不良的借款人的及时发现。艾瑞咨询认为，未来中国的征信体系将逐步放开，包括传统金融机构、电商平台、小贷公司、网贷公司的一系列数据均将实现对接管理，而拍拍贷无疑已经走在市场前列。

九、拍拍贷发展模式启示

（一）长期的线上业务为未来的发展提供原始积累

拍拍贷从成立之初便一直立足于长期的线上业务开展，包括前期的平台双方的用户需求获取、用户识别、风险控制以及最终的交易达成的业务环节。

艾瑞咨询认为，首先，线上的业务模式将节约大量的人力成本，以将更多的利益让渡给投资者和借款人，吸引更多的用户加入平台中；其次，纯线上的业务积累为未来的厚积薄发提供了较高的用户基础，在形成稳定的客户群和较高的用户粘性的基础之上通过口碑营销的形式将获得更高的附加效应；最后，纯线上的业务模式一方面会在平台上积累越来越多的用户数据，用以对用户的违约行为进行深入分析以判断未来此类用户的违约概率，另一方面则在于外部的数据对接会获得更多的外部数据和合作伙伴的积累，从而让数据模型不断得到检验和成熟。

（二）差异化提供担保服务间接加深了用户自身的风险意识

首先，在不提供本金收益担保的基础之上所获得的用户的忠诚度将极高，此类用户已经完成了初步的风险教育；

其次，降低企业自身的经营性风险，若发生大范围的违约事件，不会影响 P2P 平台自身的经营情况；

最后，有选择的提供担保服务可以为老用户带来更高的附加值，并以此去吸引用户更加频繁的参与借款和投资的行为。

（三）综合数据的引用提升了的数据金融可行性

一方面，外部电商平台数据的引入弥补了平台自身的数据缺憾，为数据金融提供了可操作的基础；另一方面，在带来数据的同时，也带来了更多的借款人需求。综合数据的引用提升了数据金融操作的可行性。

大数据的特征主要包括：数据体量巨大、数据类型繁多、处理速度极快。而传统线下的业务模式难以形成大规模、多种类的数据资源，更难以实现高效的数据分析。因此，线上业务模式为数据的积累提供了可行性。

但与此同时，P2P 平台数据由于现有用户规模有限，可监测的自有数据无论在规模还是丰富程度层面均存在制约，又受制于我国目前不健全的信用体系，导致 P2P 公司自身数据积累将面临较大的困难。因此，外部平台数据的引用为 P2P 平台提供了更为多维度的数据，也填补了自身平台的缺憾。

（四）积极开展社会化征信体系

在上海市经济和信息化委员会指导下，上海市信息服务业行业协会牵头组织首批上海陆家嘴国际金融资产交易市场股份有限公司、拍拍贷、融道网、诺诺镑客、财金金融、维诚致信、资金管理网、融360、你我贷、畅贷网等10家网络信贷服务业企业成立了"网络信贷服务业企业联盟",旨在以平等互利、优势互补、资源共享、合作共赢为原则,整合行业发展资源,优化行业发展环境,促进建立完整的网络信贷服务业体系。

艾瑞咨询认为,首先,目前中国小微金融及长尾个人消费金融的核心障碍在于我国目前的征信体系尚不健全,造成了信用无价值的情形。而网贷平台则为更多的小微企业和长尾个人用户建立了社会化的征信体系,为其未来的融资服务提供了可参考的信用数据基础;其次,参照西方发达国家的征信体系,在用户的隐私得到保护的前提下,未来我国的用户征信体系势必要向社会进行开放,而线上的网贷企业则获得了更高的政策层面的话语权;最后,大量的用户信用数据的积累为拍拍贷未来的发展留下了长期可参考的数据。

9.3.2 众筹融资

一、众筹概述

众筹融资(Crowd Funding)是指互联网上的股权和类股权融资,即利用互联网和SNS(社会性网络服务)传播的特性,让创业企业、艺术家或个人对公众展示他们的创意及项目,争取大家的关注和支持,进而获得所需要的资金援助。它既是生产者获取资金的渠道,也是评价和预测产品的市场前景的网络平台。该模式在国际上尚属于萌芽期,但发展十分迅速。全球互联网众筹起步于2001年,随后呈现爆发式增长,据前瞻数据库数据显示,2010年至2016年全球互联网众筹融资规模保持80%以上年复合增长率,于2016年达到1989.6亿美元,预计2025年全球众筹市场众筹规模将达到3000亿美元左右。

众筹的商业模式是:项目发起人通过视频、文字、图片介绍把自己希望实现的创意或梦想展示在网站上,并设定需要的目标金额及达成目标的时限。喜欢该项目的人可以承诺捐献一定数量的资金,当项目在目标期限内达到目标金额,项目才算成功,支持者的资金才真正付出,网站会从中抽取一定比例的服务费用,而支持者则会获得发起人一定的非资金类的回报。从演变模式来看,众筹可以有不同的分类方式,例如,一种典型的观点是把众筹分为项目众筹、股权众筹、股权交易所众筹和债券众筹等(见图9-8)。

众筹的出现为众多的中小微企业以及个人创业者进行某项活动提供必要

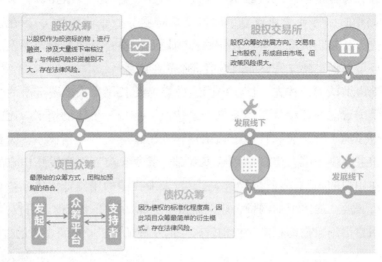

图 9-8　众筹分类

资料来源：艾瑞咨询。

的资金援助，深刻地影响了资本领域的格局。艾瑞咨询分析认为，未来推动众筹融资交易规模增长的原因有以下两个方面：一方面是投资理念的成熟，经过几年的发展，用户对众筹融资理念接受度更强，促使更多用户进行众筹融资；另一方面是机构投资者的介入，随着众筹逐步正规化，以及平台内项目质量的提升，一些传统金融机构亦会进入寻找投资机会，这将为未来众筹融资交易规模的提升提供重要助力。世界银行认为众筹最大的潜在市场就在中国，但就目前而言，制约我国众筹发展的因素主要有这两方面：一方面，我国还没有出现有重要影响力的众筹平台，因此无法形成规模效应；另一方面，我国大部分用户投资理念趋于保守，对创新金融方式的接受能力较弱。

二、国外主要众筹平台发展状况

如果将网络借贷平台比作是基于社交网络的类"银行"，那么众筹融资平台则是基于社交网络的证券。互联网上的众筹融资雏形起源于 20 世纪 90 年代后期，主要是为音乐、电影、独立作家、记者、出版商、艺术创作者、游戏、剧场等进行筹款的一种形式。随着 Kickstarter、Indiegogo 等一批众筹融资平台正式上线运营，众筹融资在线模式才正式宣告成立。对目前世界上主要众筹平台模式的具体介绍如下：

（一）Kickstarter

Kickstarter 作为全球最大最知名的众筹平台，成立于 2009 年，总部在美国纽约，成立之初是为了让有创造力的人，可以在网络上筹集他们所需的资金进行创业，一开始主要为图片、电影和音乐等项目融资，至今已发展为包括技术、戏剧、出版、设计等 13 类项目的融资平台，其运行模式简单而有效。

就其业务流程而言，首先是创业者个人或企业把筹资项目的具体内容、实施计划、投资价值等项目相关介绍，以及筹资期限和所希望获得的筹资金额发送到 Kickstarter 网站。Kickstarter 在收到申请后会对项目进行预审，为使得 Kickstarter 平台保持创新项目融资焦点的地位，Kickstarter 在预审中坚持如下准则：第一，创建者必须有创新项目；第二，项目必须可归属 Kickstarter 的 13 大类别；第三，创建者不得从事 Kickstarter 禁止的行为。约有 75% 的项目能够通过预审并被免费投放到 Kickstarter 网站上面向公众筹集资金，目前筹资时间最长可达 60 天。投资者只要认为筹资项目有价值便可以出资予以支持，投资者的人数和单笔投资金额均不限，而 Kickstarter 平台只对筹资成功项目抽取总集资额的 5% 作为佣金。

案例 1：加州马金·卡拉汉希望创作一部关于半人半妖的新漫画，第一期的创作和宣传费用预计需要 1500 美元，因此，她给网站写了一封介绍信，希望有人能够提供小额捐款。捐款者可以得到的回报是，捐 5 美元可以得到一册带有作者签名的漫画书，捐 100 美元可以得到一个带有以漫画故事中主人公为饰物的包。当然，只有收到的捐款超过 1500 美元，她的许诺才会兑现。结果是，她在很短的时间里就拥有了这笔捐款。

案例 2：环保服饰品牌 Coalatree 于 2019 年初启动了一个新项目——将咖啡渣和可再生塑料瓶变成可再次使用的纤维面料，试图使用这种"革命性"的新面料来生产穿着舒适的"Evolution Hoodies"，目前该项目在 Kickstarter 平台上进行众筹。该项目计划筹集 50000 美元，短期内已经成功筹集了 412276 美元。Coalatree 表示，Evolution Hoodies 连帽衫具备轻量、快速吸排汗等优良特性，而且独特的设计可以将该连帽衫转换成为枕头，产品计划于 2019 年 9 月发售。

Kickstarter 为创业者提供一个面向大众的募资方式，该平台诞生众多的明星新创公司，比如被 Facebook 收购的 Oculus、穿戴式设备厂商 Pebble，这些新创公司均是在 Kickstarter 上完成了巨额众筹才进入快速成长之路。Kickstarter 在 2016 年就进入了中国香港和新加坡市场，单单这两个地区的创业支持者就超过了 10 万人。

（二）Indiegogo

Indiegogo 创建于 2008 年，是美国最大的国际化众筹融资平台。与 Kickstarter 相比，Indiegogo 流量小但更加灵活开放。其成立之初只为独立电影融资，2009 年将业务范围扩展至所有产业。Indiegogo 重点关注的领域是：1）发明创造；2）创意/艺术；3）其他个人梦想/社会项目。

Indiegogo 对国家、地区、身份的限制较少。2018 年 6 月 5 日，众筹平台 Indiegogo 在深圳宣布正式进驻中国，还与 Google 等宣布成立中国品牌出海联盟，想要帮助中国的科技创新企业通过众筹出海。目前该平台上 23% 的项目业务来自中国。也就是说中国企业源源不断地为该平台注入创意、发明及科技活力。

（三）Crowdcube

英国众筹平台的活跃度仅次于美国。英国众筹行业的立法比较健全，众筹平台的生存和发展环境甚至优于美国同行。但是限于经济总量等原因，众筹行业的规模仍然显著低于美国，位列全球第二。英国最大的股权众筹平台 Crowdcube 成立于 2011 年 1 月。有别于那些跟随 Kickstarter 模式的众筹平台，Crowdcube 有着自己的创新，它是全球首个股权众筹平台。作为股权众筹的投资者不仅可以得到相应的投资回报，还可以有机会与创业者进行交流，并取得所投资支持的企业的股份，晋升为该企业的股东。

三、中国的众筹平台

众筹正式进入中国通常是从 2011 年 5 月"点名时间"作为国内第 1 家专门的众筹平台上线起算，此后陆续出现淘梦网、积木盒子等各种侧重不同方向，具有不同特色的类似 Kickstarter 的众筹平台。《中国众筹行业发展报告 2018》指出，2011—2013 年是中国众筹萌芽起步阶段，2014—2015 年是爆发增长阶段，2016—2017 年是行业洗牌阶段，行业洗牌阶段有两层含义，第一层是这个阶段中，股权型众筹（即互联网非公开股权融资）融资金额及项目数急剧下滑，行业观望气氛浓重；第二层含义是指权益和物权型众筹虽然项目数及融资额仍在大幅上升，但是众筹平台的数量却急剧下降，市场集中度开始提高，经营不善的平台退出市场，而少量平台探索出自己的路子，开始大力扩张，市场占有率迅速提高。

目前，国内的众筹融资模式按照投资回报方式的不同主要可以分为两大类，一是以筹资者的实物产品或服务作为回报，如"点名时间"；二是以筹资者的股权或预期利息收益作为回报，如"天使汇"。类似国外的公益型众筹项目在国内所占的比例目前尚且很小。

我国众筹行业与国外的区别在于：

（一）众筹融资重点不同

从国外经验来看，国外众筹融资的重点仍然是支持和激励创新性、创造性、创意性的主题行业或主题活动，股权类众筹项目仍在整个众筹融资领域处于较边缘的地位，我国在 2015 年以前股权类众筹成为支撑国内众筹行业的核心力量，满足投融资的需求取代支持主题行业发展成为国内众筹融资的重点，数据显示 2015 年底是股权型众筹发展的拐点，到了 2017 年底全国的股权型众筹完成的融资总额仅有 33.61 亿元，2015 年以后众筹行业的增长主要来源于权益众筹和物权众筹，而股权众筹的低迷则主要是政策作用的结果。①

（二）融资模式不同

国内众筹融资逐渐从线上走到线下，以贷帮网为例，股权众筹项目不仅得到第三方公司提供的相关权益的担保，并且项目大部分是通过线下去主动挑选的，只有少部分是企业通过线上主动申请的，这主要是源自征信体系的缺失，因此为保证项目的可行性，国内众筹融资平台不得不做更多的线下工作。

（三）项目选择上的区别

国内众筹平台面临最大的问题是创新项目的缺失，目前国内的众筹融资项目规模非常有限，与国外类似项目还无法相比，因此众筹平台只能寻找更适合于当前运营条件的项目，例如目前国内众筹模式在农业电商方面非常活跃。

---

① 物权众筹并不同于一般的众筹，很多物权众筹是 P2P 平台转型的类似于债权的众筹模式，一般提供 8%~15% 的年化收益，其资产端是汽车或房产等实物，完成销售后，投资人共同分享收益。对于物权众筹来说，投资人共同承担项目的风险，如果汽车有重大问题，影响汽车的销售，其风险由投资人承担，验车方及众筹平台等相关方承担部分责任。而随着 2017 年来物权众筹平台逐渐实现优胜劣汰，市场上劣币驱逐良币的状况得到扭转。2018 年物权众筹市场将趋向健康。

（四）盈利模式上的差异

尽管国外的众筹模式也在探索之中，但基本上盈利模式是靠收取 5% ~ 10% 的服务费，例如 Kickstarter 目前是收取 5% 的项目佣金，Indiegogo 收取 4%，而国内的众筹网站因为还处于起步阶段，需要建立初期的信任机制，拉动更多的创业者和投资者，所以相当部分还是免费的，这也符合国内互联网产品免费的大环境。例如，旨在为大学生实现创业梦想的酷望网不向用户收取任何费用，只作为第三方监管平台，通过提供其他增值服务等来盈利。

（五）资金支付方式上的差异

通常国外众筹平台的操作方式是在项目成功筹资后，便会马上将筹措的所有款项支付到项目上去执行，但是在国内出于对出资支持人资金安全的保障，同时也为更好地在项目发起人和出资人之间建立信用平台，会把筹集到的资金分为两个阶段支付给项目的发起人。例如，"点名时间"操作方式是在项目筹资成功后，先支付 50% 的资金用于项目启动，待项目完成并且所有支持者都已经收到所约定的回报后，"点名时间"才会把剩余的款项交给项目发起人。

为了适应国内经济和社会环境，众筹平台也在探索更为本土化的运作模式，尤其是普遍采用"领投加跟投"业务模式，譬如京东股权众筹，天使汇等众筹平台。"领投加跟投"的股权众筹模式即在众筹过程中由一位经验丰富的专业投资人作为领投人，众多跟投人选择跟投。这种模式最初发端于国外的股权众筹平台 Angelist，它把这种创新性的模式称为 Syndicat，可以翻译为联合投资体模式，主要包括以下要素：

1. 融资额范围

除确定融资额度和出让股份外，股权众筹融资的额度范围也非常重要，在众筹融资的实际规模上存在着一定的不确定性，未必能够精确的实现设计金额，因此需要对融资成功的金额范围做相应的规定。例如，在实际融资额低于预期目标的情况下，多大比例的差额是可接受范围，多大比例的缺口将视为募资失败，只需要在股权众筹产品设计时说明的，同样融资比例的上限设定为多少，高于多少比例的认筹将不再接受，这些也需要在股权众筹产品设计时明确。

2. 股权众筹时间

在股权众筹融资当中，其信息资料在有限时间内一般都不允许更改，因此通常需要设定募资时间，众筹期限一般是在正式对外公布后的两个月内，同时还需要注明的是，如果时间到期而募资额未完成的情况下，是否支持延长众筹时间，延长的期限为多久等。

3. 领头人要求

在领投+跟投的模式下，以众筹投资入股某个项目的主要方式为：全部投资者共同成立一个合伙企业，由合伙企业持有项目方的股权，执行合伙人代表有限合伙企业进入项目企业董事会，履行投资方的投后管理责任。在这一模式中，执行合伙人通常即是众筹领头人。在众筹项目说明书中可以对领头人或执行合伙人提出专业知识、业务资质、职业地位等方面的要求。除此之外，对领头人的认筹比例也可以设定一个范围值。

4. 跟投人要求

在领投+跟投的模式下，除领头人之外的众筹投资者都称为跟投人。根据我国合伙企业法的规定，有限合伙企业由 2 个以上 50 个以下合伙人设立，因此跟投人不能超过 49 人，在这一硬性限制范围内，众筹融资项目可以根据实际情况对跟投人的资质与数量作出规定，以适应项目的性质并提高融资与项目运营的效率。

5. 信用机制

众筹融资通常需要一个过程，若在此过程中某些投资者的意愿发生变化，不仅给项目推进造成困扰，也会影响其他投资人的利益，因此在众筹机制设计中，必须要考虑到信用机制，这其中较为常见的手段包括诚信评分机制和保证金制度等。

6. 认筹投资者特定权益

众筹投资的一个主要特点就是投资者与项目之间的特殊关系，包括投资者与项目相关的非经济动机和社会网络资源等，因此在众筹融资机制设计中，应充分考虑如何发挥投资者的相关资源优势，并使其非经济动机尽可能得到满足。认筹投资者特定权益就是上述机制的重要组成部分，包括产品适用权、服务终身免费权、网站金牌会员、代理分销权等。

我国众筹平台存在的问题主要表现为：

1. 目前，我国大多数平台对投融资双方都是免费的，收入来源主要是服务费收入和平台的广告收入，还有众筹平台在项目后期为其提供的增值服务，但以上模式在国内奖励类众筹领域还未成规模，这种盈利模式上的困难也是众筹平台缺乏经营特色的一个必然结果。

2. 在众筹平台缺乏特色、进行简单复制是竞争的市场结构中，缺乏高知名度的可靠众筹平台也成为行业发展的一个掣肘，在国内很难找到类似美国Kickstarter这样具有知名度与号召力的平台，这直接影响我国众筹融资行业的影响力和对于投资者的吸引力。

3. 国内信用体系的不完善也加剧了上述问题，通常为了保证项目质量，众筹平台不得不对经济范围做各种限制，但即便如此众筹平台也仍然缺乏公信力。目前，大多数众筹平台均通过互联网建立，往往缺乏资质，其担保体系以及风险控制体系也不够完善，倘若出现平台倒闭或跑路现象，将会给投资者造成严重的损失。

《中国众筹行业发展报告2018》指出，美国在实践和监管方面的种种经验，对于中国股权众筹的发展将起到极大的借鉴作用，为中国众筹未来发展路径提供了思考的方向：

1. 推进平台建设。其一是完善"领投+跟投"运营模式。可借鉴美国经验，由国内社会独立第三方、公信力较强的部门组织合格投资者提供项目验证服务。在遵守股权型众筹投资人要求的法律框架下合格投资者验证报告的发放会促使我国众筹平台降低投资门槛，提高公众的参与度。其二是提升差异化服务。借鉴美国经验可以考虑在两方面进行深度挖掘：项目类型的细分与差异化；融资与收费模式的差异化。

2. 设立更利于众筹发展的法律条文。借鉴美国经验，中国股权众筹法律条文可以考虑将设定的合格投资人下限标准改为对投资人与融资人发生额度进行上限设定。当前监管部门对合格投资人设定了标准，投资者投资单个融资项目的最低金额不低于10万元、个人金融资产不低于100万元或最近三年个人年均收入不低于30万元。按照"公开、小额"的界定这个标准并不合适，参考美国做法设定上限更能保护投资人与融资人。即投资上根据投资者年收入或净资产的一定比例进行投资上限设定；融资上设定融资上限可以让更多的小企业进入众筹利于中国大众创业、万众创新的推进。

3. 建立完善的监管制度。例如以信息披露为核心，强化对众筹平台的监管。众筹平台尤其是股权型众筹平台应以项目信息披露为核心，进行监管并建立体系化、制度化的众筹平台信息披露制度，以缓释投资人与融资人之间信息不对称引发的风险。美国对众筹平台进行严格的监管为中国众筹平台提供了参考。中国监管部门应要求众筹平台根据投资项目和投资者的不同采取不同的风险提示措施。

9.4 新的支付手段与模式——第三方支付

互联网信息技术的发展，不仅带来了以 PC 互联网和移动互联网支付为代表的支付工具创新，也带来非银行支付组织和支付清算模式的变革。在互联网金融模式下，支付、科技和商业模式创新实现有机结合，支付系统表现为如下特点：第一，所有参与交易的个人和机构都在支付平台上有账户；第二，资金的收付和转移通过互联网来完成；第三，支付清算完全电子化，在整个流程中没有现钞流通。从模式角度来看，第三方支付所主导的互联网支付创新则更加受到各界关注，也是更加积极的新支付技术运用者。因此，我们在讨论互联网对于支付清算的影响时，更多是从第三方支付组织所推动的互联网支付创新入手，尤其重视在移动支付领域的快速变革。

所谓第三方支付就是在企业和银行之间建立一个中立的支付平台、为资金流转提供流通的渠道，提供这些服务的企业就是第三方支付机构，而提供服务的平台就是第三方支付平台。

第三方支付平台可以对交易双方的交易进行详细记录，因此第三方支付利用其交易市场建立的用户数据，可以用支付的方式来收集各行业数据，除一般的网上购物，还扩展到福利管理、差旅管理、资金收集等现金管理业务，以及代扣保险费、"保理"、垫付式"流水贷"等金融业务。另外，第三方支付利用其数据资源，通过对其他行业进行合作开发终端、入股其他行业等，深度接触行业，更可能加深行业合作，为其提供定制化行业解决方案。而在移动支付方面，各种技术呼之欲出，更是朝着便捷化、多元化的方向不断发展。

9.4.1 国外第三方支付

20 世纪末期以来，伴随电子商务的蓬勃发展，美国进入一个基于传统业务和互联网融合的创新性业务探索与实践阶段，第三方支付开始蓬勃发展。

由于美国第三方支付体系最早主要是由独立销售组织作为中介来处理收单机构与交易商之间的支付业务，其后随着电子技术的发展，Visa 卡和 Master 卡蓬勃发展起来，成为第三方支付的主要载体，前者对小额交易收费较高，后者要求基于信用而设立商业账户。随着信息技术与金融服务的结合，一种能让商户无需商业账户即可接受信用卡、收费低廉、交易便捷、安全高效的新兴支付方式，即基于互联网的第三方支付体系应运而生。

目前，以第三方支付、移动支付为基础的新型支付体系在移动终端智能化的支持下迅猛发展，特别是非金融企业利用互联网积极推进业务支付的网络化，如 Facebook 的 Credits 支付系统，Paypal 的 Digital Goods 微支付系统等，在商业支付方面，Bill. com 支付整合了最主要的会计和银行系统，包括小型商务财务软件 QuickBooks 在线、美国英泰软件股份有限公司（Intacct）、NetSuite、Sage Peachtree、谷歌 Apps 以及 PayPal 商务集成等，为企业提供支付、收款、现金流管理等服务。网络支付极大地促进了支付体系与互联网的融合，并已成为美国金融体系"基础设施"的重要组成部分。

以美国的 Paypal 支付系统为例，这家目前全球最大的第三方支付平台成立于 1998 年 12 月，总部设于美国加州，主要用于跨国中以美元为主的国际货币之间的收付款，一个 PayPal 账户全球通用。它的优势表现为：

①品牌效应强。PayPal 在欧美普及率极高，是全球在线支付的代名词，强大的品牌优势，能让商家网站轻松吸引众多海外客户；

②资金周转快。PayPal 独有的即时支付、即时到账的特点，让商家能够实时收到海外客户发送的款项。此外，最短仅需 2 天，商家即可将账户内款项转账至国内的银行账户，及时高效地帮助商家开拓海外市场。

③安全保障高。完善的安全保障体系，丰富的防欺诈经验，专业的信用卡退单处理团队，业界最低的欺诈损失率（仅 0.27%），不到使用传统交易方式的六分之一，确保商家交易顺利进行；

④使用成本低。申请无月费，费率仅为传统方式的二分之一。可大大降低商家的贸易成本，提高资金利润率。目前跨国交易中超过 90% 的卖家和超过 85% 的买家认可并正在使用 PayPal 电子支付业务，Paypal 公司先后与阿里巴巴、麦当劳等公司合作开展第三方支付与移动支付服务。Paypal 的核心业务如表 9.7 所示。

表 9.7   PayPal 的核心业务类型

支付类型	业 务 类 型
互联网支付	1999 年 10 月上线 PayPal 互联网支付 2000 年与金融支付服务公司 X. com 合作,巩固在线支付市场地位 2008 年 1 月收购以色列反欺诈科技公司 Fraud Sciences
移动支付	2006 年 4 月,推出手机文本支付,进军移动支付 2010 年 3 月,推出移动手机支付客户端 2011 年 7 月,收购 Zong,强化 PayPal 移动支付和数字产品领导地位 2012 年 3 月,推出 PayPal Here 全球移动支付解决方案 2012 年 7 月,收购新创公司 Card. io,以获取手机摄像头识别卡片信息的技术,替代 PayPal Here 的三角形读卡器,简化移动支付 2013 年 9 月,收购创新型支付平台 Braintree,以建立移动支付市场全球领导地位 2013 年 9 月,推出购物场景下的 PayPal Beacon 功能,用户通过手机蓝牙而不需要任何操作即可完成线下支付 2015 年 3 月,收购移动钱包技术公司 Paydiant,旨在加强面向实体零售业务的移动支付服务,同时助力 PayPal 与苹果、谷歌等移动支付展开竞争
其他支付	信用支付:2009 年 10 月,上线信用支付功能 Bill Me Later,为用户提供延期支付和推广融资服务 线下支付:2012 年 8 月,与美国金融服务公司 Discover Financial Services 达成合作,并计划 2013 年向美国的 5000 多万活跃用户发放支付卡,拓展线下支付市场

一、PayPal 的支付流程

通过 PayPal 付款人欲支付一笔金额给商家或者收款人时,分为以下几步:

①只要有一个电子邮件地址,付款人就可以登录开设 PayPal 账户,通过验证成为其用户,并提供信用卡或者相关银行资料,增加账户金额,将一定数额的款项从其开户时登记的账户(例如信用卡)转移至 PayPal 账户下。

②当付款人启动向第三人付款程序时,必须先进入 PayPal 账户,指定特定的汇出金额,并提供收款人的电子邮件账号给 PayPal。

③接着 PayPal 向商家或者收款人发出电子邮件,通知其有等待领取或转

账的款项。

④如商家或者收款人也是 PayPal 用户,其决定接受后,付款人所指定之款项即移转予收款人。

⑤若商家或者收款人没有 PayPal 账户,收款人得依 PayPal 电子邮件内容指示连线站进入网页注册 取得一个 PayPal 账户,收款人可以选择将取得的款项转换成支票寄到指定的处所、转入其个人的信用卡账户或者转入另一个银行账户。

从以上流程可以看出,如果收款人已经是 PayPal 的用户,那么该笔款项就汇入他拥有的 PayPal 账户,若收款人没有 PayPal 账户,网站就会发出一封通知电子邮件,引导收款者至 PayPal 网站注册一个新的账户。所以,也有人称 PayPal 的这种销售模式是一种"邮件病毒式"的商业拓展方式,从而使得 PayPal 越滚越大地占有市场。

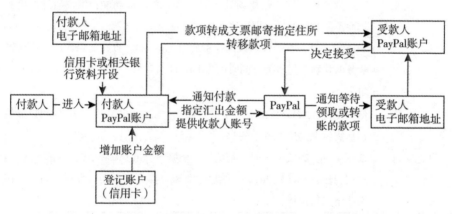

图 9-9　PayPal 支付流程

二、PayPal 的盈利模式

PayPal 的盈利模式经历了很大的演变。在 1999 年 PayPal 成立时,为了快速抢占市场,提供了终身免费的服务,而其盈利模式是:将用户存在 PayPal 账户里的钱存入银行或购买短期货币基金产品,以获得利息,但是这一盈利模式很快便被发现行不通,因为用户在账户中存款的流动性太大,PayPal 并没有足够的时间获得利息。同时,在与 Visa、MasterCard 的合作中,在 PayPal 平台上以信用卡的支付方式收取的手续费是最高的。对比来看,用借记卡支付收取的手续费较低，而通过 PayPal Credit 服务或是 PayPal 账户中支付仅仅收取象征性的手续费（可以忽略不计）。

PayPal 随后意识到，以免费来获得用户数量的方法是不长久的，所以必须引诱客户付费，而让客户付费的方式就是提供增值服务。PayPal 提供了个人和商业两种账户供客户选择，后者收取服务费，但是提供更好的服务，比如安全系数更高的验证方法，24 小时技术服务等。同时 PayPal 改变了其目标市场定位，将原来的面向于个人转账业务服务重构为面向商户的收款服务，并与 eBay 平台服务，从 eBay 平台获取大量电商流量，从而活跃用户迅速攀升。截至 2001 年 6 月 30 日，PayPal 拥有 710 万个人账户和 110 万商业账户，活跃账户达到 420 万，平均每天的交易流量达到 770 万美元。而 PayPal 在 2002 年被 eBay 以 15 亿美金的价格收购，成为 eBay 的子公司。依托 eBay 庞大的交易量，PayPal 得到快速发展。2014 年 PayPal 与 Ebay 业务分拆成两家独立公司。2015 年 7 月 20 日，PayPal 重返纳斯达克上市。PayPal 市值在上市后一路飙升，一度突破千亿大关，2017 年 3 月 5 日，公司市值达到 950 亿美金，是 Ebay 的两倍有余。截至 2017 年底，PayPal 活跃用户达 2.27 亿个，全年交易 76 亿笔，公司总支付额为 4510 亿美元。①

在无法从 PayPal 用户的客户备付金获取利息收益的情况下，PayPal 当今的盈利模式主要分为三个渠道：

（一）PayPal 会对使用 PayPal 收款的商家收取手续费，但是 PayPal 并不对买家从银行账户提取资金至 PayPal 账户或者是从 PayPal 账户中提现收取手续费。卖家收款手续费这一收入则主要取决于交易流量，PayPal2014 年至 2017 年年报显示 PayPal 收取的交易收入占营业收入的九成；

（二）PayPal 有相当大的国际业务，可以支持超过 100 种货币购买商品，而可以支持在 PayPal 账户中存放 25 种货币，而 PayPal 会对货币的兑换收取手续费；

（三）PayPal 对为消费者和卖家的增值服务收取服务费。PayPal 为消费者提供 PayPal 自营的信用卡产品——PayPal Credit，只要消费者用 PayPal Credit 购买超过 150 英镑的商品，则可享受 4 个月免息的信用支付服务。PayPal 为商家提供 Gateway Sevice，这一服务允许商家用信用卡和借记卡来接受买家的

---

① 本文首发自微信公众号：价值守望者

在线付款。PayPal Credit 和 Gateway Service 都是付费项目。

除此之外，与虚拟货币相关的支付清算模式创新，对于 SWIFT 等传统的跨境银行间清算结算组织的模式也可能产生深远的冲击。OpenCoin 公司（现改名为 Ripple Labs）创建的 Ripple 协议是世界上第一个开放的支付网络，通过这个支付网络可以转账任意一种货币，包括美元、欧元、人民币、日元甚至比特币，简单易行快捷，交易确认可在几秒以内完成，交易费用几乎是零，没有所谓的跨行异地以及跨国支付费用。按照其联合创始人和 CEO 拉森的话来说，Ripple 支付协议使得金融交易如同收发电子邮件一样简单，在 Ripple 协议中，有两个核心概念，一是扮演终端的"网关"，可以是银行、货币兑换商乃至任何金融机构，实际上任何访问 Ripple 网络的商家都可以成为网关。除网关外，Ripple 网络还需要 Ripple 币将各种货币与等价物串在一起。此外，Ripple 网络还是一个共享的公开数据库，数据库中记录着账号和结余的总账，任何人都可以阅读 Ripple 网络中的所有交易活动记录。

9.4.2　国内第三方支付

一、国内第三方支付概述

第三方支付有别于传统金融机构提供的支付结算服务，它是指"由非金融机构在收付款人之间作为中介提供货币资金转移的服务，主要包括四大类业务：网络支付；预付卡的发行与受理；银行卡收单；中国人民银行确定的其他支付服务"。其中，网络支付又主要包括"互联网支付、移动电话支付、固定电话支付、数字电视支付等"。由于第三方互联网支付和移动支付是目前最重要的两种支付方式，分别占 2017 年三方支付综合市场交易额的 16.12% 与 71.64%。

第三方互联网支付是指以互联网为载体进行资金的转移，如网页形式的支付宝、财付通、银联在线支付等。它的发展时间较早，早期是为了方便异地支付、解决了电子商务交易过程中存在的信用问题而兴起的，极大地推动了我国电商的发展。

第三方移动支付是从互联网支付发展而来的，以"移动终端，包括智能手机、平板电脑等在内的移动工具，通过蓝牙、红外、生物技术（指纹、虹膜、声波等）、近场通信、射频识别等技术，利用移动通信网络实现资金由支付方转移到收款方"，如手机端的支付宝钱包、微信支付等。由于移动支付拥有便捷性、价格低等特点，它的规模在短时间内迅速扩张。目前，各大移动支付平台已经不局限于支付结算业务的发展，还不断外延并购获得全金融牌照，进入多方面的金融领域，冲击传统金融机构业务。据艾媒咨询数据显示，在2018年Q1第三方移动支付交易规模中支付宝的市场份额仍居于首位为49.9%，微信支付和QQ钱包的市场份额为40.7%，其他的占据9.4%的市场份额，近期银联推出了云闪付app，可能会对市场产生一定的冲击。

第三方支付平台具有以下三个特点：一是中立性。第三方支付作为中立的一方，能够在消费者和电商之间充当信用担保，它是联系商业银行、消费者、商家三者的中间人，为三者的资金往来提供支付中介服务，进而减少在线支付交易中的不诚信现象。二是兼容性。第三方支付平台可支持国内各大银行的借记卡和信用卡，大大丰富了网上交易的支付手段，使消费者和商家在线上交易时资金流转更方便快捷。三是便捷性。法人和个人客户通过商业银行在进行跨行转账或汇款时会产生额外的交易成本和时间成本，第三方支付平台有效地避免了此类情况，即消费者确认收货后，货款即会从第三方支付平台转至商户，减少了额外的交易成本，也使交易活动变得更加安全、快捷。

现阶段，我国的第三方支付平台运营模式较集中，主要包括独立的支付平台和宿主型支付平台两种。

（一）独立的第三方支付平台

此类平台本身并不售卖商品，它们与各大商业银行合作，向买卖双方提供代理网关服务，其主要功能是链接买卖双方间和银行，使得交易双方能够顺利完成在线支付，并提供相应的系统解决办法，集合了网上支付、手机支付、移动通信支付等支付形式，典型的支付平台有"快钱""银联在线"等。

（二）宿主型的第三方支付平台

它指凭借电子商务网站，有网站所属电子商务公司自行开发的支付平台，为其提供购物后的支付与结算服务，这类第三方支付平台集成了各大商业银行的支付结算网关，买卖双方在电子商务网站交易时，平台为其提供支付支持。典型的宿主型支付公司有依附于阿里巴巴网站的"支付宝"，和依附在腾讯公司的"财付通"。宿主型平台在开发之初，是为了保证其依托的电子商户网站交易双方的交易行为能够顺利进行，但随着平台业务范围、规模的不断延伸，它们不仅满足自有网站的支付场景，同时也为其他外部场景提供支付链接，甚至还受到了国外电子商务系统的青睐。宿主型的第三方支付模式不仅能保证自由电子商务网站的交易规模和客户忠诚度，而且随着不断地发展，还能在外部规模经济环境中获得收益，可以说它是当前国内发展最典型第三方支付模式。

二、第三方支付的盈利模式

第三方支付机构的利润来源主要有四个方面，一是沉淀资金的利息收入，二是服务佣金收入，三是广告费用，四是发展理财等其他金融增值性服务收入。

第三方支付服务组织吸收的沉淀资金包括支付账户内的余额和交易过程中临时托管的货款（即备付金），由于平台可以将资金存入银行收取存款利息，而又无须向买卖双方支付利息，所产生的沉淀资金利息收入将成为三方机构的净收入。央行公布的数据显示，截至2018年10月底，客户备付金存款总额为9956.91亿元。即使全部按活期利率0.35%计算的话，都有约35亿元的资金。沉淀资金利息收入已成为我国第三方支付机构收入的重要来源之一。但随着我国监管制度的完善，政府开始对客户备付金进行统一管理。中国人民银行支付结算司于2018年11月下发《关于支付机构撤销人民币客户备付金账户有关工作的通知》特急文件，规定支付机构应于2019年1月14日前撤销人民币客户备付金账户。因此未来沉淀资金利息收入不复存在，第三方机构可能转嫁成本损失来保障收入或寻找新的收入来源。服务费收入包括商家通过第三方支付机构办理结算时缴纳的结算服务费、账户资金提现手续费等。第三方支付机构最初为了快速占领市场大多减免转账支付提现手续费，随着运营成本上升以及客户黏性的建立，尤其是备付金账户取消导致的收益锐减，第三方支付开始收取相关手续费，成为机构收入的重要组成部分。

除了传统服务手续费，发放广告、发展理财、与银行合作开展小额信贷等新型业务收入是第三方支付收入的一个重要方向。作为互联网平台，业务发展具有明显的联动性、延伸性，从支付业务出发创新推出基金理财、广告营销并收取中间费用是机构的发展方向。

9.5 新的金融运营方式或产品

9.5.1 互联网银行

互联网银行概念在 20 世纪 90 年代新经济大行其道时就已经流行开来。从广义上说，根据美联储的定义，互联网银行是指利用互联网作为其产品、服务和信息的业务渠道，向其零售和公司客户提供服务的银行（FRS，2000）。从狭义上说，互联网银行是指以信息技术和互联网技术为依托，通过互联网平台向用户开展和提供开户、销户、查询、对账、行内转账、跨行转账、信贷、网上证券、投资理财等各种金融服务的新型银行机构与服务形式，为用户提供全方位、全天候、便捷、实时的快捷金融服务系统。由此可见，互联网银行比起支行、ATM、电话交易等金融交易方式，有着互动性强、与顾客的接触面广、可以确认较详细的信息、自动化条件完备、具备银行提供新型服务的无限能力及高效节省费用等方面的优点。

图 9-10 全球主要互联网银行分布图

值得注意的是，学界长期所讨论的互联网银行主要是指发达国家已经出现多年的、利用互联网作为其产品、服务和信息的业务渠道，向其零售和公司客户提供服务的银行。我国目前由电商申请的基于大数据的互联网银行并不属于这一范畴，该类互联网企业大多已经拥有电子商务网络和第三方支付平台，这就使得互联网银行如若设立，必然交织于电子商务、第三方支付、传统银行等复杂关系之中，产生拥有特殊竞争合作关系与潜在风险的金融生态系统。关于这一类具有鲜明互联网金融特征的互联网银行，我们将在"新的与实体经济结合方式"这一小节中做更为详细的阐述。

一、国外互联网银行——以美国为例

（一）美国互联网银行概述

1989年，全球第一家互联网银行-英国米特兰银行宣布开业。随后美国、英国、德国等国家开始探索这一全新的银行业务模式，至今已经历了20余年的发展历程。

以美国为例，美国互联网银行诞生于20世纪90年代中期，它出现的背景主要基于：

1. 利率自由化。美国国会和监管机构1980年颁布了《存款机构放松管制和货币控制法》，取消了20世纪30年代为应对大萧条而推出的《Q条例》对存款机构的利率限制，并同时取消了州政府对金融机构贷款利率的限制。1980—1986年，美国商业银行的负债成本不断提高，而贷款利率水平、存贷利率水平以及净息差均有下降。利率市场化的推行加剧了银行业的竞争，导致美国银行业开始探索成本较低的互联网银行模式；

2. 美国从20世纪80年代开始对经济结构进行改革，加快发展高新技术产业，使得美国计算机产业迅速发展，1993年的"信息高速公路计划"使信息产业超过钢铁业、汽车业和建筑业成为美国的支柱性产业。1998年拥有互联网服务的家庭仅占25%，2002年该比例增加到了60%，网络技术的成熟和互联网的普及为美国各行业包括金融业注入新的活力，为互联网的诞生奠定技术基础。

从最初互联网银行爆发式出现，到历经盈利困难、被收购，到现在逐渐摸索出相对成熟的业务模式，每个阶段都呈现出不同的特征：

截至2018年底，美国互联网银行总资产9060亿美元，占银行业总资产5.1%，存贷款增速均高于美国银行业平均水平。根据JD power及各大互联网评测网站，全美互联网银行约30家左右，总资产≥10亿美元的互联网银行共15家，总资产约占全美互联网银行总资产的98%以上，这15家互联网银行的总体情况基本可以代表美国互联网银行行业整体概况。

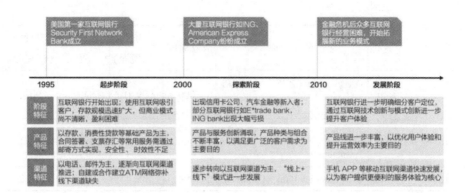

图 9-11　美国互联网银行发展历程

资料来源：公开资料，小米金融科技研究中心整理

表 9.8　　　　　　　　　　　　　　美国互联网银行行业主要参与者

排名		名　称	成立时间	总资产（亿美元）	总存款（亿美元）	总贷款（亿美元）
1	第一梯队（总资产 ≥1000 亿美元）	Charles Schwab Bank	2003	2340.3	2178.4	1345.8
2		Ally Bank	2004	1592.9	1079.5	1200.7
3		Capital One Bank（2013 年收购 ING DIRECT）	1994	1204.2	751.7	952.5
4		Discover Bank	1911	1080.2	692.6	874.6
5	第二梯队（总资产 ≥1000 亿美元）	American Express Bank	2000	550.0	458.0	421.1
6		E * trade Bank	1955	504.1	458.4	210.3
7		TIAA Bank（2016 年收购 Ever Bank）	1998	369.0	235.1	307.6
8		Barclays Bank Delaware	2001	331.0	234.8	258.4
9		Sallie Mae Bank	2005	265.9	193.3	222.7
10		Raymond Janmes Bank, National Association	1994	251.4	219.3	198.9
11		CIT Bank	2000	219.0	173.2	155.6
12		State Farm Bank	1999	169.3	102.1	107.1

续表

排名	名　　称		成立时间	总资产（亿美元）	总存款（亿美元）	总贷款（亿美元）
13	第三梯队（总资产≥10亿美元）	AXOS Bank（2018 年由 BOFI 更名）	2000	99.0	84.2	90.4
14		RBC Bank，（Georgia）National Association	1985	49.5	45.5	12.2
15		First Internet Bank of Indiana	1998	35.4	27.2	27.2

数据来源：FDIC、《互联网银行：美国经验与中国比较》、公开资料、小米金融科技研究中心整理

　　如今，美国互联网银行形成了三类机构主导下的三种业务模式。一是银行控股公司旗下互联网银行子公司，在母行业务基础上拓展新的业务线。二是其他金融机构，如汽车金融服务商 Ally、券商 Etrade，在主业出现天花板时成立互联网银行开拓新的业务版图，与主业协同发展。三是无金融业务基础、缺乏流量入口的企业主导的互联网银行，通过差异化的方式逐步拓展业务规模，目前体量与前两类机构差距较大。

表 9.9　　　　　　　　　　　美国互联网银行的发展模式

主导机构	代表银行	发展模式
传统银行	Disover Bank，Capital One Bank（2013 年收购 ING Direct）、TIAA Bank（2016 年收购 Ever Bank）、American Express Bank、Barclays Bank Delaware、Raymond James Bank、National Association、CIT Bank、RBC Bank，（Georgia）National Association	由传统银行升级/设立银行子公司/收购互联网银行的形式开展互联网银行业务，旨在拓展全新的产品线，与母行在业务高效协同。
其他金融机构	Ally Bank（汽车金融），Charles Schwab Bank（券商），E*trade Bank（券商），State Farm Bank（保险）	在原有业务出现天花板或者互联网银行可以较大的协同原有业务的基础上发展互联网银行业务，通过互联网银行为业主补充资金，拓展新的盈利模式

续表

主导机构	代 表 银 行	发展模式
非金融企业	AXOS Bank、Salle Mee Bank、First Internet Bank of Indiana	无金融业务基础,从零起步逐渐做大业务规模,探索差异化的发展道路

资料来源:小米金融科技研究中心整理

（二）美国互联网银行发展的典型案例:Axos Bank——从零起步的互联网银行

Axos Bank 原名 BOFI,成立于 1999 年 7 月,总部位于美国加利福尼亚。公司自成立之初,业务策略即确定为通过互联网渠道开展银行业务,除总部以外不设立物理网点,利用技术降低银行产品与服务成本,同时实现规模快速扩张。公司于 2000 年 7 月开业,两年后即实现盈利,2005 年 3 月,BOFI 控股公司在纳斯达克上市。截至 2018 年 12 月底,公司总资产规模达 99 亿美元。

图 9-12 Axos Bank 业务结构图

资料来源:Axos Financial 年报、小米金融科技研究中心整理

Axos Bank:针对细分人群需求提供相应银行产品

Axos Bank 针对不同的细分人群,设计了 8 种银行品牌,每种银行品牌在存款利率、费用、服务等方面均有所差异,以满足各类细分人群的需求。

表 9.10　　　　　　　　**Axos Bank 的银行子品牌、服务及客群**

银 行 品 牌	服 务 客 群
Bofi Federal Bank	是一家提供消费银行、商业银行、住房贷款和商业与工业贷款的直接银行，它为企业提供支票账户，货币市场账户，存款凭证和现金管理解决方案。
AnFed Bank	进行结构性结算和彩票奖金年金支付。
Bank of Internet USA	提供非常具有吸引力的利率，专注于针对个人消费者的个人银行产品和服务，包括支票和储蓄账户和抵押贷款。
Bank X	针对属于 Generation X（出生在 1978 年至 1994 年之间）或 Generation Y（出生在 1965 年至 1977 年之间）的技术人群。
NetBank	向被其他银行拒绝的人提供支票和储蓄账户。
Apartment Bank	混合用途、学生和其他出租房屋的投资者提供融资。
UFB Diroct	是一家在线银行，其主要产品是 Airline Rewards Checking 账户，让客户在使用借记卡并直接存入时赚取航空公里里程。
Virtus Bank	适合净值人群的礼宾银行。
Bofi Advisor	提供投资产品和咨询服务。

资料来源：Axos Financial 年报、小米金融科技研究中心整理

Axos Bank：多渠道获取存款、调结构降低存款整体成本

Axos Bank 早期主要依靠互联网、电话等渠道，通过高息存款获取客户，但整体存款成本较高。近年来，Axos Bank 多方寻找战略合作伙伴进行直销合作，包括 Sigma、Sammons 等金融类企业、也包括 Audubon 环保协会，全美邮政联盟等协会组织。Axos Bank 积极拓展协会、商家的现金管理业务，支票及活期类型的存款占比持续扩大，整体资金成本下降。

Axos Bank：以房抵贷为主，逐渐加大工商业贷款投向

Axos Bank 选择风险相对可控的房屋抵押贷款作为主营业务，通过与 5 大房屋贷款商以合作的方式开展业务。后期逐步拓展单户房屋贷款、家庭资产抵押、汽车金融、保理贷款、工商业贷款，业务日趋多元化。如今，Axos Bank 形成了以单户、多户房屋抵押贷款以及工商贷款三大业务为主的

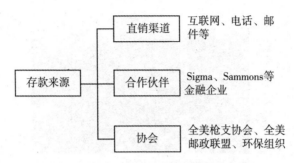

图 9-13　AxosBank 通过多渠道获取存款

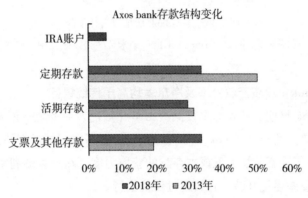

图 9-14　AxosBank 活期存款占比提高

资料来源：Axos Financial 年报、小米金融科技研究中心整理

资产端业务。

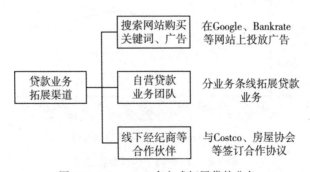

图 9-15　AxosBank 多方式拓展贷款业务

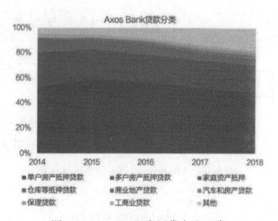

图 9-16　AxosBank 房抵贷占比下降

资料来源：Axos Financial 年报、小米金融科技研究中心整理

Axos Bank：净资产收益率及净息差均高于传统银行

Axos Bank 早期资产收益率较低，2010 年后随着业务规模扩大，互联网银行的成本优势开始凸显，Axos Bank 的 ROE 长期高于富国银行约 5 个百分点。Axos Bank 近年来不断加大低成本存款的获取力度，在贷款端利率变化不大的情况下，净息差逐年升高，开始超过传统银行。

图 9-17　ROE 高于传统商业银行

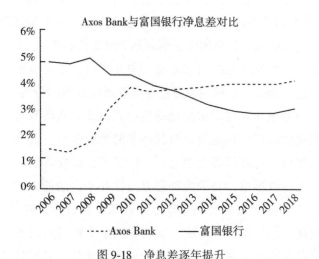

图 9-18　净息差逐年提升

资料来源：Axos Financial 年报、小米金融科技研究中心整理

二、国内互联网银行

（一）中国互联网银行发展概况

我国互联网银行的发展可以分为传统商业银行的互联网化与互联网银行两种形式：

1. 传统商业银行的互联网化

国内银行的互联网化起步于 20 世纪 90 年代中后期，1996 年 10 月中国银行率先"上网"，2000 年 6 月 29 日，由中国人民银行牵头，组织国内 12 家商业银行联合共建的中国金融认证中心全面开通，开始正式对外提供发证服务。移动支付最早出现在 1999 年，由中国移动与中国工商银行、招商银行等金融部门合作，在广东等一些省市率先进行移动支付业务试点。2000 年，中国银行与中国移动通信集团公司签署联合开发手机银行服务合作协议，开通北京、天津、上海深圳等 26 个地区手机银行服务。

与这些终端延伸相比，早期银行的互联网化更主要体现在网络融资实践上，网络融资从 2007 年起步，通过网络渠道银行可以更好地向个人用户和中小企业放贷，主要有如下几种模式：一种模式是银行直接在网上进行信贷业务，例如交通银行 2010 年推出的 e 贷在线，便为个人客户提供了一个通过互联网自主进行贷款申请、贷款审批状态查询的渠道；

　　另一种模式是银行跨界开办电商平台，将金融服务渗透进去。例如，建设银行 2012 年推出的善融商务，便为银行业进军电子商务领域做了表率，面向广大企业和个人提供专业化的电子商务和金融支持服务。

　　此外，还有一种模式是由第三方建立中介平台，作为金融机构和客户的桥梁，这就是助贷模式。互联网金融业务的开展流程可以分为，获客、风控、放款、催收。在业务开展过程中出现助贷模式，及放款环节与其他业务环节由不同机构负责的模式，其他负责放款环节的为资金方，资金方为有资质的金融机构，如银行、持牌消费金融公司、信托等，负责其他环节的为助贷平台。助贷模式之所以形成，是因为资金方与住在平台的能力优势不同，资金方多为银行、持牌消费金融公司，资金方具备放贷资质，同时在资金规模、资金成本上有优势。住在平台多由大型互联网企业转型而来或由初创互联网企业创办，具备互联网金融业务的获客、风控等优势，但不具备放贷资质或资金规模不足，因此这两类主体通过助贷模式的方式合作提供金融业务。

　　在助贷模式中，由于助贷平台提供的风控能力难以事前衡量，因此，为了促使该合作能够达成，大多数情况下，助贷平台会对提供的信贷资产进行兜底、增信，即当信贷资产发生违约时，由助贷平台向资金方补偿该笔资金。增信是助贷模式中助贷平台与资金方得以合作的基础。在该模式下，在助贷平台本身不出现如跑路这样的问题时，资金来源机构获得的是固定收益。

　　2017 年 12 月 1 日，互联网金融风险专项整治、P2P 网贷风险专项整治工作领导小组办公室下发《关于规范整顿"现金贷"业务的通知》（简称"141号文"），对助贷模式提出明确要求：（1）银行业金融机构与第三方机构合作开展贷款业务的，不得将授信审查、风险控制等核心业务外包；（2）"助贷"业务应当回归本源，银行业金融机构不得接受无担保资质的第三方机构提供增信服务以及兜底承诺等变相增信服务，应要求并保证第三方合作机构不得向借款人收取息费。在该禁令的要求下，一部分助贷模式已经终止，剩下的助贷模式衍生出了类自营全流程业务模式、风险共担模式、引入第三方承担风险模式三种模式。

　　在互联网金融效应的影响下，商业银行明显加快创新和转型的步伐，并且更加深度的与互联网进行融合。除在支付领域的创新以外，重点推进的领域是电商平台的建设，随着 2014 年初工商银行推出融 e 购，五大行的电商平台——建设银行的"善融商务"、中国银行的"中银易商"，工商银行的"融

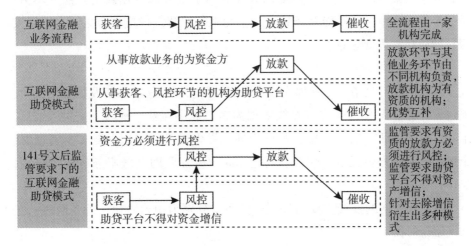

图 9-19 助贷模式

图 9-20 互联网消费金融在 141 号文后的三种助贷模式衍生模式

资料来源：艾瑞研究院自主研究及绘制

e 购"，农业银行的"磐云"以及交通银行的"交博会"已全部上线，囊括了银行融资支付理财清算信息等各项综合金融服务。此外银行纷纷抢占 P2P 市场，银行系 P2P 平台分为三种模式：一是银行自建 P2P 对对平台，如招商银行的小企业 e 家、包商银行的小马 Bank；二是由子公司投资入股新建独立的 P2P 公司，如国开金融设立的开鑫贷；三是银行所在集团设立的独立 P2P 公司，如平安集团的陆金所。其他围绕互联网金融方面的创新也是层出不穷，例如东莞农商银行的智能视频银行，招商银行的智慧供应链金融平台，平安银行的商超发票贷等等。

2. 互联网银行

互联网银行是指：借助现代数字通信、互联网、移动通信及物联网技术，通过云计算、大数据等方式在线实现为客户提供存款、贷款、支付、结算、汇转、电子票证、电子信用、账户管理、货币互换、P2P 金融、投资理财、金融信息等全方位无缝、快捷、安全和高效的互联网金融服务机构（李刚，2014）。

我国互联网的发展主要历经三个阶段，分别为初始阶段、筹备阶段、互联网银行时代。

初始阶段。在这一阶段之前，我国网上银行仅支持信息查询业务，不能够做现金交易。这个阶段的转折点是在 2001 年 6 月，中国人民银行发布了《网上银行业务管理暂行办法》，正式将网上银行业务纳入传统银行业务的范畴，使得互联网银行业务走上了有法可依的道路，开启了我国互联网金融的序幕。

筹备阶段。2013 年，当局政府开始鼓励民营资本进入到金融体系中，互联网金融蓬勃发展，为之后互联网银行的设立奠定了扎实的基础。互联网金融的发展对传统银行业务经营带来了一定的冲击，各家银行纷纷创建了直销银行，迎合金融互联网化的发展趋势。

互联网银行时代。2014 年 12 月 12 日，深圳微众银行正式获得原银监会的批准开业，是我国第一家民营银行，也是我国第一家纯互联网银行。微众银行的正式成立，标志我国正式进入纯互联网银行时代。继微众银行开业后，我国陆续有 7 家民营银行打互联网牌，分别为网商银行、新网银行、华通银行、众邦银行、中关村银行、亿联银行和苏宁银行。这在自 2014 年监管开闸以来原银监会批准筹建的 17 家民营银行中，占到总数的将近一半，可见在目前"互联网+"的大环境下，民营银行主打互联网牌是一种趋势。

值得注意的是，互联网银行和传统商业银行的互联网化均为线上银行，但互联网银行有别于传统商业银行的互联网化，它是具有银行拍照的独立民营银行，依托互联网平台从事线上业务，拓展增量客户，即互联网银行是"互联网+金融"的发展模式，而传统商业银行针对的是银行存量的客户，服务的是具有本行银行卡的客户，是传统银行业务通过互联网进行办理，是传统银行的延伸，即"金融+互联网"的发展模式。

以微众银行、网商银行、新网银行为代表的互联网银行，借助金融科技手段，在降低融资门槛、提升融资效率、践行数字普惠金融及创新银行运营模式等层面发挥积极作用，具体而言包括：

其一是有效降低融资门槛。互联网积极运用移动互联网、大数据挖掘、人工智能等技术，帮助众多缺乏信用记录和抵质押品的客户获得信贷支持，有效降低了融资门槛，服务那些主流银行服务不到、服务不好的"长尾客群"，扩大普惠金融服务半径。如新网银行79%的客户分布在三四线及以下城市，其中，通过身份证OCR（身份证地址含有地址村、乡、屯）识别，能精确到农村的用户283万。通过在线纯信用、无抵押的信贷服务，新网银行助力农村绿领、家庭农场主等群体快速获得生产生活资金。

其二是创新风控手段实现提速降本。互联网银行以数据化的风控系统替代传统银行人工处理，实现自动化、批量化、低成本的流水线式信贷放款，有效减少了贷款客户申请和银行审核的时间，达到"秒申秒贷、实时放款"的客户体验。如新网银行99.6%的线上贷款申请均由机器进行自动化、批量化审批，只有0.4%的大额信贷和可疑交易需要人工干预，减少贷款客户申请和银行审核时间。目前，新网银行信贷审批时间最快7秒，平均仅40秒，日批核贷款峰值超过33万单，同时也减少了银行运营成本和客户融资成本。

其三是丰富了金融产品，拓宽融资渠道。部分互联网银行针对不同类别客户的融资需求和现实困难，丰富信贷产品，改进信贷流程，帮助拓宽融资渠道，有效缓解了小微商家因缺少抵质押和经营数据而难以获得融资的问题。

其四是创新银行运营模式。互联网银行基本采用"没有存款，没有网点，没有现金柜台，全面在线化、数字化获客及展业"的模式。没有物理网点，前期固定资产投入轻；不需要大幅揽储，平台业务规模轻；没有过多的线下风控和防范需要，因此管理体系上较轻，总体呈现出轻量化运营的特点。与此同时，为了扩大服务半径，互联网银行纷纷对外连接，将数字金融能力对外输出，进一步提升整体行业的数字化能力，提升金融融通效率，为银行业发展开辟新模式。

（二）互联网银行典型案例——微众银行与网商银行

互联网银行线上运营模式的特点是"轻资产，弱网点"，整个业务模式是将互联网平台作为连接客户和传统金融机构的桥梁，采用大数据和云计算进行风险管理，计算结果可作为产品设计的参考依据，为客户提供"一对一"式的精准营销。按照平台类型的不同，可将互联网银行线上运营模式分为两种，基于社交平台的线上运营模式和基于电商平台的线上运营模式。

1. 微众银行——基于社交平台的线上运营模式

我国首家以互联网为交易平台的民营银行深圳微众银行于 2014 年 12 月 12 日获批开业，于 12 月 16 日在工商局注册登记并宣告深圳前海微众银行股份有限公司正式成立。微众银行是由腾讯集团主要发起筹办的。与实体银行相比，微众银行并不是将互联网作为渠道提供产品和服务的，而是围绕互联网设计出适合网民需要的产品和服务。

（1）市场定位

微众银行以让金融普惠大众为使命，将"科技、普惠、金融"作为愿景，在战略上将自己定位为"连接者"，连接"微众"和"银行"，一端是互联网企业，一端是金融机构。微众银行希望通过构筑一个互联网平台，为小微企业和普罗大众提供方便、快捷、差异化的产品和服务。微众银行的发展模式就是互联网平台模式，这和美国的 Bofi 控股公司类似。微众银行一直在朝着"大平台"方向发展，迄今为止已经"连接"25 家金融机构，共建联合贷款平台。微众银行就像是中介，主要负责业务的设计和渠道部分，合作银行负责资金部分。

（2）金融产品

微众银行主要产品包括但不限于向个人消费者提供的微粒贷、微众银行 APP、为中小企业提供的微业贷、联合二手车平台向买车群体提供的微车贷。以"微粒贷"为例，作为我国第一个全面达到互联网线上运作的个人消费信贷产品，特点表现为：其一是办理速度快，审批授信额度可实现平均低至 2.4 秒，甚至能做到 40 秒现金到达账户，并支持随借随还，客户最快在第二天结清贷款，省去客户逾期的烦恼。其二是利息率低，贷款额度最少 500 元最多 30 万元，日利率在 0.02% 到 0.05% 之间，并且费用仅仅包括贷款利息和过期罚息，还可以自行选择 5/10/20 期按月分期等额本金还款。其三是方便，没有任何抵押和担保，不存在任何纸质书面申请，同时支持一年 7 * 24 小时在线客服，无论何时无论何地均能实现借贷过程。使用上也比较方便，其移动端入口嵌入微信钱包以及手机 QQ 钱包，即仅依靠手机即可操作，可以满足日常生活中消费者的个人消费或临时资金周转的需要，给广大客户带来了很大的便利。

（3）服务渠道

微众银行的服务渠道主要还是集中在线上。腾讯集团旗下的微信和 QQ 是我国规模较大的社交平台，微众银行借助在这些社交平台的垄断地位，能够轻松招揽客户。相比较微众银行的网页设计，微众银行微信服务号和微众银行 App 提供的内容更详细和更丰富。微信和 QQ 这两大互联网渠道是微众银行的核心竞争优势。

（4）风险管理

微众银行在风险控制方面投入了大量的成本，限制信贷额度，将贷款分散发放给各个工作领域的人，并采用大数据征信模型，有效分析客户信用等级，强化风险管理。微众银行的征信数据主要是来自两个方面，一方面是央行征信、公安网络等外部数据，另一方面是腾讯旗下的社交数据和支付数据。微众银行风险控制核心是反欺诈，具体流程见图 9-21，第一步通过"白名单"确定使用者是否本人至最后一步识别账户是否本人，都充分显示了微众银行在风险监控的严谨。微众银行还处于初创期，合作机构并不完全的信任微众银行，因此在资金承担中，合作银行出资 80%，微众银行出资 20%，合作银行通过与微众银行共担风险来解决信任不足的问题。微众银行目前并没有吸收到零售存款，对于存款业务微众银行有两种发展思路，第一种就是自己吸收存款，做资金中介；第二种帮助合作银行吸储，从中赚取介绍费。从风险角度上看，第二种发展思路更适合微众银行发展。

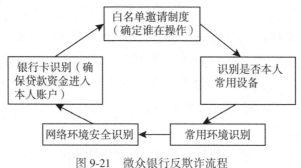

图 9-21 微众银行反欺诈流程

2. 网商银行——基于电商平台的线上运营模式

浙江网商银行股份有限公司（简称"网商银行"）是我国第二家获批建立的纯互联网银行，在 2015 年 6 月正式开业。网商银行背后的阿里巴巴集团就是以网络公司起步，致力于创造多元化、方便快捷的互联网服务。

（1）市场定位

目前，浙江网商银行主要服务的对象便是小微企业和个人消费者。由于阿里集团是电商平台起家，网商银行更偏重于小微企业信贷业务。网商银行有三大发展战略，即"服务小微客户战略、服务农村市场战略、服务中小微企业战略"。在小微客户方面，网商银行利用阿里巴巴电商平台优势，利用平台客户的消费数据，向小微客户提供"金额小、期限短"的纯信用小额贷款。在农村市场方面，网商银行主要结合阿里巴巴集团"千县万村"计划，利用"村淘合伙人"模式，向农村客户提供贷款业务。在中小微企业方面，网商银行依托自身的"水文模型"，对企业客户进行征信评级，解决中小微企业融资难、融资贵的问题，扶持中小微企业的发展。

（2）金融产品

就目前网商银行所提供的业务范围来看，与传统银行无异，主要是简单的理财产品和贷款产品。存款方面，提供年利率为 0.385% 的活期存款服务（App 上还没有开放定期存款的服务链接）。贷款方面，提供"网商贷""旺农贷"和"信任付"三款产品。理财方面，仅有"定活宝""余利宝""随意存"三款产品和服务。信用卡方面，对接了蚂蚁金服的"蚂蚁借呗"和"蚂蚁花呗"，额度根据"水文模型"和"芝麻信用评分系统"的评级结果来确定。

（3）服务渠道

2018 年淘宝双十一仅用 2 分 5 秒达成了 100 亿元的交易额，当天总交易额达 2135 亿元，证明了淘宝拥有广大的消费群体。网商银行通过与支付宝账号互通，获取了支付宝的客户资源以及交易信息，为业务展开做铺垫。支付宝、淘宝平台是网商银行最重要的服务渠道。

（4）风险管理

在风险管理方面，网商银行充分利用海量数据的优势，利用"水文模型"和"芝麻信用"分别对小微企业和个人消费者做信用评级分析。网商银行利用互联网技术和大数据将中小微企业的交易数据、类目、级别等构成的水文数据库。在对中小微企业授信时，网商银行利用"水文模型"，将商铺交易量和水文数据库中同类型可比商铺进行横向比较，从而预测出商铺未来的经营状况、融资需求和还款能力，估算小微企业的放贷额度。在个人信贷方面，如图9-22，网商银行是基于"芝麻信用"来对客户进行信用评级。芝麻信用评分主要是依据信用历史、行为偏好、履约能力、身份特质、人脉关系这五个维度的数据进行综合处理和评估。网商银行在客户选择时，首先剔除了有信用劣迹的客户，然后评判是否属于优质客户。网商银行最主要的风险就是信贷风险，在实际工作中，网商银行已经充分利用互联网的优势构建了独有的信用评级模型，做好了充分的风险防范工作。同时，网商银行也在通过限制放贷额度控制信用风险，扩大放贷数量，减少不良贷款率。在操作风险上，网商银行一直在不断优化系统，减少人工干预环节。

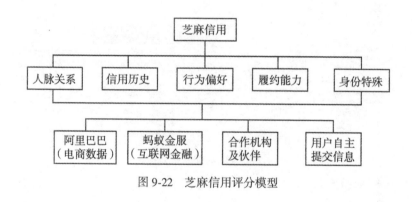

图 9-22　芝麻信用评分模型

9.5.2　互联网理财、互联网保险与互联网证券

一、互联网理财

互联网理财具有产品种类丰富、门槛低、便捷灵活、覆盖人群广、较大的市场空间等特点。2016年互联网理财市场交易规模已达78536亿元人民币，相比2014年增长了3.7倍。自2013年余额宝上线以来，互联网理财中的货币基金一直备受瞩目，随着近年来市场利率的持续走低，用户在互联网理财方面追求安全、便捷化、高收益的需求也越来越强烈，而近年来互联网理财产品逐渐丰富多样也给投资者提供了更多的选择。预计未来银行互联网理财因其安全性高，而P2P理财因其收益高，两者的理财市场份额均会有所提升。

着眼不久的将来，依托传统的银行理财产品逐步向线上转移、丰富的基金产品的线上销售，互联网理财市场投资标的将更加丰富；而智能投顾、智能财富管理等人工智能技术的日益成熟为互联网理财带来新的想象空间；网民理财意识逐步觉醒、理财观念逐步开放则为互联网理财市场带来高速发展的契机。

互联网理财机构一般会基于自身资源禀赋分别选择理财产品线上销售、互联网理财服务、互联网理财门户。理财产品线上销售模式适用于具有理财产品设计能力的企业，企业素质要求高；互联网理财服务则对于经营者的专业能力有一定的要求，主要提供投资者教育以及更为专业的私人理财服务；互联网理财门户主要使通过"搜索+比价"的方式方便投资者使用，对于渠道建设及互联网技术有一定的要求。

图 9-23　互联网理财主要模式

资料来源：易观分析

二、互联网保险

与互联网银行一样，随着世纪之交"新经济"概念在全球的风行，互联网保险也为很多研究者所关注。保险行业在 20 世纪末最早接触互联网，出现了保险公司网络直销和第三方比价等平台，而互联网保险的真正爆发，是始自 2014 年 Oscar Health 和 Zenefits 等公司大额融资金额的相继出现。互联网保险作为保险公司运用互联网的一种表现形式，主要是通过互联网提供信息，实现网上投保、完成保险产品与服务销售。通常互联网保险可分为三种模式：一、保险公司提供网上保险服务；二、专门公司经营的网上保险服务业务；三、多家保险机构共建的网上保险业务。

目前全球互联网保险的主流领域集中于企业医疗健康险平台、个人保单管理平台、大数据应用平台以及其他新技术创业四个方向，本书选取其中的创业公司做简单介绍：

（一）企业医疗健康险平台

面向企业的健康保险代理机构 Gusto，Justworks，Namely，Maxwell Health 等在 2016 年共获得了近两亿美元的融资。这些企业大多数是通过提供人力资源或薪酬管理等工具获得企业客户，再通过向企业销售员工健康险变现。奥巴马医改法案规定，公司必须给员工购买医保。在这一法案的推动下，这些创业平台找到一个很好的保险变现模式，在 14 年开始都得以高速增长。

Gusto：薪资管理切入企业团险。公司位于美国旧金山，前身是基于云端薪资管理服务的初创企业 Zenpayroll。旗舰产品是一款工资单软件系统。目标客户是员工人数不到 100 人的小企业，提供薪资管理工具同时推出一些记录员工工作状态等个性化的服务。公司在 2016 年初拥有 3 万多个企业用户，并且市场方面还有很大的增长潜力。

Justworks：从小规模企业医疗保险运营商切入。模式主要为中小企业提供人力资源和薪资管理，合规性方面的 SaaS 软件服务，让 HR 烦琐的工作变得简单。公司成立于 2012 年，从 2014 年开始进入迅速增长阶段，当年用户增长率为 800%。与其他几家 HR 领域 SaaS 提供商相比，最大特点是加强与小规模企业医疗保险运营商的合作关系。直接与运营商如蓝十字与蓝盾协会合作，为雇主节省医疗保健费用。

Namely：面向中等企业提供 SaaS 服务。与上述两家公司不同的是，Namely 将目标定位于员工数在 200 左右的中等企业市场。企业可以使用软件来计算薪酬，核对考勤，管理健康保险并记录员工的绩效表现和升迁。公司擅长包括有关可支付医疗法案报告要求的合规性操作。这家公司与全球 400 多家企业合作，每年管理的薪酬总值超过 25 亿美元。

（二）个人保单管理平台

目前全球一种比较流行的互联网保险模式。通过个人的保单会其他资产管理切入。评估用户现有的保障状况，数字化的展示现有的保险政策、价格和服务，同时智能分析你的保险是否有任何漏洞，并推荐如何提升个人保险保障的方案。代表公司包括有 Knip，Getsafe，Financefox，Trōv 等，大多数位于欧洲，均拿到过千万美元级别以上的投资。

Knip：数字化保单管理。位于瑞士的保单及其他金融产品管理 App。帮助用户对现有保险政策、收费标准和服务概述有一个更清晰的理解。该应用程序会自动检测个人保险的差距，并提出必要的保险建议。此外，团队提供各类个人保单相关咨询。用户可以通过电子方式改变自己的收费标准、签订新的保险合同或者终止现有保险合同。

Clark：保险智能投顾。德国一家面向个人消费者的保险智能投顾公司，是一家技术驱动型的公司。Clark 软件从保单的管理和分析切入。用户进行的简单注册，填写自己和已有保单的信息，授权后就可以得到清晰的保险状况分析报告。同时 Clark 会提供给消费者调整及改进建议。除了针对性的推荐产品，Clark 公司还会对不同的保险产品进行评级打分，用户可以更直观地了解到保险产品的"健康指标"。公司管理着 3000 万欧元的保费金额。16 年 Clark 获得了约 1450 万美元 A 轮融资。

Trōv：个人数字财产保险箱。位于美国加州，通过 App 收集个人物品数据，生成列表，自动计算各个物品的当前价值。Trōv 可以为这些物品提供极短期的保险（最短几秒钟），相应收取极低的保费（最低几分钱），使用聊天机器人处理用户的索赔。Trōv 官方网站显示，截至目前，Trōv App 已经帮助人们归置、整理了近 100 万件物品，这些物品的价值超过 100 亿美元。

大数据平台

数据是保险业的基础。随着移动互联网的发展，可穿戴设备，移动医疗，智能家居，车联网等发展带来了大量的数据，也为保险业利用大数据创新提供了机会。

Metromile：基于 OBD 的 UBI 车险。Metromile 位于美国，主要提供按里程收费的汽车保险，通过免费提供的 OBD 设备来计算汽车行驶里程数据，根据里程变量将不同风险的人进行细分，并且量身定制了不同的保险计划，保费由基础保费和按里程计算的保费两部分组成。按公司分析显示，加入这一保险计划的车主，54% 减少了行车里程，也确实降低了整体车险的发生概率。

Clover Health：大数据 + 医疗保险。它是一家位于美国旧金山的医疗保险初创公司，创新在于通过整合成员的各种数据，实现了对用户健康状况的监测及预测分析，并以此为依托雇佣专业的医疗护理队伍，提供预防护理服务，降低老年高风险人群患病的概率及医疗费用支出。Clover 通过保险理赔信息来追踪用户的病史，以判断哪些患者具有较高的疾病和理赔风险。从各个方面搜集相关数据，比如实验检测结果、放射结果，以便获得更为完整的用户健康数据。

Vericred：标准化医疗健康数据。作为美国一家新兴保险数据公司，该公司成立于2013年，主要业务是从公司一千多个资源渠道中收集，清理，标准化相关医疗健康数据，转化为易于处理结构化的数据提供给客户使用。美国医疗健康险方面的创业公司，Zenefits、Hixme、Decisely、Maxwell 等都是Vericred 的客户。

其他技术创新公司

从更早期的公司来看，在2016年获得融资的互联网保险创业公司中，也包括有大批的技术创新公司。包括区块链，人工智能等新技术。我们对部分公司进行列举。

表 9.11 海外其他技术创新公司部分代表

Ellipitic	英国比特币监控平台，提供比特币保险产品。通过人工智能探索比特币区域模块网络中可疑的交易和活动。
Plex. ai	运用人工智能技术改变保险和风险管理，开发一个 A. I. 机器人充当经纪人为客户报价
Picwell	SaSS 平台，利用预测分析和机器学习技术，为客户推荐合适的个性化的保险产品
Utocat	致力于区块链平台的建设，让区块链链接银行业，保险业
Threatformer	为网络安全保险公司提供分析决策，改善其条款
Insurify	智能车险经纪人，为客户提供快速准确个性化的车险购买建议
Clark	面向个人的智能保险管理推荐应用
Cape Analytics	应用计算机视觉和机器学习，帮助保险公司更快投保

目前桎梏互联网保险发展的原因主要在于：首先，保险是一种事件驱动型金融产品，而保险购买者在续保时几乎不会考虑初始保险条款的适用性；其次，网上购买保险首先需要非常详细地提供购买人的私人信息才可获知保险条款及保费，这无疑将大幅增加购买人的时间成本；最后，保险购买者并不愿意充当自己的保险代理人，当购买者面临多种选择时，选择的结果通常是不购买。

三、互联网证券

互联网证券业务，互联网上的综合金融服务体系业务。互联网证券业务无法脱离证券业务根基，如果一家金融服务平台不支持证券业务，便不能称之为互联网证券业务。互联网证券业务是金融科技发展下证券业务的创新，指通过互联网（线上）提供证券及其他衍生品交易活动相关的金融服务平台，业务范围涉及股票、期货、外汇、债券、期权等上千个品种。互联网证券业务并不是简单地将线下业务向线上进行平行迁移，也不是对现有平台和信息技术模块做简单整合，而是在"电子化-互联网化-移动化"趋势下，从执行层面对公司传统业务实施从销售渠道、业务功能、客户管理到平台升级的架构重塑及流程优化，架构符合互联网商业惯例和用户体验的综合金融服务体系。

目前我国互联网证券行业有两种主要模式，一是传统券商的网络化运营，一是互联网企业与券商合作，共建互联网证券平台。

（一）传统券商触网：传统电商网络化运营包括网络开户、电子商务式营销、移动客户端等。券商利用电商平台打造网上旗舰店销售投资咨询、资讯服务等金融产品。另一方面，建设自己的互联网商城，将券商手中的产品快速推销到客户手中。

（二）券商+互联网企业：传统券商通过和互联网企业合作，建立第三方互联网证券平台，通过导入互联网企业的客户流量以及自身专业、系统的金融数据处理和技术分析，抢夺客户群体。主要有三种方式：一是在移动客户端，建立线上理财平台，为客户提供实时交易行情和资讯，设置股价提醒，把握买卖时机以交互式服务吸引客户；二是与券商合作，进行互联网在线开户，而且可以享受的佣金。除此之外，提供为保证金余额提供理财服务，不参与收益分成，仅收取极低管理费；三是入股券商，互联网为券商提供网络接入服务和风投资金支持，券商则为互联网公司的 APP 提供交易功能。

互联网券商的特征：（1）真实交易：通过互联网券商发生的所有订单，都会真实递交到交易所进行撮合制交易。检验一个交易平台是否真实，最简单的方法就是看这个平台能否支持证券交易。此外，也可以通过查询平台是否能够提供客户交易的交割单来判断；（2）品种全面：传统券商仅支持单一证券或者期货业务，互联网券商则可以通过一个账户、一笔资金、一款交易软件交易股票、期货、外汇等全球主流投资品种，资金利用率更高。期货公司/外汇平台，期货公司与外汇平台业务范围日渐重叠，已无本质区别，与二者相比，互联网券商支持在国内有着广泛客户基础的证券交易，使其在市场开发时更具优势。

9.6 新的金融与商业实体结合方式——大数据金融

大数据金融主要是利用大数据技术，使金融与商业实体或流程更加紧密地结合，事实上这种称谓并不绝对确切，因为所有能称得上互联网金融的业态基本上都是建立在大数据的基础上，只是这里要讨论的一类金融服务更加需要以实体经济提供的大数据为支撑，但鉴于目前缺乏一个学界普遍认可的概念，因此沿用大数据金融的说法。

9.6.1 中国大数据金融简介

伴随信息获取和加工技术的不断进步，来自互联网的海量、非结构化数据将更全面准确地反映不行为模式、个人动机、同级评价、是否值得信赖等，比单纯的过往信贷数据更具经济价值和社会价值。传统的征信数据以结构化数据为主，据估计只有5%的数字数据是结构化的且能适应用于传统数据库（Mayer-Schönberger. etc，2012），而大量的影像资料、办公文档、扫描文件、Web 页面、电子邮件、微博、即时通信以及音频等非结构化数据则难以有效利用。但借助大数据和云计算等创新科技，这些信息数据之中的隐藏价值正在逐渐被挖掘利用。所谓大数据金融，就是集合海量非结构化数据，通过对其进行实时分析，得到客户全方位信息，通过分析和挖掘客户的交易信息，掌握客户的消费习惯或商业运行情况，并准确预测客户行为，使金融服务平台在营销和风控方面能够有的放矢。

大数据金融模式因其数据量巨大、数据的多样性及数据的价值性等特征，有着传统金融难以比拟的优势。大数据金融脱离了传统风险管理理念和工具，使得互联网金融机构能够准确量化风险，增强风险的可控性，及时发现潜在风险并有效规避风险，呈现出全方位、立体的客户构图，并贯穿于整个业务流程。且其"普惠金融"的特质使得金融公司服务边界持续扩大。随着大数据金融模式的应用越来越广泛，金融机构也更加注重客户的个性化需求，进行个性化金融产品的设计，实现精细化服务。

从目前来看大数据金融在沿着两个不同的方向发展，一是走向一体化的电商金融，二是走向专业化的互联网征信和其他信息服务。

9.6.2　主要的大数据金融业态

一、电商金融

目前，除商业银行自己推出的电子商务平台外，电商金融主要为平台金融和供应链金融两大模式。其两大模式的内涵、优势及典型企业如表 9.12 所示。

表 9.12　　　平台金融与供应链金融模式的内涵、优势及典型企业①

类型名称	内涵	优势	典型企业
平台金融模式	该模式主要依靠聚集于平台的中国商户多年的交易数据积累，利用互联网技术，借助平台向企业或个人提供快速便捷的金融服务	1. 不基于庞大的数据流量系统，征信系统数据完善，能够解决风险控制的问题，降低企业的坏账率； 2. 依托于企业的交易系统，具有稳定持续的客户源 3. 有效解决信息不对称的问题，将贷款流程流水线化	阿里金融、可能涉足的电信运营商
供应链金融模式	核心龙头企业依托自身的产业优势地位，通过其对上下游企业现金流、进销存、合同订单等信息的掌控，依托自己资金平台或者合作金融机构对上下游企业提供金融服务的模式	1. 可以满足企业的短期资金需求，促进整条产业链的协调发展； 2. 通过引入核心企业对资金需求企业以及产业链进行风险评估，扩大市场服务范围。解决传统供应链金融发展过程中的一系列问题，增加对中小企业的关注度及实际服务效果。	京东金融、华胜天成等

二、互联网征信

目前，国内已经出现针对互联网金融的独立的第三方征信平台。2013 年 6 月，上海资信设计开发的网络金融征信系统（NFCS）正式上线运营，因为

---

① 刘诗雨．大数据金融模式研究［D］．湖南大学，2018．

中国首个基于互联网共享 P2P 网络借贷行业信息的全国性、专业化电子服务平台。该系统采集 P2P 平台借贷双方的个人基本信息、贷款申请信息、贷款开立信息、还款信息和特殊交易信息，记录个人线上线下融资的完整债务历史，向加入该系统的互联网信贷企业提供查询服务，最终目标是打通线上与线下、互联网金融等新型金融与传统金融的信息壁垒。

NFCS 在建设之初以 P2P 网络借贷行业为主要切入点，首批签约接入NFCS 征信系统的包括陆金所、信而富等 33 家网贷平台。目前，NFCS 已与1000 多家网贷平台签约合作，入库各类信用信息记录数近 10 亿条，入库借款人数量超过 3700 万人，基础信用报告的日均查询量 18 万笔。NFCS 基本实现了全国 P2P 网贷行业的信用信息共享，有助于完善"守信联合激励、失信联合惩戒"机制。

NFCS 可以提供基础征信产品——网络金融版个人信用报告的查询服务，信用报告的主要内容有：个人基本信息、借款申请信息、借款交易信息、担保信息、特殊交易信息、查询记录、个人声明、资信提示等。此外，还可以提供个人身份认证、贷后信息管理、信用评分、特征变量、反欺诈以及整合公共信息版信用报告等多种增值产品和服务，为合作机构提供一站式的征信解决方案。

另一个有代表性的第三方征信平台是北京安融惠众征信有限公司创建的小额信贷行业信用信息共享服务平台（MSP），它采用封闭式的会员制共享模式，主要为 P2P 公司、小额贷款公司、担保公司等各类小额信贷机构提供同业间的借款信用信息共享服务。

此外，2015 年初阿里巴巴集团推出"芝麻信用"体系，作为蚂蚁金服旗下独立的第三方征信机构，通过云计算、机器学习等技术客观呈现个人的信用状况，主要包含用户信用历史、行为偏好、履约能力、身份特质、人脉关系五个维度，已经在信用卡、消费金融、融资租赁、酒店、租房、出行、婚恋、分类信息、学生服务、公共事业服务等上百个场景为用户、商户提供信用服务。

大数据金融或许是互联网金融中最有前景的业态之一，因为它加深实体经济与金融之间的相互联系。目前，官方对发展大数据金融的态度总体看是比较支持的，譬如 2015 年 1 月中国人民银行发布了允许 8 家机构进行个人征信业务准备工作的通知，被视为是中国个人征信体系有望向商业机构开闸的信号，腾讯征信、芝麻信用等位列其中，并批准腾讯、阿里等主导试点互联网银行便可看出。事实上，以促进互联网金融发展为契机，在金融领域推进深化改革战略部署是一个不错的选择，不仅有利于打破传统金融机构垄断格局，实现真正的市场化竞争，而且有利于促进多方形成多层次、差异化的金融服务，更有助于推动多层次、立体而丰富的商业和个人信用数据体系建设，可以说具有制度创新意义。不过监管者尤需注意的是，针对差异化的金融服务，监管政策切莫一刀切，要致力于形成差异化监管政策，而这十分考验我国的金融监管能力。

第十章　房地产投资

☞ **案例导入**

　　2006 年，东哥大学毕业，毕业后的第 3 年，东哥在 25 岁生日那天决定买房，坐标上海。当时首付 30 万元，对于一个普通的三四线城市的工人家庭来说，是一笔庞大的数字。东哥的父母几乎借遍了亲戚，加上东哥 3 年攒下的 8 万元，艰难地买下了一套两居室，接近 100 万元的贷款要还 30 年。为了尽快还债，东哥拼命工作，4 年还清外债。后来，东哥甩开膀子创业，中间吃过亏、上过当、受过苦，但是一想到在上海有个家，踏实的稳定感让东哥瞬间有了无穷的动力。现在东哥的创业公司步入正轨，有了不错的盈利，还买下了第二套房子。东哥的两套房子市值已经接近 2000 万元，东哥在 40 岁左右的时候就实现了财务自由。从这个案例可以看出，房地产投资在个人和家庭的财富积累和资产保值增值方面的重要作用，学习和掌握一定的房地产投资知识对个人和家庭具有重要的意义。本章将就个人房地产投资的主要内容进行详细介绍。通过本章的学习，应了解房地产的内涵和特征、房地产投资方式和投资特点，掌握房地产价格的构成及影响因素，了解房地产投资的优缺点。了解房地产投资的风险构成，能根据掌握的知识进行房地产投资的风险识别和控制，并在实务中能开展个人支付能力评价及投资策略应用。

10.1　房地产投资基础知识

10.1.1　房地产的定义、类型及特征

一、房地产的定义

房地产是为人类的生产、生活提供入住空间和物质载体的一种稀缺性资源，因为不能移动，又被称为不动产，与动产相对应。

　　一般来说，房地产是指土地、地上建筑物及其衍生的权利的总称，是实物和权益两种形态的结合体。实物形态上的房地产本质上包括土地和建筑物两大部分，主要有土地的区位、形状，建筑物的结构、设备、外观及基础设施情况等，其主体是土地和房屋两大类。权益形态上的房地产是指依附于房地产物质实体而产生的各种权益，既包括占有、使用、收益及处分的权利，也包括租赁权、抵押权、典权等一系列相关权利。拓展来说，房地产还包括水、矿藏、森林等自然资源，与房地产分析相关的知识，以及经营房地产买卖的商业界。本章所要重点研究的是一般意义上的房地产。

　　由于建筑物固着于土地，并且建筑物落成后，其使用寿命往往可以持续几十年、上百年甚至更长时间，每一建筑又因构成要素和具体环境而不同，因此房地产本身的特点表现为区位固定性、使用长期性和个体异质性。与此同时，房地产因其资源的稀缺性及其集实物和权益于一身，使其具有很强的保值增值特性。

二、房地产的类型

（一）按用途分类

　　按用途分类，房地产可分为居住类房地产（普通住宅、高级公寓、别墅等），商业房地产（商务办公楼、旅馆、酒店、商业铺面等），旅游房地产（公园、风景名胜、历史古迹、沙滩等休闲场所），工业房地产（厂房、仓库等），农业房地产（农场、林场、牧场、果园等），特殊目的的房地产（政府机关办公楼、学校、教堂、寺庙、墓地等）。

（二）按建筑结构分类

　　建筑结构，是指建筑物中由承重构件（基础、墙、柱、梁、屋架、支撑、屋面板等）组成的体系。以组成建筑结构的主要建筑材料来划分，一般分为：钢结构、钢筋混凝土结构、砌体（包括砖、砌块、石等）结构、木结构、塑料结构、薄膜充气结构等；按建筑结构的主要结构形式来划分，一般分为下列9类：墙体结构、框架结构、深梁结构、筒体结构、砖混结构、网架结构、空间薄壁、钢索结构、舱体结构。

（三）按建筑层数和高度划分

　　按建筑层数和高度划分，房地产可分为低层建筑、多层建筑、高层建筑、超高层建筑。

三、房地产的特征

(一) 不可移动性

房地产最重要的一个特性是其位置的固定性或不可移动性。每一宗土地都有其固定的位置,不可移动。这一特性使土地利用形态受到位置的严格限制。建筑物由于固着于土地上,所以也是不可移动的。因此,位置对房地产投资具有重要意义。所谓"房地产的价值就在于其位置"就说明了这一点。投资者在进行一项房地产投资时,必须重视对房地产的宏观区位和具体位置的调查研究,房地产所处的区位必须对开发商、物业投资者和使用者都具有吸引力。

房地产的位置有自然地理位置与社会经济地理位置之别。虽然房地产的自然地理位置固定不变但其社会经济地理位置却经常在变动。这种变动可以由以下原因引起:

1. 城市规划的制定或修改。

2. 交通建设的发展或改变。

3. 其他建设的发展等。

当房地产的位置由劣变优时,其价格会上升;反之,价格会下跌。房地产投资者应重视对房地产所处位置的研究,尤其应重视对社会经济地理位置现状和发展变化的研究。

(二) 长期使用性

土地的利用价值永不会消失,这种特性称为不可毁灭性或恒久性。土地的这种特性,可为其占有者带来连续不断的收益。建筑物一经建成,其耐用年限通常可达数十年甚至上百年。因此,作为一种商品,房地产具有长期使用性或具有较高的耐用性。房地产可为人类提供较长一段时间的服务,满足消费者对房屋的消费需求。但值得注意的是,我国房地产的长期使用性受到了有限期的土地使用权的制约。根据我国现行的土地使用制度,公司、企业、其他组织和个人通过政府出让方式取得的土地使用权,是有一定使用期限的土地使用权,其土地使用权在使用年限内可以转让、出租、抵押或者用于其他经济活动,但土地使用期满,土地及其地上的建筑物、其他附着物所有权应由国家无偿收回。国家规定的土地使用权一次出让最高年限因土地用途不同而不同:居住用地 70 年,工业用地 50 年教育、科技、文化、卫生、体育用地 50 年,商业、旅游、娱乐用地 40 年,综合用地或者其他用地 50 年。

（三）附加收益性（适应性）

房地产本身并不能产生收入，房地产的收益是在使用过程中产生的。房地产投资者可以在合法前提下调整房地产的使用功能，使之既适合房地产特征，又能增加房地产投资的收益。例如，为了满足写字楼的租客对工作中短时休息场所的需要，可以增加一个小酒吧，公寓的住户希望能有洗衣服务，投资者可以通过增加自动洗衣房，提供出租洗衣设备来满足住户的这一要求。房地产的这个特性被称为适应性。

按照房地产使用者的意愿及时调整房地产的使用功能是十分重要的，可以极大地增加对租客的吸引力。对房地产投资者来说，如果其投资的房地产适应性很差，则意味着他面临着较大的投资风险。例如，功能单一、设计独特的餐馆物业，其适应性就很差，如果不想花太多的费用就想要改变其用途或调整其使用功能几乎是不可能的。在这种情况下，万一租客破产，投资者必须花费很大的投资才能使其适应新租客的要求。所以，房地产投资一般很重视其适应性的特点。

（四）异质性

市场上不可能有两宗完全相同的房地产。一宗土地由于受区位和周围环境的影响不可能与另一宗土地相同，纵使两处的建筑物一模一样，但由于其坐落的位置不同，周围环境不同，这两宗房地产实质上也是不相同的。因此，出现同一房地产的大量供给是不可能的。同时应注意到，业主和使用者也不希望他所拥有或承租的房地产与附近的某一房地产雷同。因为具有特色的房地产，特别是某一城市的标志性建筑，对扩大业主和租客的知名度，增强其在公众中的信誉有着重要作用。总之，每一宗房地产在房地产市场中的地位和价值不可能完全一样。从这个意义上讲，固定位置上的房地产不可能像一般商品那样通过重复生产来满足消费者对同一产品的需求。房地产商品一旦交易成功，就意味着别的需求者只能另寻他途。异质性说明房地产市场交易的空间和时间都受到限制。

（五）资本和消费品的二重性

房地产不仅是人类最基本的生产要素，也是最基本的生活资料。在市场经济中，房地产是一种商品，又是人们最重视、最珍惜、最具体的财产。房地产既是一种消费品，也是一项有价资产。作为一项重要资产，房地产在一国总财富中一般占有很大比重。根据有关资料统计，美国的不动产价值约占其总财富的 73.2%，其中，土地占 23.2%，建筑物占 50%，属于其他财富的仅占 26.8%。因此，人们购买一宗房地产消费品的时候，同时也是在进行一项投资。

（六）易受政策影响性

在任何国家和地区，对房地产的使用、支配都会受到某些限制。房地产受政府法令和政策的限制与影响较重要的有两项：一是政府基于公共利益，可限制某些房地产的使用，如城市规划对土地用途、建筑容积率、建筑覆盖率、建筑高度和绿地率等的规定；二是政府为满足社会公共利益的需要，可以对任何房地产实行强制征用或收买。房地产易受政策限制的特性还表现在，由于房地产不可移动也不可隐藏，所以逃避不了未来政策制度变化的影响。这一点既说明了投资房地产的风险性，也说明了政府制定长远的房地产政策的重要性。

（七）相互影响性和深受周围社区环境影响性

一宗房地产与其周围房地产相互影响。房地产的价格不仅与其本身的用途等有直接的关系，而且往往还取决于其周围其他房地产的状况。例如，在一住宅楼旁边兴建一座工厂，可导致该住宅楼的价值下降，如在其旁边兴建一个绿化公园，可使其价格上升。房地产深受周围社区环境的影响，不能脱离周围的社区环境而单独存在。政府在道路、公园、博物馆等公共设施方面的投资，能显著地提高附近房地产的价值。例如，我国香港东区隧道的建设，使附近的太古城等地段的房地产价值成倍增长。从过去的经验来看，那些能准确预测政府大型公共设施的投资建设并在其附近预先投资的房地产开发商，都获得了巨大的经济效益；反之，周围社区环境的衰退，必然降低房地产的价值。

10.1.2 房地产投资概念、类型及投资特点

一、房地产投资的概念

房地产投资是指国家、集体或个人等投资主体为实现某种预定的目标，直接或间接地对房地产的开发、经营、管理、服务和消费等所进行的投资活动。

在房地产投资的概念中，需要掌握的主要内容包括以下方面。

（一）房地产投资的主体包括各级政府、企业、银行和个人，以及外国的

投资者。各级政府和企业是主要的投资者，银行主要通过买卖房地产相关金融资产进行间接投资。个人作为投资主体一般只能从事房地产买卖。如果个人要从事房地产开发等投资活动，必须先注册为企业法人才能进行投资。

（二）房地产投资的目的主要是获得更大的经济效益，但同时还要兼顾社会效益和环境效益。政府和一般的投资主体的目标有些差异。政府把保障性住房建设作为自己主要的职责，主要保障广大中低收入家庭的住房需求。而企业投资是以营利为目的的。

（三）房地产投资所涉及的领域主要是房地产开发经营和中介服务等，具体包括土地开发、旧城改造、房屋建设、房地产经营、置业投资等。这里的投资是指预先垫付的资金，没有包括其他资源。

二、房地产投资的类型

房地产投资类型多种多样，按照房地产投资形式、房地产投资用途、房地产投资经营方式的不同，可以将房地产投资划分为不同类型。但最主要的房地产投资分类是按照房地产投资形式的不同，划分为直接投资和间接投资。

（一）直接投资

直接投资也可称为实物投资，是指投资者直接参与房地产开发或购买房地产的活动并参与有关的投资管理工作。其主要有房地产开发投资和房地产置业投资两种形式。

1. 房地产开发投资

房地产开发投资是指投资者从购买土地使用权开始，进行进一步的投资活动，经过项目策划、规划设计、施工建设等过程获得房地产产品，通过流通、分配转让给新的投资者或使用者，并通过转让过程收回投资，实现自己的预期收益目标。

房地产开发投资是一种短期投资，周期一般为1~5年。开发投资的目的主要是赚取开发利润，风险较大但回报也比较丰厚。近几年，中国内地前100名富豪排行榜，有一半左右来自房地产企业。

2. 房地产置业投资

房地产置业投资是指通过购买开发商新建成的房地产或市场上的二手房，以满足自身生活居住、生产经营或出租经营需要，并在不愿意持有该物业的时候出售并获取转售收益的一种投资活动。

房地产置业投资是一种长期投资，具有保值、增值、收益和消费4个方面的作用，广受投资者欢迎。房地产开发投资者将建成后的房地产用于出租或经营时，短期开发投资就转变成了长期置业投资。

3. 房地产直接投资的对象

各类房地产均可以作为房地产直接投资的对象，涉及写字楼、店铺等多个品种，下面介绍几种典型的房地产直接投资对象。

（1）写字楼。购买写字楼部分或全部股权，以获取较为稳定的经常性收入，是欧美房地产市场最为典型的房地产置业投资方式。

（2）商铺。商铺已经逐渐成为房地产投资的一个新热点。商铺投资是一个长期过程，其投资价值不会因房龄增长而降低。

（3）产权式酒店。产权式酒店一般位于风景区、旅游观光度假区内，是由个人投资者买断酒店客房的产权，即开发商以房地产的销售模式将酒店每间客房的独立产权出售给投资者。

（4）住宅。

（5）车库。

（二）间接投资

间接投资即房地产金融投资，是指投资者投资与房地产相关的证券市场的行为。投资者不必直接参与房地产实物投资活动。间接投资包括购买房地产开发企业或房地产中介服务企业的股票、债券，投资于房地产投资信托基金或购买住房抵押贷款证券等形式。

房地产价值的昂贵使得实物投资需要的资金数量巨大，而且房地产的运营又有很强的专业性，要求具备相当的专业知识和经验，这一切构成普通中小投资者难以克服的障碍。房地产金融投资则为中小投资者进行房地产投资开辟了一条较为畅通的渠道。

1. 房地产股票

我国股票市场从 20 世纪 90 年代初建立以来，不断规范完善，而房地产和股票的有机结合，可以利用证券市场的有效性增加房地产投资的流动性，不但最大限度地汇集社会闲置资金投入房地产领域，而且大大降低了房地产投资的变现风险。近年来，随着房地产公司上市数量的不断增加，以及越来越多的上市公司参与房地产领域的开发和经营，中小投资者通过购买房地产股票参与房地产投资的机会不断增加，可选择的股票范围也日益扩大。

2. 房地产债券

房地产债券是为了筹措房地产资金而发行的借款信用凭证，是证明债券持有人有权向发行人取得预期收入和到期收回本金的一种证书。其种类繁多，可按不同的标准进行分类，其中最主要、最常见的一种是按发行主体的不同分为房地产政府债券、房地产金融债券、房地产企业债券。

3. 房地产投资信托

房地产投资信托一般以股份公司或托拉斯的形式通过发行受益凭证或基金股份募集社会投资者的资金，委托或聘请专业性机构和人员实施具体的经营管理。目前已成为国外普通个人投资者重要的房地产投资渠道，其相对比重已超过直接投资、持有房地产股票或债券、有限合伙等方式。

房地产投资信托的具体投资运作和管理一般委托专业性机构来实施，这一角色通常由投资银行来担任，并实行多样化投资策略，选择不同地区和不同类型的房地产项目及业务。通过集中专业管理和多元组合投资，有效降低投资风险，取得较高投资回报。中小投资者通过房地产投资信托在承担有限责任的同时，可以间接获得大规模房地产投资的利益。因此，为普通投资者进行房地产投资提供了一条较好的金融渠道。

4. 房地产抵押贷款证券化

房地产抵押贷款证券化是指银行等金融机构在信贷资产流动性缺乏的情况下，将其持有的住房抵押贷款债权进行结构性重组，形成抵押贷款资产池，经政府或私人机构担保和信用增级后，在资本市场上发行和销售由抵押贷款组合支持的证券的过程。

三、房地产投资的特点

(一) 融资性强

房地产投资的一个优点便是易于利用债务的形式进行筹资活动，例如采用抵押贷款，充分发挥其投资的杠杆作用。在西方发达国家，一般情况下，债务筹资可以达到房地产投资市场价值的80%以上，甚至更高。事实证明采用融资杠杆将大大提高投资收益率。那么，为什么房地产投资较易获得银行的低息贷款呢？这主要有两个原因：首先，房地产本身具有价值量大、位置固定不可移动性，是一个良好的抵押担保品，易为金融机构所接受。其次，房地产不但安全，而且随社会经济发展，其价格或租金有上涨的趋势，即房地产具有增值保值的优点。但是房地产投资者须注意利用融资增加了财务风险发生的可能性。

（二）能降低因通货膨胀带来的投资风险

房地产投资的另一大优点便是能充分降低因通货膨胀带来的投资风险，而不像一般投资由于投资周期长而易受通货膨胀的影响。根据西方发达国家的多年经验和有关专家学者的研究，房地产之所以易于增值保值，主要是因为房地产价格具有与物价同步波动的趋势。

（三）房地产投资的供需变化特殊

房地产是一种价值含量很高的特殊产品，其供需变化的速度较一般商品而言要缓慢得多。从供给而言，从市场价格的变化到供给的变化中间往往要经过很长一段时差，这与房地产的不可移动性和投资周期长有关。从需求方面讲，作为人们一种生产、生活的基本需要，房地产的需求价格弹性很低。例如无论是国民经济高涨期还是衰退期，只要人口数量没有大的变化，对于住宅的需求数量也不会有较大的波动。

（四）对投资区位的选择要求严格

房地产投资比任何一种其他投资都重视对投资区位的选择。区位几乎是土地投资价值的最重要的因素，对于建筑物的价格也有一定的影响。另外房地产周边社会经济环境、房地产自身利用方式的变化也将在很大程度上改变该房地产的价值。因此，投资者不但应重视分析房地产所处经济区位，而且要科学、动态地预测其区位的未来变化趋势。我国正处于城市化的关键时期，区位分析更值得投资者关注。城市中心土地比郊区土地利用程度高，利用条件优越，地价较高，但这并不意味着市中心土地比郊区土地更易于投资。西方城市化的经验表明，某些眼前价值高的土地如市中心地块随着城市化的进展甚至有下跌的可能，现在西方一些大城市的中心区成为贫民集中区便是明证。

实践中，土地区位和使用类型的转变并非仅受经济因素的影响，政府法令、法规限制、社会文化演变等因素的变化也应引起投资者的重视。

（五）流动性差

房地产投资不像证券那样具有较强的流动性，投资者很难在短期内将房地产上的实物转化为现金，因此易于产生流动资金周转困难的投资风险。

由于流动性差的缺点，房地产投资者的投资行为也受到很多其他限制。首先，即使有融资的支持，房地产投资的门槛成本还是很大；其次，一旦投入便不易将投资撤出；最后，将现有房地产转换为其他类型使用方式的转换成本也是很高的。故投资者对投资房地产的利用类型的选择是很重要的。

（六）其他特征

除上述特征外，房地产投资的投资周期长、投资量大、受社会经济发展影响大和易受国家宏观经济调控的影响等特征也是值得投资者重视的。

10.2　房地产投资的影响因素

10.2.1　房地产价格的构成及影响因素

一、房地产价格的构成

房地产价格是其价值的货币表现形式即在土地开发、房屋建造和经营过程中凝结在房地产商品中的活劳动与物化劳动价值量的货币表现。房地产价格的基本构成如下。

（一）土地价格或使用费

土地所有权转让或使用权出让的价格在房地产中占很大的比重。由于房地产具有不可移动性，这一特性导致了房地产价格因土地资源相对稀缺程度的不同而存在很大差异。即使是建筑质量在同一档次的房地产，其价格也会因为房地产所处区位的不同而存在明显差异。

（二）前期开发工程费

前期开发工程费主要包括征用土地的拆迁安置费、勘察设计费、项目论证费，在中国还有"三通一平"基础设施建设费等。"三通一平"指临时施工道路、施工用电、施工用水的配置和平整施工场地。

（三）建筑安装工程费

建筑安装工程费是指房地产建筑的造价，是房地产价格的主要组成部分。它由主体工程费、附属工程费、配套工程费和室外工程费构成。

（四）开发管理费

开发管理费由房地产开发企业的职工工资支出、广告费和办公费构成。

（五）房地产开发企业的利润和税金

由市场定价的商品房，房地产开发企业的利润率是不固定的，它取决于企业的经营管理水平。而我国对于由政府定价的安居房、廉租房等，利润率则限定在某一范围以内（如经济适用房利润率控制在3%以内）。税金包含房地产交易的契税和房地产开发企业的所得税等。

二、房地产价格的影响因素

房地产市场价格水平，既受到成本与费用构成的影响，同时也是其他众多因素相互作用的结果。这些因素概括来讲，可分为一般因素、区域因素、个别因素。一般因素是影响一定区域内所有房地产价格的一般的、普遍的、共同的因素，包括社会因素、政治因素、经济因素、心理因素。区域因素是某一特定区域内的自然条件与区域性特征，即自然因素和区域因素。个别因素分为土地个别因素与建筑物个别因素，是宗地或具体房产的特征对价格产生影响的因素。

（一）社会因素

社会因素主要有社会治安状况、居民法律意识、人口因素、风俗因素、投机状况和社会偏好等方面。

（二）经济因素

经济因素主要有供求状况、物价水平、利率水平、居民收入和消费水平等。由于利率水平是资金使用成本的反映，利率上升不仅带来开发成本的提高也将提高房地产投资者的机会成本，因此会降低房地产的社会需求，导致房地产价格的下降。但是，房地产价格受多种因素的影响，在市场投机状况严重或利率水平过低的情况下，利率的上升并不必然导致房地产价格的下降。

（三）政治因素

政治因素指影响房地产价格的制度、政策、法规等方面的因素，包括土地制度、住房制度、城市规划、税收政策与市政管理等。

（四）自然因素

自然因素包括房地产所处地段的地质、地形、地势及气候等。例如，地质和地形条件决定了房地产基础施工的难度，投入的成本越大，开发的房地产价格就越高。气候温和适宜、空气质量优良的地域，其房地产价格也会比气候相对恶劣的地域高。

（五）心理因素

人们的心理因素对房地产价格的影响有时是不可忽视的。影响房地产价格的心理因素主要有下列几个：（1）购买或出售心态；（2）个人欣赏趣味（偏好）；（3）时尚风气；（4）接近名家住宅心理。房地产需求者遍寻适当的房地产，当选定了合意的房地产后，如该房地产的拥有者无出售之意，则房地产需求者必须以高出正常价格为条件才可能改变其惜售的原意，因此，如果达成交易，成交价格自然会高于正常价格。

（六）区域因素

区域因素包括交通状况、公共设施、配套设施、学校、医院、商业网点、环境状况等。例如，地处交通便利城区的房地产价格较高，交通不方便的郊区的房地产则价格偏低。对于商业房地产，区域因素尤其重要。繁荣的商圈区域内的房地产价格高昂，因持有这些区域的房地产而取得的租金收入不菲。

（七）个别因素

个别因素是指影响某个房地产项目的具体因素，包括建筑物造型、风格、色调、朝向、结构、材料、功能设计、施工质量、物业管理水平等。功能设计合理、施工质量优良、通风采光好和良好的朝向等因素都会相应地在房地产价格上体现出来。

10.2.2　房地产投资的优缺点

房地产置业投资（或物业投资）的对象可以是开发商新建成的物业，也可以是房地产市场上的二手房。这类投资的主要目的，是将购入的物业出租给最终使用者，获得较为稳定的经常性收入。这种投资的另一个特点是在投资者不愿意继续持有该项物业投资时，可以转售给另外的物业投资者，并取得转售收益。

一、房地产投资的优点

（一）收益性的多样性

房地产投资的收益主要体现在以下几个方面：

1. 销售收益。

2. 租金收益。

3. 负债经营的收益。

4. 能够得到税收方面的好处。

对于企业来说，物业投资的所得税是以毛租金收入扣除经营成本、贷款利息和建筑物折旧后以净经营收入为基数按固定税率征收的。从会计的角度来说，建筑物随着年月的增长，每年的净收益能力都在下降，所以税法中规定的折旧年限相对于建筑物的自然寿命和经济寿命来说要短得多，致使物业投资者账面上的净收益减少，相应地也就减少了投资者的纳税支出。

（二）较强的增值性

由于通货膨胀的影响，房地产和其他有形资产的重置成本不断上升，从而导致房地产价值的不断上升。因此，房地产投资具有增值性。

1. 城市用地用房的需求的扩张性

随着城市化加速发展的趋势和居民生活水平的提高，人们对公用设施的需求不断增长，提高了城市用地用房的需求。

2. 城市用地用房的供给有限性

虽然城市化进程导致城市用地用房的需求的扩张，但城市用地用房的供给却是有限的。一方面城市土地数量有限，难以无限扩展；另一方面，农村土地转化为城市土地在目前的政策条件下也受限制；另外，房屋建造的高度（层数）也受到限制。这些因素导致了城市用地用房的供给有限性。

（三）良好的保值性

由于房地产是为人类生产、生活所必需的，即使在经济衰退时期，房地产的使用价值也是不变的，所以房地产投资是有效的保值手段。

1. 房地产有抗通货膨胀的能力。

2. 房地产的转租可减轻财务损失。

3. 房地产的出租有较稳定的收入。

（四）易于获得金融的支持

一般来说，金融机构认为，以物业作抵押是保证贷款者能按期安全地收回贷款的最佳方式，因为除了投资者的资信情况和自有资金收入的数量外，物业本身是一种重要的信用保证。且金融机构看到，通常情况下物业租金收入就能满足投资者分期付款对资金的需要，所以金融机构可以提供的抵押贷款比例也相当高，而且还能在利率上给予优惠。

（五）能提高投资者的资信等级

由于拥有物业并不是每个公司或个人都能做到的事，因此拥有物业变成了占有资产、具有资金实力的最好证明。这对于提高物业投资者的资信等级获得更多更好的投资交易机会具有重要意义。

二、房地产投资的缺点

（一）资金占用量大

一般来说，个人房地产投资所需的资金常常高达几十万、几百万甚至几千万元，即使要求投资者只支付 20% 的自有资金用作前期投资或首期付款，也会使众多的投资者望楼兴叹。

（二）资金周转较慢，回收期较长

除了房地产开发投资随着开发过程的结束在三至五年就能收回投资外，物业投资的回收期，少则十年八年，多则三五十年甚至五六十年。因此，并不是所有投资者都能承受这么长时间的资金压力。

（三）投资风险较大

房地产价值量大、占用资金多，决定了房地产交易的完成需要一个相当长的过程。这直接影响到房地产的流动性和变现性，即房地产投资者在急需现金的时候却无法将手中的房地产尽快脱手，即使脱手也难达到合理的价格，从而大大影响其投资收益，所以给房地产投资者带来了变现收益上的风险。

（四）需要专门的知识和经验

从事房地产投资，所需要的知识和经验是多方面的，既要求投资者具备有关房地产方面的专业知识，也要求投资者具备相应的物业管理经验。很显然，只有少数的人才具备前面提到的房地产投资者应具备的素质和能力。上述优缺点主要是针对房地产的直接投资者而言的，不是指通过购买房地产公司股票和债券的小额投资者。

10.2.3　房地产投资的影响因素

影响房地产投资的因素有很多，主要有以下几个因素。

一、交通状况

影响房地产价格最显著的因素是地段，决定地段好坏的最活跃的因素是交通状况。有一条合格宽阔的道路，可以使不好的地段变成好的地段，相应的房地产价格自然也就直线上升。因此，投资者在投资房地产前要仔细研究城市规划方案，研究城市的基础建设情况，积极寻找房地产升值的关键因素。同时，也要注意合适的投资时机，投资过早，资金可能被压死，投资过晚，可能丧失升值空，失去资金的时间价值。所以能否使所拟购房地产升值的关键问题，是选择好的地段和掌握好投资的时机。

二、周边环境

周边环境主要包括生态环境、人文环境、经济环境。任何环境的改善都会使房地产升值。房产周边具备市场、商场、公园、医院、银行、健身场所等生活场所越多，就越能为人们提供生活上的便利性，也越能提高房产的价值。

三、物业管理

以投资为目的购买房地产更应关注物业管理。这个问题直接关系到升值的可能性，应用好这一因素的关键是在购买房地产时，应将物业管理公司的资质、信誉和服务水平重点考察，还要研究拟购房地产所在小区是否形成规模。

四、配套设施

不出小区就能够解决所有的生活问题，是现代小区模式的最高标准。小区内的配套设施越是齐全，房地产升值的潜力越大，配套完善的过程，就是房地产的升值过程。

五、房产质量

房地产价值的高低，首先取决于房地产内的价值量的大小。一般情况下，房地产商品的设计标准和建造质量越高，它的价格就越大，相应其价格就越高。随着科学技术的发展，住宅现代化被逐步提到重要议事日程上来。宽带网络，环保节能，智能化供水、供电、供热、保安等设施，为房地产升值提供了较大空间，房地产的品质越来越高。

六、供求状况

市场供求状况对房地产价格的基本制约作用非常重要，购买者要在熟悉价格规律的同时还要掌握供求状况以及市场竞争对价格的影响。

七、期房合约

投资期房具有很大的风险，投资者要慎而又慎。当然一般说来，作为投资，风险越大收益也大，如果能够合理地应用好期房合约的话，应该可以获得比较理想的回报。

10.3 房地产投资的风险管理

10.3.1 房地产投资的风险构成

一、房地产风险的含义

从房地产投资的角度来讲，风险可以定义为获取预期收益的可能性大小，完成投资过程进入经营阶段后，人们就可以计算实际获得的收益与预期收益之间的差别，进而计算出获取预期收益的可能性大小。当实际收益超出预期收益时，投资有增加收益的潜力，而实际收益低于预期收益时，投资面临风险损失。

房地产投资风险就是指由于投资房地产而造成损失的可能性。这种损失包括投入资本的损失和预期的收益未达到的损失。在房地产投资活动中，风险的具体表现形式有（1）高价买进的房地产，由于种种原因只能以较低的价格卖出；（2）尽管卖出价高于买入价，但是卖出价低于预期价格垫支于房地产商品的货币资金由于某种原因遭受损失，投资的资金没有按期收回，或不能收回；（3）由于财务等方面的原因，在违背自己意愿的情况下抛售房地产。

二、房地产风险的类型

房地产投资过程中，投资风险种类繁多并且复杂，其中主要有以下几种。

（一）购买力风险

购买力风险是指由于物价总水平的上升使得人们的购买力下降。在收入水平一定及购买力水平普遍下降的情况下，人们会降低对房地产商品的消费需求，这样导致房地产投资者的出售或出租收入减少，从而使其遭受一定的损失。

（二）流动性和变现性风险

首先，由于房地产是固定在土地上的，其交易的完成只能是所有权或是使用权的转移，而其实体是不能移动的。其次，由于房地产价值量大、占用资金多，决定了房地产交易的完成需要一个相当长的过程。这些都影响了房地产的流动性和变现性，即房地产投资者在急需现金的时候却无法将手中的房地产尽快脱手，即使脱手也难达到合理的价格，从而大大影响其投资收益，所以给房地产投资者带来了变现收益上的风险。

（三）利率风险

利率风险是指利率的变化给房地产投资者带来损失的可能性。利率的变化对房地产投资者主要有两方面的影响，一方面是对房地产实际价值的影响，如果采用高利率折现会影响房地产的净现值收益；另一方面是对房地产债务资金成本的影响，如果贷款利率上升，会直接增加投资者的投资成本，加重其债务负担。

（四）财务风险

财务风险是指由于房地产投资主体财务状况恶化而使房地产投资者面临

不能按期或无法收回其投资报酬的可能性。产生财务风险的主要原因有：一是购房者因种种原因未能在约定的期限内支付购房款；二是投资者运用财务杠杆，大量使用贷款，实施负债经营，这种方式虽然拓展了融资渠道，但是增大了投资的不确定性，加大了收不抵支、抵债的可能性。

（五）社会风险

社会风险是指由于国家的政治、经济因素的变动，引起的房地产需求及价格的涨跌而造成的风险。当国家政治形势稳定经济发展处于高潮时期时，房地产价格上涨；当各种政治风波出现和经济处于衰退期时，房地产需求下降，房地产价格下跌。

（六）自然风险

自然风险是指由于人们对自然力失去控制或自然本身发生异常变化，如地震、火灾、滑坡等，给投资者带来损失的可能性。这些灾害因素往往又被称为不可抗拒的因素，其一旦发生，就必然会对房地产业造成巨大破坏，从而给投资者带来很大的损失。

三、房地产投资主要风险因素

房地产投资的风险因素有多种分类方法，按风险的性质可分为系统风险和非系统分析；按投资周期可分为投资决策阶段风险、土地获取阶段风险、项目建设阶段风险和经营管理阶段风险；按风险的来源可分为社会风险、经济风险、技术风险、自然风险、经营风险。下面对投资周期的风险分类进行具体阐述。

（一）投资决策阶段风险

在整个房地产开发的整个过程中，投资决策阶段最为关键，这个阶段的风险主要来源于外部，如政策风险、经济体制风险、城市规划风险、区域发展风险等。

1. 政策风险

政策风险是指由于政策的潜在变化给房地产市场中商品交换者与经营者带来各种不同形式的经济损失。政府的政策对房地产业的影响是全局性的，房地产政策的变化趋向，直接关系到房地产投资者的成功与否。房地产业由于与国家经济发展紧密相关，因此在很大程度上受到政府的控制，政府对租金、售价的控制、对外资的控制、对土地使用的控制，对环境保护的要求，尤其对投资规模、投资方向、投融资的控制以及新税务政策的制定，都对房地产投资者构成风险。在未实现完全市场经济的条件下，政策风险对房地产市场影响尤为重要，特别是在我国，政府对房地产调控的力度非常大。因此，房地产商都非常关注房地产政策的变化趋势，以便及时处理由此引发的风险。

2. 经济体制风险

一个国家的经济体制决定着经济的发展方向和国民经济的结构比例以及经济运行机制。如果政府将房地产业在国民经济中的地位降低，减少投资于房地产业的资金，房地产商品市场的活动将会减少；另一种情况是经济体制改革后房地产业内部结构发生改变，或者说是房地产业发展的模式发生改变，各种房地产市场在整个房地产业中所占的比例发生改变。这种改变会给有些房地产市场带来生机，则对另一些房地产市场带来损失。例如，一些城市工业结构的转型，导致对厂房需求下降，而对写字楼需求增加。

3. 城市规划风险

城市规划风险是指由于城市规划的变动对已经建成的、正在建设中的以及将要建设的房地产商品的价值产生影响，给房地产商品经营者带来经济上的损失的风险。

4. 区域发展风险

区域发展风险是指由于周围的房地产商品发生变化而影响其他房地产商品的价值和价格，为投资者带来损失的风险。

（二）土地获取阶段风险

房地产发展的最关键的环节就是获得土地，在此阶段，会涉及征地拆迁和安置补偿费等社会问题，风险较大。主要风险来源有土地产权不清风险、土地使用制度变化风险、征地开发风险等。

1. 土地产权不清风险

土地产权不清风险是由于土地的产权不清楚给房地产投资者带来损失的风险。土地产权不清，不仅给房地产开发商带来很多手续上的麻烦，而且有很多额外的损失，除了要花费额外人力、物力、财力等，有些还要诉诸法律，承担败诉后的经济风险，如我国经常出现的越权批地和非法出让土地等现象。

2. 土地使用制度变化风险

土地使用制度变化风险一方面体现在制度变化使房地产商品的开发成本增加，如使用年限、补偿和收费的规定的变化等；另一方面体现在政府改变使用土地的一些具体技术政策方面所带来的房地产投资风险。

3. 征地开发风险

征地开发风险是指由于征地拆迁所带来的风险，一方面我国现行拆迁安置法规条例太笼统，各地情况千差万别，法规可操作性比较差；另一方面地块上原房产所有者基于社会的、心理的、经济的原因，可能不愿意出售。因此，征地拆迁很难顺利进行，最终投资者不得不付出比预期更多的金钱和时间，承受更大的机会成本。

（三）项目建设阶段风险

项目建设阶段的主要目标是保证项目的成本、进度和质量目标的完成，这个阶段的风险因素较多，主要可以分为开发费用变化风险、工程变更风险、项目质量风险和施工安全风险等方面。

1. 开发费用变化风险

开发费用变化风险在开发的各个阶段都会存在，其中建设前期对项目成本的影响程度达95%～100%，越到后期影响程度越小。在规划设计中，方案陈旧、深度不够，参数选用不合理以及未进行优化优选设计，会导致生产成本的增加；在建设期间，国家调整产业政策，采用新的要求或更高的技术标准，也会使房地产开发成本增加。

2. 工程变更风险

工程一旦发生变更，工期就会延长，一方面房地产市场状况可能会发生较大的变化，错过最佳租售时机，如已预售，会承担逾期交付的违约损失、信誉损失；另一方面会增加投入资金利息支出，增加管理费。所以，房地产开发商都迫切希望自己的项目及早完工，以避免由于工程变更造成工期拖延带来的风险。

3. 项目质量风险

质量是建筑项目的生命，开发项目质量主要体现在项目的适用性、可靠性、经济性、美观与环境协调性等方面。如果由于承包商施工技术水平落后、偷工减料，造成建筑结构存有安全隐患，质量不佳，就会严重影响房地产企业的声誉和发展，有时甚至会产生法律纠纷，导致企业形象一落千丈，无法继续发展。

4. 施工安全风险

施工安全风险是指施工过程中出现各种事故而造成房地产破坏、人员伤亡、机械设备损坏等损失。这类事故一旦发生，便会发生事故处理费和各种补偿费，同时影响整体工作气氛并延迟工期。这些损失变成开发成本的增加，而且也会转移到商品的成本中而成为商品经营者的损失。

（四）经营管理阶段风险

房地产经营管理阶段是整个房地产投资过程中最后却又非常重要的一个环节。项目开发完毕后，开发商应尽快将商品房租售出去以回收资金并获取利润；相反，如果已建好的商品房因种种原因不能租售出去，则会使房屋滞销、资金积压，影响房地产企业的经营和发展。这个阶段的主要风险来源有物业管理风险和营销风险。

10.3.2 房地产投资的风险控制策略

房地产投资风险控制是针对不同类型、不同概率和不同规模的风险采取相应的措施和方法使房地产投资过程中的风险减到最低。

一、投资风险规避

风险规避即选择风险较小的项目进行投资。首先，投资于风险较小的房地产项目。即选择投资收益预先较为明确的项目，它的优点在于可将投资收益的不确定性降到最低，它的缺点在于错过了有巨大利润潜力的投资机会。其次，通过市场调查来降低风险。市场调查如同物理学试验，它是减少不确定因素的最好办法，投资者拥有的投资环境和市场信息越多，预测就越准确从而可进行科学决策。最后，开发商在项目实施中的风险控制也是有效规避房地产投资风险的重要途径。在工程操作过程中，开发商必须制订项目资金进度计划，并确定项目风险变化情况，牢牢抓住此计划的制订、实施、跟踪、修正等环节，进行全过程监督管理。投资风险转移可用于减少政策因素对于投资项目的影响。投资小项目虽然回报率低，但是相应地受到政策影响较少，在宏观政策影响下，资产涨跌不明显，使得投资具有长期控制效益。

二、投资风险防范

首先在进行投资时要时刻把握政策变动，选择最佳开发与变现时机。房地产投资者不仅要加强对影响房地产市场相关政策的研究还应密切关注房地产市场出现的新情况新问题，保持信息渠道畅通，及时预见并采取灵活的措施应对政策变动的影响。此外，由于房地产项目开发周期长，可在房地产经济周期波谷时进入，此时可供投资的房地产商品种类多，竞争对手少，投资成本较低。开发完成后往往正处于房地产经济周期波峰阶段，这时房地产售价回涨，变现也比较容易，周期和变现风险也较小。其次，要选择好投资地区。经济区域化发展是中国经济的一大特点，作为不动产的房地产因其具有固定性特点，所以其区域性更加明显。国家政治稳定，地区金融、经济发达，已经成为房地产投资的重要外部条件。因此，在进行房地产投资时，要尽可能地将项目选在那些地域经济高度发展（或发展速度较快）投资环境良好的地区。例如，北京市已将边缘城区设为未来发展重点，在这些地区的房地产投资市场拥有较大的潜力。相比中心城区，投资这些地区将会使风险降低。

三、投资风险分散与组合

房地产投资分散是通过开发结构的分散，达到减少风险的目的，一般包括投资区域分散、共同投资等方式。房地产投资区域分散是将房地产投资分散到不同区域，从而避免某一特定地区经济不景气对投资产生影响，达到降低风险目的。共同投资也是一种常用的风险分散方式。共同投资要求合作者对房地产项目进行共同投资，利益共享，风险同担，充分调动投资各方的积极性，最大限度地发挥各自优势来避免风险。

风险组合投资是从证券业和保险业发展出来的一种投资理论。在房地产投资方面同样适用。如在北京投资高档写字楼，收益高，同时风险相对也高，投资住宅楼回报率低，风险相对也低。如果将资金分散地投入不同的项目，整体投资风险就会得到分散。无论是风险分散还是风险组合都是将投资者手中的资金进行分散投入不同地域、不同类型的房地产市场中，这样会使风险进行分割，让总体资产受风险影响达到最小。风险分散与风险组合适合任意一种风险，也是一种较为科学的投资手段。

10.4 房地产投资实务

10.4.1 房地产投资的个人支付能力评价及投资策略

一、房地产投资的个人支付能力评价

个人买房的总支付包括两部分：一是房屋总价格；二是各项税费及装修费。其计算公式为：

$$总支付 = 总房价 + 各项税费及装修$$

而总房价又取决于首付款能力和家庭月收入，其计算公式为：

$$总房价 = 首付款能力 + 家庭月收入 \times 30\% \times \frac{1 - 1/(1 + r/12)^{12n}}{r/12}$$

其中，r 为贷款年利率，n 为贷款年限（不超过 30 年）。

另外，还要考虑收入及贷款利率的预期变动情况。一般来讲，首付款能力不低于房价的 20%，而家庭现有存款和亲朋好友的资助数量，决定了首付款能力和各项税费及装修费。

二、房地产投资策略

投资者在进行房地产投资时，应当对前文提及的宏观和微观因素进行全面了解。特别应当注意的是，房地产投资面临较大的政策风险。当经济过热，政府采取紧缩的宏观经济政策时，房地产业通常会步入下降周期，房地产价格降低，投资者面临资产损失的风险。

投资者要求的回报类型对其投资决策也有很大影响，如要求租金收入的投资者与要求增值收入的投资者会在不同的交易市场选择不同类型的房地产进行投资。一般来说，投资者在进行房地产投资时应遵循以下策略：

1. 选择自己熟悉的、有一定经验的房地产类型进行投资，初次投资房地产者，应选择一些简单的投资项目。投资者应在有关投资类型、方式、规模、地区、时机等方面，制定一个适合于自己的战略性投资方针。

2. 充分估计自己的财务状况和融资能力，要确保自己的收益足以偿还贷款。

3. 对拟投资项目做充分的投资可行性研究。

4. 选择具有良好信誉及同类型房地产销售经验的代理人或代理机构。

5. 聘请经济师、会计师、律师等专业人员，进行有关投资的税收、财务、合同等方面的咨询分析和把关。

6. 在价格与买卖合同的谈判方面，要喜怒不形于色，不能让对方掌握或牵动自己的心理动向，特别是不要表露出志在必得。出价要留有一定的余地，谈判时要尽可能多挑投资对象的瑕疵，并设法少交或不交订金，但也要注意用意向书或出价控制住项目，以免被出售给其他投资人。

7. 投资的目的是通过租售获取利润，因而在选择投资对象时，要通过调查分析，尽可能从项目的预期承租人和购买人的消费需求角度，考虑投资对象的特征和投资成本之间的关系即投资对象的效用价值比。

10.4.2 房地产投资决策实务

一、全款买房和按揭贷款买房

房地产投资在资金支出方式方面主要有全款买房和按揭贷款买房两种方式。全款买房和按揭贷款买房两种方式都具有各自相应的优势和劣势，投资者应结合自身的特点和资金实力，采用适合自己的方式。

（一）全款买房

1. 优势

（1）支出少

虽然第一次付的钱多，但从买房的总钱数来看，可以免除各种手续费、银行利息等。而且，一次性付款可以和开发商讨价还价，进一步节省购房款。目前，针对一次性付款购商品房给予一定的折扣优惠，基本上已成了楼盘统一的优惠活动，只是折扣度不同而已。如购买一套总价 100 万元的住宅，若一次性付款，开发商给予 3% 的优惠，仅这一项就可以节省 3 万元的购房支出。

（2）流程简

全款买房，直接与开发商签订购房合同，省时方便。对于购置二套房产的人而言，除了省去了贷款利率上浮的支出外，也节省了与银行周旋的时间和精力。

（3）易出手

从投资的角度说，付全款购买的房子再出售比较方便，不必受银行贷款的约束，一旦房价上升，转手套现快，退出容易。即便不想出售，发生经济困难时，也可以向银行进行房屋抵押。

2. 劣势

（1）压力大

一次性全款购房，对于那些经济基础较为薄弱的购房者来说，会成为一个不小的负担。如果资金不是特别充裕，一次性购房的投入太大，也许会影响购房者的其他投资。

（2）变数大

就大多数在售房源为期房的楼盘而言，购房者选择一次性付款会加大购房风险。选择一次性付款，各楼盘会要求购房者在预售阶段交纳所有房款，并签订《商品房买卖合同》。然而，在交易过程中，很多预售楼盘存在五证不全的问题，虽然销售人员承诺在一定时间段内会补齐手续，但对购房者来说，却充满了未知的变数，其中最大的问题就是"备案难"。

（3）风险大

对于购买期房的人来说，如果开发商没有按期交房，或因工程资金不足等原因，无法完成交付使用甚至工程"烂尾"，那么交付了全款的购房者就有可能损失更多的利息，甚至全部打了水漂。

（二）按揭贷款买房

1. 优势

（1）投入少

通过按揭贷款的方式购房，好像已经成了一种常见的现象。贷款，也就是向银行借钱买房，不必马上花费很多钱，就可以买到自己的房子，所以贷款买房的第一个优点，就是钱少也能买房。

（2）资金活

从投资角度说，贷款购房者可以把资金分开投资，比如贷款买房出租，以租养贷，然后再投资其他项目，这样资金使用更灵活。

（3）风险小

按揭贷款是向银行借钱买房，除了购房者关心房子的优劣势外，银行也会对其进行审查。这样一来，购房的保险性就提高了。

2. 劣势

（1）债务重

如果贷款买房，购房人要负担沉重的债务，这对任何人而言都不轻松。目前商业贷款，首套房首付最少三成利率最低基准为 7.05%，大多数上浮10% 为 7.755%。而二套房首付最少六成，利率最少上浮 10%。

（2）流程烦琐

贷款买房的另一大麻烦是手续烦琐。同时，由于现在银行贷款额度紧张，审批严格，等贷时间长则半年，贷款将整个购房时间拖长了不少。

（3）不易卖

因为是以房产本身抵押贷款，所以房子再出售困难，不利于购房者退市。

二、买新房和买二手房

买新房还是买二手房也是房地产投资的重要决策之一。一般来说，这要取决于不同人群不同的生活方式和选择。从选择住宅的角度分类,新房比较适合于有一定经济基础,注重追求生活品位和居住环境,有能力预支未来的人。二手房比较适合首次置业者、工薪阶层、中等收入群体等。但具体到实际,还要根据每个家庭的实际情况和不同需求,再结合新房和二手房的优劣势来合理安排,选择最适合自己的方式。

(一)新房

1. 优势

选择空间更大,买新房在房型、朝向、楼层等方面都有很大的选择空间,不像二手房"受制于人";新房设计较好,房型缺陷较少,能更齐全。开发商一般能够注重小区绿化、景观造型、物业管理及配套设施建设等,部分发展商为了尽快卖房,有可能采用先进的建材(比如节能环保材料、高新科技建材)以及新颖的建筑设计。此外,还有可能大幅度让利,提供各种各样的优惠活动。

2. 劣势

交房期不确定,无法马上入住(一般在购房后一年左右才能真正居住,要多支付一年的利息和租金);有些新楼盘周边配套设施不方便,有待进一步提高;目前有些新楼盘地理位置相对比较差,生活成本一般比较高,交通需要一段时间才能成熟。

(二)二手房

1. 优势

房源选择面广,价格弹性大,小区品质可见,房屋质量可控,同等价位地段配套更佳,可以随意选择邻居,购买装修房可省下装修费用,充分了解物业管理水平,二手房有时候等同于新房,二手房交易越来越趋向于公开透明。

2. 劣势

交易过程中涉及的税费较多,交易过程中存在安全隐患,应选择大品牌中介公司。

三、等额本息和等额本金法

买房除了部分经济基础雄厚的人能一次性付款外,大部分人需要从银行按揭贷款。通常我们在银行办理贷款,最常见的还款方式就是等额本金和等额本息,那么这两种还款方式有什么区别呢?到底哪种还款方式更适合我们?

等额本息还款法，即借款人每月按相等的金额（本金逐月递增，利息逐月递减，月还款数不变）偿还贷款本息，其中每月贷款利息按月初剩余贷款本金计算并逐月结清。等额本息月还款计算公式为：

月还款金额 = ［贷款本金×月利率×（1+月利率）^{还款月份}］÷（1+月利率）$^{还款月数-1}$

等额本金还款法，即借款人每月按相等的金额（贷款金额/贷款月数）偿还贷款本金，本金保持相同，每月贷款利息按月初剩余贷款本金计算并逐月结清，两者合计即为每月的还款额。利息逐月递减，月还款数递减。等额本金月还款计算公式为：

月还款金额 = 贷款本金/贷款期月数+（本金-已归还本金累计额×月利率）

两种还贷方式比较：

（一）计算方法不同

等额本息还款法，借款人每月以相等的金额偿还贷款本息。等额本金还款法，借款人每月等额偿还本金，贷款利息随本金逐月递减。

（二）两种方法支付的利息总额不一样

在相同贷款金额、利率和贷款年限的条件下，本金还款法的利息总额要少于本息还款法。

（三）还款前几年的利息、本金比例不一样

本息还款法前几年还款总额中利息占的比例较大（有时高达90%左右），本金还款法的本金平摊到每一次，利息借一天算一天，所以二者的比例最高时也就各占50%左右。

（四）还款前后期的压力不一样

因为本息还款法每月的还款金额数是一样的，所以在收支和物价基本不变的情况下，每次的还款压力是一样的；本金还款法每次还款的本金一样，但利息是由多到少、依次递减，同等情况下，后期的压力要比前期轻得多。

（五）要考虑资金的时间价值

货币资金在不同的时间点上具有不同的价值。一般来说，年初的一元钱价值要小于年底的一元钱，这是由于资金在周转使用后会产生增值。时间越长，资金实现的增值越大。不同时期的资金不能简单地比较大小，更不能相加。在比较不同时期的资金大小时，应根据资金的时间价值折算到同一时期才能进行比较。在比较两种还款法的偿还本息多少时，如果直接将各期应偿还的绝对值相加进行比较是不客观的。通过考虑时间价值，导致不同支付之间产生不同利息的因素，两种还款法的数量上是一致的。

（六）两种还款方式适合不同人群

两种还款方式从本质上是一致的。人民银行之所以规定两种住房贷款的还款法主要是为了指导商业银行为按揭购房者提供不同程度的信贷支持。比较两种方法的还款金额，可以看出等额本金还款法的年还款额是逐年递减的，但前期的年支付金额要大于等额本息还款法，负担较重，适用于有一定积蓄或前期收入较丰厚，后期收入逐渐减少的借款人，如中老年人等。等额本息还款法每年的还款额相等，适用于预期收入稳定或递增的借款人，如青年人。计划贷款买房的人可以根据自身的经济状况和特点，包括各项收入、保险证券等其他借钱渠道等综合情况，与银行协商确定采用还款法，并订立合同。

第十一章 外汇投资分析

引言

在外汇市场上我们可以看到很多成功的案例，如搞研究出身的迈克尔．马克斯从事外汇交易，10 年内公司账户增长了 2500 倍。因 1992 年因英国政府不愿意提高利率到别的浮动利率的欧洲国家同时也不愿让自己利率浮动的乔治．索罗斯，放空了约 100 亿英镑从而获利约 11 亿英镑。外汇做好了预其他传统投资方式一样也能赚钱，但与传统投资方式相比也有一定区别。例如传统投资方式只是单向交易，而外汇买卖是双向交易，可以购买很多货币涨跌，比一般的单边投资多了一半的交易盈利机会；保证金交易模式让它的门槛更低，交易的风险也低，但是长期的盈利却很可观。但是国内的外汇投资市场还不成熟，新手贸然入场容易爆仓血亏，所以需要我们多多学习外汇牌价走势图等相关知识。

11.1 外　　汇

11.1.1 外汇的定义

外汇，是指以外币表示的支付手段，有动态和静态两种含义。动态的外汇指人们通过特定的金融机构将一种货币兑换成另一种货币，借助于各种金融工具对国际间债权债务关系进行非现金结算的行为，是国际汇兑的过程。随着世界经济的发展，国际经济活动日益活跃，国际汇兑业务也越来越广泛，"国际汇兑"这一过程的概念逐渐演变为国际支付手段这种静态概念。

国际货币基金组织（IMF）对外汇的解释是这样的："外汇是货币行政当局（中央银行、货币机构、外汇平准基金及财政部）以银行存款、财政部库券、长期与短期政府债券等形式所持有的在国际收支逆差时可使用的债权。"

从这个解释中可以看出，国际货币基金组织特别强调外汇应具备平衡国际收支逆差的能力及中央政府持有性。

外汇也有狭义和广义之分：狭义的外汇仅指可自由兑换的外国货币；广义的外汇不仅包括可自由兑换的外国货币，还包括可立即兑换为外国货币的其他金融衍生工具。但不管是广义理解还是狭义理解，对一般国家而言，一笔资产被认为是外汇，必须具备以下三个条件：

一、以外币表示的国外资产

外汇是以外币表示，可以用于对外支付的金融资产。也就是说，用本国货币表示的信用工具或有价证券不能视为外汇，同时诸如机器设备、厂房等实物资产也不属于外汇的范畴。

二、在国际上能得到偿还的货币债权

空头支票、拒付的汇票等在国际上得不到偿还，不能用作本国对第三国债务清偿的债权均不能视为外汇。

三、可兑换性

一般来说，只有能自由兑换成其他国家的货币，同时能不受限制地存入该国商业银行的普通账户的货币才算作外汇。我国人民币属于有限度自由兑换货币，所以不能称作外汇。

11.1.2　外汇的分类

一、依据货币自由兑换程度可分为自由外汇和记账外汇

（一）自由外汇

它是指不需要货币发行国批准就可以自由兑换成任何一种外国货币，或者是可以向第三国办理支付的外国货币及信用凭证和支付凭证。货币的非自由兑换性严重阻碍了一国对外开放，因此许多国家力争逐步放宽货币管制，目前世界上有60多种货币是可以自由兑换的，但真正普遍用于国际结算的可自由兑换货币也只有十几种。

（二）记账外汇

记账外汇又称清算外汇或双边外汇，它是双边协定的产物。协定国之间的贸易款项，只在双边银行开立的专门账户记载。年终所发生的收支差额，一般转入下一年度贸易项下去平衡，或者按照协议规定以现汇或货物清偿，不能自由兑换成其他货币，也不能向第三国进行支付。

二、依据来源和用途可分为贸易外汇和非贸易外汇

（一）贸易外汇

它是指一国通过进出口货物而产生的外汇收与支，它常常是一国外汇收支的主要项目。

（二）非贸易外汇

它是指那些除贸易外汇之类的，通过其他途径收与支的外汇，包括旅游、运输、邮政、保险、建筑、金融专利、广告、宣传、计算机和信息服务、侨民汇款等方面收与支的外汇。

三、依据外汇买卖的交割期限

（一）即期外汇

它是指在外汇买卖成交之后，原则上两个营业日内完成交割的外汇，具体包括电汇（T/T），信汇（M/T）和票汇（D/D）三种。

（二）远期外汇

它是指买卖外汇的双方按事先签订的合同所规定的期限办理交割的外汇。远期外汇的期限一般按月计算按月计算，一般为 1 个月到 6 个月。

11.1.3　外汇的作用

一、实现购买力的国际转移

世界各国的货币制度不同，不同的货币不能在对方国家流通，除了历史上金本位制度下用金银作为直接国际支付手段外，不同国家的购买力不能转移。随着银行外汇业务和国际业务的开展，只要借助于国际通行的、可自由兑换货币计值的信用工具的发行和汇兑，就能使不同国家的货币在一定范围内流通，这不仅促进了国际间货币购买力的转移，而且也推动了国际经济关系的发展。

二、使国际结算更便捷、更安全

国际间的经济贸易交往，必然产生国际收支的结算和国际债权债务的清偿问题。在现代国际货币体制下，经营国际业务的银行，只要按照外汇市场汇率或官方汇率将本国货币或第三国货币折合成应付对方国货币，委托其国外分行或代理行代为解付即可。由于现代通信技术手段的发达与便捷，通常在 24 小时内便可汇交对方国的有关收款人，国际结算和国际清偿十分安全、迅速和便利。

三、有利于调节国际间资金供求与优化配置

由于世界各国之间经济发达发展不平衡，资金余缺不一，在客观上存在着调剂资金余缺的必要。利用外汇这种国际间的支付手段，还可以办理长、短期国际信贷和各种形式的融资，以促进国际投资与资本移动，实现国际间资金供求关系的调节，活跃资金市场，优化资源配置，提高资本效益。

11.2 汇 率

11.2.1 汇率的定义

汇率又称外汇利率、外汇汇率或外汇行市，指的是两种货币之间兑换的比率，亦可视为一个国家的货币对另一种货币的价值。具体是指一国货币与另一国货币的比率或比价，或者说是用一国货币表示的另一国货币的价格。汇率变动对一国进出口贸易有着直接的调节作用。在一定条件下，通过使本国货币对外贬值，即让汇率下降，会起到促进出口、限制进口的作用；反之，本国货币对外升值，即汇率上升，则起到限制出口、增加进口的作用。

11.2.2 汇率的标价方法

一、直接标价法

直接标价法，又叫应付标价法，是以一定单位（1、100、1000、10000）的外国货币为标准来计算应付出多少单位本国货币。就相当于计算购买一定单位外币所应付多少本币，所以叫应付标价法。包括中国在内的世界上绝大多数国家目前采用直接标价法。在国际外汇市场上，日元、瑞士法郎、加元等均为直接标价法。在直接标价法下，若一定单位的外币折合的本币数额多于前期，则说明外币币值上升或本币币值下跌，叫作外汇汇率上升；反之，如果要用比原来较少的本币即能兑换到同一数额的外币，这说明外币币值下跌或本币币值上升，叫作外汇汇率下跌，即外币的价值与汇率的涨跌成正比。

二、间接标价法

间接标价法又称应收标价法。它是以一定单位（如1个单位）的本国货币为标准，来计算应收若干单位的外国货币。在国际外汇市场上，欧元、英镑、澳元等均为间接标价法。在间接标价法中，本国货币的数额保持不变，

外国货币的数额随着本国货币币值的对比变化而变动。如果一定数额的本币能兑换的外币数额比前期少，这表明外币币值上升，本币币值下降，即汇率下降；反之，如果一定数额的本币能兑换的外币数额比前期多，则说明外币币值下降、本币币值上升，即汇率上升，即外币的价值和汇率的升跌成反比。

三、美元标价法

美元标价法又称纽约标价法，是指在纽约国际金融市场上，除对英镑用直接标价法外，对其他外国货币用间接标价法的标价方法。美元标价法由美国在 1978 年 9 月 1 日制定并执行，（在 2013 年）国际金融市场上通行的标价法。

11.2.3　汇率的种类

一、按国际货币制度的演变划分，有固定汇率和浮动汇率

1. 固定汇率

它是指由政府制定和公布，并只能在一定幅度内波动的汇率。

2. 浮动汇率

它是指由市场供求关系决定的汇率。其涨落基本自由，一国货币市场原则上没有维持汇率水平的义务，但必要时可进行干预。

二、按制订汇率的方法划分，有基本汇率和套算汇率

1. 基本汇率

各国在制定汇率时必须选择某一国货币作为主要对比对象，这种货币称之为关键货币。根据本国货币与关键货币实际价值的对比，制订出对它的汇率，这个汇率就是基本汇率。一般美元是国际支付中使用较多的货币，各国都把美元当作制定汇率的主要货币，常把对美元的汇率作为基本汇率。

2. 套算汇率

它是指各国按照对美元的基本汇率套算出的直接反映其他货币之间价值比率的汇率。

三、按银行买卖外汇的角度划分，有买入汇率、卖出汇率、中间汇率和现钞汇率

1. 买入汇率

买入汇率也称买入价，即银行向同业或客户买入外汇时所使用的汇率。

2. 卖出汇率

卖出汇率也称卖出价，即银行向同业或客户卖出外汇时所使用的汇率。

3. 中间汇率

它是买入价与卖出价的平均数。

4. 现钞汇率

一般国家都规定，不允许外国货币在本国流通，只有将外币兑换成本国货币，才能够购买本国的商品和劳务，因此产生了买卖外汇现钞的兑换率，即现钞汇率。

四、按银行外汇付汇方式划分有电汇汇率、信汇汇率和票汇汇率

1. 电汇汇率

电汇汇率是经营外汇业务的本国银行在卖出外汇后，即以电报委托其国外分支机构或代理行付款给收款人所使用的一种汇率。电汇汇率较一般汇率高，但是电汇调拨资金速度，因此电汇在外汇交易中占有绝大的比重。

2. 信汇汇率

信汇汇率是银行开具付款委托书，用信函方式通过邮局寄给付款地银行转付收款人所使用的一种汇率。

3. 票汇汇率

票汇汇率是指银行在卖出外汇时，开立一张由其国外分支机构或代理行付款的汇票交给汇款人，由其自带或寄往国外取款所使用的汇率。

五、按外汇交易交割期限划分有即期汇率和远期汇率

1. 即期汇率

即期汇率也叫现汇汇率，是指买卖外汇双方成交当天或两天以内进行交割的汇率。

2. 远期汇率

远期汇率是在未来一定时期进行交割，而事先由买卖双方签订合同、达成协议的汇率。

六、按对外汇管理的宽严区分，有官方汇率和市场汇率

1. 官方汇率

它是指国家机构（财政部、中央银行或外汇管理当局）公布的汇率。

2. 市场汇率

它是指在自由外汇市场上买卖外汇的实际汇率。

11.3　外　汇　市　场

11.3.1　外汇市场的主要参与者

外汇市场的主要参与者：从外汇交易的主体来看，外汇市场主要由下列参加者构成：

一、外汇银行

外汇银行是指由各国中央银行或货币当局指定或授权经营外汇业务的银行。外汇银行通常是商业银行，可以是专门经营外汇的本国银行，也可以是兼营外汇业务的本国银行或者是在本国的外国银行分行。外汇银行是外汇市场上最重要的参加者，其外汇交易构成外汇市场活动的主要部分。

二、外汇交易商

外汇交易商指买卖外国汇票的交易公司或个人。外汇交易商利用自己的资金买卖外汇票据，从中取得买卖价差。外汇交易商多数是信托公司、银行等兼营机构，也有专门经营这种业务的公司和个人。

三、外汇经纪人

外汇经纪人是指促成外汇交易的中介人。它介于外汇银行之间、外汇银行和外汇市场其他参加者之间，代洽外汇买卖业务。其本身并不买卖外汇，只是联接外汇买卖双方，促成交易，并从中收取佣金。外汇经纪人必须经过所在国的中央银行批准才能营业。

四、中央银行

中央银行也是外汇市场的主要参加者，但其参加外汇市场的主要目的是为了维持汇率稳定和合理调节国际储备量，它通过直接参与外汇市场买卖，调整外汇市场资金的供求关系，使汇率维系在一定水平上或限制在一定水平上。中央银行通常设立外汇平准基金，当市场外汇求过于供，汇率上涨时，抛售外币，收回本币；当市场上供过于求，汇率下跌，就买进外币，投放本币。因此，从某种意义上讲，中央银行不仅是外汇市场的参加者，而且是外汇市场的实际操纵者。

五、外汇投机者

外汇投机者的外汇买卖不是出于国际收付的实际需要，而是利用各种金融工具，在汇率变动中付出一定的保证金进行预买预卖，赚取汇率差价。

六、外汇实际供应者和实际需求者

外汇市场上外汇的实际供应者和实际需求者是那些利用外汇市场完成国际贸易或投资交易的个人或公司。他们包括：进口商、出口商、国际投资者、跨国公司和旅游者等。

11.3.2 外汇市场的形成原因

一、贸易和投资

进出口商在进口商品时支付一种货币，而在出口商品时收取另一种货币。这意味着，它们在结清账目时，收付不同的货币。因此，他们需要将自己收到的部分货币兑换成可以用于购买商品的货币。与此相类似，一家买进外国资产的公司必须用当事国的货币支付，因此，它需要将本国货币兑换成当事国的货币。

二、投机

两种货币之间的汇率会随着这两种货币之间的供需的变化而变化。交易员在一个汇率上买进一种货币，而在另一个更有利的汇率上抛出该货币，他就可以盈利。投机大约占了外汇市场交易的绝大部分。

三、对冲

由于两种相关货币之间汇率的波动，那些拥有国外资产（如工厂）的公司将这些资产折算成本国货币时，就可能遭受一些风险。当以外币计值的国外资产在一段时间内价值不变时，如果汇率发生变化，以国内货币折算这项资产的价值时，就会产生损益。公司可以通过对冲消除这种潜在的损益。这就是执行一项外汇交易，其交易结果刚好抵消由汇率变动而产生的外币资产的损益。

11.3.3 外汇市场的特点

一、交易费用低

在正常市场条件下，小额交易成本，也就是买卖价间的点差一般小于0.1%。而在较大的交易商那里可以拿到低至0.07%的点差，现在一般可以拿到3~5个点的交易点差。

二、无中间商

即期外汇交易没有中间商介入，投资者可以直接面向市场进行买卖货币对操作。

三、无固定交易规模

在期货交易中，交易所制定了固定交易规模（手数）。例如贵金属银的合约单位为 5000 盎司，即是一手。而在即期外汇交易中，投资者自己决定投资份额或称交易规模，最低可以 25 美元进行交易。

四、24 小时交易

外汇交易无须等待市场开盘。全球外汇市场一天的交易时间就是周一澳大利亚时间早上的 7 点到周五纽约时间下午 5 点，也就是北京时间周一早上 3 点到周六早上 5 点。

五、无庄家

外汇市场十分庞大，拥有众多参与者，没有哪一个实体可以长时间地控制市场价格，即便是中央银行或者巨型财阀也没有这个能力。

六、高杠杆比例

高杠杆便于灵活建立仓位，但高杠杆是一把双刃剑，对于水平高的投资者而言，在严格控制风险的前提下，盈利或浮动盈利可以继续利用高杠杆增加仓位，为实现暴利提供了可能。例如，外汇经纪商提供 50：1 的杠杆，这意味着 50 美元的保证金允许交易者买卖价值 2500 美元的货币。同理，500 美元保证金可以交易 25000 美元的货币，以此类推。虽然利润可观，但交易者要时刻记住：没有相当的风险管理能力，高杠杆交易将会导致巨大的亏损。

七、极高流动性

在现货外汇市场，每天的交易量几乎可以达到 20000 亿美元。这使得外汇市场成为全球最大和最具流动性的市场。这个市场的交易规模使其他市场相形见绌。外汇市场的日交易总额相当于证券和期货市场日交易量总额的三倍多。

八、入市门槛低

参与外汇保证金交易通过传真和网络就可以开户，手续简便。各外汇经纪商对保证金开户最低资金数额规定不一，大多在几百美元（迷你账户）到几千美元（标准账户）之间。

11.3.4 外汇市场的作用

一、国际清算

因为外汇就是作为国际间经济往来的支付手段和清算手段的，所以清算是外汇市场的最基本作用。

二、兑换功能

在外汇市场买卖货币，把一种货币兑换成另一种货币作为支付手段，实现了不同货币在购买力方面的有效转换。国际外汇市场的主要功能就是通过完备的通讯设备或先进的经营手段提供货币转换机制，将一国的购买力转移到另一国交付给特定的交易对象，实现国与国之间货币购买力或资金的转移。

三、授信

由于银行经营外汇业务，它就有可能利用外汇收支的时间差为进出口商提供贷款。

四、套期保值

即保值性的期货买卖。这与投机性期货买卖的目的不同，它不是为了从价格变动中牟利，而是为了使外汇收入不会因日后汇率的变动而遭受损失，这对进出口商来说非常重要。如果当出口商有一笔远期外汇收入，为了避开因汇率变化而可能导致的风险，可以将此笔外汇当作期货卖出；反之，进口商也可以在外汇市场上购入外汇期货，以应付将来支付的需要。

五、投机

即预期价格变动而买卖外汇。在外汇期货市场上，投机者可以利用汇价的变动牟利，产生"多头"和"空头"，对未来市场行情下赌注。"多头"是预计某种外汇的汇价将上涨，即按当时价格买进，而待远期交割时，该种外币汇价上涨，按"即期"价格立即出售，就可牟取汇价变动的差额。相反，"空头"是预计某种外币汇价将下跌，即按当时价格售出远期交割的外币，到期后，价格下降，按"即期"价买进补上。这种投机活动，是利用不同时间外汇行市的波动进行的。在同一市场上，也可以在同一时间内利用不同市场上汇价的差别进行套汇活动。

11.4　外　汇　交　易

11.4.1　外汇交易的定义

外汇交易就是一国货币与另一国货币进行交换。与其他金融市场不同，外汇市场没有具体地点，也没有中央交易所，而是通过银行、企业和个人间的电子网络进行交易。"外汇交易"是同时买入一对货币组合中的一种货币而卖出另外一种货币。

11.4.2　外汇交易的种类

外汇交易主要可分为现钞、现货、合约现货、期货、期权、远期交易等。具体来说，现钞交易是旅游者以及由于其他各种目的需要外汇现钞者之间进行的买卖，包括现金、外汇旅行支票等；现货交易是大银行之间，以及大银行代理大客户的交易，买卖约定成交后，最迟在两个营业日之内完成资金收付交割；合约现货交易是投资人与金融公司签订合同来买卖外汇的方式，适合于大众的投资；期货交易是按约定的时间，并按已确定汇率进行交易，每个合同的金额是固定的；期权交易是将来是否购买或者出售某种货币的选择权而预先进行的交易；远期交易是根据合同规定在约定日期办理交割，合同可大可小，交割期也较灵活。

从外汇交易的数量来看，现在外汇交易的主流是投资性的，是以在外汇汇价波动中营利为目的的。因此，现货、合约现货以及期货交易在外汇交易中所占的比重较大。

一、现货外汇交易

现货交易是大银行之间，以及大银行代理大客户的交易，买卖约定成交后，最迟在两个营业日之内完成资金收付交割。

个人外汇交易，又称外汇宝，是指个人委托银行，参照国际外汇市场实时汇率，把一种外币买卖成另一种外币的交易行为。由于投资者必须持有足额的要卖出外币，才能进行交易，较国际上流行的外汇保证金交易缺少保证金交易的卖空机制和融资杠杆机制，因此也被称为实盘交易。自从 1993 年 12 月上海工商银行开始代理个人外汇买卖业务以来，随着我国居民个人外汇存款的大幅增长，新交易方式的引进和投资环境的变化，个人外汇买卖业务迅速发展，目前已成为我国除股票以外最大的投资市场。国内的投资者，凭手中的外汇，到上述任何一家银行办理开户手续，存入资金，即可透过互联网、电话或柜台方式进行外汇买卖。

二、合约现货外汇交易

合约现货外汇交易，又称外汇保证金交易、按金交易或虚盘交易，是投资者通过相关金融公司（银行、交易商或经纪商）进行外汇交易，同时在这种交易种类中，投资者需要缴付一定的外汇交易保证金，同时享受机构的杠杆机制。因这种交易方式，投资者的入门资金可多可少，因此近年来受到市场的追捧。从交易特点上来说，这种外汇保证金的交易种类能够较大程度帮助投资者节省投资金额，但是需要注意的是，虽然投资者缴付保证金的金额很小，但实际上撬动的资金却很大，而外汇价格的波幅也较大，若投资者对外汇走势的判断出现大的偏差，那么也很容易造成交易的爆仓行为。

三、期货外汇交易

期货外汇交易是指在约定的日期，按照已经确定的汇率，用美元买卖一定数量的另一种货币。期货外汇买卖与合约现货买卖有共同点亦有不同点。合约现货外汇的买卖是通过银行或外汇交易公司来进行的，期货外汇的买卖是在专门的期货市场进行的。目前，全世界的期货市场主要有：芝加哥期货市场、纽约商品交易所、悉尼期货市场、新加坡期货市场、伦敦期货市场。期货市场至少要包括两个部分：一是交易市场，另一个是清算中心。期货的买方或卖方在交易所成交后，清算中心就成为其交易对方，直至期货合同实际交割为止。

期货外汇和合约外汇交易既有一定的联系，也有一定的区别，以下从两者对比的角度，介绍一下期货外汇的具体运作方式。期货外汇的交易数量和合约现货外汇交易是完全一样的。期货外汇买卖最少是一个合同，每一个合同的金额，不同的货币有不同的规定，如一个英镑的合同也为 62500 英镑、日元为 1250000 日元，欧元为 125000 欧元。期货外汇的买卖方法也和合约现货外汇完全一样，既可以先买后卖，也可以先卖后买，即可双向选择。期货外汇合同的交割日期有严格的规定，这一点合约现货外汇的交易是没有的。期货合同的交割日期规定为一年中的 3 月份、6 月份、9 月份、12 月份的第 3 个星期的星期三。这一样，一年之中只有 4 个合同交割日，但其他时间可以进行买卖，不能交割，如果交割日银行不营业则顺延一天。期货外汇合同的价格全是用一个外币等于多少美元来表示的，因此，除英镑之外，期货外汇价格和合约外汇汇价正好互为倒数，例如，12 月份瑞士法郎期货价格为0.6200，倒数正好为 1.6126。

11.4.3　外汇交易的方式

一、即期外汇交易

即期外汇交易又称现汇交易，是交易双方约定于成交后的两个营业日内办理交割的外汇交易方式。

二、远期交易

远期交易又称期汇交易，外汇买卖成交后并不交割，根据合同规定约定时间办理交割的外汇交易方式。

三、套汇

套汇是指利用不同的外汇市场，不同的货币种类，不同的交割时间以及一些货币汇率和利率上的差异，进行从低价一方买进，高价一方卖出，从中赚取利润的外汇交易方式。

四、套利交易

利用两国货币市场出现的利率差异，将资金从一个市场转移到另一个市场，以赚取利润的交易方式。

五、掉期交易

是指将币种相同，但交易方向相反，交割日不同的两笔或者以上的外汇交易结合起来所进行的交易。

六、外汇期货

所谓外汇期货，是指以汇率为标的物的期货合约，用来回避汇率风险。它是金融期货中最早出现的品种。

七、外汇期权交易

外汇期权买卖的是外汇，即期权买方在向期权卖方支付相应期权费后获得一项权利，即期权买方在支付一定数额的期权费后，有权在约定的到期日按照双方事先约定的协定汇率和金额同期权卖方买卖约定的货币，同时权利的买方也有权不执行上述买卖合约。

11.5 外汇交易术语

一、做多与做空

做多是指预期未来价格上涨，以目前价格买入一定数量的股票等价格上涨后，高价卖出，从而赚取差价利润的交易行为，特点为先买后卖的交易行为。做多是股票、期货等市场的一种操作模式。一般的市场只能做多，就是说先买进，有货才能卖出。这种模式只有在价格上涨的波段中才能盈利。即先低位买进再高位卖出。

做空是指预期未来价格下跌，将手中股票按目前价格卖出，待行情跌后买进，获利差价利润。其特点为先卖后买的交易行为。做空与做多是反的，理论上是先借贷卖出，再买进归还。一般正规的做空市场是有一个中立仓提供借贷的平台。实际上有点像商业中的赊货交易模式。这种模式在价格下跌的波段中能够获利，就是先在高位借货进来卖出，等跌了之后再买进归还。这样买进的仍然是低位，卖出的仍然是高位，只不过操作程序反了。

二、仓位

仓位是指投资人账户内实际投资资金与资金总量之比。举个例子，假如股票账户中有 10 万元的资金，但是所有实际上只投资了 5 万元，那么仓位就是 50%。当投资者投入资金开始交易时，收开仓；入场做多，叫开多仓，反之就是开空仓。当投资者结束交易离场时，叫平仓。如果全部投资资金均入场交易，叫满仓；如果全部资金都没有入场，叫空仓；如果只有一半资金入场，叫半仓。一般来说，平时仓位都应该保持在半仓状态，就是说，留有后备军，以防不测。只有在市场非常好的时候，可以短时间的满仓。科学的建仓、出场行为在很大程度上可以避免风险，使资金投入的风险系数最小化，虽然在理论上来讲其负面的因素也可能带来了利润的适度降低，但股票市场是高风险投资市场，确定了资金投入必须考虑安全性问题，保障原始投入资金的安全性才是投资的根本，在原始资金安全的情况下获得必然的投资利润，才是科学、稳健的投资策略。

三、头寸

头寸就是资金，指的是银行当前所有可以运用的资金的总和。主要包括在央行的超额准备金、存放同业清算款项净额、银行存款以及现金等部分。

头寸管理的目标就是在保证流动性的前提下尽可能地降低头寸占用，避免资金闲置浪费。当金融机构购入某资产时，就拥有了长头寸；相反，如果金融机构向另一方售出某资产，并约定在未来某日交割，就获取了短头寸，金融机构同样会面临风险。风险的规避可以通过进行金融交易实现，这一交易可以是通过获取额外的短头寸来抵消长头寸，也可以是通过获取额外的长头寸来抵消短头寸。如果银行在当日的全部收付款中收入大于支出款项，就称为"多头寸"，如果付出款项大于收入款项，就称为"缺头寸"。对预计这一类头寸的多与少的行为称为"轧头寸"。到处想方设法调进款项的行为称为"调头寸"。如果暂时未用的款项大于需用量时称为"头寸松"，如果资金需求量大于闲置量时就称为"头寸紧"。

四、利率差异

由于不同货币之间存在利率差异，有些货币之间的利差还很大，由此诞生了外汇市场上的利差交易。它是指借入低利率货币，买入持有高效益货币，以此来赚取利差。利差交易不仅是全球流动性泛滥的"罪魁祸首"，也可以推定牛市的发展。在2005—2006年，全球流动性资金充沛，其主要因素就是货币间利差导致的套利行为，因此，从原油期货到金属期货，每个牛市神话，都有利差交易资金的助力。

不过，如果一个国家推行高利率的目的不是为过热的经济降温，而是为了减轻已经失控的通货膨胀，高利率货币的吸引力将大幅下降。因为这意味着该国的货币供应十分泛滥，货币贬值的速度很快。一旦市场对未来该货币继续贬值的恐慌超过该货币高利率带来的回报时（即该国的通货膨胀明显超过了经济增长），利差交易就没有价值了。

五、爆仓

对于进行保证金交易的投资者而言，如果建仓后市场出现不利于自己的变化，造成账户亏损，导致保证金不足，则会被自动要求追缴保证金。如果无法追缴保证金，外汇交易商将为其客户自动平仓，以限制亏损，避免账户成为坏账。这种被动平仓的局面，就是爆仓。爆仓之后，投资者的账户通常仍有部分资金余额。

比如，某投资者的账户中共有1000美元。开仓后，其中600美元作为保证金被占用，账户余额400美元，即为可用保证金。在持仓过程中，市场向不利的方向运行，可用保证金400美元被不断吞噬。当400美元的可用保证金全部亏损完后，如果投资者没有追缴保证金，就会被自动平仓（因为账户只剩下 600 美元，哪怕再亏 1 美分，也不能满足保证金的要求了），即爆仓。爆仓后，该账户还剩余 600 美元。

六、对冲

"对冲"英文"Hedge"，词意中包含了避险、套期保值的含义。对冲交易简单地说就是盈亏相抵的交易。对冲交易即同时进行两笔行情相关、方向相反、数量相当、盈亏相抵的交易。

行情相关是指影响两种商品价格行情的市场供求关系存在同一性；供求关系若发生变化，会同时影响两种商品的价格，且价格变化的方向大体一致。方向相反指两笔交易的买卖方向相反，这样无论价格向什么方向变化，总是一盈一亏。当然要做到盈亏相抵，两笔交易的数量大小须根据各自价格变动的幅度来确定，大体做到数量相当。对冲在外汇市场中最为常见，着意避开单线买卖的风险。这样做的原因，是世界外汇市场都以美元做计算单位。所有外币的升跌都以美元作为相对的汇价。美元强，即外币弱；外币强，则美元弱。美元的升跌影响所有外币的升跌。所以，若看好一种货币，但要减低风险，就需要同时沽出一种看淡的货币。买入强势货币，沽出弱势货币，如果估计正确，美元弱，所买入的强势货币就会上升；即使估计错误，美元强，买入的货币也不会跌太多。沽空了的弱势货币却跌得重，做成蚀少赚多，整体来说仍可获利。

七、滑点

滑点是指客户下单交易点位与实际交易点位有差别的一种交易现象。当下单时，价格可能会发生变化，从而导致交易者以高于或低于预期的价格进行交易。这种情况时有发生，因为买入指令价格和交易规模都必须与同等价格和规模的卖出指令匹配。当买卖双方、价格和交易量出现不平衡时，价格就需要调整，交易订单也需要调整到下一个最佳可得价格。

滑点产生的原因主要有：（1）网络延迟。通常来说，客户在提交订单之后，通过服务器提交至交易所。而在这个传输过程中，往往有一个比较微小的延迟，平时可能看不出来，但是一旦碰到剧烈波动的行情，服务器一旦处理不过来，所产生的延迟就会发生。（2）市场报价断层。流动性可以说是金融市场的空气，一个失去流动性的市场必定是一个没有活力的市场。数字货币市场同样如此，与其他市场类似，一旦有客户进行了卖出操作，必然有另外的客户进行买入操作，这样才能保证市场的正常运作。在正常情况下，流动性充足市场的报价是连续的，但是在行情剧烈波动或者出现大额直接进出的时候，就会出现价格的断层。如果设置的止损/止盈正好处于空白区间之内，是没有办法在你设定的价格成交，最终的成交价格只会跳至最新的市场报价。

滑点现象很难完全避免，但可以减少。对于交易者来说，在波动较大的时期尽量避免发起交易。波动剧烈的交易环境通常会增加滑点的概率。从交易所的角度来说，一是确保提供优良的流动性以避免市场报价断层产生的滑点，二是提供限价、市价等多种交易方式来帮助交易者来规避滑点。

11.6　基本面分析

11.6.1　基本面分析定义

基本面分析是以证券的内在价值为依据，着重于对影响证券价格及其走势的各项因素的分析，以此决定投资购买何种证券及何时购买。基本分析的假设前提是：证券的价格是由其内在价值决定的，价格受政治的、经济的、心理的等诸多因素的影响而频繁变动，很难与价值完全一致，但总是围绕价值上下波动。理性的投资者应根据证券价格与价值的关系进行投资决策。基本分析主要适用于周期相对比较长的证券价格预测、相对成熟的证券市场以及预测精确度要求不高的领域。

11.6.2　基本面分析的要素

一、国内生产总值

一国的 GDP 大幅增长，反映出该国经济发展蓬勃，国民收入增加，消费能力也随之增强。在这种情况下，该国中央银行将有可能提高利率，紧缩货币供应，国家经济表现良好及利率的上升会增加该国货币的吸引力。反过来说，如果一国的 GDP 出现负增长，显示该国经济处于衰退状态，消费能力减低时，该国中央银行将可能减息以刺激经济再度增长，利率下降加上经济表现不振，该国货币的吸引力也就随之而减低了。经济增长率差异对汇率变动产生的影响是多方面的：

一是一国经济增长率高，意味着收入增加，国内需求水平提高，将增加该国的进口，从而导致经常项目逆差，这样，会使本国货币汇率下跌。

二是如果该国经济是以出口导向的，经济增长是为了生产更多的出口产品，则出口的增长会弥补进口的增加，减缓本国货币汇率下跌的压力。

三是一国经济增长率高，意味着劳动生产率提高很快，成本降低改善本国产品的竞争地位而有利于增加出口，抑制进口，并且经济增长率高使得该国货币在外汇市场上被看好，因而该国货币汇率会有上升的趋势。

二、利率

人们在选择是持有本国货币，还是持有某一种外国借币时，首先也是考虑持有哪一种货币能够给他带来较大的收益。而各国货币的收益率首先是由其金融市场的利率来衡量的。某种货币的利率上升，则持有该种货币的利息收益增加，吸引投资者买入该种货币，因此，对该货币有利好（行情看好）支持；如果利率下降，持有该种货币的收益便会减少，该种货币的吸引力也就减弱了。因此，可以说"利率升，货币强；利率跌，货币弱"。

在开放经济条件下，国际资本流动规模巨大，大大超过国际贸易额，表明金融全球化的极大发展。利率差异对汇率变动的影响比过去更为重要了。当一个国家紧缩信贷时，利率会上升，国际市场上形成利率差异，将引起短期资金在国际间移动，资本一般总是从利率低的国家流向利率高的国家。这样，如果一国的利率水平高于其他国家，就会吸引大量的资本流入，本国资金流出减少，导致国际市场上抢购这种货币；同时资本账户收支得到改善，本国货币汇价得到提高。

三、通货膨胀

由于物价是一国商品价值的货币表现，通货膨胀也就意味着该国货币代表的价值量下降。在国内外商品市场相互紧密联系的情况下，一般地，通货膨胀和国内物价上涨，会引起出口商品的减少和进口商品的增加，从而对外汇市场上的供求关系发生影响，导致该国汇率波动。同时，一国货币对内价值的下降必定影响其对外价值，削弱该国货币在国际市场上的信用地位，人们会因通货膨胀而预期该国货币的汇率将趋于疲软，把手中持有该国货币转化为其他货币，从而导致汇价下跌。按照一价定律和购买力平价理论，当一国的通货膨胀率高于另一国的通货膨胀率时，则该国货币实际所代表的价值相对另一国货币在减少，该国货币汇率就会下降。反之，则会上升。例如，

20 世纪 90 年代之前，日元和原西德马克汇率十分坚挺的一个重要原因，就在于这两个国家的通货膨胀率一直很低。而英国和意大利的通货膨胀率经常高于其他西方国家的平均水平，故这两国货币的汇率一下处于跌势。

四、失业率

一般情况下，失业率下降，代表整体经济健康发展，利于货币升值；失业率上升，便代表经济发展放缓衰退，不利于货币升值。若将失业率配以同期的通胀指标来分析，则可知当时经济发展是否过热，会否构成加息的压力，或是否需要通过减息以刺激经济的发展。美国劳工统计局每月均对全美国家庭抽样调查，如果该月美国公布的失业率数字较上月下降，表示雇佣情况增加，整体经济情况较佳，有利美元上升。如果失业率数字大，显示美国经济可能出现衰退，对美元有不利影响。1997 年和 1998 年，美国的失业率分别为 4.9% 和 4.5%，1999 年失业率又有所下降，达到 30 年来的最低点。这显示美国经济状况良好，有力地支持了美元对其他主要货币的强势。

五、贸易平衡

如果一个国家经常出现贸易逆差现象，国民收入便会流出国外，使国家经济变相把出口商品价格降低，可以提高出口产品的竞争能力。因此，当该国外贸赤字扩大时，就会利空该国货币，令该国货币下跌；反之，当出现外贸盈余时，则是利好该种货币的。因此，国际贸易状况是影响外汇汇率十分重要的因素。由一国对外贸易状况而对汇率造成的影响出发，可以看出国际收支状况直接影响一国汇率的变动。如果一国国际收支出现顺差，对该国的货币需求就会增加，流入该国的外汇就会增加，从而导致该国货币汇率上升。相反，如果一国国际收支出现逆差，对该国货币需求就会减少，流入该国的外汇就会减少，从而导致该国货币汇率下降，该国货币贬值。

六、外汇储备状况与外债水平

外汇储备状况是外汇交易基本分析的一个重要因素，其重要功能就是维持外汇市场的稳定。一国的货币稳定与否，在很大程度上取决于特定市场条件下其外汇储备所能保证的外汇流动性。从国际经验看，即使一国的货币符合所有理论所设定汇率稳定的条件，但是，如果这一货币遭受到投机力量的冲击，且在短期内不能满足外汇市场上突然扩大的外汇流动，这一货币也只好贬值。

外债的结构和水平也是外汇交易基本分析的重要因素之一。如果一个国家对外有负债，必然要影响外汇市场；如果外债的管理失当，其外汇储备的抵御力将要被削弱，对货币的稳定性会带来冲击。从国际经验看，在外债管理失当导致汇率波动时，受冲击货币的汇率常常被低估。低估的程度主要取决于经济制度和社会秩序的稳定性。而若一国的短期外债居多，那将直接冲击外汇储备。而如果有国际货币基金组织的"救援"，货币大幅贬值在除了承受基金组织贷款的商业条件外，还要承受额外的调整负担。

七、预算赤字

这个数据由财政部每月公布，主要描述政府预算执行情况，说明政府的总收入与总支出状况：若入不敷出即为预算赤字；若收大于支即为预算盈余；收支相等即为预算平衡。外汇交易员可以通过这一数据了解政府的实际预算执行状况，同时可借此预测短期内财政部是否需要发行债券或国库券以弥补赤字，因为短期利率会受到债券的发行与否的影响。一般情况下，外汇交易市场对政府预算赤字持怀疑态度，当赤字增加时，市场会预期该货币走低，当赤字减少时，会利好该货币。

八、零售销售

零售销售其实是零售销售数额的统计汇总，包括所有主要从事零售业务的商店以现金或信用形式销售的商品价值总额。服务业所发生的费用不包括在零售销售中。零售数据对于判定一国的经济现状和前景具有重要指导作用，因为零售销售直接反映出消费者支出的增减变化。在西方发达国家，消费者支出通常占到国民经济的一半以上，像美国、英国等国，这一比例可以占到三分之二。

在西方国家，汽车销售构成了零售销售中最大的份额，一般能够占到25%，因而在公布零售销售的同时，还会公布一个剔除汽车销售的零售数据。此外，由于食品和能源销售受季节影响较大，有时也将食品和能源剔除，再发布一个核心零售销售。一国零售销售的提升，代表该国消费支出的增加，经济情况好转，利率可能会被调高，对该国货币有利，反之如果零售销售下降，则代表景气趋缓或不佳，利率可能调降，对该国货币偏向利空。

九、消费者信心指数

20 世纪 40 年代，美国密歇根大学的调查研究中心为了研究消费需求对经济周期的影响，首先编制了消费者信心指数，随后欧洲一些国家也先后开始建立和编制消费者信心指数。大企业联合会（The Conference Board）的消费者信心指数与美国密歇根大学消费者信心指数不同，前者将 1985 年的水准定为 100，由纽约民间组织大企业联合会每月抽样向 5000 户口家庭调查而得，调查内容包括消费者对经济景气、就业市场以及个人收入的展望等。

11.7　外汇投资策略

一、设置止损单

做外汇交易时，一定要清楚自己能承受的最大亏损范围，投资者能承受的亏损越大，意味着交易面临的风险也越大，善用止损交易，就是多给自己留条后路，这样即使亏损，对生活或投资也不会造成太大的影响。当亏损金额已达到承受范围，不应找寻借口试图孤注一掷去等待行情回转，应立即平仓，这样可有效地控制风险。

二、及时平仓

很多外汇交易者相对来说比较幼稚，他们往往把外汇市场人性化，把外汇市场看成是有感情的。不得不承认的是，外汇市场聚集的都是希望获得利润的投资者，他们残酷地在市场上进行博弈。一旦没选对行情，价格持续下降，投资者应该及时平仓，以减少损失。一般而言，亏损的持仓不应持有超过 2~3 个交易日，否则将致使亏损越来越大，投资者将遭受重大亏损，并可能失去反亏为盈的机会。这时千万别把市场看作用你的等待能感动的人，当持续有这个想法时，你就不会有心去结束这个损失继续扩大的仓位。市场的变化是无情的，不会因为你痴心等待而回转行情。

三、勤于记录

尤其是对初入市的外汇交易者来说，勤于记录是非常有必要的，因为他们往往缺乏专业技能，没有丰富的交易经验，勤于记录能给你提供一些分析的资料，便于分析和总结，每日详细记录让你知道做交易决定时发生的事件消息或是其他原因，然后再加分析并记录盈亏结果。如果是个获利的交易结果，表示分析是对的。当相似或同样的因素再次出现，你就会产生以前做过同类交易的印象，并能迅速作出正确的交易决定，当然亏损的交易记录则可让投资者避免再次犯同样的错误。

四、独立判断

交易是自己的事，应该自己做主。投资者有时不够自信，经常耳听八方，并根据道听途说来进行交易，后果往往是自己吃亏。交易决定应以自己对市场的分析及感觉为基础，他人意见仅做参考。如果自己的分析结果与他人相同，那很好；要是不同，也没什么大不了，心虚的话就观望等行情变化。要是自己都怀疑自己，那就更应该先停停，不要去做交易。如果觉得自己有种直觉而且对自己的直觉特别自信，那就马上交易，不要犹豫。

五、顺势而为

顺势者赢，逆势者亏。这是外汇市场上一条永远都不会改变的原则。因而投资者在交易过程中，碰到行情在亏损部位时要尽快终止，获利部位则能持有多久就放多久，而且尽量不能让亏损发生在原已获利的部分上，面对市场突如其来的反转走势，及时平仓。

在买入或卖出外汇后，假如市场突然以相反的方向运行，千万不要进行反向操作。例如，当某种外汇持续上涨一段时间后，交易者追高买进了该货币，这时行情逆转，突然猛跌，投资者不可在低价位加码，这样只会错上加错。这时投资者要特别小心，因为如果汇价已经上升了一段时间，此时很可能见"顶"，如果越跌越加码，而汇价一直下跌，那么结果无疑是恶性亏损。

六、闻风即动

有经验的炒汇投资者知道在市场预期刚发布或传言刚产生时，汇市会马上作出反应，一旦事件真正实现或传言被证实时，常常出现逆转的行情。例如，在美联储的加息过程，加息之前，美元汇率会基于市场的预期往往有所上升，而到美联储真正宣布加息的那一天，美元反而会有所回调。所以投资者在交易时，听到好消息时立即买入，一旦消息得到证实，便立即卖出。相反，听到坏消息传出时，立即卖出，一旦消息得到证实，再立即买回。

七、小额开始，适量建仓

对于初入市场的投资者而言，必须从小额规模的交易起步，且选择价格波动幅度较小的品种介入，逐渐掌握交易规律并积累经验，再增加交易规模，并尝试价格波动剧烈的品种。建仓数量也不宜过大，在操作上投资者一般动用资金的1/3开仓就可以，必要时还需要减少持仓量以控制交易风险，这样可以避免资金由于开仓量过大，持仓部位与价格波动方向相反而遭受较重的资金损失。

八、制定计划，客观行事

投资者一旦制定计划，就不要随意改变。当操作策略决定之后，投资者切不可由于外汇价格剧烈波动而轻易改变操作策略，否则将可能出现判断正确而错过获取较大赢利时机的情况。根据自身主观想法而改变计划是投资者的一大通疾，成功的投资者一般将自身情绪与交易活动严格分开，以免市场大势与个人意愿相反而承受风险。

九、学会观望，稍事休息

每天交易不仅由于距离市场过近，交易过于频繁从而导致交易成本增加，而且增加投资错误概率。观望休息将使投资者更加冷静地分析判断市场大势发展方向。当投资者对市场走势判断缺乏足够信心时，也应该坐壁观望，懂得忍耐和自制，以等待重新入市的好时机。

11.8　外汇投资案例

一、中年危机——收入遇到瓶颈，职位晋升困难

郑先生，197×年出生，某民企项目经理，女儿8岁。201×年4月郑先生从体制内跳槽进一家民企，收入增加到原来的2倍，但压力和节奏也远大于前，维系客户，保持业绩，开拓新市场等，之所以感到力不从心，是因为他知道，无论再怎么努力工作，到了这个年龄并且进入一个新公司，能力和人脉限制着他的职位止步于此。

二、家人分居两地，想买学区房

家中上有老下有小都需要照顾，全家的开销几乎全落在郑先生一人身上。与家人长期两地分居，老婆和女儿在三百公里外的C市，和丈人丈母娘住在一起。老婆工作轻松稳定，女儿正在上小学，虽然两边都有房子，但需要把这边的换成更好的学区房，才值得把老婆和女儿接过来。在外人看来，郑先生过得逍遥自在，但郑先生很清楚，自己已经处在严重的中年危机中。眼下郑先生最需要解决的一个问题，就是攒够足够的钱搞定这边的学区房，然后把妻子女儿接过来。

三、偶然的机会了解外汇投资

光是靠着工资收入显然远远不够，郑先生为此日日焦虑，但又无能为力，只能拼命加班提升业绩。在一次与同事吃饭聊天的时候听同事说到了自己正在做的一个瑞银国际外汇理财项目，郑先生当场就心动了，因为预期年化收益超过20%，这在当时来说是非常了不起的投资项目，郑先生平时对金融不

怎么关注，股票期货之类的压根就没有接触过，因为工作太忙，也没有精力去投资股票研究股市。让郑先生感兴趣的是，外汇投资托管账户并不需要自己亲自打理，自己只需要开户入金，后面每个月收到2%的收益，一年下来就是24%的收益（操盘盈利超出24%的部分进行分成）！郑先生觉得这恰恰是一个机会！

四、2015年开户，第一年获利21.6%

201×年7月，郑先生先投资1万美元试水，接下来三个月每月都有2%的收益到账，郑先生决定大胆再投一笔，又投了2万美元进去。第二年，郑先生仍然每个月收到2%的收益，看起来十分稳定。不过就在接下来的6月，英国脱欧等一系列政坛黑天鹅事件导致全球市场动荡，行情出现震荡，接连两个月出现亏损！瑞银操盘团队及时调整策略止住了亏损，并没有发生太大的损失。两个月合计亏损约5%。算下来，截至第二年7月，郑先生第一年的年化收益仍然达到了21.6%！

五、汇市更公平，收益更可观

郑先生这下已经彻底了解了外汇投资的特点，相比较国内的股市，外汇更加公平，不用担心有人恶意做空，这是郑先生最看重的。2016年10月郑先生再入金一部分资金，目前这笔资金的收益也比较可观，按照这个节奏，郑先生两年下来，投资收益率有望达到49%。如今郑先生正准备在今年下半年买房，除了外汇账户保留一部分钱之外，郑先生目前的钱已经完全可以够学区房的首付款。一家团聚的日子马上就要到来！

主要参考文献

［1］ 艾瑞咨询．P2P 小额信贷典型模式案例研究报告．iResearch, 2014.

［2］ 安德利，史冬梅．金融学．西安：西北大学出版社, 2015.

［3］ 巴曙松，牛播坤．中国货币市场基金发展与利率市场化：基于美国的经验．湖北经济学院学报, 2014, 12（03）：29-34.

［4］ 北京当代金融培训有限公司．个人税务与遗产筹划．北京：中信出版社, 2014.

［5］ 卞志村等．金融学（第二版）．北京：人民出版社, 2014.

［6］ 陈彼得，杨文忠．外汇投资入门到精通．南京：南京大学出版社, 2008.

［7］ 陈彼得．债券投资入门到精通．南京：南京大学出版社, 2008.

［8］ 戴志锋等．解构互联网金融实战：探寻金融的"风口"．北京：经济管理出版社, 2014.

［9］ 邓雄．美国货币市场基金发展及商业银行应对的经验和启示．金融发展研究, 2014（11）：69-74.

［10］ 翟立宏，孙从海，李勇等．银行理财产品：运作机制与投资选择．北京：机械工业出版社, 2009.

［11］ 付刚．基金投资的选购与组合技巧．北京：中国纺织出版社, 2015.

［12］ 高恩辉．资产选择、房地产价格波动与金融稳定．南开大学, 2009.

［13］ 何志刚．黄金投资：入门与提高．北京：中国经济出版社, 2015.

［14］ 和平．拒绝短期获利走出保险理财的误区．中国保险报, 2012-08-29（006）.

［15］ 红霞．基金投资指南．北京：经济管理出版社, 2007.

［16］ 黄达，张杰．金融学（第四版）．北京：中国人民大学出版社, 2017.

［17］ 汇智书源．读懂财经新闻，学会投资理财．北京：中国铁道出版社, 2015.

[18] 贾志，吴祥．新发基金投资攻略．中国证券报，2019-08-05（011）．

[19] John C. Hull. 期权、期货和其他衍生产品（第九版）．北京：机械工业出版社，2014.

[20] 李娟．金融理财方式比较与保险理财优势．知识经济，2019（04）：40-41.

[21] 李钧等．数字货币：比特币数据报告与操作指南．北京：电子工业出版社，2014.

[22] 李晓芸．外汇投资速查手册．北京：机械工业出版社，2014.

[23] 廖理．全球互联网金融商业模式：格局与发展．北京：机械工业出版社，2017.

[24] 林清泉．金融工程（第五版）．北京：中国人民大学出版社，2018.

[25] 刘卿．房地产投资风险及规避策略的研究．住宅与房地产，2018（08）：3.

[26] 刘永刚．投资理财概论．北京：北京交通大学出版社，2012.

[27] 刘永刚．投资理财概论．北京：清华大学出版社，2018.

[28] 鹿西西的仙人．股票投资，从0到1雪球「岛」系列．北京：中信出版社，2018.

[29] 罗新宇，明黎．幸福一生的理财规划——家庭理财指南．北京：海潮出版社，2007.

[30] 齐岳，孙信明．基于投资策略的基金绩效评价——以价值、成长和平衡型基金为例．管理评论，2016，28（04）：155-165.

[31] 乔桂明．外汇理论与交易实务．苏州：苏州大学出版社，2010.

[32] 任景萍．个人投资理财入门．北京：中国物资出版社，2008.

[33] 沈建光．中国房地产市场处于巨变前夜．证券日报，2019-08-10（A03）．

[34] 苏跃辉，徐丹，王小彩等．投资理财理论与实务．北京：经济管理出版社，2017.

[35] 孙怡．理财规划实务．北京：中国人民大学出版社，2017.

[36] 汪昌云．金融衍生工具．北京：中国人民大学出版，2009.

[37] 汪辛．家庭金融理财风险与防范研究．武汉理工大学，2008.

[38] 吴世亮，黄冬萍．中国信托业与信托市场．北京：首都经济贸易大学出

版社，2016.

［39］西同光，李先龙．浅谈债券投资风险及其防范措施．现代经济信息，2015（2）：296+307.

［40］忻海．白话金融投资．北京：机械工业出版社，2009.

［41］杨慧敏．"T+0"类银行理财产品火热．理财，2018（10）：46-47.

［42］杨涛．互联网金融理论与实践．北京：经济管理出版社，2015.

［43］尹中立．房地产投资与其他宏观经济指标走势的相关关系已改变．21世纪经济报道，2019-08-15（004）.

［44］詹姆斯，杨艳译．外汇交易必读（美）．北京：中国人民大学出版社，2010.

［45］张炳达，黄侃梅．新编投资与理财．上海：上海财经大学出版社，2015.

［46］张红兵，李炜．个人理财理论与实务．北京：中国人民大学出版社，2018.

［47］张继业．个人理财中保险理财的分析研究．中外企业家，2018（36）：17.

［48］张思远．房地产投资策略一个中心三个基本点．企业研究，2018（01）：53-55.

［49］张中秀．信托投资理论与实务．北京：企业管理出版社，2017.

［50］中国期货业协会．期货及衍生品分析与应用（第三版）．北京：中国财政经济出版社，2018.

［51］中国银行业协会编．走进银行理财产品投资人读本（专业版）．北京：中国金融出版社，2011.

［52］朱宏泉，巩菲，谢晓红，郑佳梅．外来的和尚会念经？——基于中外资商业银行理财产品绩效的分析．管理评论，2016，28（03）：106-115.